JN233278

植物育種学

交雑から遺伝子組換えまで

鵜飼保雄［著］

東京大学出版会

Plant Breeding
Yasuo UKAI
University of Tokyo Press, 2003
ISBN978-4-13-072101-1

はじめに

> もはや進展しないかすでに定説として化石になった科学研究だけが，論争や矛盾からまぬがれる．
>
> R. S. Chaleff (1981)

　植物は，人類がその種子を採ってまた翌年それを播くことをはじめたとき変化をはじめ，農業に適合してゆき，野生植物から栽培植物となった．耕作者が望ましい植物体を好んで選ぶようになると，変化はさらに速まった．品種改良はこのようにして，いまから1万年以上前の農業の発祥とともにはじまった．しかし品種改良の科学としての「育種学」の歴史はずっと短く，1900年のメンデルの法則の再発見による近代遺伝学の誕生からはじまり，遺伝学と同調して進展してきた．とくに，第二次世界大戦後になると育種学の変革はいちじるしく，統計遺伝学による量的形質解析，倍数性など染色体変異の作出，放射線や化学変異原による人為突然変異の利用，遺伝資源の組織的探索と収集保存，組織培養技術の向上による細胞融合法，分子生物学の発達にともなう遺伝子組換えなど，種々の新しい分野がつぎつぎと展開された．

　技術が発展して育種学がカバーする学問領域もいちじるしく広がった．それにともない学問はますます専門化し細分化し，長年育種に携わり育種学を専攻してきても，1個人が経験しじゅうぶん理解できる範囲はかぎられた分野にすぎなくなってきている．

　いっぽう育種学は品種を生みだすための総合的科学であり，育種学の諸分野はたがいに有機的なつながりをもっている．交配がむずかしい遠縁の種間でも，組織培養によって雑種を得ることができる．放射線で誘発された突然変異遺伝子が遺伝資源として利用されて交雑育種に組みこまれる．遺伝子組換え育種には細胞培養の技術が欠かせない．1つの手法では達成できない育

種目標もほかの方法とあわせれば解決できることが少なくない．

　さらに遺伝子組換え生物（GMO）の問題でみるように，品種を世に出すことによる社会的影響は近年ますます大きく，研究においてもたえず育種学全体をみわたし，その手法，成果，社会的影響を総合的に考えながら遂行することが必要とされる．

　このような情勢から，育種の各分野について，比較的コンパクトで，しかしできるだけ具体的でていねいな説明をつけた教科書をつくることを計画した．教科書には，学部学生が講義ではじめてその分野に接するときに開く入門的なものから，ある程度理解が進んでから専門分野全体をみわたすために読むものまで，いろいろな段階があったほうがよいと思われる．前者には，育種学の基本事項を厳選してわかりやすい文章で説明することが必要であろう．高校で生物学をとらなかった学生（著者もその一人であったが）もいるので，遺伝学を中心とする生物学の基礎——たとえば受精のしくみ，減数分裂の過程，遺伝の法則など——についてもあわせてふれる必要がある．後者の場合には，現在の先端的分野も含めて，各分野でいま現在活発に研究されている課題や解明を迫られている現象についての説明を欠かすことができない．広く知られた事実やすでに確立された説を掲げるだけでなく，疑問や矛盾を含み判断を読者にゆだねざるを得ない結果の提示もあるであろう．また教科書を読んでからさらに進んで直接原論文に接するための道筋をさししめすことも大切である．著者は20年前に共著で前者に属する教科書を出す機会を与えられたが，今回は後者のタイプの書をまとめたいと考え，この本を書いた．

　著述にあたっては，以下の点を留意した．

　(1) 育種の各分野がなぜいまここに存在するかは，これまで進展してきた育種学の歴史的経過を知ることなくしては完全な理解ができない．そこで第1章で育種の全領域についての歴史を概観的にしめした．また各章でも必要に応じて歴史的な説明を加えた．また種々の手法について，誰がいつ最初に提示したかを記すようにした．

　(2) 章の冒頭に，その章であつかう育種法の長所短所を簡潔にしめした．

　(3) 用語のあいまいなつかい方は理解を混乱させるもとであるので，育種学用語についての定義を明確にし，またその命名者や命名年をしめした．類

似語がある場合には，そのちがいがわかるように説明した．

(4) 育種学は，遺伝学，生理学，病理学，統計学など種々の関連分野の進展と同調しそれらに支えられて発展してきた．育種学を学ぶにはとくに遺伝学の理解が不可欠であるので，育種手法の背景にある遺伝的原理を抽出して説明するようにした．ただし，生殖器官の構造，減数分裂期の染色体行動，DNAの構造と機能，量的形質の統計遺伝学的解析法，実験計画法など，関連分野の初歩的事項の説明ははぶいた．これらについては，それぞれの専門書を参照されたい．

(5) 各育種法の分野でつかわれる種々の手法や技術をただ並列して説明するのではなく，それぞれの重要度や適用可能な場面などをできるだけ明示するようにした．また手法や技術が生まれた順序やその後の経過をしめして，たがいの有機的な関連性がわかるようにつとめた．

(6) 数理的な記述はできるだけはぶいた．紙面の制約のためもあるが，数理のとっつきにくさにまぎれて記述の本流がみのがされてしまうことをおそれたためでもある．統計遺伝学や集団遺伝学にかかわる詳細は他書にゆずることにする．

(7) 引用文献をできるだけくわしく載せた．教科書ではふつう引用文献を主要なものにかぎるようであるが，それでは説明を読んでさらに先を知りたいと思っても，もとの資料にたどりつけない．教科書であっても，出典が明確でないと，記述の正誤も確かめられないことになる．そこで記述の出所をできるだけしめすようにつとめた．また各分野の主要な論文，総説，著書をできるだけ引用するようにした．

本書の原稿は，筑波大学の大澤良博士を中心とするゼミで毎週検討していただいた．出席の方々による議論と数々の指摘により，原稿がずいぶんと改良された．大澤良博士と農業中央研究機構の岩田洋佳博士には全章の原稿を読んでいただいた．また生物資源研究所の長峰司博士（第3章），筑波大学の西村繁夫博士（第11章）には，原稿をていねいに読んでいただき種々の貴重なご意見を賜った．果樹試験場の山田昌彦博士には，ブドウの倍数体についてのくわしい情報をいただいた．お世話になった方々にここで深くお礼を申しあげたい．

出版にあたっては東京大学出版会編集部の丹内利香氏にていねいな編集と

原稿校正をしていただき，心から感謝を申しあげる．最後に，執筆中種々の面で協力してくれた妻紀代子に感謝する．

　本書が品種改良に携わる方々の事業と研究に，また育種を専攻する学部学生や院生の学業に，すこしでもお役に立てば，著者としてそれ以上の喜びはない．

　読んでいただいて，著者の理解不十分な点や，誤りがあれば，下記のアドレスあてにご一報ご指摘いただければとせつに願っている．また本書にはのせきれなかった各育種法の参考書については，著者のホームページ(http://members.jcom.home.ne.jp/3111958601/)をあわせてご覧いただければ幸いである．

2002年9月20日

鵜飼保雄

E-Mail：luke154@jcom.home.ne.jp

目 次

はじめに …………………………………………………………………………………… iii

第 I 部　育種と栽培植物の歴史 …………………………………………………… 1

第 1 章　育種学小史 …………………………………………………………… 2

1.1　育種学の定義 ………………………………………………………………… 2
1.2　植物の性と交配 ……………………………………………………………… 3
1.3　初期の遺伝実験 ……………………………………………………………… 4
1.4　異型分離と選抜実験 ………………………………………………………… 4
1.5　19 世紀までの品種 …………………………………………………………… 5
　　1.5.1　世界の品種　5
　　1.5.2　日本の品種　5
1.6　自然突然変異 ………………………………………………………………… 7
　　1.6.1　世界における自然突然変異の利用　7
　　1.6.2　日本における自然突然変異の利用　7
1.7　Mendel による遺伝法則の発見 …………………………………………… 8
　　1.7.1　Mendel の遺伝法則　8
　　1.7.2　日本におけるメンデリズムの普及　9
1.8　Johannsen の純系説と純系選抜法 ………………………………………… 10
1.9　農事試験場の開設 …………………………………………………………… 11
　　1.9.1　世界における農事試験場の開設　11
　　1.9.2　日本における育種組織　11
1.10　交雑育種の進展 ……………………………………………………………… 12
　　1.10.1　世界の交雑育種の進展　12
　　1.10.2　日本の交雑育種　12
1.11　一代雑種育種 ………………………………………………………………… 13
　　1.11.1　雑種強勢発見の歴史　13

vii

1.11.2　雑種トウモロコシの研究　*14*
　　1.11.3　ヘテロシスの概念　*15*
　　1.11.4　トウモロコシにおける一代雑種育種の進展　*16*
　　1.11.5　トウモロコシ以外の植物での一代雑種育種　*16*
　1.12　倍数性育種 …………………………………………………………………… *17*
　　1.12.1　ゲノムと倍数体　*17*
　　1.12.2　コルヒチンの発見　*17*
　　1.12.3　倍数体の育種的利用　*18*
　1.13　突然変異育種 ………………………………………………………………… *20*
　　1.13.1　人為突然変異の発見　*20*
　　1.13.2　突然変異育種の歴史　*21*
　1.14　細胞組織培養と細胞融合 …………………………………………………… *23*
　　1.14.1　組織培養　*23*
　　1.14.2　葯培養と半数性育種　*23*
　　1.14.3　培地上の突然変異育種　*24*
　　1.14.4　細胞雑種　*24*
　1.15　遺伝子組換え育種 …………………………………………………………… *24*
　　1.15.1　基礎技術の開発　*24*
　　1.15.2　遺伝子組換え技術の進展　*25*
　　1.15.3　遺伝子組換えの育種的利用　*25*
　　1.15.4　遺伝子組換え体の安全性論争　*26*

第2章　栽培植物の起源と進化 …………………………………………………… *27*

　2.1　農耕の起源 ……………………………………………………………………… *27*
　2.2　植物の栽培化にともなう特性の変化 ………………………………………… *28*
　　2.2.1　順化　*28*
　　2.2.2　栽培化と特性への影響　*29*
　　2.2.3　栽培種が獲得した特性　*30*
　2.3　栽培植物の生物学的変化 ……………………………………………………… *33*
　　2.3.1　1次作物と2次作物　*33*
　　2.3.2　進化における染色体構成の保存性　*33*
　　2.3.3　栽培植物の進化の要因　*34*
　　2.3.4　栽培植物の画一化　*36*
　2.4　栽培植物の起源地 ……………………………………………………………… *36*
　　2.4.1　de Candolle の説　*36*
　　2.4.2　Vavilov の説　*37*

  2.4.3　Harlan の説　*37*
 2.5　栽培植物の分類 ……………………………………………………………………… *41*
  2.5.1　種概念　*41*
  2.5.2　栽培植物の分類単位　*41*
 2.6　栽培植物の進化 ……………………………………………………………………… *42*
  2.6.1　パンコムギの進化　*42*
  2.6.2　イネの進化　*45*
  2.6.3　トウモロコシの進化　*46*
  2.6.4　ライムギの進化　*47*
 2.7　栽培植物の伝播 ……………………………………………………………………… *48*
  2.7.1　伝播のルート　*48*
  2.7.2　ダイズの伝播　*49*
  2.7.3　ジャガイモの伝播　*50*
  2.7.4　サツマイモの伝播　*51*
  2.7.5　アルファルファの伝播　*52*

第3章　遺伝資源の探索と導入 …………………………………………………… *54*

 3.1　遺伝資源の定義 ……………………………………………………………………… *54*
  3.1.1　遺伝資源の定義　*54*
  3.1.2　遺伝資源の重要性　*55*
  3.1.3　遺伝子供給源としての遺伝資源の分類　*56*
 3.2　遺伝資源の探索の歴史 ……………………………………………………………… *57*
  3.2.1　プラントハンター　*57*
  3.2.2　遺伝資源の探索　*59*
 3.3　遺伝資源事業 ………………………………………………………………………… *60*
  3.3.1　遺伝資源事業の組織化　*60*
  3.3.2　遺伝資源事業における国際協力　*61*
 3.4　遺伝資源の枯渇 ……………………………………………………………………… *64*
  3.4.1　遺伝資源の成り立ち　*64*
  3.4.2　遺伝資源枯渇の原因　*64*
  3.4.3　遺伝的侵食による枯渇　*65*
 3.5　遺伝的画一化と遺伝的脆弱性 ……………………………………………………… *67*
  3.5.1　遺伝的画一化　*67*
  3.5.2　遺伝的脆弱性の歴史　*67*
 3.6　遺伝資源の収集戦略 ………………………………………………………………… *69*

3.6.1　何を収集すべきか　*69*
　　　3.6.2　どこへ収集にいくべきか　*69*
　　　3.6.3　収集の現場　*70*
　　　3.6.4　収集個体数と収集個所　*70*
　　　3.6.5　収集個体のきめ方　*71*
　　　3.6.6　収集の記録　*71*
　　　3.6.7　植物防疫　*72*
　3.7　遺伝資源の保存方法……………………………………………*72*
　　　3.7.1　生息域外保存　*72*
　　　3.7.2　生息域内保存　*77*
　3.8　遺伝資源の管理………………………………………………*78*
　　　3.8.1　種子の増殖と更新　*78*
　　　3.8.2　種子繁殖と集団の遺伝子型構成　*79*
　3.9　遺伝資源の評価………………………………………………*79*
　　　3.9.1　遺伝資源データ　*79*
　　　3.9.2　遺伝資源の特性評価　*80*
　　　3.9.3　遺伝資源の分類　*80*
　　　3.9.4　核コレクション　*81*
　　　3.9.5　収集保存された遺伝資源の変異性　*82*
　3.10　育種家権利と遺伝資源の権利…………………………………*82*
　3.11　遺伝資源の利用………………………………………………*83*
　　　3.11.1　育種的利用　*83*
　　　3.11.2　海外における遺伝資源の育種的利用例　*83*
　　　3.11.3　日本における遺伝資源の育種的利用例　*84*

第II部　遺伝変異の分離と組合せ……………………………*87*

第4章　選抜育種……………………………………………………*88*
　4.1　自殖性植物の選抜育種…………………………………………*88*
　　　4.1.1　純系分離法　*88*
　　　4.1.2　純系分離法の実例　*90*
　　　4.1.3　自殖性植物における集団選抜法　*91*
　4.2　他殖性植物の選抜育種…………………………………………*91*
　　　4.2.1　系統分離法　*91*
　　　4.2.2　他殖性植物における選抜育種の実例　*92*

4.3　栄養繁殖性植物の選抜育種 …………………………………… 92
　4.3.1　栄養系分離　92
　4.3.2　実生選抜法　92
　4.3.3　珠心胚実生法　93

第5章　自殖性植物の交雑育種 …………………………………… 94

5.1　交雑育種の特徴 ……………………………………………… 94
　5.1.1　交雑育種の長所　94
　5.1.2　交雑育種の短所　95
5.2　自殖性植物における遺伝的分離 …………………………… 96
　5.2.1　植物の繁殖様式　96
　5.2.2　自殖性植物における遺伝的分離と固定　97
5.3　量的形質の解析 ……………………………………………… 102
　5.3.1　質的形質と量的形質　102
　5.3.2　主働遺伝子とポリジーン　104
　5.3.3　環境効果　105
　5.3.4　統計遺伝学とQTL解析　105
　5.3.5　量的形質と遺伝効果　106
　5.3.6　遺伝母数の推定　110
　5.3.7　量的形質の遺伝率　111
5.4　交雑育種の基本 ……………………………………………… 113
　5.4.1　交雑育種における親の選択　113
　5.4.2　交配技術　115
5.5　集団育種法 …………………………………………………… 116
　5.5.1　集団育種法の定義　116
　5.5.2　集団育種法の手順　117
　5.5.3　集団育種法の得失　121
　5.5.4　世代促進法　122
　5.5.5　単粒系統法　123
　5.5.6　集団育種法の実例　125
5.6　系統育種法 …………………………………………………… 125
　5.6.1　系統育種法の定義　125
　5.6.2　系統育種法の手順　126
　5.6.3　系統育種法の得失　130
　5.6.4　系統育種法の実例　131
5.7　戻し交雑育種法 ……………………………………………… 131

5.7.1　戻し交雑育種法の定義　*131*
　　　5.7.2　戻し交雑における遺伝的分離　*132*
　　　5.7.3　戻し交雑育種法の手順　*133*
　　　5.7.4　戻し交雑における連鎖ひきずり　*134*
　　　5.7.5　戻し交雑育種法の得失　*136*
　　　5.7.6　戻し交雑育種法の変法　*136*
　　　5.7.7　戻し交雑育種法の実際　*137*
　5.8　半数体育種法 ……………………………………………………… *137*
　　　5.8.1　定義　*137*
　　　5.8.2　半数体の作出　*138*
　　　5.8.3　染色体倍加　*139*
　　　5.8.4　育種操作　*139*
　　　5.8.5　半数体育種法の得失　*139*
　　　5.8.6　半数体育種法の実例　*140*
　5.9　相互交雑育種法 …………………………………………………… *140*
　　　5.9.1　定義　*140*
　　　5.9.2　原理　*140*
　　　5.9.3　相互交雑の実際　*142*
　5.10　交雑育種における選抜の将来 …………………………………… *143*

第6章　他殖性植物の交雑育種 ……………………………………… *145*

　6.1　他殖性植物集団の特性 …………………………………………… *145*
　　　6.1.1　他殖性植物と自然交雑　*145*
　　　6.1.2　他殖性植物の交雑育種の特徴　*147*
　6.2　ヘテロシス育種法 ………………………………………………… *149*
　　　6.2.1　ヘテロシス　*149*
　　　6.2.2　ヘテロシスの理論　*150*
　　　6.2.3　近交系とは　*153*
　　　6.2.4　近交系の育成素材の選択　*156*
　　　6.2.5　トウモロコシのヘテロシス育種操作　*159*
　　　6.2.6　イネにおけるヘテロシス育種法　*168*
　　　6.2.7　野菜における一代雑種育種法　*171*
　　　6.2.8　ヘテロシス育種の実際　*177*
　6.3　集団改良システム ………………………………………………… *178*
　　　6.3.1　集団選抜法　*178*
　　　6.3.2　半きょうだい選抜法　*180*
　　　6.3.3　全きょうだい選抜法　*182*

  6.3.4 S_1 系統選抜法 *185*
  6.3.5 検定交雑選抜法 *186*
  6.3.6 集団間選抜システム *188*
 6.4 合成品種法 ·· *189*
  6.4.1 合成品種法の定義と特性 *189*
  6.4.2 多系統合成品種 *190*
  6.4.3 多個体合成品種 *192*
  6.4.4 合成品種の収量予測 *195*
  6.4.5 合成品種法による育成品種 *195*

第7章　栄養繁殖性植物およびアポミクシス性植物の交雑育種 ··· *196*

 7.1 栄養繁殖性植物とその育種の特徴 ··· *196*
 7.2 サツマイモにおけるヘテロシス育種 ·· *198*
  7.2.1 サツマイモの交雑育種の特徴 *198*
  7.2.2 サツマイモの交雑育種の手順 *198*
 7.3 果樹における交雑育種 ··· *199*
  7.3.1 果樹の交雑育種の特徴 *199*
  7.3.2 果樹における育種の手順 *200*
 7.4 アポミクシス性植物の交雑育種 ·· *203*
  7.4.1 アポミクシスの定義 *203*
  7.4.2 アポミクシス植物 *203*
  7.4.3 アポミクシスの遺伝 *204*
  7.4.4 アポミクシス育種 *204*

第8章　遠縁交雑育種 ·· *206*

 8.1 遠縁交雑における雑種の作出 ··· *206*
  8.1.1 遠縁交雑 *206*
  8.1.2 交雑障壁 *206*
  8.1.3 1側性不和合性 *207*
 8.2 受精前障壁の克服法 ··· *208*
  8.2.1 遺伝的要因 *208*
  8.2.2 橋渡し種 *209*
  8.2.3 花柱短縮 *209*
  8.2.4 メントール花粉 *209*
  8.2.5 成長ホルモンと免疫抑制剤 *210*
  8.2.6 試験管内受精 *210*

8.2.7　細胞融合　*211*
　8.3　受精後障壁の克服法 …………………………………………………… *211*
　　　8.3.1　胚救助　*211*
　　　8.3.2　その他の方法　*213*
　8.4　遠縁交雑におけるその他の問題 ………………………………………… *214*
　　　8.4.1　雑種不稔　*214*
　　　8.4.2　雑種崩壊　*214*
　　　8.4.3　雑種個体における組換えの促進　*215*
　8.5　遠縁交雑の歴史と育種的成果 …………………………………………… *216*
　　　8.5.1　遠縁交雑による新作物の作出　*217*
　　　8.5.2　遠縁交雑による近縁野生種の遺伝子導入の例　*219*

第 III 部　遺伝変異の創出 ……………………………………………… *221*

第 9 章　染色体変異と倍数性育種 …………………………………… *222*
　9.1　染色体の数と大きさの変異 ……………………………………………… *222*
　　　9.1.1　染色体とは　*222*
　　　9.1.2　染色体の数　*224*
　　　9.1.3　染色体の大きさ　*225*
　　　9.1.4　B 染色体　*227*
　9.2　植物進化と倍数性 ………………………………………………………… *228*
　　　9.2.1　ゲノムと基本数　*228*
　　　9.2.2　倍数性とは　*230*
　　　9.2.3　自然倍数性　*233*
　　　9.2.4　倍数性の栽培植物　*235*
　　　9.2.5　栽培植物におけるゲノム内部分倍数性　*237*
　9.3　倍数体における遺伝分離 ………………………………………………… *239*
　　　9.3.1　同質倍数体における遺伝分離　*239*
　　　9.3.2　異質倍数体における遺伝分離　*243*
　　　9.3.3　倍数体における遺伝子作用　*244*
　9.4　倍数性育種 ………………………………………………………………… *244*
　　　9.4.1　倍数性育種とは　*244*
　　　9.4.2　染色体の人為的倍加　*244*
　　　9.4.3　同質倍数体の育種的利用　*245*
　　　9.4.4　異質倍数体の育種的利用　*249*

- 9.5 半数体 ……………………………………………………… 251
  - 9.5.1 半数体の定義 251
  - 9.5.2 自然の半数体 251
  - 9.5.3 半数体の作出 252
  - 9.5.4 半数体における染色体対合 254
  - 9.5.5 半数体の育種的意義 255
- 9.6 異数体 ……………………………………………………… 256
  - 9.6.1 異数体の定義 256
  - 9.6.2 自然における異数体 258
  - 9.6.3 異数体の生存力と形質表現 258
  - 9.6.4 異数体の作出 259
  - 9.6.5 異数体の遺伝と遺伝解析 261
  - 9.6.6 異数体の利用 262
- 9.7 染色体の構造変異 ………………………………………… 263
  - 9.7.1 転座 263
  - 9.7.2 逆位 267
  - 9.7.3 重複 268
  - 9.7.4 欠失 269
  - 9.7.5 進化と染色体の構造変異 270

第10章 突然変異育種 …………………………………………… 271

- 10.1 突然変異育種の特徴 ……………………………………… 271
- 10.2 突然変異誘発の機構 ……………………………………… 272
  - 10.2.1 人為突然変異 272
  - 10.2.2 自然突然変異 273
- 10.3 突然変異原の選択 ………………………………………… 274
  - 10.3.1 放射線 275
  - 10.3.2 化学変異原 279
  - 10.3.3 突然変異原として何を選ぶか 280
- 10.4 γ線の照射法の決定 ……………………………………… 281
  - 10.4.1 種子照射と生育中照射 281
  - 10.4.2 超高線量照射 283
  - 10.4.3 累代照射 284
- 10.5 照射条件の決定 …………………………………………… 285
  - 10.5.1 放射線感受性の種属間差異 285
  - 10.5.2 放射線感受性の品種間差異 289

  10.5.3　線量　*290*
  10.5.4　線量率　*292*
  10.5.5　放射線効果の変更要因　*293*
 10.6　突然変異体の選抜法 …………………………………………………… *294*
  10.6.1　自殖性作物における突然変異体の選抜　*295*
  10.6.2　自殖性植物における突然変異体選抜の理論　*301*
  10.6.3　他殖性植物における突然変異体の選抜　*308*
  10.6.4　栄養繁殖性植物における突然変異体の選抜　*311*
 10.7　突然変異の誘発頻度 …………………………………………………… *314*
  10.7.1　葉緑素突然変異　*315*
  10.7.2　実用形質の突然変異　*315*
  10.7.3　突然変異原間の誘発効率の比較　*317*
  10.7.4　遺伝子座間の誘発率の差　*319*
  10.7.5　突然変異体の分子的基礎　*320*
 10.8　遺伝子資源の拡大と育成品種 ………………………………………… *321*
  10.8.1　遺伝的に有用な突然変異系統　*321*
  10.8.2　突然変異の新規性　*322*
  10.8.3　育成品種　*323*

第11章　組織培養の育種的利用 ……………………………………………… *328*

 11.1　培養 ……………………………………………………………………… *328*
  11.1.1　培養の定義　*328*
  11.1.2　培地　*329*
  11.1.3　滅菌と無菌操作　*331*
  11.1.4　カルス化と再分化　*332*
  11.1.5　全形成能　*333*
 11.2　細胞融合 ………………………………………………………………… *333*
  11.2.1　細胞融合とは　*333*
  11.2.2　プロトプラストの単離　*334*
  11.2.3　プロトプラストの融合　*336*
  11.2.4　雑種細胞における核と細胞質の構成　*337*
  11.2.5　体細胞雑種カルス　*340*
  11.2.6　雑種細胞または雑種カルスの選抜　*340*
  11.2.7　雑種細胞由来個体の確認　*344*
  11.2.8　非対称融合　*345*
  11.2.9　細胞質雑種　*347*
  11.2.10　育種的利用からみた体細胞雑種個体の問題点　*348*
  11.2.11　細胞融合の育種的利用　*349*

11.2.12　細胞融合による品種育成　350

11.3　ソマクローナル変異 ………………………………………………………… 351

11.3.1　ソマクローナル変異の発見　351
11.3.2　ソマクローナル変異の種類　352
11.3.3　ソマクローナル変異と通常の突然変異の比較　354
11.3.4　ソマクローナル変異の例　356
11.3.5　ソマクローナル変異による品種育成　357

11.4　細胞レベルにおける突然変異処理 ……………………………………… 357

11.4.1　細胞レベルの突然変異処理の得失　358
11.4.2　突然変異処理法　359
11.4.3　細胞レベルの突然変異率　360
11.4.4　再生個体での突然変異体選抜　360

11.5　葯培養と半数体作出 …………………………………………………… 361

11.5.1　葯培養の技術　361
11.5.2　染色体倍加　362

第12章　遺伝子組換え育種 …………………………………………………… 363

12.1　遺伝子組換えの基本操作 ………………………………………………… 364

12.1.1　遺伝子組換え　364
12.1.2　育種技術としての遺伝子組換えの得失　364

12.2　DNAの切断と選抜 ……………………………………………………… 365

12.2.1　制限酵素　365

12.3　目的遺伝子のクローニング ……………………………………………… 367

12.3.1　プラスミド　367
12.3.2　ベクター　367
12.3.3　DNAクローニング　368
12.3.4　遺伝子のクローニング　370

12.4　外来遺伝子の植物細胞への導入 ………………………………………… 372

12.4.1　アグロバクテリウム媒介遺伝子導入　373
12.4.2　物理的方法　380
12.4.3　化学的方法　382

12.5　遺伝子組換え細胞の選抜と植物体の獲得 ……………………………… 382

12.5.1　選抜マーカー　382
12.5.2　植物体の獲得　383
12.5.3　導入遺伝子の伝達とホモ接合化　383

12.6　遺伝子組換え植物の遺伝的安定性 ………………………………………… *384*
　12.6.1　導入遺伝子の数　*384*
　12.6.2　導入遺伝子の染色体上位置　*384*
　12.6.3　目的外遺伝子やDNA断片の導入　*385*
　12.6.4　導入遺伝子の発現とジーンサイレンシング　*385*
　12.6.5　導入遺伝子の伝達性　*386*
　12.6.6　組換え体にともなう染色体異常と不稔性　*387*

12.7　遺伝子組換え体の安全性 ……………………………………………………… *387*
　12.7.1　遺伝子組換え品種はなぜ安全性を問われるのか　*387*
　12.7.2　組換え体の自然生態系への影響　*390*
　12.7.3　組換え体の耕地生態系への影響　*394*
　12.7.4　食品としての安全性　*395*

12.8　遺伝子組換え体の安全性解析 ………………………………………………… *397*
　12.8.1　閉鎖系実験　*397*
　12.8.2　非閉鎖系実験　*399*
　12.8.3　模擬的環境利用　*399*
　12.8.4　開放系利用　*401*
　12.8.5　食品としての安全性審査　*402*
　12.8.6　実質的同等性　*402*

12.9　遺伝子組換え育種の現況 ……………………………………………………… *403*
　12.9.1　遺伝子組換えによる育成品種　*403*
　12.9.2　遺伝子組換え作物の食品としての許可と表示　*405*

あとがき ……………………………………………………………………………………… *407*
引用文献 ……………………………………………………………………………………… *409*
索　引 ………………………………………………………………………………………… *443*

第Ⅰ部

育種と栽培植物の歴史

第1章　育種学小史

> すべての品種がいまみられるような完全な，また有用なものとして，突然に生じたとは想像できない．実際，いろいろの例で，品種の歴史はそのようなものではないことが，わかる．そのかぎは，選択をつみかさねていかれる人間の能力にある．自然は継起する変異をあたえ，人間はそれを自分に有用な一定の方向に合算していく．この意味で，人間は自分自身に役だつ品種をつくりだしていくのであるといえる．
>
> Charles Darwin (1859)（『種の起源』，八杉竜一訳）

1.1　育種学の定義

育種(breeding)とは生物を遺伝的に改良して新しい品種を作成することであり，**育種学**(breeding science)とは，そのための原理と手法を攻究する学問である．栽培植物の改良は農耕の発祥とともにはじまったが，品種改良の科学としての育種学は1900年のメンデルの法則の再発見による近代遺伝学の誕生からである．

PoehlmanとSleper(1995)は，植物育種学について，"Plant breeding is the art and the science of improving the heredity of plants for the benefit of humankind."と定義している．英語のbreedingの語はいまでは育種の意味でよくもちいられるが，もとは繁殖，とくに動物の交配における雄の繁殖の意味をもっていた．なお育種学の英名としてthremmatologyがあるが，これはギリシャ語の $\theta \rho \epsilon \mu \mu a$（養われているもの，家畜）に由来し，Ray Lancasterが生物の改良に関する原理と実験にたいして名づけた語で，品種改良だけでなく繁殖や発育の領域も含んでいる(見波 1913)．

なお横井時敬は1898年刊行の『栽培汎論』のなかで「育種」という語を作物改良の意味で最初にもちいた．また品種という語も1891年に横井時敬によってつくられた．

1.2 植物の性と交配

多くの植物で，起源地における栽培化とともに植物集団から望ましい個体を選ぶという操作が意識的または無意識的におこなわれたと考えられる．選抜は品種改良の基礎であり，ある意味では育種の歴史は植物の栽培化とともにはじまったといえるであろう．選抜が有効であるためには，植物集団の個体間に遺伝的な変異がなければならない．その変異は自然突然変異，集団内個体間の交雑による遺伝的分離，近傍の他集団や近縁野生種との自然交雑などによって供給されたものであった．

かつて品種は2通りのしかたで生まれた．1つは集団内からの選抜である．表現型に現れた変異個体を選び，ほかの個体と区別して毎年栽培をつづけることにより，新しい品種が得られる．分離育種の原型である．もう1つは，栽培植物が周辺地域に伝播していくなかで，異なる風土の気象や土壌の条件にあらたに適応した個体が繁殖上自然に有利となり集団中に増えることにより，それぞれの地域に特有の個体群ができあがる．いわゆる生態品種の誕生である．

現在品種改良の手段として主流となっている交配がおこなわれるようになったのは，農業の歴史からみればごく最近である．植物では雌雄がかならずしも異なる株でないため，種子をつける機構がなかなか理解されなかった．古代のアッシリア人やバビロニア人はナツメヤシに雌雄があり，実を得るには雌雄間の受粉が必要であること，交配次代には親と異なる種々の型の個体が分離することなどを知っていた．しかし受粉は実を得るための手段でしかなく，次代を得たり，そこから選抜をおこなうということは思いつかなかった．

ドイツの Rudolph Jakob Camerarius は1694年の同僚への手紙で，交雑には花粉が不可欠であること，花粉をもつ個体が父親で種子をつける個体が母親であることを知ったと伝えた．この結論は雌雄異株のホウレンソウ，アサや雌雄異花のトウモロコシなどの実験から得られたもので，彼の手紙は実験によって植物の性をあきらかにした最初の記録となった (Roberts 1965)．

日本では1874年に津田仙がその著『農業三事』のなかで植物には雌雄両全花，雌雄異花，雌雄異株があること，人為的交配によって品種の種類を増

やすことができると説いた．

1.3　初期の遺伝実験

ドイツの Joseph Gottlieb Kölreuter は Camerarius の報告を知って，1760年のタバコ属の種間交配をはじめとして13属54種を含む大規模な交配実験をおこなった．彼はタバコの種間交配次代が親よりも成長が旺盛であると報告している．雑種強勢についての最初の記録である．彼はまた正逆交配間で差がないこと，F_1は両親の中間であること，F_2ではさまざまな大きさの個体が分離することを認めた．

19世紀初頭の英国園芸学会の会長であった Thomas Andrew Knight はスグリ，ブドウ，リンゴ，ナシ，モモなどで優良種を得るために交配をおこなった．これが品種改良を目的とした最初の交配の記録である．彼はまたエンドウの種皮色について灰褐色が白色に対して優性に遺伝することをみいだした．しかしその分離比に注意を払うことはなかった．英国の T. Laxton は Knight の結果を知らずにエンドウの丸く白色の粒をもつ品種としわ粒で灰褐色の粒の品種を交配して，その2代目(F_2)で灰褐色粒および丸粒がそれぞれ白色粒およびしわ粒に対して優性であることを1872年に報告した．彼はこのとき各型の分離数も記録したが，供試数が少なかったため，3：1の分離比に気づくことがなかった．

1.4　異型分離と選抜実験

イギリスの農民育種家 Le Couteur はコムギ畑で23の異型が混じっているのをみつけ，それらの穂をとって次代の収量を比較した結果，選抜個体とその次代は似ていることを認めた．選抜個体はそれ以上の選抜を加えることなく，数世代増殖したのち新品種として市場に出された(de Vries 1919)．

英国スコットランドの Patrick Shirreff はコムギやエンバクの畑でまれにみいだされる成育の旺盛な個体を選抜して，子孫を分離し増殖した．これは純系分離法である．ただし，頻度は低く，1819年からの40年間で4品種しか得られなかった．彼は純系分離だけでなく，コムギで最初に大規模な交配を

おこなった。同様に米国の Hayes はコムギで，ドイツの Lochow はエンバクで選抜をおこなった。彼らの方法も雑駁な集団から優良個体を選抜する純系分離法であったが，個体の優良性をそれ自体ではなく，その次代の数百個体の平均で評価するという後代検定 (progeny test) の方法を採用したので，選抜効果はいちじるしく向上した。この後代検定はフランスの Luis de Vilmorin によるテンサイの選抜でも提案された。スワロフにあるスウェーデン種子協会の試験場でも場長 Hjalmar Nilsson の指導で，英国とは独立に穂別系統にもとづく純系分離法が採用され，コムギ，オオムギ，エンバク，ベッチなどで多くの品種の育成に成功した。なお当時ドイツの多くの育種家は，選抜した個体を後代で分けることなく集団として栽培していたため，選抜個体間で自然交雑がおこり，優良個体を得ることができなかった。

米国では他殖性のトウモロコシについて 19 世紀末から，穂別に得た種子を次代で系統とする穂別系統法による選抜が収量と収量構成要素，タンパク含量，油含量などについて開始された。イリノイ大学の C. G. Hopkins は 1896 年に油含量について高低，タンパク質含量について高低の方向に選抜を開始し，4 通りの系統を得ることができた。この選抜はその後 70 年以上もつづけられた (Dudley 1974)。

1.5　19 世紀までの品種

1.5.1　世界の品種

19 世紀末までの品種改良の手法は遺伝の原理にもとづかないものであったが，実際に育成された品種の数はけっして少なくなかった。Charles Darwin はバラの品種が当時でもすでに 1,000 を超えていると述べている。フランスの de Vilmorin が農業中央協会から任されてヨーロッパ中から収集したジャガイモの品種数は，1846 年でも 177 品種あった。その数は 1902 年には 1,492 品種に達した (Pelt 1993)。

1.5.2　日本の品種

日本における文字による記録は『古事記』(712) と『日本書紀』(720)，いわゆる記紀が最古であるが，記紀に米餅搗大使主命(たかねつきおおみかみのみこと)の名があり，イネのモ

チとウルチの別がすでにあったことがわかる．『風土記』には白鳥が化して餅になった話が，『大宝令』には餅をつくる役職が記されている．また『万葉集』(630頃—759)にはわせ（早生）の語がしばしば登場し，早生晩生の別が早い時代からあったことがうかがえる．イネの在来品種は明治末期には，千葉県だけでも1,000を超えていた．大正年間に国立農事試験場畿内支場で水稲の在来品種を蒐集したとき，その数は4,000以上におよんだ．

　畑作物については，日本最古の農書といわれる『清良記』にオオムギとコムギについて12品種が(筑波 1980)，また大蔵永常の『油菜録』(1829)にナタネについて多数の品種が記載されている．

　野菜については，江戸時代から品種名が記録に現れる．『和漢三才図会』(1721)にはカブの品種の記述がある．江戸幕府が享保年間に諸藩の物産を調査した結果では，ダイコン，カブ，ゴボウ，ニンジン，サトイモ，ツケナ，チシャ，ナス，トウガラシ，マクワウリなどで多数の品種があげられている(盛永と安田 1986)．

　花卉では，キク，アサガオ，ハナショウブ，ボタン，シャクヤク，ユリ，サクラソウ，フクジュソウ，ケシ，オモト，ツバキ，サザンカ，ツツジ，サツキなどで改良が早くからおこなわれ，多くの品種がつくられた．キクは奈良・天平時代に中国から伝来したといわれるが，すでに平安朝期に品種が増加し，江戸時代の元禄期には少なくとも231品種が流布していた．アサガオは奈良時代に薬用として唐から導入されたが，江戸時代文化期には166品種が図録に載り，朝顔花合会が開かれ，形態や花色の改良が進められた．日本で最初の花の文献である釈作伝の『百椿集』(1630)には当時流行のツバキ100品種が解説されている．元禄期には花作りの流行が頂点に達し，水野勝元『花壇綱目』(1681)，貝原益軒『花譜』(1694)，江戸花戸三之丞『花壇地錦抄』(1694)などが刊行された．またボタン481，キク231，ツツジ169，サツキ163，シャクヤク104品種がこの頃に記録されている．

　メンデルの遺伝法則が知られる以前の日本で生まれた品種は，ほとんどすべて自然突然変異または自然交雑の後代に出現した実生の選抜によるものである．

1.6 自然突然変異

1.6.1 世界における自然突然変異の利用

自然突然変異率は低く，遺伝子によって異なるが，ふつう遺伝子あたり10^{-6}程度である．しかし栽培されている植物体の数は膨大であるので，そのなかから自然突然変異による変異体を発見するチャンスはけっして小さくない．近代遺伝学が適用される以前に農業の現場で栽培されていた品種はすべて自然突然変異またはその交雑子孫に由来する．

自然突然変異の発見の記録は古くからある．中国では紀元前300年に穀類で早生などの自然突然変異が選抜された記録があるという．1590年にドイツのSprengerは彼の薬草園でケシ科のクサノオウ *Chelidonium* の変わりものを発見したと記述している．欧州では花卉，果樹，栄養繁殖性植物の自然突然変異はsport（芽条突然変異）とよばれ，その例が多い．Darwinもその著『栽培下における動植物の変異』(1868)で数多くのsportの例についてふれている．

自然突然変異がそのまま品種として利用された記録も多い．1928-1930年にドイツのR. von SengbuschとJ. Hackbarthがルーピン畑で発見したアルカロイドを欠く黄色ルーピンはスイート・ルーピンという名で品種となった．オランダにおけるチューリップのさまざまな花色の八重品種群，ハワイにおけるパイナップル品種Cayenne，エンバクのVictoria Blight抵抗性品種，テンサイの単胚性品種などが自然突然変異として得られている．果樹やジャガイモ，サツマイモなどのイモ類でも自然突然変異が多い．米国のイネ品種Calroseの栽培圃場で発見された早生突然変異は1965年にEarliroseと命名されてカリフォルニア州で栽培された．

1.6.2 日本における自然突然変異の利用

日本でも元禄時代のアサガオで多くの変わりものがみいだされている．イネでは1828年の『本草図』で大黒型が，また明治の農学会報には紫稲，長頴，無芒，早熟性などの自然突然変異が栽培田でみいだされたことが記録されている．20世紀になると，自然突然変異の遺伝様式や染色体構成についての研究がおこなわれるようになり，寺尾(1922)，山崎(1923)，榎本(1929)

がイネで，寺尾と禹(1930)がアサガオで報告した．

　水稲における関取，神力，竹成，雄町，亀の尾などの品種はそれぞれ短稈，無芒，多収性，長稈大粒，早熟性の自然突然変異として得られたものである．たとえば関取は幕末の1848年に三重県の佐々木惣吉が1本の変わり穂をみつけ選抜育成したものである(池 1974)．また1909年には農事試験場畿内支場で愛国から無芒愛国が自然突然変異で得られた．サツマイモの品種の紅赤(別名金時)，蔓無源氏も自然突然変異由来である．ミカンの宮川早生をはじめとする早生温州の品種群は明治中頃以来温州ミカンからの芽条変異として得られた．いっぱんに甘夏とよばれている品種の川野なつだいだいも夏ミカンの枝変わりである．

1.7　Mendelによる遺伝法則の発見

1.7.1　Mendelの遺伝法則

　聖トマス修道院のアウグスチヌス派司祭であったGregor Johann Mendelは，1856年から修道院の庭を圃場としてエンドウで遺伝実験をおこなった．すなわち7つの対立形質（熟した種子の丸粒としわ粒，胚乳の黄色と緑色，種皮の灰褐色と白色，熟した莢の膨れ型とくびれ型，未熟莢の緑色と黄色，花のつき方の腋性と頂性，茎の長短）を選び，まず1対立形質だけ異なる組合せの交配をおこない，後代での分離をしらべた．交配次代(F_1)では7形質すべてについて両親のどちらか片方の表現型が観察され，中間型はなかった．たとえば丸粒としわ粒の交配では，すべての種子が丸粒となった．彼はF_1に現れた表現型をdominierend（優性），現れなかったほうをrecessiv（劣性）と名づけた．つぎのF_2では，優性形質だけでなく，劣性形質も現れ，しかもそれぞれ両親の表現型とまったく同じであった．中間型はなかった．優性と劣性の個体数の比はどの形質でも3:1という一定の比をしめした．さらにF_3では劣性個体の次代はすべて劣性であったが，優性個体は次代に優性個体だけしか生じないものと優性個体と劣性個体を分離するものがあり，その比は1:2であった．実験はF_7までつづけられた．彼は2形質および3形質について異なる品種間の交配もおこない，その分離する表現型の種類と比をしらべ，各形質が独立に分離するとした場合の比の積で表され

ることをあきらかにした．

　対立形質の優性劣性の関係は，のちに優性の法則と名づけられた．F_1 で隠されていた劣性形質が F_2 で現れ，優性と劣性個体が一定の比で分離することは分離の法則という．さらにある形質の分離が，ほかの形質の分離に影響されないことは独立の法則という．これらはまとめて**メンデルの遺伝法則** (Mendel's law of heredity) とよばれた．

　Mendel は表現型の分離様式がきわめて規則正しいので，その背景にかならずある法則が存在すると確信した．そして優性親を AA，劣性親を aa と表すと，F_1 はすべて Aa となり，F_2 での分離は $1AA+2Aa+1aa$ となることをしめした．彼は A や a を Faktoren（因子）とよんだ．これは粒子としての遺伝子を明確に表したモデルであり，遺伝の融合説を否定するものであった．

　Mendel は 1865 年 3 月 8 日モラビアのブリュン自然史学会で "Experiments in Plant Hybridization" という題の講演をおこなった．論文は翌年会報の第 4 巻に発表された．しかし当時ヨーロッパ社会では 1859 年に Darwin によって出版された『種の起源』が大きな論議の的になっていて，その陰で Mendel の論文は見逃されてしまった．ようやく 1900 年春になって，オランダの Hugo de Vries，ドイツの Carl Correns，オーストリアの Erich von Tschermak により，ほとんど同時にその真価がみいだされた．

1.7.2　日本におけるメンデリズムの普及

　日本にメンデリズムが入ったのは東京帝国大学の外山亀太郎によるカイコの遺伝研究による．彼は 1900 年からカイコの二化性白色繭の日本種と一化性黄色繭のフランス種の交配から，F_1 はすべて黄色繭になり，F_2 では黄色と白色繭が 3 対 1 に分離することを発見した．斑紋，繭形，眠性，卵色などについても同じ結果を得ている．これらの結果はヨーロッパにおけるメンデルの法則の再発見とは独立におこなわれた．またメンデルの法則が動物にも適用できることを最初にしめしたものである．北海道帝国大学農学部の星野勇三はトウモロコシ，イネなどで交配をおこない，粒のキセニアの現象を報告するとともにメンデルの法則を紹介している．外山の仕事は 1908 年の石渡繁胤や 1913 年の田中義麿の研究にうけつがれた．また 1910 年岡田鴻三郎

はイネやムギ類で，1913年池野成一郎はトウガラシでメンデルの遺伝法則を確認した．なおメンデルの法則が記事として日本にはじめて紹介されたのは，信濃博物学雑誌第7-9号(1903-1904)に掲載された臼井勝三による「メンデル氏の法則」である．

1.8 Johannsenの純系説と純系選抜法

デンマークのWilhelm Ludwig Johannsen(1903, 1909)は，インゲンマメの種子をもちいて1粒ごとの重さの選抜実験をおこなった．1900年に19粒の種子を親マメとして選び，自殖によって2年めに574粒，3年めに5,494粒を得，各粒の重さと親子関係を記録した．彼は極端な個体を毎代選抜しつづければ，選抜効果があるはずと考えた．1902年の5,494粒の重さはほぼ正規分布をしめした．各粒の重さを1900年の親マメからの由来別に平均すると，2倍近い幅の差が観察された．しかしそれぞれの親マメ由来の系統内で，1901年の重さべつに分けた1902年の粒の重さは，平均するとほとんど差がなかった．つまりインゲンマメの種子重には，遺伝する変異と遺伝しない変異があることがわかった．親マメ間の変異はそのまま縮小されずに子孫に伝達されたが，各親マメの子孫における個体間変異はまったく遺伝せず，系統内の選抜をおこなってもなんの効果もなかった．

Johannsenの実験は，19世紀末にスウェーデンでおこなわれたイネ科やマメ科作物の選抜実験の結果を証明したものといえる．彼は各親マメ由来の子孫のように遺伝的に固定した系統をTypusとよんだが，のちに純系と名づけた．なおgene（遺伝子）の語は彼によってはじめて名づけられた．それはメンデルのいう因子と同じ意味で，de VriesのPangeneの下4文字を借用したものであった．またgenotype（遺伝子型）およびその反応としてのphenotype（表現型）も1923年に彼が定義した．Johannsenの純系説にもとづく選抜法を純系選抜法(pure-line selection)，また育種法を純系分離法という．純系選抜法はアメリカのミシガン州立試験場など世界の試験地ですぐに普及した．当初は品種間交配ではその子孫に両親の中間型が分離するだけで，品種改良に役立つような大きな変異が得られないと考えられていた．

日本では明治末から大正にかけてのイネやオオムギの品種改良は，純系分離法が主流であった．1910年に陸羽支場にいた寺尾博は，イネとダイズの品種改良に純系分離法を採用した．純系分離法は各府県の試験場でも広くおこなわれ，多くの品種が生まれた．

1.9 農事試験場の開設

1.9.1 世界における農事試験場の開設

交雑育種を主流とする組織的な育種がはじまったのは，メンデルの遺伝法則が再発見され，近代遺伝学が誕生してからである．19世紀の中頃から各国で農事試験場が開設されるようになった．世界で最古の農事試験場は1843年に開設された英国のロザムステッド試験場である．ドイツでは1851年にライプチヒ郊外に最初の試験場が設けられた．米国では1862年に農務省が設置され，その付属地に育種園が開かれた（斎藤 1970）．スウェーデンでは1886年には種子の生産と改良のために南部のスワロフに民間出資によるスウェーデン種子協会が設立された．

1.9.2 日本における育種組織

1893年に農商務省の農事試験場本場が東京都の西ケ原に，同6支場が各地に設立され，品種改良とその基礎調査を種芸部が担当した（農業技術研究所 1974）．1902年には園芸部が，また園芸試験地が静岡県興津に設置された．1926年にはコムギ，イネ，ナタネ，ワタなどの指定試験地が各地におかれた．1932年からは食糧自給政策の一環としてコムギ増殖5カ年計画が実行された．

教育関係では，1915年に東北帝国大学農科大学（現北海道大学農学部）に日本最初の育種学講座が設置された．講座担当は明峰正夫で，交雑育種の基盤研究としてイネの開花現象の解析がおこなわれた．同じ1915年には第一次の日本育種学会が結成された．ただしこれは数年にしてゆきづまり，1920年に日本遺伝学会として再出発することになった．現在の第二次の日本育種学会は，戦後の1951年に設立された．

1.10 交雑育種の進展

1.10.1 世界の交雑育種の進展

品種間の人工交配によって新しい形質組合せをもつ新品種を得ようとする試みは，19世紀からはじまっていた．オーストラリアのWilliam Farrerは計画的に選択した3親間の交配によって早生で短強稈性のコムギ品種を育成した．またカナダのC. P. Saundersは1892年に父親が交配した後代から1904年に品種Marquisを育成した．米国のLuther Burbank (1849-1926) は，生涯で200以上の属の数千種で交雑による品種改良をおこない，シャスター・デージー，トゲナシサボテンをはじめ多数の有用品種を作出した．

園芸植物については，ヨーロッパで19世紀に入り交雑による雑種づくりがブームとなり，専門家だけでなくほかに職業をもつアマチュアも参加した．1829年頃の記録で英国だけでもチューリップ，ラナンキュラス，アネモネ，ダリア，スイセン，カーネーション，バラなどで数百種から千数百種の品種が育成された．とくにバラは英国のほかにフランス，イタリアでもさかんに品種改良がおこなわれた（春山 1980）．

1.10.2 日本の交雑育種

日本の交雑育種は江戸時代後期に民間育種家により野菜やカイコで試みられていた．明治に入って記録に残る交雑育種は，1891年に玉利喜造がオオムギで品種ゴールデンメロンを母材として交配による品種育成をおこなったのが最初である（増田ら 1993）．しかしこれは実用にはならなかった．1898年に滋賀県農試場長の高橋久四郎がイネではじめて除雄と人工授精をおこない，神力×善光寺の交雑から近江錦を育成した．農商務省農事試験場畿内支場（大阪）の加藤茂苞は1903年頃からイネおよびムギ類で交配試験をおこない，草丈，穂長，芒の有無，開花期など18形質について遺伝様式を解析した（長尾 1943）．大正初期から昭和にかけての育種学研究は，主要作物でメンデルの遺伝法則が成り立つことをあきらかにすることに集中した．日本で最初の交雑育種による実用品種は，1917年に札幌農学校の南鷹次郎によりゴールデンメロンとシバリーの交配後代から育成された醸造用オオムギの北大1号である．イネでは1921年に農事試験場陸羽支場で亀の尾と陸羽20

号の交配から陸羽132号が育成された.

交雑育種が本格的になったのは,昭和に入ってからである.1926年からコムギ,水稲,陸稲について,国立および府県試験場を統一して交配による組織的育種が開始された.水稲育種については生態学的考えをとりいれて,全国を9生態地域に分け,各地域に地方農事試験場を指定するとともに,地方育種試験地をおいた.イネでは育種組織が整備されるとともに,育種の基礎研究も進み,世代促進,出穂期調節,人工交配,外国稲の利用などの方法が進展した.とくに1939年には近藤頼巳により交配のための温湯除雄法が確立された.またいもち病抵抗性,耐冷性,品質,出穂期などの形質の遺伝様式が究明された.

初期の交雑育種はほとんどすべて2品種間交雑に由来する系統育種法であった.1931年には,森田早生×陸羽132号の交雑からイネの農林1号が育成された.外国稲のもつ高度の病害抵抗性遺伝子を日本の栽培種にとりこむために,戻し交雑育種がおこなわれた.

1949年に酒井寛一により集団育種法が紹介され,それにともない初期世代を無選抜で短期間に経過させるため,温室利用による世代促進の方法が考案された.1960年には集団育種法による最初の品種フジミノリが育成された.また1963年には世代短縮を加えた最初の品種秋晴が愛知県農業試験場で育成された.

1.11 一代雑種育種

1.11.1 雑種強勢発見の歴史

交配次代の雑種(hybrid)が親にくらべてずっと生育がよいことは植物育種家の間では2世紀以上前から知られていた.1763年のKölreuterはタバコの交配実験で,雑種が親よりずっと早い生長をしめすことをみいだした(Roberts 1965).これは植物で雑種が親よりも大きな繁茂(luxuriance)をしめすことを報じた最初の論文である.この現象はのちに雑種強勢(hybrid vigor)とよばれるようになった.1804年にKnightは,エンドウや果樹の交配を生涯つづけたが,園芸作物の品種について長い世代の間採種をくりかえすとしだいに活力が落ちてくることを認め,これらの品種には自然が定めた

寿命があり，人間と同じように高齢になると衰えてくると考えた．彼は交配で多くの品種を育成したが，交配にともなう雑種強勢が「老衰した」品種を救うことには気づかなかったようである．1800年代前半にドイツのCarl Wilhelm von Nägeliは700種1万組におよぶ種間交配をおこない，雑種が両親にくらべてさまざまな器官の成長について異常なほど強勢をしめすことを観察した．またDarwinも近親交雑の悪影響について多くの動植物の例をあげてくわしくのべている．

HallauerとMiranda(1981, p. 337)によると，トウモロコシの交雑結果についての最初の正しい解釈はCotton Matherの手紙にみられるという．Darwinは著書でトウモロコシの同じ系統に由来する自殖と交配次代をくらべて，後者の草丈が前者より高いことを述べている．Darwinは交配次代では多くの場合に自殖や近交より植物体の大きさ，活性，生産力などが増すことを1877年に記述しているが，それを雑種強勢と同じとは認めなかった．米国の育種家Burbankは海外からとりよせたさまざまな遺伝系統をつかって，交配により数多くの品種を育成しているが，雑種強勢の現象を認めてそれを積極的に活用しようとする考えにはいたらなかった．

1.11.2 雑種トウモロコシの研究

トウモロコシの放任受粉品種の交配でF_1が雑種強勢をしめすことを最初に報告したのは，米国ミシガン農科大学のW. J. Beal(1880)である．これよりトウモロコシ育種家の間で多収穫を求めて品種間交配がさかんにおこなわれるようになった．新品種のすぐれた特性を維持するためには自然交雑で不良品種の花粉がかからないように注意するようにと，彼は農家に説いてまわった．残念ながら彼が農家に薦めたのは雑種強勢の利用ではなく，交雑親の管理であった．放任受粉の次代が自殖個体より多収であることを経験的には知っていても，雑種強勢を積極的に品種改良に利用するのではなく，収量が減らないように自殖や近交を避ける方向に管理の重点がおかれていた．自殖をつづけると活性や収量がいちじるしく低下することが多くの実験で知られていたため，一代雑種を作成するために近交系を育成しようとする試みはなかった．

1.11.3 ヘテロシスの概念

ヘテロシスの概念に最初に達したのは，米国 Cold Spring Harbor にいた George Harrison Shull である．当時オランダの生物学者でメンデルの遺伝法則の再発見者のひとりである de Vries が，オオマツヨイグサを栽培するうち集団中に新種が中間型をへずに突然に出現することをみいだし，それを進化の要因であるとしてはじめて突然変異と名づけた．これはのちになっていまでいう突然変異ではなく，オオマツヨイグサの染色体が複雑な相互転座をもつことに起因することが判明したが，Shull は彼の結果は他殖性植物をむりに自殖したことによる現象にすぎないのではと疑い，オオマツヨイグサとトウモロコシを材料に選んで，自殖と交配の結果を比較しようと試みた．実験は意外な方向に展開し，1904 年から 1907 年のトウモロコシの実験で，彼もほかの多くの研究者と同様に，交配次代の雑種が強勢をしめすことを発見した．しかもその解釈に誤りがなかった．彼は，雑種強勢の差をもたらすのは自殖と交配という増殖様式のちがいではなく，近交系とその交配 F_1 という遺伝子型のちがいであることを認めた．そこで雑種強勢を表すのに当時つかわれていた "stimulus of heterozygosity" などのいい方にかわり heterosis（ヘテロシス）という簡潔な語をつくり，1914 年ドイツのゲッチンゲンでの招待講演で提案した．しかし運悪くその 3 週間後に第一次世界大戦が勃発したため，講演要旨の印刷が遅れ 1922 年になってようやく出版された．Johannsen が gene（遺伝子）という語を遺伝子本体についてのすべての仮説とは無関係な用語として提案したように，Shull は heterosis の語をその原因として提案されていた種々の仮説とは独立の概念とした．

コネティカット州立試験場にいた Edward M. East も 1904 年からトウモロコシの連続自殖の効果をしらべる実験をはじめていた．1912 年 East と Herbert K. Hayes は他殖性植物の自殖によって生じる活性の低下と，自殖性植物の交配によって生じる活性の増大は同じ現象の表裏にすぎないことを報告した．この実験はその後 30 年にわたりつづけられた．

1840 年頃の米国では放任受粉品種が約 250 あったと推定されているが，1910 年代までには早生で干ばつ抵抗性の品種などが育成され品種数は 1,000 に達していた．1920 年代になると，これらの品種のほとんどすべてで自殖による有用な近交系の作出が試みられるようになった（Troyer 1999）．

1.11.4 トウモロコシにおける一代雑種育種の進展

Richey(1922)は F_1 と親品種を比較した244の報告を要約して，F_1 の82.4％は両親の平均より，また55.7％はすぐれたほうの親よりも多収であることをしめした．F_1 雑種のなかでも近交系間の雑種がとくに多収になることは理論的にもわかっていたが，当時の手もちの近交系にはとても貧弱な系統しかなく，交配でその上に稔った F_1 種子も量が少なく，とても種子生産の目的にかなわなかった．近交系間交配，つまり単交雑による一代雑種（F_1 雑種）は実用化されなかった．一代雑種品種の実際的な利用がさかんになったのは，Donald F. Jones が1917年に単交雑間の交配，つまり複交雑の有用性を実証してからである．これにより米国，とくに北部のデントコーンの育種が大成功をおさめた．米国におけるトウモロコシ生産は1936年より急速に雑種トウモロコシで置き換えられてゆき，5年後にはほとんど完全に複交配による雑種品種で占められるにいたった．米国におけるトウモロコシの単位面積あたり収量は年を追って増加し，南北戦争終結(1865年)以来もずっと2トン/ha以下に低迷していた収量は，1930年からの30年間で倍増した．さらに1960年になると，優良な近交系が開発され，複交雑よりも単交雑や三系交雑による一代雑種品種が主流になり，年ごとの収量増大がさらに倍加され，収量は現在8トン/haを超えるにいたっている．

トウモロコシについては，1937年に長野県桔梗ケ原に飼料用トウモロコシ育種の指定試験地ができ，1954年にトウモロコシ農林交1号が育成された．また雄性不稔細胞質を利用した品種は1959年の農林品系交5号が最初である．

1.11.5 トウモロコシ以外の植物での一代雑種育種

ヘテロシス育種は，トウモロコシでの実績を受けて，ほかの生物の改良にも応用されるようになった．成功例はトマト，ナス，キュウリ，カボチャなどの果菜，カンラン，ハクサイ，ホウレンソウなどの葉菜，ペチュニア，キンギョソウなどの一年生花卉，ニワトリ(Warren 1927)，肉牛，乳牛，ヒツジなどの家畜，カイコなど種々の他殖性動植物にわたっている．なおWricke と Weber(1986)によれば，一代雑種の最初の市販品種は1910年にドイツの種苗会社 Ernst Benary のカタログに載っているベゴニアであると

いう．しかし斎藤(1969)によれば，1894年にすでにドイツの商会がベゴニアで作出した例がある．

コムギ，イネなどの自殖性作物でもヘテロシスの現象は早くから報告されていた(Freeman 1919, Griffe 1921, Jones 1926)が，トウモロコシなど他殖性生物でのヘテロシス育種の成果をみて研究が促進された(Briggle 1963, Virmani and Edwards 1983)．またジャガイモなどの栄養繁殖系作物(Buso et al. 1999)でもヘテロシス利用の研究がおこなわれている．

日本の一代雑種育種は，トウモロコシより野菜のほうが早かった．1924年に埼玉県農事試験場でナスの F_1 雑種玉交種が育成されたのが最初である(生井 1992)．これがきっかけとなって，神奈川県農事試験場で橘真，奈良県農事試験場でスイカの新大和などの F_1 雑種品種が育成された．

1.12 倍数性育種

1.12.1 ゲノムと倍数体

生物が生存するために必要な染色体の最小のセットをゲノムという．これは H. Winkler が1920年に提唱したゲノムの概念を，1920年代末頃から木原均がゲノム分析にもとづいて再定義したものである(Kihara 1929)．コムギ属やエンバク属の種のようにたがいに近縁の植物種間でも染色体数に数倍の幅があり，それがゲノム単位で異なることがあきらかにされた．

1.12.2 コルヒチンの発見

栽培植物のなかに多くの異質倍数性のものがあることが知られるようになり，2倍性植物の染色体を倍加したり，種間交配の雑種一代個体の染色体を倍加すれば育種的に有用な品種となるのではないかという期待が広がった．

1907年にドイツの Winkler が，トマトとイヌホウズキの接木実験の際に偶然トマトの4倍性組織ができることをみいだしたのが，倍数体を人為的に得た最初である．それ以降さまざまな方法が試みられたが，効果的な方法はみつからなかった．1932年に Randolph がトウモロコシで受精直後の胚に高温を加えた結果，5%の頻度で4倍体を得た．しかしトウモロコシ以外ではコムギ，オオムギ，ライムギでしか有効な結果が得られなかった．

チョウセンアサガオを材料に 20 年間にわたって倍数体の研究をつづけていた Albert Francis Blakeslee の研究室で，助手の O. J. Eigsti がアルカロイドの一種であるコルヒチンで処理した植物の根端細胞で染色体が倍加しているのを認めた．これをヒントにして Blakeslee は共同研究者 A. G. Avery とともにコルヒチンによる染色体倍加の方法を確立し，*Science* 誌などに発表した(Blakeslee and Avery 1937 a, b)．

1.12.3　倍数体の育種的利用

　コルヒチンの倍加作用は確実で，「植物改造の魔法の杖」とよばれ，その効果の発見により倍数性利用の育種が大きく進展すると期待された．人為倍数体の研究はソ連，インドをはじめ各国でおこなわれ，有効性が確認された属の数は 150 以上におよんだ．日本でも 1940 年にすでに古里和夫がコリウス，サルビアなどでコルヒチンによる 4 倍体作出の例を報告している(斎藤 1969)．1970 年代当初までは多くの作物で倍数性育種に大きな期待がかけられていた(野口 1947)．しかし，同質倍数体がもとの 2 倍体にくらべて実用的にすぐれている例は少なく，倍数性育種による新品種の誕生は多くの作物では期待できないことがしだいにわかってきた．1980 年頃には，倍数体とくに同質倍数体利用の育種を重要な手段とみる育種家は少なくなり，コルヒチンの時代は終わったといわれるにいたった．

(1) 同質倍数体

　植物学者 Stebbins(1956)は人為倍数体の育種における展望のなかで，同質倍数体が育種的に有望と予想される栽培植物としてテンサイ，アカクローバ，アルサイククローバ，ライムギ，ブドウ，スイカをあげている．テンサイは 1970 年までは 3 倍体品種が有望視され，日本でも 3 倍性単胚の一代雑種品種モノホープが 1973 年に育成されている．しかし 1980 年代以降は 2 倍性品種の比重が大きくなっている．アカクローバも種子生産力が低く，2 倍性品種より優秀なことが確かめられた英国でも栽培は伸びなかった．アルサイククローバは栽培植物としての重要性が低く，倍数性育種の手間をかけるほどの価値がなかった．4 倍性ライムギは穀粒作物または緑肥作物として東欧やロシアで実用化されたが，西欧諸国や米国での重要性は低い．スイカの 3 倍性による種子なしスイカ(Kihara 1951, Yamashita *et al.* 1957)も当初は

珍種として話題になったが，種子生産の面倒さと食味の点から消えてしまった．ブドウについては日本では巨峰をはじめとして4倍性品種が成功している．

　同質倍数性利用による育種は，穀類，野菜，果樹などでは期待どおりでなかったが，永年性牧草や花卉では成功した．日本でもイタリアンライグラスのヒタチアオバ，ペレニアルライグラスのヤツガネが1972年に4倍体の合成品種として登録されている．花卉ではヒヤシンス，カンナ，チューリップ，スイセンなど球根性のものに3倍性が，種子繁殖性のペチュニア，ビンカ，キンギョソウ，キバナコスモス，オオハンゴンソウなどでは4倍体にすぐれたものが多いことが知られるようになった．

(2) 異質倍数体

　異なるゲノムをもつ種間の雑種はいっぱんに不稔性が高いが，その染色体を倍加すると稔性が回復する．このような生物を異質倍数体または複2倍体という．染色体の倍加がコルヒチンの利用で容易になったことから，人為的に複2倍体を作出して新しい栽培植物を作成しようとする試みがさかんになった．結果は不稔性などの障壁にはばまれて，期待したほどではなかったが，同質倍数体の場合とちがって穀類をはじめ広い範囲の栽培植物で試みられ実用化された．

　数少ない成功例のなかで顕著なものは，コムギとライムギの交配と染色体倍加によって生みだされたライコムギである．1948年にJ. G. O'Maraによりデュラムコムギとライムギの交配による6倍性の複2倍体が作出され，1950年代のE. Sanchez-Mongeらの努力により多様な系統がそろえられ，ついに1969年にカナダのマニトバ大学で品種Rosnerが育成された (Müntzing 1979)．

　1944年に京都大学の香川冬夫がオクラとトロロアオイの交雑から複2倍体の新種ノリアサを育成した．ただしこの交配ではF_2個体の大部分が自然に複2倍体となるので，コルヒチン処理は加えられていない．野菜試験場の西貞夫らは，1955年カンランとハクサイを交配して，その雑種幼胚を培養して多数の雑種を得て，さらにそれをコルヒチンで倍数化して複2倍体のハクランを育成した．

1.13 突然変異育種

1.13.1 人為突然変異の発見

　放射線による人為突然変異の誘発に最初に成功したのは，ソ連の Nadson と Filippof による 1925 年の酵母の実験である．彼らの結果はロシア語で発表されたため，残念ながら世界的には注目されずに終わった．突然変異の育種的利用の研究もソ連では早く，A. A. Sapehin や L. N. Delaunay により 1927-1928 年頃にはすでにコムギなど栽培植物の X 線照射実験がおこなわれていた．

　米国の Hermann Joseph Muller は 1926 年にみずから工夫した *ClB* 系統というショウジョウバエをもちいて 4 段階の線量の X 線を照射して伴性劣性致死突然変異の誘発頻度をしらべた．その結果高頻度で，しかも線量に反応して突然変異が得られることをみいだした(Muller 1927)．Muller の報告はよくいわれるような突然変異誘発の最初の実験ではけっしてないが，突然変異誘発と放射線育種の研究を進展させる起爆剤となった．彼は論文のなかで，X 線による突然変異誘発は育種家にとっても役立つであろうと予測している．

　米国の Lewis John Stadler はオオムギとトウモロコシを材料として X 線およびラジウムの γ 線により照射次代に突然変異が得られることをみいだし，1927 年に口頭で，翌年 *Science* 誌に発表した(Stadler 1928)．彼は 1925 年にハーバード大に East を訪ねたときに X 線照射で得た突然変異体を持参しているので，実験は 1924 年にはじめられていたとみられる(Singleton 1955)．彼はその後 4 年間でオオムギ種子に照射した次代の 2,800 系統から 53 の突然変異体を得た．その多くは幼苗で観察できる葉緑素突然変異であったが，それらを突然変異処理の効率を表す指数としてつかうことを提案している(Stadler 1930)．なお倍数性のエンバクやコムギの種子照射も試みられたが，突然変異体は得られなかった．彼の論文では，線量反応，照射効果の化学物質による変更，照射後種子の貯蔵効果，照射次代の穂別系統での選抜方式，穂間のキメラなど，植物における放射線育種の基本的課題の多くがすでにあつかわれている．

　放射線だけでなく化学変異原(chemical mutagen)でも突然変異が生じる

ことは，F. Wolff が 1909 年にバクテリアで，E. Schiemann が 1912 年に菌類ですでにみいだしている．1940 年頃英国スコットランドの Charlotte Auerbach はマスタードガスによって突然変異が誘発されることをショウジョウバエでみいだした．マスタードガスは第一次世界大戦中に毒ガスとしてつかわれていたため，結果の発表は第二次世界大戦後の 1947 年まで延期された (Auerbach 1976)．

Ichijima (1934) はイネ種子の X 線照射次代で，矮性，密穂，粗粒などの突然変異を得た．Imai (1935) はイネの X 線照射により種々の程度の不稔稲や葉緑素突然変異が発生することを認めた．また木原 (1942) は X 線を一粒コムギの種子に照射して早生突然変異体を得た．

西村と中村 (1949) は，原爆が投下された長崎で同年秋に爆心地から 2 km 以内の田でイネ種子を採って栽培した結果，不稔および籾，穂，葉などの形態突然変異の出現を観察した．また不稔系統を細胞学的にしらべた結果，約半数が染色体の転座をもつことが判明した．

1.13.2 突然変異育種の歴史

Muller の人為突然変異の発見に触発されたスウェーデンの若き日の Åke Gustafsson は 1928 年にスワロフ種子協会の会長でルンド大学遺伝学研究所長であった Herman Nilsson-Ehle に接触し，その傘下で突然変異の育種的利用を目標とした大規模な研究を開始した．そこでは 3 つの基本的課題が検討された．

① 人為突然変異は自然突然変異と異なるか？
② 人為突然変異は既存の変異よりすぐれた価値をもたらすか？
③ 人為突然変異は労力に見合うだけの高頻度で出現するか？

期待どおりの成果はすぐには得られなかったが，1935 年になりオオムギで穂の粒密度が高く稈が強く収量も正常個体に劣らない突然変異体が得られ，これを *erectoides* と名づけた．

1928 年にはオランダの W. E. de Mol がヒアシンスの球根の X 線照射をはじめた．ドイツの E. Baur や H. Stubbe はキンギョソウ，トマト，ダイズで，R. Freisleben と A. Lein はオオムギで，インドネシアの D. Tollenaar はタバコで，突然変異育種に期待をかけて実験を開始した．1934 年に突然

変異育種で最初に得られた品種としてタバコの淡緑葉品種が登録された．しかし，育種が軌道にのるのは第二次世界大戦終了後に再開された研究がみのりだした1950年代後半からである．

突然変異誘発法の発見では先んじた米国は，突然変異育種の利用には消極的であった．これは当時育種家の関心がもっぱら一代雑種トウモロコシの育種に集中していたことによる．またStadler自身が人為突然変異はすべて染色体の欠失によるもので，真の遺伝子突然変異ではないという考えを強くもっていたことも影響した(Stadler and Roman 1948)．

日本では1949年に放射性同位元素(radioisotope)の進駐軍による輸入禁止が解除され，翌年から順次 β 線源としての ^{32}P, ^{35}S や γ 線源としての ^{60}Co, ^{137}Cs などの線源が輸入され，育種目的でもつかわれるようになった．また照射施設としてガンマルームが国立遺伝学研究所，蚕糸試験場(1956年)，農業技術研究所(1957年)，林業試験場，富山県農業試験場(1958年)などに設けられた．また1960年には茨城県那珂郡大宮町に農林省放射線育種場が設立され，翌年から野外照射施設であるガンマフィールドで果樹，林木，茶，クワなど永年性木本植物を中心として自然生育条件下での生体照射がはじまった(河原 1967)．施設の整備にともなって，突然変異の育種的研究が大学や農業技術研究所，さらに放射線育種場で展開された．

1950年代初めまでは，人為突然変異を遺伝的に研究することはあっても育種への利用には多くの研究者はまだ懐疑的であった．とくに交雑育種が進んだイネやムギ類では突然変異育種を利用してもそれ以上の改良はむずかしいと考えられていた．

しかし1953年に九州農業試験場で，翌年に青森県農業試験場の藤坂試験地でイネの突然変異育種事業が開始され，1958年に地方番号系統の西海64号が，翌年にふ系53号，ふ系54号，西海65号が育成され，突然変異の育種的価値が実証された．1966年には突然変異による最初の実用品種であるレイメイが育成された．

1.14　細胞組織培養と細胞融合

1.14.1　組織培養

　植物器官や細胞の培養が成功したのは，それほど新しいことではない．1922年にドイツのG. Haberlandtの学生であったW. Kotteはエンドウとトウモロコシの根端分裂組織の切片をもちいて，培地に肉汁を加えて短期間成長させることに成功した．またW. J. RobbinsとW. I. Manevalは肉汁でなくビール酵母の抽出液をつかってトウモロコシの根を20週間培養できた．1934年には米国のPh. R. Whiteが種々の無機塩類の組合せにショ糖と酵母抽出液を加えた自前の培地で，トマトの根を長期間成長させることができた．さらに1939年になって，P. Nobécourt, White, R. J. Gautheretがオーキシンを培地に加えることにより，同時に器官を再分化なしに無限に成育させることに成功した(Gautheret 1982)．

　1955年に米国のF. Skoogは酵母の抽出液から細胞増殖に有効な成分を分離し，これをカイネチンとよんだ．彼はC. Millerらとともに1957年に培地中のオーキシンとカイネチンの割合を変えるだけでタバコのカルスから，葉や根を再分化させることができることを発見した．

　1958年に米国のF. C. Stewardらはニンジンの根の篩部組織をきざんで，フラスコ内のホワイト培地にココナツミルクをいれた液体培地中において，回転させながら培養した結果，組織から単細胞が遊離して増えるのを観察した．単細胞は分裂し，カルスをへて，最終的には1個ずつニンジンとなった．

1.14.2　葯培養と半数性育種

　1964年にインドのS. GuhaとS. C. Maheshwariは，チョウセンアサガオをもちいて，花粉母細胞での減数分裂を研究する目的で葯を培養するうちに，被子植物ではじめて半数体を得た．1968年に日本専売公社の中田和雄と田中正雄はタバコで種々の発育段階の葯を培養して，四分子期の葯から半数体を得ることに成功した．同じく1968年に農業技術研究所の新関宏夫と大野清春は出穂1-2日前のイネの葯を培養して半数体のカルスを得，それを分化誘導培地に移して半数体を得た．1987年に北海道上川農業試験場で葯培養による最初の品種上育394号が育成された．

1.14.3 培地上の突然変異育種

1970年に米国のP.S. Carlsonは，葯培養で得た半数体の茎切片を液体培地に移して単細胞を遊離させてから化学変異原であるEMSで処理して，栄養素要求の突然変異株をはじめて選抜した．A. J. MüllerとR. Graheは1978年に，塩素酸カリウムとアミノ酸を含む培地でタバコの半数性細胞を培養して，塩素酸塩抵抗性についての多種類の突然変異体を選抜した．

1.14.4 細胞雑種

1968年に農林省ウイルス研究所の建部到が，タバコの葉肉組織を材料として，酵素処理によって生物活性の高いプロトプラストを大量につくりだす方法を開発した．これが契機となってプロトプラストをもちいた実験が急速に進んだ．1970年に長田敏行と建部到はタバコ葉肉組織からとった，たった1個のプロトプラストから植物体を再生させることができた．1968年以降英国のE. C. Cockingと共同研究者らはプロトプラストの種々の融合実験をおこない，異種異属の間でも細胞が融合することがみいだされた．

1972年には米国のP. S. Carlsonらがタバコ属の2種の葉肉細胞からとったプロトプラストを融合させ，はじめて体細胞雑種の作出に成功した．1978年にはドイツのG. Melchersが，トマトの葉肉細胞から得たプロトプラストとジャガイモの懸濁培養細胞から単離したプロトプラストを融合させて，通常の交配では成功しなかった異属間の雑種を得ることができた．これはのちにポマト(pomato)とよばれた．この名はかつて米国の園芸家Burbankがトマトの台木にジャガイモを接いだ，またはジャガイモの台木にトマトを接いだキメラ状植物で，新奇の果実を得たときにもちいた名である．

1.15 遺伝子組換え育種

1.15.1 基礎技術の開発

1944年のD. T. Averyによる肺炎菌の実験で，遺伝物質がタンパク質でなくDNAであることがはじめて実験的に証明された．さらに1953年のJ. D. WatsonとF. H. C. Crickによる「二重ラセン構造説」が契機になりDNAの研究が進展して，DNAが微生物だけでなく広く生物一般の遺伝物

質であることが認められるようになった．1960年代にはDNAを変化させずに高分子のまま生成できるようになり，酵素的特性が種々調査された．1968年には外来性のDNAだけを切断できるI型制限酵素が，1970年にはDNA鎖の一定の塩基配列を認識して切断できるII型制限酵素が発見された．

1.15.2 遺伝子組換え技術の進展

1972年に米国のP. Bergらはガラクトース発酵能を支配する遺伝子をもつファージDNAと哺乳動物の腫瘍ウイルスのDNAを試験管内で結合させ，はじめて雑種DNAを作成した．彼らはさらにこれを大腸菌や哺乳動物の培養細胞に移入しようとしたが，腫瘍ウイルス遺伝子をもつ大腸菌が実験室から洩れて，伝染性ガンという大災厄をもたらすことをおそれて実験を中止した．

米国のS. N. Cohenらは，1973年にテトラサイクリン耐性遺伝子をもつ大腸菌のプラスミドとペニシリン耐性遺伝子をもつブドウ状球菌のプラスミドを試験管内で制限酵素 *Eco*RI をもちいて結合させた．雑種DNAを大腸菌に移入した結果，大腸菌は両方の抗生物質に対して耐性をしめした．さらに翌年彼らはアフリカツメガエルからとったリボソームRNA遺伝子を含むDNA断片をプラスミドのDNAに結合した雑種DNAも，大腸菌内でそのまま増殖することを確認した．これによりどのような生物のDNAも大腸菌内で増やすことが可能であることが証明され，遺伝子操作実験が開始された．

植物では，1979年にタバコのプロトプラストとアグロバクテリウムを共培養して遺伝子組換えに成功したという報告が現れた．1983年にKungらが大腸菌にペチュニアやタバコのDNAを導入する実験に成功した．またそれとは独立にアグロバクテリウムを媒介にして異種の遺伝子を導入したタバコの植物体が得られた(Murai *et al.* 1983)．

1.15.3 遺伝子組換えの育種的利用

世界で最初に市場にだされた遺伝子組換え作物は1987年の中国で育成されたウイルス病耐性のタバコ品種である．食用としては1994年に日もちのよいトマトFlavrSavr（香りが保たれるの意味）が最初の遺伝子組換え体とされる．トウモロコシではBt遺伝子を導入したアワノメイガに抵抗性の品

種が1990年に作出され，1995年に飼料またはデンプン原料用につかわれるデントコーンにかぎって商業的利用が米国環境保護局から認められた．

現在，トウモロコシ，ダイズ，イネ，ナタネ，ワタなど多数の栽培植物で多くの遺伝子組換え体が作出されている．日本でも遺伝子組換えによる新系統の作出実験はさかんである．しかし遺伝子組換えという操作にともなう食品としての安全性への不信感から，組換え体品種は消費者からはかならずしも歓迎されてなく，イメージダウンをおそれて品種登録を控えている企業が多い．

1.15.4　遺伝子組換え体の安全性論争

1975年に米国カリフォルニア州のアシロマ(Asilomar)会議センターにおいて140人の分子生物学の研究者が集まり，遺伝子組換えとバイオハザード問題に関する国際会議が開かれた．これをアシロマ会議という．その結果，遺伝子組換え実験は実験指針を設けて安全性を確保しながら慎重におこなうことが合意された．それを受けて審議がはじめられ，翌年遺伝子組換え実験のガイドラインが米国国立衛生研究所(NIH)から世界ではじめて発表された．そこでは遺伝子組換え実験の潜在的な危険性の大きさに応じて，4段階の物理的封じこめと2段階の生物的封じこめという隔離を設けるべきことがきめられた．

日本でも1986年になって通産省による「組換えDNA技術工業化指針」が，1989年に農林水産省による「農林水産分野などにおける組換え体利用のための指針」が制定された．食品としての安全性の指針は1991年に厚生省で策定された．

第2章　栽培植物の起源と進化

> 歴史は，人が死に直面する戦場をほめたたえはするが，生に不可欠な農耕地について語ることを軽蔑する．歴史はまた，王の私生児の名は教えるが，小麦の起源については何も語らない．
> Jean Henri Fabre (1918)
> (*Wonders of Instinct*, 熊田恭一・前田英三訳)

2.1　農耕の起源

　人類が**狩猟採集**(hunting and gathering)から**農耕**(agriculture)に移った時期はいまから約1万年前とされている．当時の世界人口は約1,000万人，人口密度は1キロ平方に約1人，と推定されている．裸子植物が古生代石炭紀のおよそ3億年前，被子植物が中世代白亜紀の1億年前に生まれたことを考えると，人類が植物を栽培利用しはじめたのはごく最近のことといえる．その歴史は人類が類人猿から分岐してからの約500万年とされる時間にくらべてもきわめて短い．

　農耕のはじまりは人類の歴史において火の使用や車輪の発明にもまさる重要なできごとで，「新石器時代の革命」といわれる．人類は長い狩猟採種の時代をへて，ついに農耕による生活方法をみいだした．ただし狩猟採集の時代でも食糧が乏しくその確保が不安定であったということはなく，農耕への移行はゆっくりと，いくどとなく試行されためらいながら進んだと考えられる(Harlan 1984)．

　農耕は世界のどこか1つの地域からはじまったのではなく，いくつかの特定の地域で生まれ，長い時間をかけて周辺地域へ拡散していった．おもな農耕の発祥地として，近東の肥沃な三日月地帯 (2.3節参照)，中国北部，メキシコ南部，南米アンデス，アジア南部，アフリカの6地域があげられる．近東ではヤギやヒツジの家畜化と同調して，オオムギ，一粒コムギ，エンマーコムギなどの穀類と，エンドウ，ソラマメなどのマメ類が栽培化された．

中国北部ではアワやキビなどの雑穀類，メキシコではカボチャ，インゲンマメ，トウガラシ，トウモロコシが，南米アンデスではジャガイモが栽培化された．東南アジアなどの地域でもほとんど同時期に農耕がはじまったと考えられるが，野生のイモ類を中心とする農業であったため，考古学上の証拠が乏しい．また人類の起源地とされるアフリカでも，多くの固有の作物が生みだされたが，考古学的情報はエジプトしか得られていない．

農耕は世界の全地域にくまなく広がったわけではない．オーストラリア，アルゼンチン，アフリカ南部，北アメリカ西海岸など遅くまで農耕がみられなかった地域もある．たとえばオーストラリアは1788年にヨーロッパ人が侵入したときに30万人のアボリジニが住んでいたが，農耕はおこなわれていなかった．

2.2 植物の栽培化にともなう特性の変化

2.2.1 順化

栽培植物(cultivated plants)ないし作物(crop plants)は，農耕のはじまりとともに生まれ，人間社会の変遷とともに進化してきた．栽培植物の進化は，①ある野生の種の原作物(proto-crop)段階への進化，②順化，③順化した種のなかでの進化，の3相からなる(Donald and Hamblin 1986)．人間にとってなんらかの有用形質をもつことが原作物としての必須条件となる．植物や動物の野生種が人間の管理下におかれて形質が変化することを**順化**(domestication)という．domesticationはラテン語のdomus（家族）に由来する．植物が順化されるかわりに，人類社会も1カ所に定住するようになり，季節の栽培と収穫のサイクルになじみ，食糧，衣料，道具などの材料として植物を利用するすべを身につけるようになった．

順化の程度は作物によってひじょうに異なる．数千年の改良の歴史をへたコムギ，トウモロコシ，ジャガイモや育種技術を駆使して改良されたテンサイのような作物があるいっぽう，ゴムの木，サブクローバ，多くの熱帯果樹，パンノキ，ヤシ科植物，ブナ科の林木のように栽培化による変化が現在までほとんどみられない植物もある．いっぱんに順化により植物はいちじるしく変化するが，順化だけで新種が生まれることはない．ただしコムギ，エンバ

ク，タバコ，ジャガイモなど，順化後の進化における自然交雑と染色体の倍加で野生種とは異なる染色体構成をもつ別種に転じた作物も少なくない．

2.2.2 栽培化と特性への影響

野生種の集団内には自然突然変異や組換えによる遺伝的変異が含まれているが，それが栽培化の過程で農業様式に自然に適合したり，栽培者により意識的に選抜されることにより，野生植物は形態的あるいは生理的に異なる特性をもつように変えられていった．その変化は自然選択よりも効果的であった．たとえばわずか数年の栽培と無作為の選抜で，イネ科作物の脱粒性が消滅することが実験で確かめられている．穀類でも人が植物を収穫するだけならば，野生集団への影響はほとんどない．次代をつくるのは，収穫からのがれた種子であり，脱粒性，無限伸育性，休眠性などが変わることは少ない．しかしいったん収穫物を翌年に播いて栽培するようになると，非脱粒性，有限伸育性，非休眠性への変化，着粒率，種子数，種子の大きさなどの増加がおこり，順化が急速に開始される．人間の意図的な選抜が加われば，植物の形質の変化はさらに急速で決定的となる．なお作物として採用されなかった近縁種は脱粒性を保持したまま栽培種との競争力をつけて雑草化がはじまる (Harlan et al. 1973)．

ネオダーウィニズムの進化理論によれば，進化における生物の環境への適応は，ひとつひとつは小さな遺伝効果をもつ多数の遺伝子によって制御されている．大きな遺伝効果をもつ遺伝子による変化はいっぱんに有害であるとされている．しかし最近，栽培種とその祖先野生種との交雑後代をQTL解析にかけた結果では，栽培種と祖先種を区別している量的形質の遺伝子座は数少なく，しかも比較的大きな遺伝効果をもつことが，トウモロコシ (Doebley et al. 1990, Doebley and Stec 1991, 1993)，インゲン (Koinange et al. 1996)，ヒマワリ (Burke et al. 2002) で報告されている．植物の栽培化にともなう自生から農業環境への適応では，環境変化が激しく，自生時であれば有害であったと考えられる特性変化も栽培環境では有利となる．このような場合には，大きな遺伝効果をもつ遺伝子の変化による進化が急速に進んだと考えられる．また順化によって選抜された形質は劣性形質であるという従来の説もかならずしも成り立たない (Paterson et al. 1991, Doebley et *al.* 1994).

2.2.3 栽培種が獲得した特性

　順化にともない植物は農業に適応した特性をもつようになり，同時に野生のときに保持していた特性を失っていく．近縁野生種と異なる栽培植物のもつ形質をひとまとめにとらえて**順化症候群**(domestication syndrome)とよぶことがある(Hammer 1984)．栽培化にともなう変化には異なる種間で共通性がみられる．栽培種がもつ特性を以下に述べる．

(1) 形態的変化

　形態は肉眼観察により容易に識別できるうえ，収量や嗜好に直接関連している場合が多く，主要な選抜対象となってきた．

① 器官の巨大化と多産化：栽培化が進めば，選抜により人が利用したい器官の大きさが増すのは当然予想される．Darwinはセイヨウスグリの果実が野生種では平均0.5gであるのに対して，栽培種では当時でも53gに達すると記している．米国ニューメキシコのバットケイブで発見された5,600年前のトウモロコシの穂は長さ2 cmにすぎない．イネ科植物ではとくに穂の形態変化をとおして個体あたりの多産化が進んだ．トマトはいまの食卓にのぼるイチゴよりもずっと小さい実をつけていた．ソラマメ，カボチャ，ダイコン，リンゴなども，野生種ではいちじるしく小さかった．直接選抜対象となった形質だけでなく，対象形質と遺伝子座を共有している形質や密に連鎖している形質も，選抜により大きくなることがある．たとえばヒマワリでは種子が大きい方向に選抜された結果，葉や稈も大きくなった．

② 器官別の特徴化：*Brassica oleracea*は，原型はケールに近い形態をもっていたが，それから結球した葉をもつキャベツ，多くの花序をもつカリフラワ，茎が肥大したコールラビ，多数の脇芽をもつブロッコリ，と利用目的に応じて異なる器官が変化した種々の野菜が生まれた．

③ 形態変異の多様化：栽培化による形態の変化は巨大化だけではない．ジャガイモの塊根は野生種間では大きさも形もほとんどちがいがないが，栽培種間では大きな変異がみられる．日本のダイコンの品種間にみられる形態の多様さは選抜結果の好例である(西山 1958)．長さが20 cmに

も満たない聖護院大根，170 cm に達する守口大根，根がほとんど太らない葉用の小瀬菜大根，生体重が 15 kg にもなる巨大な櫻島大根，などじつにさまざまである．来日したソ連の遺伝学者 Vavilov (2.4.2 項参照) はその変異の大きさに感嘆して，日本を去る日に汽車の窓から「サクラジマダイコン！」と叫んだという．カボチャ，ユウガオ，トウガラシ，ナスなどの野菜でも栽培種間における形態の変異がいちじるしい．

(2) 生理的変化

起源地から伝播していった先でのさまざまな気候や土壌に適応していくうちに，栽培植物は種々の生理的変化を獲得していった．

① 日長反応性：低緯度で日長の季節間差が小さいアンデスで生まれたジャガイモは，当初は日長に感応性であったが，高緯度のヨーロッパ諸国に導入されてから長日でも塊根が肥大するような日長不感応性に変化した．

② 耐冷性：日本の水稲は，北海道でつぎつぎと耐冷性の高い品種におきかえられながら栽培北限を広げ，同時に日長に対する感応性をほとんど失った．

(3) 繁殖特性の変化

栽培種になる過程で，多くの植物は旺盛な繁殖力を失い，他種との競争力が減少した．ジャガイモ，アサ，ライムギなどの例をのぞけば，現在の多くの栽培植物は圃場から**逸出**(escape) して野生化する力をもはやもっていない．

① 自殖性化：イネ，コムギ，オオムギ，トマトなどでは野生種は他殖性で自然交雑しやすいが，栽培種では自殖性となっている．トマトはペルーでは高い自然交雑率をしめすが，ヨーロッパ導入後に完全自殖性に転じたと考えられている．自殖性化により集団中に潜在していた有害な劣性遺伝子がホモ接合になり淘汰される．また自殖により急速に遺伝的に固定した純系が分化し，そのなかの適応性の高い遺伝子型が集団中で優勢となる．さらに生息域の周縁地や不適環境の地域では個体間の交雑が十分におこなわれないおそれがあるが，そのような地域では自殖性のほうが他殖性よりも繁殖上有利となる．このようなことが他殖性から自殖性への変化を促すと考えられる (Briggs and Walters 1997)．

② 1年生への変化：また多年生から一年生へと繁殖特性が変化した例も多い．ニンジンやカブでは二年生から一年生への変化が生じた．ただしイネやトウモロコシでは多年生から一年生への変化は栽培化以前に生じた．

③ 有限伸育性への変化：野生種では茎が長く，旺盛に分枝をだし，無限伸育性をもつが，栽培種では節数が少ない有限伸育性となる例が，ダイズ，インゲン，ヒマワリ，ソルガム，サツマイモなどでみられる．

④ 発芽の促進と均一性：野生種では種子間で休眠期間にバラツキがあり，いっせいに発芽しないことにより，たまたま成育に不利な環境条件のときに発芽して全滅してしまう危険を回避している．しかし栽培種では栽培管理や収穫を同時におこなうために均一な発芽が要求される．

⑤ 登熟の均一性：アワでは初期の栽培種は数多くの分げつをもち，穂間で登熟期の差が大きかったが，分げつ数が1-2本にまで減るとともに穂が大きくなり，個体内種子間での登熟期がそろうようになった．

⑥ 拡散能力の減少：コムギ，オオムギ，エンバクなどのイネ科の野生種では，種子が成熟したときに穂軸が折れやすい．また穂から成熟した種子が脱落しやすい．このような性質により種子が自然に地上に散布され，次代の増殖がおこなわれる．それに対して穂や株の刈取りによって収穫される栽培種では，穂軸が折れたり種子が脱落すると収穫量が減ってしまう．とくに意識的に選抜を加えなくても，人手で刈りとられた種子を次代に播くという作業を数世代つづければ，自然と穂軸が折れにくく，脱粒しにくい個体が集団中に増えてくる．マメ類の野生種では，種子が完熟する頃莢がねじれて種子がとび散るしかけが発達しているが，栽培種ではその性質がほとんど失われている．これには莢の繊維の減少が関与している．栄養繁殖性のジャガイモでは，野生種のストロンは長く，子イモが拡散しやすくなっているが，栽培種ではストロンが短く子イモは親個体のまわりにかたまってつく．

⑦ 保護機構の減少：植物は果実の苦味や茎の刺などをもつことにより，動物による食害を防いできた．しかしキュウリやヤムイモなどのように栽培化により苦味をほとんど失った．またリンゴ，アンズ，ナシ，カンキツの栽培品種では幹の刺が欠けるか少なくなった．

⑧ 栄養繁殖性植物における種子稔性の減少：栄養繁殖性になることによって，減数分裂の篩を通らないため転座などの染色体異常が伝達されやすくなる．その結果花粉や種子の稔性がいちじるしく低下する．また高次倍数性，奇数倍数性，異数性などによって，減数分裂での染色体分離が異常となり不稔がもたらされる．2倍性でも染色体異常をもつ植物では同様に不稔となる．

2.3 栽培植物の生物学的変化

2.3.1 1次作物と2次作物

植物地理学者の Engelbrecht(1916)は，多くの作物はかつて種子の形や大きさや成熟期が似ている雑草をともなっていたと考えた．その例としてアマ畑の *Camelina sativa*，コムギ圃の *Bromus secalinus* をあげた．また主役である作物にとっては不適で雑草には好適な環境では，雑草が作物となって栽培されることをしめした．たとえば，イネは乾燥地では *Eleucine coracana* に，痩せた土地では *Panicum miliare* に，さらに悪い土壌では *Paspalum scrobiculatum* にとってかわられる．同様にソルガムはインドの乾燥地では *Pennisetum americanum* に，オオムギやコムギは痩せた地域ではエンバクやライムギにかわられる．

Vavilov(1926)はこの説をさらに進めて，栽培植物には古代から栽培され主要である **1次作物**(primary crop)と，かつては1次作物の畑で雑草であったのが進化して栽培されるようになった **2次作物**(secondary crop)とがあると述べた．1次作物にはコムギ，オオムギ，イネ，ダイズ，アマ，ワタなどが属し，2次作物にはライムギ，エンバク，ダッタンソバ，ナタネ，ニンジン，トマト，クローバ，ライグラスなどがある．ナタネやライグラスはアマ畑の，ニンジンはブドウ園の雑草であった．

2.3.2 進化における染色体構成の保存性

ある種とほかの種を交雑したとき，その雑種の減数分裂におけるそれぞれの種に由来する染色体間での対合の難易度で2種間の近縁性程度が測れる．またコムギのような倍数性種では1ないし2本の染色体を他種の染色体でお

表 2.1 イネ科の 4 作物間における染色体の対応

	オオムギ	コムギ	イネ	トウモロコシ
染色体基本数 (x)	7	7	12	10
倍 数 性	$2x$	$6x$	$2x$	$2x$(部分倍数性)
染 色 体 番 号	1 2 3 4 5 6 7	7 2 3 4 1 6 5	6 4 1 3 5 2 9	6, 9 2, 10 3, 8 1 3, 8 4, 5 2, 7

Sherman *et al.* (1995).

きかえた**染色体置換系統**(chromosome substitution line)の生存力からも同様に近縁性が推測できる．これらは 1 本の染色体全体での近縁性を測っていることになる．このようにしてたとえばコムギとライムギ，さらにコムギとオオムギが進化上で比較的に近縁であることが推定されていた．

最近は **DNA 多型**(DNA polymorphism)をもちいた**連鎖地図**(linkage map)の利用により，染色体の部分的領域の進化的相同性を異なる種間でくらべることができるようになった．すなわち 2 種間で染色体上の種々のマーカーの並び順が同じであるとき，それら染色体は進化の過程で遠い祖先がもっていた同一染色体から由来したとみなすことができる．これを**シンテニー**(synteny)とよぶ．これによりこれまで遠縁と考えられていた種々の栽培植物間でも，染色体は転座，逆位，欠失などの構造変異（第 9 章参照）を受けながらも，部分的には進化上よく保存されてきたことが判明した．たとえばイネ科では，コムギ，ライムギ，オオムギの間だけでなく，イネやトウモロコシとも染色体の対応がつけられた(表 2.1)．さらに染色体の対応は，エンバク，ソルガム，サトウキビ，アワ，ペレニアルライグラスまで広い範囲に認められている(Devos and Gale 1997)．

2.3.3 栽培植物の進化の要因

(1) 自然突然変異

野生植物から栽培植物への順化を可能にしたのは，野生植物集団中に内在していた遺伝変異である．遺伝変異はすべて自然突然変異とその遺伝的組換

えによって生じたものである．多くの自然突然変異は，集団中に出現しても選択されずに消えていく運命にあるが，たまたま栽培者の目にとまり選ばれ増殖されることにより，新しい品種を生みだす源泉となる．

(2) 近縁野生種からの遺伝子浸透

多くの栽培植物では，順化の後もただちに近縁野生種と独立して進化していったのではなく，いくたびとなく野生種との自然交雑を通して遺伝子の浸透がおこなわれた．たとえばトウモロコシは，テオシントの種々の系統との交雑がおこなわれ遺伝的な多様性が得られた．コムギでも4倍性コムギとタルホコムギとの自然交雑は，1回だけの出来事でなく，種々の遺伝子型をもつタルホコムギとの交雑がおこなわれ，多様な6倍性コムギが進化した．

(3) 集団間の自然交雑

Brassica 属などの自然交雑率の高い種では，栽培過程でも集団間での交雑が頻繁におこなわれ，多様な適応型が生まれた．

(4) 倍数化

染色体の倍加は植物の進化にとってきわめて重要な要因である．栽培植物にも倍数性種は多い．ただし染色体倍加が栽培植物に順化するずっと以前におこなわれたものと，順化後に生じたものとがある．倍数性種のサトウキビ *Saccharum officinarum* は，ニューギニアですでに同程度に倍数性化した *S. robustum* から選抜されたとされている．コムギでは栽培植物として現れたときにすでに2倍性のヒトツブコムギと4倍性のエンマーコムギが共存していたが，さらにそれ以降に4倍性コムギと2倍性のタルホコムギの種間交雑により6倍性への進化がおこなわれた．ジャガイモでは起源地で栽培が広まるなかで2倍性種間交雑から4倍性種が生じた．真の野生の倍数性種が存在しないタバコ，ワタ，*Brassica napus* なども，栽培下で倍数化が生じたと考えられる．

(5) 染色体の再配列

栽培植物の進化上で相互転座や逆位などの大きな染色体再配列が生じて種の分化がもたらされていることが少なくない．たとえばエンバク属の2倍性栽培種 *Avena strigosa* と近縁野生種 *A. longiglumis* との間には，少なくとも2つの大きな転座を含む染色体再配置が生じていることが減数分裂期における染色体対合から判明している (Rajhathy and Thomas 1974)．また

Brassica 属では転座や逆位などの染色体構造の大きな変化が，栽培植物の進化過程で何回も生じたことが，DNA マーカーによる染色体構造の比較から認められている(Lagercrantz 1998)．

2.3.4 栽培植物の画一化

地球上には約 250,000 種の顕花植物が現存しており，そのうち食用になる種は 80,000 種あるといわれている．人類がこれまで実際に食用に供してきたものは約 12,000 種である(Frankel 1976)．しかし農耕の発達とともに利用される植物種の数はしだいに少なくなり，これまで大規模に栽培されたのは 300 種にすぎない．さらに現在ではわずか 20 種が世界の食糧需要の 90% をみたしている．それらの重要な作物の多くは，イネ科とマメ科のたった 2 つの科に属している．食用のための植物利用という点では，人類は多様性から極端な画一性へと移ってきている(Lewington 1990)．食糧生産の効率を追い求めるあまり，ごく少数の植物に依存しすぎた食体系に陥っていくことは，食糧の安定供給という点から危険であり，また食文化の貧困化をもたらす．

2.4 栽培植物の起源地

2.4.1 de Candolle の説

フランスの Alphonse de Candolle は『栽培植物の起源』(1883)を刊行し，そのなかで分類地理学，歴史，言語学にもとづいて 247 の栽培植物について，その起源地を論じた．彼は野生種がみいだされる地域が栽培種の起源地であると考えたが，野生種はかならずしも祖先種ではなく，たんなる近縁種である場合が少なくなく，この方法では起源地は決定できない．

彼は栽培植物には旧大陸起源だけでなく，中央アメリカおよびアンデスを中心とする新大陸起源の作物があることをはじめて指摘した．トウモロコシ，タバコ，キャッサバ，ジャガイモ，サツマイモ，ワタ，ラッカセイおよびほかのマメ類，トマト，トウガラシ，メロンおよびほかのウリ類などが新大陸起源である．アメリカ大陸にヨーロッパ人が侵入するずっと以前から，アメリカ先住民（アメリンド）たちは優秀な農業を営んでいた．彼らが栽培して

いた栽培植物の種類は豊富で，現在米国で栽培されている植物の3割以上におよんでいる．

2.4.2 Vavilovの説

ソ連のNikolai Ivanovich Vavilovは，栽培植物を改良するためには，世界に分布する栽培植物の変異とそれら植物の発祥地を把握する必要があると考え，各地を探索調査した．その結果を整理するにあたって，彼は従来のような種の単位でなく品種や系統のもつ多様な形質に注目して分布をしらべる方法を考案し，これを微分的分類地理学または植物地理学微分法とよんだ(Vavilov 1967)．世界地図の上に変異の程度と地理的分布を記入していくうちに，栽培植物ごとにその変異が地球上の特定の地域に局在していることをみいだし，これらの地域をその植物の**多様性中心**(center of diversity)とよんだ．彼は種の発祥地である**起源中心**(center of origin)では優性形質が多く，そこから伝播した二次的な地域では劣性形質が多く多様性に富むと考えた．起源地は栽培植物間でかなり共通で，彼はこれを最初5地域に，最終的に1940年に7地域にまとめた．7地域とは，熱帯南アジア（インド熱帯地方，インドシナ半島，中国南部，東南アジア諸島），東アジア（中国中央部と東部，台湾，朝鮮半島，日本），南西アジア（コーカサス，近東，北西インド），地中海沿岸，アフリカ大陸（アビシニア），北アメリカ大陸（中央アメリカ，南メキシコ，西インド諸島），南アメリカのアンデス山系である．

彼の成果は栽培植物の起源地を探る世界の研究に大きな刺激をもたらした．彼自身はスターリンの独裁政治下で台頭してきたT. D. Lysenkoの説を認めなかったため，探索旅行の途上で官憲に捕らえられ，1943年に獄死した．

2.4.3 Harlanの説

Vavilovの方法は単純で結論は明快であったので，その起源地説は多くの教科書で紹介されている．しかしその後多くの修正すべき点があげられるようになった．彼の探索調査ではアフリカがぬけている．また当時はコムギの起源なども未解明であり，遺跡などの考古学的な情報も少ないなど時代的な制約もあった．

米国のHarlan(1970, 1971)は，Vavilovの方法論は単純すぎるとし，その

結論について疑問を呈している．彼の批判の要点は，
① 起源地の決定にもちいられた微分的分類地理学の方法は適当でない．彼は現在の栽培植物や近縁種の分布だけに注目したが，過去の植物の考古学的分布，関連する民族の人類学的証拠やこれまでの歴史など，利用可能な多くの情報にもとづき総合的に判断すべきである．
② 近東におけるオオムギやエンマーコムギやエチオピアのベニバナのように，植物が起源地で広く栽培されてもその変異が多様になるとはかぎらない．また多様性中心がある場合でも，しばしば起源地から遠くはなれた地域に生じる．多様性は栽培植物の進化上の活性によるもので，起源地の場所とは直接の関連はない．
③ 起源中心では優性形質が多く周辺の地域では劣性形質が多いという説も，ジャガイモなどではあてはまるが，多くの作物には成り立たない．
④ 起源中心とは，農耕が発祥し，そこから拡散していった場所と時代が確定できる地域と定義される．植物の伝播した地域が狭い場合や，起源が新しい栽培植物ではその起源中心もたやすくきめられる．たとえば近東や中央アメリカには，あきらかに起源中心の存在が認められる．しかし栽培化が広い地域の多くの場所で，種々の時期にはじまったために起源地が特定できない植物も少なくない．栽培植物の起源地は多くの場合，diffuse origin（拡散起源）であり，Vavilov の考えたような明確な境界をもたない．アフリカ，熱帯アジア，南アメリカでは，多くの作物が生まれたが起源中心は存在しない．
⑤ 順化によって栽培植物が起源地で誕生したときには，現在みられるような完成された姿ではなく，その後も近縁野生種の遺伝子をとりこみながら進化したものである．たとえばトウモロコシは *Tripsacum* と何回も交雑していまの形になった．パンコムギが成立する前には4倍性コムギとタルホコムギ *Aegilops squarrosa* が自然交雑する必要があった．同じような例はサトウキビ，ジャガイモ，ソルガム，キャッサバなどでみられる．なお Zohary(1970) によれば，ヒマワリ，トウモロコシ，コムギ，トマトなどは，周辺に生えている近縁種と交雑しながらそれらの遺伝子をとりこむ**移入交雑**(introgressive hybridization)によって種内の変異を大きくし適応地域を広げていった．

表2.2 栽培植物の順化の地域

	食用作物	工芸作物	野菜	果樹	牧草
中近東	ヒトツブコムギ エンマコムギ オオムギ エンドウ ヒラマメ ヒヨコマメ タチナタマメ	アマ ベニバナ ケシ	タマネギ リーキ	ピスタチオ アーモンド ナツメヤシ ザクロ チェリー プラム	ベッチ
アフリカ	ソルガム トウジンビエ アフリカンライス フォニオ テフ ササゲ フジマメ ヤムイモ ヒマ アブラヤシ	コーヒー	オクラ スイカ ナス		
中国など東アジア	イネ アワ キビ ヒエ ソバ ダッタンソバ ダイズ アズキ	タケ アブラギリ コンニャク アサ チョウセンニンジン チャ シナモン ショウノウ ウルシ	キャベツ メロン アブラナ カラシナ アスパラガス カブ ラッキョウ タマネギ リーキ ニンニク ウド ワガラシ シロウリ キュウリ ハス ダイコン クワイ ゴボウ セリ ワサビ	クリ カキ ビワ キンカン ギンナン クルミ レイシ モモ 中国ナシ ヒシ ヘーゼルナッツ ペカン	
東南アジアとオセアニア	ハトムギ イネ キビ シカクマメ リョクトウ コンニャク タロイモ	カラシナ ゴマ ココナッツヤシ ジュート ケナフ マニラアサ パルミラヤシ サゴヤシ	ヒユ ナス	パンノキ ライム ダイダイ レモン クネンボ グレープフルーツ スイートオレンジ	

2.4 栽培植物の起源地

	食用作物	工芸作物	野菜	果樹	牧草
東南アジアとオセアニア		サトウヤシ サトウキビ タマリンド		ドリアン マンゴスチン マンゴ バナナ	
中央アメリカと南アメリカ	キビ トウモロコシ アマランサス キノア キャッサバ サツマイモ ヤムイモ ジャガイモ ナタマメ ベニバナインゲン ライマメ インゲンマメ ラッカセイ	ヒマワリ ワタ	トウガラシ カボチャ クリカボチャ ペポカボチャ トマト ハヤトウリ バニラ ユウガオ ヒョウタン	パイナップル カシューナッツ パパイヤ アボガド グアバ サボテン バンレイシ ブラジルナッツ	ルピナス ダリスグラス
ヨーロッパ	エンバク ライムギ				

Harlan (1984).

⑥ 各栽培植物が1つの起源地しかもたないとはかぎらない．イネは西アフリカ起源の *Oryza glaberrima* とアジア起源の *O. sativa* とがある．コムギでは，ヒトツブコムギとエンマーコムギは独立の起源をもつ．アフリカのソルガムは異なる分布をもつ少なくとも3種の系統に由来する．

表2.2に，Harlan(1984)による順化地域別にまとめた栽培植物をしめす．彼は栽培植物の起源中心がなく5,000 kmから10,000 kmにおよぶ広い地域で順化がおこなわれた場合を非中心(noncenter)と名づけた．彼によれば，農業は，①近東の起源中心とアフリカの非中心，②北部中国の起源中心と東南アジアおよび南太平洋地域の非中心，③中部アメリカの起源中心と南アメリカの非中心，の3地域に発祥し，それぞれの地域では，中心と非中心とがたがいに影響しあいながら農業が発展した．

なお英国のHawkes(1983)は，栽培植物の起源地を**核センター**(nuclear center)とよび，農業の伝播後に生まれた**多様性地域**(region of diversity)と区別した．また比較的最近に生じた多様性地域を**小センター**(minor center)と名づけた．

2.5 栽培植物の分類

2.5.1 種概念

種(species)は，生物分類における基本単位であり，繁殖集団の隔離システムである．古来博物学者は，おもに形態学的な自然観察から，生物全体は連続した集団ではなく，多かれ少なかれ不連続な個体の集合からなり，各集合に属する個体間相互では自由に交雑するという結果を得て，この不連続な繁殖群を種と名づけた(Grant 1981)．それぞれの種は同じ種の個体を生み，異なる種間で雑種が得られることはまれである．18世紀のスウェーデンの博物学者 Carolus Linnaeus(Carl von Linné)はこれを，「自然の造物主は，生物にしばしば外観が変異する力を与えたが，けっして種を超える力は与えなかった」と表現している(Briggs and Walters 1984)．

しかし種の定義は生物学者によって異なり，まだ意見の一致をみない．分類学者はかつて標本の形態にもとづいて種を記述し分類した．しかし進化上の系統が異なる生物間で類似した形質が別々に進化する**収斂**(convergence)という現象があるので，形態だけでは種を分類できない．

動物学者の Mayr(1940)は種を「相互に交雑し，かつほかの集合体から生殖的に隔離されている自然集団の集合体」と定義した．これを Mayr の**生物学的種概念**(biological species concept)という．この定義では種を区別する基準は生殖隔離である．しかし生殖隔離の程度を実験的に正確に測るのはかならずしも容易ではない．また生殖隔離が全体的な近縁性ではなく少数の遺伝子によって支配される例もある．近年は生殖隔離だけを基準とするのではなく生態的地位，形態，進化などを考慮しようとする**進化的種概念**や，核酸塩基配列の解析にもとづく分岐分類学の結果をとりいれた**系統学的種概念**も提唱されている．

2.5.2 栽培植物の分類単位

Harlan と de Wet(1971)は，分類学での正式な方法だけでは栽培植物の分類には不十分であるとして，種およびその上位の分類単位として GP-1, GP-2, GP-3 という分類単位を提唱した（3.1.3項参照）．また GP-1 の下に通常の**亜種**(subspecies)の A と B を設け，A は栽培種に，B は野生種にあ

てるよう提案した．さらに亜種の下に race＞subrace＞cultivar＞line, clone, genotype を位置づけた(Grant 1981)．

1980年の栽培植物命名法国際規約(International Code of Nomenclature for Cultivated Plants: ICNCP)において，cultivar (**栽培品種**) を「なんらかの形質について識別され，（有性的または無性的に）増殖された際にその識別形質を保持する植物の集まり」と定義した．植物品種保護のための UPOV(3.10節参照)条約(1991)では，品種には公知のあらゆる品種と区別され(distinct)，じゅうぶんに均一(uniform)で，安定して(stable)いることが要求される．これらの区別性，均一性，安定性の3条件をまとめて英語の頭文字から **DUS** という．

栽培品種は植物変種(botanical variety, varietas)とは概念が異なる．後者は種の下位にランクづけされるのに対して，前者は固定したランクをもたない．植物変種は小文字のイタリック体でラテン語形式によって記述されるが，栽培品種は大文字ではじまるローマ体の近代言語形式で命名されなければならない．栽培品種には栄養系，系統，多系統，自然交雑する植物個体群，F_1 雑種のように毎回交雑によって再構築される個体群など，さまざまな構成の植物集団が含まれる(Brandenburg 1986)．なお育種学でよくつかわれる variety（**品種**）の語については，ICNCP は cultivar と同じ意味ならばもちいてもよいとしている．

2.6 栽培植物の進化

2.6.1 パンコムギの進化

コムギの進化は種間交雑と倍数性化の歴史である．コムギ進化の歴史は近東の**肥沃な三日月地帯**(Fertile Crescent)で開幕した．肥沃な三日月地帯とはヨルダン渓谷から北にむけアナトリア高原-シリア国境をへてイラン-イラクの国境にそって東に曲がった地帯をさす．進化の素材となったのは2つの野生種，つまり2倍性($2n=14$)でAAゲノムをもつ *Triticum monococcum* ssp. *boeticum* と，4倍性($2n=28$)でAABBゲノムをもつ *T. turgidum* ssp. *dicoccoides* である．ssp. *dicoccoides* は，AAゲノムをもつ2倍性の野

生種 *T. urartu* ともう1つの未知の2倍性種 (BB ないしそれ以前の SS ゲノムをもつ) との交雑およびそれにつぐ倍数化によって生まれた．葉緑体 DNA の *rbc*L 遺伝子の塩基配列解析から，4倍性コムギ野生種自体は数十万年前にすでに成立していたといわれる (Ogihara *et al.* 1991)．進化の素材となった2つの野生種は冬の草地やカシ林に生える草の1つであったが，紀元前 9000 年頃の気候変化によって急激に増加していた．

新石器時代 (Neolithic) の初期の紀元前 8500 年頃に var. *boeticum* の順化によりヒトツブコムギ (*T. monococcum* ssp. *monococcum*) が生まれ，ssp. *dicoccoides* からエンマーコムギ (*T. turgidum* ssp. *dicoccum*) が誕生した．栽培化がはじまった年代は遺された石器の数の増加や磨き具合の変化から間接的に推定されている．成熟期に穀粒が自然に穂軸から離れて地面に落ちる「脱粒性」，種子が成熟後すぐには発芽しない「休眠性」，穂軸の折れやすさなど，野生種がもつ性質が栽培化にともない淘汰されることにより栽培種への順化が急速に進行した．コムギ属の種は主として自殖性で，野生種と交雑することが少ないことも栽培種の成立を促す要因となった．

ヒトツブコムギとエンマーコムギは，オオムギとともに新石器時代の主要な穀物となった．ヒトツブコムギは痩せ地や寒さの厳しい気候に耐え，エンマーコムギはヒトツブコムギより多収であった．とくにエンマーコムギはチグリス・ユーフラテス川流域に広がり，その合流点に栄えたシュメール文明やバビロン王朝の食を支えた．紀元前 5500 年頃にはカスピ海南岸に，紀元前 4500 年前までにはエジプトに達した．紀元前 2000 年頃のテーベ近くの墓には，エンマーコムギを刈っている農夫の姿が描かれている．マカロニコムギ (*T. turgidum* ssp. *durum*) はエンマーコムギの裸性突然変異として選抜されたと考えられている．

パンコムギの歴史は一幕で終わらなかった．畑で栽培されているエンマーコムギ (AABB) に，2倍性のタルホコムギ (*Aegilops squarrosa* = *Ae. tauschii*, DD) という雑草の花粉がかかって自然交雑し，つづいて非還元配偶子の受精による染色体の倍数化がおきて，最初の6倍性コムギ ($2n=42$) が誕生した．これが現在のパンコムギ (*T. aestivum* ssp. *aestivum*, AABBDD) である (Feldman *et al.* 1995)．*T. aestivum* ssp. *spelta* が最初でパンコムギはそれから選抜されたとする説 (Sauer 1993) もあるが，考古学的調査結果とあわ

```
                                              2倍性野生種
              2倍性野生種          T.monococcum
2倍性野生種    I. monococcum ssp.   順化    ssp. monococcum (AA)
Ae. speltoides  (SS)   boeoticum (AA)      ヒトツブコムギ
Ae. bicornis    (SᵇSᵇ)
Ae. longissima  (SˡSˡ)   T. urartu (AA)
Ae. searsii     (SˢSˢ)

         │                │
         └────────┬───────┘
             4倍性│
         複2倍体 (AASˣSˣ)

         │
    4倍性│ 野生種              4倍性栽培種        2倍性野生種
    T.turgidum ssp.    順化    T.turgidum        Ae. taushii
    dicoccoides (AABB)         ssp. dicoccum (AABB)   (DD)
                               エンマーコムギ    タルホコムギ
                               皮性
                      突然変異  │
         4倍性栽培種   ↙       │ 6倍性│ 栽培種
         T.turgidum ssp. durum  T.aestivum (AABBDD)
         (AABB)                 パンコムギ
         マカロニコムギ          皮性
                                │
                           6倍性│ 栽培種
                                T.aestivum ssp.
                                aestivum (AABBDD)
                                パンコムギ
                                裸性
```

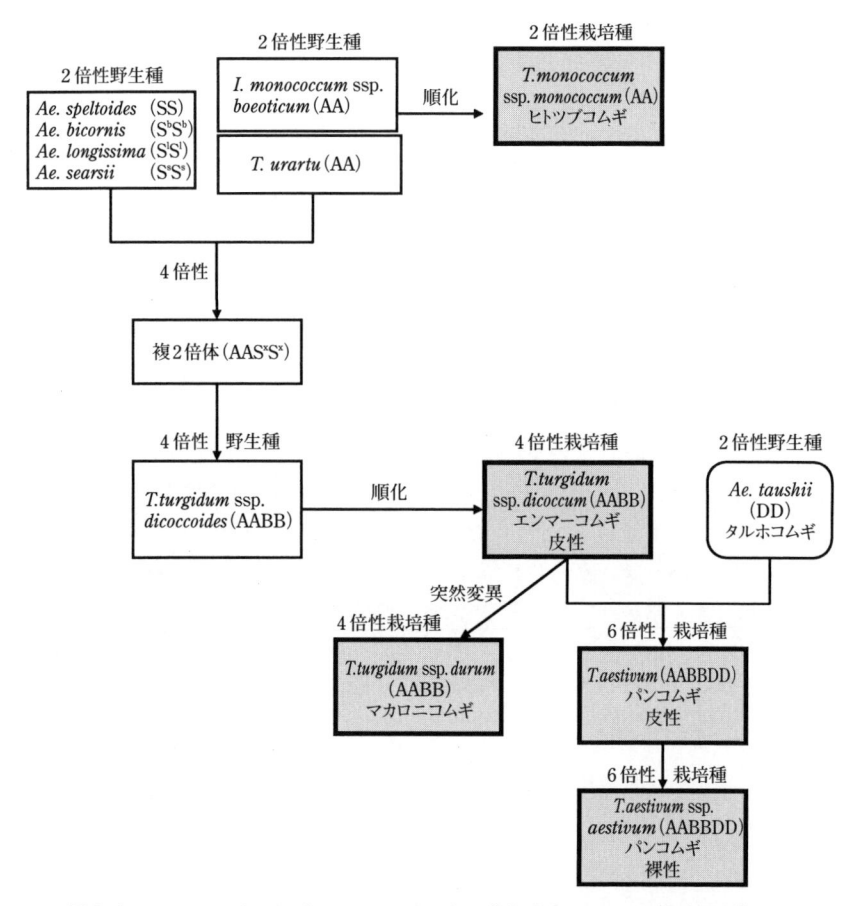

図 2.1 パンコムギおよびマカロニコムギの進化過程をしめす模式図 (Sauer 1993, Feldman *et al.* 1995).

ない．タルホコムギは南カスピ海から北イラン，北アフガニスタン，中央アジアまで分布していて，カスピ海地域にエンマーコムギの栽培がもたらされたときに6倍性コムギが生まれたと考えられている．その年代は確かではないが，紀元前7000年頃といわれる．タルホコムギとエンマーコムギの自然交雑は多くの畑で何回となくおこなわれ，タルホコムギの豊富な遺伝変異をとりこんださまざまな6倍性コムギが生まれた．図2.1にパンコムギおよびマカロニコムギの進化過程をしめす．

パンコムギはDゲノムをとりこむことにより大きな長所をもつにいたった．1つは広い気候適応性である．タルホコムギは中央アジアに適応し大陸性であるため，その血を引くパンコムギも冬の厳寒や夏の湿潤にも耐えることができ，温暖な地中海気候にだけ適応したエンマーコムギにはむかない地域にまで分布を広げた．もう1つは製パン性である．パンコムギはグルテンを含み，酵母の発酵で生じる炭酸ガスを包みこむので，ふっくらとしたパンがつくれる．ヒトツブコムギやエンマーコムギには，良質のグルテンが少ないので酵母を作用させてもパンにならない．

パンコムギは新石器時代後期にはバルカンおよび中央ヨーロッパに，青銅器から鉄器時代にはヨーロッパの東部，中央部，北部にまで普及した．紀元前2700年頃に栄えた第四王朝ダハシュールのピラミッドのレンガ中に穀粒が発見されている．旧約聖書の創世紀ヤコブの時代にはメソポタミアの主穀であった．

2.6.2　イネの進化

イネの進化は長い栽培の歴史によってもたらされた．イネには2つの栽培種，つまりアジアの *Oryza sativa* とアフリカの *O. glaberrima* がある．これら2種の共通祖先が何かは不詳であるが，*O. perennis* とその近縁種とする説もある．2つの栽培種の近縁野生種は南アジア，オセアニア，オーストラリア，中央および南アメリカ，アフリカと広く世界各地に分布することから，共通祖先種は分離し漂流する以前のゴンドワナ大陸(Gondwanaland)の湿地帯で白亜紀に生まれたと考えられている．*O. sativa* は多年生の野生種 *O. rufipogon* に由来する一年生の野生種 *O. nivara* またはその近縁種から順化したとされる．かつてはインドのアッサム山地から，北バングラデッシュ，ビルマ，タイ，ラオスをへて中国南部の雲南高原におよぶ地域が紀元前3000年頃からの稲作の起源地とされていた．これを「アッサム-雲南起源説」という．しかし1990年代以降では中国における考古学的研究成果をふまえて，イネの栽培化は彭頭山遺跡などに代表される揚子江中流ではじまり，それが下流域に伝わり河姆渡遺跡などを残し，さらに黄河流域にまで北上したとする「長江中下流起源説」が有力である．その時期は紀元前7000-5000年の新石器時代中期とされる(徐 2000)．初期の稲作はアワやヒエの栽培と

共存していた．

それぞれの地域での栽培慣行に長く適応するなかで，イネのさまざまな形態的または生理的形質が変化した．葉は多く大きく，稈は長く太く，穂は長大になるとともに，幼苗の成長，分げつ，粒の登熟が速くなった．同時に稈の着色，根茎の形成，浮イネ性，芒長，種子の脱粒性，休眠性などが減少した．日長感応性や低温耐性も変化した．花卉形態や開花期間の変化とともに自然交雑率がしだいに低くなくなり，ついに自殖性となった．

広い伝播地域と長い栽培過程からアジアのイネは3つの生態型に分化した．すなわち第一次中心から黄河流域に伝播したアジアのイネから Japonica 型が分化した．Japonica 型は朝鮮半島をへて，日本には縄文晩期の紀元前1000年頃に伝わった．いっぽう Indica 型は紀元前7000年頃には中国東部ですでに栽培されていた．インドネシアの Javanica 型はそれより起源が新しい．

もう1つの栽培イネ *O. glaberrima* は，歴史が浅く，*O. sativa* とは独立に多年生の *O. longistaminata* に由来する一年生の *O. barthii* から紀元前1500年頃以降に分化したといわれ，現在その分布は西アフリカにかぎられている．

2.6.3 トウモロコシの進化

トウモロコシの歴史はコロンブス以前のアメリカ先住民による栽培化の歴史でもある．6-8万年前のトウモロコシ，テオシンテ，*Tripsacum* の共通祖先のものとみられる花粉がメキシコ市で発見されている．トウモロコシ (*Zea mays*) はテオシンテ (*Z. parviglumis*) の5亜種中の1つから生まれたと考えられている．

テオシンテは一年生で，森林，路傍，畑のあぜなどに生えていて，家畜の餌ともなる．トウモロコシと形態が似ていて，雄蕊と雌蕊が別器官である点も同じである．ただほかの野生種同様に，種子が小さく，成熟すると種子が穂から脱け落ち，休眠が深い点などがトウモロコシと異なる．また種子が厚い殻をかぶっていること，多数の茎が分枝していること，穂は枝の各節に生じることなどの点もちがう．トウモロコシの順化の初期にはテオシントの種々の系統との交雑がおこなわれ遺伝的な多様化がもたらされたのであろうが，しだいにテオシンテとは独立に進化していった．

紀元前5000年頃とみられるトウモロコシとテオシンテの中間的で8列の非脱粒性の種子をつけた短く細い穂の遺物がメキシコのテワカン洞窟で発見されている．これはポップコーン（pop型）であった．トウモロコシはエクアドルやペルーには紀元前3000年頃に伝播し，pop型より粒が大きいタイプが分化した．これはdent型とみられる．トウモロコシが北アメリカへ入ったのは遅く紀元前300年頃である．

　トウモロコシが普及したのちも，アメリカ先住民の生活は約1000年間狩猟から農耕へと変わることはなかった．紀元500年頃，北米で灌漑農業がおこなわれるようになってアメリカ先住民の農耕も広まり，トウモロコシが各地域に伝播しflour型やflint型が生まれた．低地メキシコと中央アメリカのdent型トウモロコシはマヤ文明と関連があり，高地メキシコでは円錐型のトウモロコシ粒が分化し，これはアステカ文明と結びついていた．

　コロンブスがアメリカ大陸に到着した頃には，トウモロコシには多様な系統が分化していた．その一部は自然淘汰によるが，おもにはアメリカ先住民による選抜のおかげである．彼らは他殖性であるトウモロコシを森のなかで隔離栽培して，さらに自然交雑の種子はキセニア現象を利用して注意深くとりのぞくことにより，それぞれのもつ固有品種を維持していた．彼らが野菜として利用していた品種中に突然変異でsweet型が生まれた．

　トウモロコシは1492年にコロンブスにより旧大陸へもたらされ，翌年にはスペインで栽培されている．

2.6.4　ライムギの進化

　ライムギは最初コムギやオオムギの畑の雑草であった．ライムギの起源地はカスピ海西岸のトランスコーカサスや，小アジア，アフガニスタンなどの地域とされる．コムギやオオムギが起源地から北方や高地に伝播していったときに，雑草であるライムギもいっしょになって広がっていった．ライムギはコムギやオオムギより耐寒性が強く，1-2°Cでも発芽し，-25°Cでも生存可能である．また根系が発達していて養分吸収力が高く，痩せた土地でもよく成育する．このような特性から，コムギやオオムギが不適な環境にまで広がったとき，混じっていたライムギがかわって圃場にはびこることになった．アフガニスタンの高地ではコムギはしだいにライムギにかわられ，

2,000 m を超える海抜ではほとんどライムギだけが栽培されるにいたる．平地でもドイツ，北欧，シベリアの北方地域ではライムギが主役となった．作物化したのは歴史的に新しく，最古の栽培記録はローマ時代である．

野生種のときには多年生，晩熟，小粒であったライムギは作物に昇格して，一年生，早熟，大粒となった．また穂軸の節が失われて，成熟しても小穂が折れて脱落することがなくなった．

2.7 栽培植物の伝播

2.7.1 伝播のルート

栽培植物はそれぞれの起源地からしだいに世界の各地へ拡散し伝播した．その伝播のルートや年代は，それぞれの植物に固有である．伝播は人類の歴史におけるさまざまな出来事によって左右され，また導入された栽培植物が社会に大きな影響を与えてきた．伝播にともなう栽培環境の変化と新しい形質の人為的選抜により，栽培植物はさまざまな遺伝的な変化を受け進化した．

アレキサンダー大王の東方遠征によって，ヨーロッパにポプラが入った．ローマ帝国の軍団が駐屯先の各地へ故郷ローマのユリをはこび，イギリスにキュウリとハツカダイコンをもちこんだ．中世には十字軍の遠征(1096-1270年)によってバラ，キョウチクトウ，ザクロ，ラナンキュラスなどさまざまな園芸作物が伝えられた(春山 1980)．1492年のコロンブスのアメリカ大陸到達により，トウモロコシ，タバコ，キャッサバ，サツマイモなど新大陸起源の栽培植物が旧世界のヨーロッパにもたらされた．またスペインの南アメリカ侵略によりアンデス起源のジャガイモ，トマトがヨーロッパに導入された．アフリカの奴隷船とともにソルガムなどアフリカ産作物が新世界にはこびこまれ，逆にトウモロコシ，サツマイモ，ラッカセイが新世界からアフリカに伝わった．

東西を結ぶシルクロードはまた栽培植物の道となり，ペルシャ帝国の興隆にともない，西方の作物が中国，インドに，また中国の作物が西方に伝えられた．漢の武帝の時代にはゴマ，キュウリ，ソラマメ，ニンニク，ニンジン，クルミ，ザクロ，ブドウ，アルファルファなどが西域に派遣された漢使により中国にもたらされた．なお多くの文献では，これらの作物は張騫によって

導入されたとあるが，史家は誤りであろうと述べている (長澤 1993)．

なお星川(1978)は153種の栽培植物について個別に伝播ルートを世界地図上にしめしている．以下にいくつかの栽培植物の伝播の例を述べる．

2.7.2 ダイズの伝播

ダイズ (*Glycine max*) は，中国北東部が起源で，その栽培は少なくとも紀元前11世紀までさかのぼる．1世紀までには中国中部と南部に栽培が広がり，ちょうどその頃中国に伝わった仏教徒の菜食を補う重要なタンパク源となったと考えられる．また中国からさらに朝鮮，日本，ビルマ，インドにも栽培が広まった．これらの国では，ダイズはエダマメやもやしとしての使用のほかに，豆腐，醤油，みそなど独特の加工食品として消費された．このような使用法はアジア以外の国には普及せず，ダイズの栽培も伸びなかった．ヨーロッパには18世紀になってようやくアジアからの帰国者が種子をもたらした．米国には東インド会社所属の英国人がもたらした．またベンジャミン・フランクリンがロンドンから種子を送ったとか，1854年にペリー提督が開港した日本から種子をもち帰ったという記録がある (Sauer 1993)．1900年になってさらに日本から3品種が導入され，栽培がはじまったが，当初は飼料用にすぎなかった．1929年から1931年に中国，朝鮮，日本から約4,000の品種が導入されたが，その2/3以上は管理が悪く失われてしまった．

米国では第二次世界大戦中バターの不足を補うためにダイズ種子中に18-23%含まれる油によるマーガリンの製造が広くおこなわれるようになり，ダイズ油がサラダ油，石鹸などの原料として優秀なこと，ダイズ粕は家畜の飼料としてもつかえることが知られるようになった．またダイズはトウモロコシと輪作するとチッソ肥料の節減に役立ち，機械化による大量栽培にも適することも認められた．栽培は燎原の火のように広がった．1988年には栽培は2,300万 ha，収穫は世界生産の56%にあたる5,200万トンにおよび，ダイズの主産地はアジアからいっきに米国に移った．

ヨーロッパでは第一次世界大戦後のドイツやオーストリアで一時的な飢えしのぎとして食用とされたが，その後は東部ヨーロッパを中心に油原料または飼料用として栽培がおこなわれている．ダイズ種子は39-45%のタンパク質を含み家畜のための良質なタンパク質源となる．ブラジルでは1927年に

はじまったダイズ作は当初かぎられたものであったが，1968年頃からコーヒーにかわって輸出用に栽培されるまでに発展し，1988年には栽培は1,050万haに達した．

2.7.3 ジャガイモの伝播

ジャガイモはかつて高山植物であった．南アメリカ大陸のアンデス山系にある南緯16度，海抜3,812 mのチチカカ湖周辺で生まれた．最初に栽培されたジャガイモは2倍性の*Solanum stenotomum*である．どの野生種が祖先かは確定していない．Debenerら(1990)はRFLPによる調査で*S. canasense*としている．時期は紀元前4000年頃とされている．野生種にくらべて栽培種はイモがよく太る，イモをつけるストロン（匍枝）が短く収穫しやすい，アルカロイドであるソラニンが少なく，苦味や中毒害がないなどの長所をもっていた．ただまだ草姿は小さく，小葉は狭く，イモの目が深かった．また自家不和合性で他殖性であった．

*S. stenotomum*が周囲に伝播して，霜の降りない麓の谷あいにまで伝わった頃，自然突然変異によって休眠性がなく早く萌芽する早熟性の*S. phureja*が生まれた．

ジャガイモの種は減数分裂期に非還元性の配偶子（花粉，卵）をつくりやすいという奇妙な性質がある．現在利用されているジャガイモは4倍性であるが，最初の4倍性栽培種である*S. andigena*がこの性質を利用して生みだされた．*S. andigena*の生成についても諸説があるが，松林(1981)は，*S. stenotomum*と*S. phreja*が自然交雑し，子の2倍性雑種の種子が発芽し成育して減数分裂期に達したときに非還元性の花粉と卵ができて*S. andigena*が生まれたと提唱した．*S. andigena*は2倍性栽培種よりも高収量で，アンデス地帯の重要な食糧となった．草勢が弱く茎が折れやすい，イモの目が深い，さらに長日条件ではイモが太らないという欠点があった．2倍性種とちがって自家和合性であるが，自殖弱勢がいちじるしい．*S. andigena*が生まれた時期は比較的最近で，目の深い*S. andigena*と思われるジャガイモの模様をつけた土器が，紀元前500年頃のティアワナコ文化時代の遺跡で発見されている．*S. andigena*は1240年頃からはじまったインカ帝国でもトウモロコシやリャマの乾肉とともに重要な食糧となった．

インカ帝国はスペインのピサロの謀略によって1532年に滅ぼされ，ジャガイモはそれからまもなくスペイン船にのせられてヨーロッパに伝えられた．最古の記録は1573年のスペインのセヴィラ市にある病院の会計簿にある．スペインからはイタリア，ベルギー，オランダに伝わった．英国には新大陸から直接導入された．しかし18世紀になるまでの長い間，ジャガイモはヨーロッパでは食糧として普及しなかった．

ようやく普及したヨーロッパのジャガイモに糸状菌による疫病という災厄が襲った．被害はアイルランドでとくにひどく，1846年から7年間で餓死者は200万人，海外脱出も多く，北アメリカへわたった者だけでも100万人に達した．今日この飢餓は The Great Hunger とよばれる(Donnelly 2001)．ジャガイモの故郷であるアンデスは南緯16度で日長が比較的短い．その環境に適応した $S.\ andigena$ はヨーロッパの長日では極晩生になるかイモが太らずに終わる．実生によって生じた変異のなかから長日下でもイモが太り，秋の早霜のくる前に収穫できる新しいタイプである $S.\ tuberosum$ が18世紀末に分化し，実生による選抜がくりかえされて長日適応性と早熟性をもった原型が1830年頃につくられた．大飢饉が契機となって $S.\ tuberosum$ は疫病抵抗性が付与されて，ヨーロッパで急速に増えていった(Simmonds 1995)．$S.\ tuberosum$ は $S.\ andigena$ にくらべて日長反応のちがいだけでなく，イモの目が小さい，花が少ない，葉が大きい，ストロンが短い，イモの数は少ないが大きくてなめらかであるという特徴をもつ．

米国にはヨーロッパから逆移入された．日本には慶長年間に伝えられたとされる．

2.7.4 サツマイモの伝播

サツマイモ($Ipomoea\ batatas$)の起源と伝播様式には不確定の点が多い．言語学および歴史学的研究によれば紀元前2500年から紀元前2000年にはペルー南部およびメキシコで普及していた．実際には栽培の起源はずっと古いと考えられ，ペルーで発見されたサツマイモは放射性炭素による年代測定で紀元前10000年から紀元前8000年と推定されている(Bohac $et\ al.$ 1995)．サツマイモは8世紀には海をわたってマルキーズ，トンガからハワイ，ニュージーランド，イースター島までのポリネシアの地域に伝わった．ヨーロッ

パへの導入はコロンブスが1492年にスペインのイサベラ女王に献じたのが最初である．このサツマイモはデンプン質で甘味がなかったので，のちにほかのスペイン人がもち帰った甘味タイプのほうが好まれた．同じ頃導入されたジャガイモがヨーロッパ北部に適応したのに対して，サツマイモの栽培は南部にかぎられた．アフリカには1500年代に，米国には1648年以前に入った．

ポリネシア以外のアジア地域には，ヨーロッパの航海者たちによってサツマイモがもたらされた．16世紀以降にポルトガル人がインド，南東アジア，インドネシアに，スペイン人がグアムやフィリピンに伝えた．日本には琉球を通して伝えられた．日本国内での伝播については，野崎(1948)にくわしい．

2.7.5 アルファルファの伝播

アルファルファ(*Medicago sativa*)を含む*Medicago*属は一年生および多年生の草本や低灌木を含む約50種からなる．*Medicago*のある種は新石器時代に近東で他のマメ科草とともに食用として種子が採集されていた．遺跡の調査から紀元前8-7世紀の肥沃な三日月地帯でも種子は豊富に得られたと考えられる．しかし*Medicago*は結局食用としては栽培されずに終わった．

現在「牧草の女王」といわれるアルファルファが重要になるのは青銅器時代になってからで，ウマの飼葉用としてであった．アルファルファはメソポタミアをはじめ中近東の各地で広く栽培され，騎兵や馬車の駆動性を高め，西洋への侵略に一役買ったといわれる．近代までアジア人により栽培された唯一の飼料作物である．

欧州には紀元前5世紀のペルシャ戦争時にギリシャ人によって導入された(Sauer 1993)．紀元前2世紀にはローマ人により栽培され，紀元前36年発行のVarroの農業書には播種，肥培管理，乾草作りなどについてのくわしい記述がある(Langer 1995)．中国へは紀元前126年にトルコからイラン馬を購入したときにその飼料として導入され広まった．その栽培はローマの隆盛とともに拡大し，衰退とともに減少した．わずかに残ったスペインでの栽培が，イスラム勢力の侵略で復活し，8世紀にはピレネー山脈の北にまで達した．アルファルファは18世紀までにユーラシアから中国までの領域に広がり，その伝播の過程で，シベリアの*M. falcata*，コーカサスの*M.*

glutinosa，地中海の *M. glomerata* などとの交雑をへて，現在の多様な生態型を含むようになった．

アメリカ大陸にはスペイン人によってもたらされ，1650年にはペルーで，1800年までにはエクアドルとコロンビアで栽培された．米国には1850年になって南米諸国から Chilian clover とよばれた品種がカリフォルニアに導入された．この品種は高温乾燥に強く西部の気候に適していたため急速に広まり米国の common 群とよばれる在来品種群となった(藤本 1984)．19世紀後半に灌漑栽培がおこなわれるようになると西部から中南部の州にも普及した．さらにドイツやユーラシアから導入された品種との交雑による耐寒性品種の育成により，北部の州にまで栽培が広まった（第4章参照）．アルファルファは現在世界で3,200万 ha に栽培され，その半分以上が米国，カナダ，アルゼンチン，ロシアによる．

第3章　遺伝資源の探索と導入

水を飲む者は井戸を掘った者のことを忘れてはならない．
中国のことわざ

3.1　遺伝資源の定義

3.1.1　遺伝資源の定義

　栽培植物の改良に利用可能な遺伝変異をもつ個体，系統，品種を**遺伝資源**(genetic resources)という．遺伝資源という語が広くつかわれるようになったのは古いことではなく，FrankelとBennett(1970)の著書からである．

　「利用可能な」という語は，いますぐに役立つ特性をもっていなくても，将来重要となる遺伝子をもつかもしれない潜在的な利用性を意味する．新しい病害が発生したときに，それまでに収集されていたすべての遺伝資源をあらためて検定したところ，抵抗性系統が発見されたということがよくある．

　遺伝変異とは，この場合すべての形質についてのその遺伝資源がもつ遺伝子型をさす．なにか1つの形質でも遺伝資源系統のもつ遺伝子型がこれまでの栽培品種にないものであることが重要である．どの形質についても栽培品種にある遺伝子型しかもたない系統は，真の意味での遺伝資源とはいえない．しかし育種の対象となる形質は多く，それらすべての形質について遺伝子型をしらべることは実際上不可能であるので，遺伝資源はすべて何らかの有用な遺伝子型をもつとみなしてあつかわれる．

　質的形質でも，ほかの遺伝子全体，すなわち遺伝的背景との交互作用によって表現が大きく変わることが多い．また関与する遺伝子座が多い量的形質では，有用な遺伝子が含まれていても，表現型からは推測できない．さらに熱帯のインドネシアのイネ品種Silewahが高い耐冷性をしめすなど，収集

地域の気候風土からは予測もつかない貴重な遺伝資源が発見されることもある．このように遺伝資源の真の価値は原産地や由来だけでは判断できない．

遺伝資源は栽培品種に導入される新しい遺伝子の供給源といえる．その意味で遺伝資源のかわりに**遺伝子資源**(gene resources)という語がもちいられることもある．とくに1個ないし少数の遺伝子に支配される質的形質をもつ系統では，その形質の利用のために系統が選抜される．そのような場合には，遺伝子資源のほうが妥当な表現といえる．

探索収集される植物だけが遺伝資源ではない．半矮性，早熟性，雄性不稔などの特定形質についての収集系統や転座などの染色体変異系統など，いわゆる実験植物の収集と維持も重要である．これらは遺伝子の機能発現の解析など，今後大きな課題となる研究において欠かすことのできない材料となる．スウェーデンでは50年以上におよぶ突然変異育種の研究から得られた約9,000のオオムギ突然変異体の大部分をノルディック・ジーンバンクに保存している(Lundqvist 1986)．

3.1.2　遺伝資源の重要性

遺伝資源に含まれる遺伝変異は，集団遺伝学的にいえば，自然突然変異によって生じたDNA上の変異が，組換えや自然選択や人為選抜によって集団中に保持されたものといえる．なぜ在来品種や野生種を遺伝資源として収集する必要があるのか．

どの栽培植物についても，自国の品種は導入の歴史的過程で，かぎられた遺伝子型に由来することが多い．そのためたとえば交配育種によって病害抵抗性の品種を育成したいと計画しても，抵抗性遺伝子をもつ系統が自国の栽培品種中にはみつからない場合がある．そのようなときにも，世界の在来品種や近縁野生種のなかに抵抗性遺伝子源となる系統を探すことにより，目的の遺伝子がみつかる可能性がある．

かつて遺伝資源は，いつでもその起源地へいけば必要に応じて収集できると考えられていた．しかし現在では遺伝資源の泉そのものが枯渇している．いったん失われた遺伝資源は二度ととりもどすことはできない．人の手ではまだ遺伝子を創出することはむずかしい．さらに遺伝資源がもつ遺伝変異は長い間自生地や圃場でそれぞれの環境に適応して生存したものである．した

がって遺伝資源はたんなる遺伝子の給源としてだけでなく，遺伝子型の総体としての有用性をもっている．

3.1.3 遺伝子供給源としての遺伝資源の分類

Harlanとde Wet(1971)は，遺伝資源を**遺伝子供給源**(gene pool)としてみたときの難易から3群，すなわち1次，2次，3次のジーンプール(GP-1, GP-2, GP-3)に分類することを提案した（図3.1）．GP-1は生物学的種(2.5.1項参照)に相当する．GP-1は栽培種であるGP-1AとGP-1Aと野生種または雑草種のGP-1Bに大別される．GP-1内の種間では容易に交雑でき，次代の雑種は稔性が高く，染色体対合や形質の分離が正常である．したがって栽

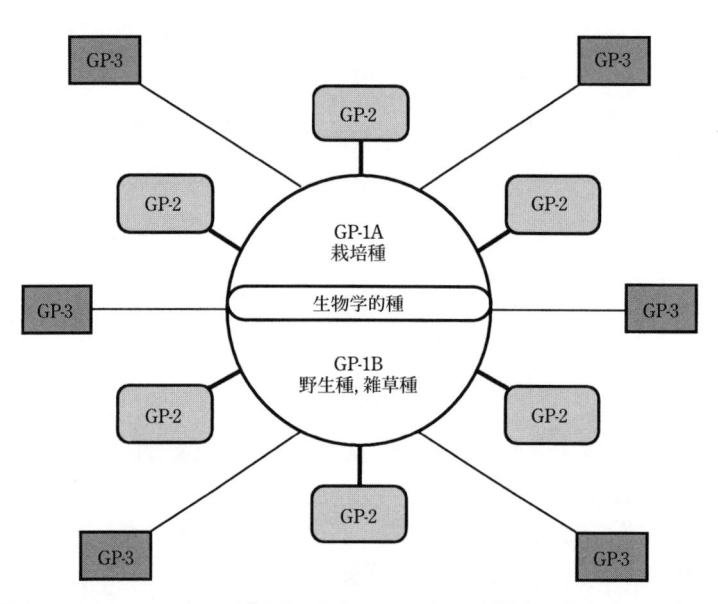

図3.1 1次ジーンプール(GP-1)，2次ジーンプール(GP-2)，3次ジーンプール(GP-3)の概念とたがいの関係をしめす模式図(Harlan and de Wet 1971)．GP-1は1つの生物学的種を構成し，そのなかに栽培種(GP-1A)と野生種および雑草種(GP-1B)という2群の亜種を含む．GP-1に含まれる種はたがいに自由に交雑できる．
　GP-2はGP-1と人為的交雑が可能であるが，交雑による栽培種への遺伝子の導入はむずかしい．F_1は弱く，部分不稔で，染色体対合も不完全である．
　GP-3は交雑による遺伝子の導入は不可能か，可能でも照射による転座，胚培養，細胞融合などの特別の技術が必要である．

培品種と多くの在来品種は同じ GP-1 に含まれる．GP-2 は栽培植物と交雑できるが，雑種の稔性は低く，染色体対合も異常で，ときに虚弱か致死となる植物種群をしめす．GP-3 は栽培植物と交雑は可能であるが，雑種はほとんどつねに不稔，致死，成育異常などをしめす植物群をいう．オオムギにあてはめると，*Hordeum vulgare* subsp. *vulgare* は GP-1 A，その祖先種 *H. vulgare* subsp. *spontaneum* は GP-1 B に，*H. bulbosum* は GP-2 に，*Hordeum* 属中のそのほかの種はすべて GP-3 になる．

3.2 遺伝資源の探索の歴史

3.2.1 プラントハンター

自国にない珍しい植物を探しもとめる願望は古今東西変わらない．紀元前 2500 年頃ユーフラテス河口のスメル人が小アジアに**植物採集家**つまり**プラントハンター**(plant hunter)を派遣してブドウ，イチジク，バラを探索させた．紀元前 1495 年にエジプト女王ハトシェプストが高価な乳香の原料となる樹をもとめて船を派遣した壁画がある．ほかの古代文明でも同様なことがおこなわれていたにちがいない．13 世紀に活躍した修道会管長の A. Magnus は北ヨーロッパの管区内の修道院を視察するかたわら植物採集をおこない，最初の体系的な植物採集家となった．

16 世紀に入ると収集はいっきに世界的規模となった．1570 年代にスペインの医師 F. Hernandez はメキシコからマドリッド近郊の王立植物園に種子や植物を送った．J. Tradescant は最初の組織的な植物採集隊を編成し，フランス，オランダ，ロシア，アルジェリアで収集をおこない，カラマツ，ライラック，クロッカス，ジャスミンなどを英国へ送った．導入された薬草や花壇用花卉を維持するため 16 世紀末から 17 世紀にかけてヨーロッパ諸国で植物園が建てられ，また豊富な腊葉標本にもとづいて植物系統学の研究が進展した．

18 世紀ではスウェーデンの生物分類学者 Linnaeus，アメリカ人最初の植物学者である J. Bartram，フランスの P. Commerson が収集家として知られている．英国では J. Bank がエンデバー号のクック船長にともなってタヒチ，オーストラリア，ニュージーランド，ニューギニアなどをまわり，収集

家としての名声を博した．彼は王立キュー植物園の理事として若手の養成に努め，その庇護の下に D. Nelson が太平洋諸島，G. Caley がオーストラリアなど，F. Masson が西インド諸島，イベリア半島，アフリカなどを探検した(Whittle 1970)．19世紀から20世紀初頭にかけて，スコットランドの G. Forrest が中国の雲南で収集をおこなった．彼らの活動により英国をはじめ欧州諸国に海外からペラルゴニウム，ヒース，アロエ，プリムラ，スイセン，ボタン，アジサイなどの観賞用植物をはじめ多くの植物が導入された．

当時の収集旅行は文字どおり命がけで客死する者も多かったが，18世紀末にはプラントハンターにとって未開の土地は世界でもほとんどなくなった．なお19世紀中頃までは収集されるのはほとんどが植物体で種子ではなかった．しかし植物体はせっかく収集して本国へ送っても，長い船旅の途中で枯れてしまうことが多かった．1834年に英国の N. B. Ward が輸送用の密閉式ガラス箱を考案してから，ようやく植物を無事に運ぶことが可能となった．

幕末の1853年に日本に来航した米国のペリー提督も，大統領から植物採集の命令をたずさえていた．翌年の日米修好条約で開港された下田と函館で隊員による植物採集がおこなわれた．帰国後標本はハーバード大学の A. Gray に手渡された．またオランダ政府の医官として来日したドイツ人 P. F. von Siebold は，日本で収集したテッポウユリ，ギボウシ，テッセン，シュンラン，ツバキ，トリカブト，オモトなど260種の植物を本国にもちかえり，*Flora Japonica*（『日本植物誌』）を著した(上野 1991，大場 1997)．

日本は亜寒帯から亜熱帯まで南北に長い地形をもち，多様な地勢と気候にめぐまれ，自生植物が世界でも豊富な国である．しかし，現在栽培されている植物については，花卉や林木をのぞくと，日本自生のものは少なく，クリ，カキ，ニホンナシなどの果樹，フキ，ワサビ，ウド，ミツバなどの野菜，ハッカなどの工芸作物があげられるにすぎない．栽培植物の海外からの渡来は早くからあり，すでに『古事記』および『日本書記』には，イネ，オオムギ，アワ，ヒエ，ダイズ，アズキ，アサ，マクワウリ，カブ，ダイコン，ハスなどの草本，モモ，スモモ，ナシ，タチバナ，クワ，ウルシなどの木本植物が記載されている(松田 1971)．また『万葉集』には，フユアオイ，クネンボ，ウメ，サトイモ，ナツメ，ベニバナ，コウゾなどの渡来植物が詠まれている．古くは中国（隋，唐，宋）への留学僧や近隣諸国との交易により，江戸時代

にはオランダとの通商などによりさまざまな栽培植物が日本にもちこまれ普及した．しかし欧米諸国でプラントハンターが活躍していた時代に，日本では江戸幕府の鎖国政策によって海外への往来が禁じられていた．

3.2.2　遺伝資源の探索

19世紀までのプラントハンティングでは，収集の目標が薬用であれ，観賞用であれ，とにかく自国にない珍しい植物を集めることであり，それぞれの植物については多くの場合に代表的な数個体だけが収集された．収集された植物は，薬草園や植物園に植えられ，あるいは腊葉標本として保存された．大量に増殖されるのは商業的に利用できる場合にかぎられた．それに対して遺伝資源の**探索**(exploration)では，目的は品種改良のための利用にある．したがって珍しい植物だけでなく，自国にある植物でも探索の対象となり，種内の変異を広げるためにできるだけ多様な個体を収集することが要求される．

米国は原産の作物がほとんどなく，また建国当初は利用できる作物も乏しかった．政府は農業発展のために旧大陸起源の栽培植物を集める必要性を早くから強く感じていた．そこで，1854年にD. J. Brownをヨーロッパに，1858年にR. Fortuneを中国へ派遣したのを皮切りに，世界に幾人もの探索家を送りだし，コムギ，ソルガム，チャ，ネーブルオレンジ，アマ，オリーブ，カキなどの多くの品種を導入した．20世紀初頭に農商務省の外国種子植物導入局の初代局長D. Fairchildに採用されたF. Meyerは米国が派遣した収集家のなかでもとくにすぐれていて，中国，ヨーロッパ，ロシア，チベットに赴き13年間で計2,500の品種を導入した．彼は観賞植物だけでなく，食用作物とその近縁種も探索して集めた．とくに寒冷，旱ばつ，アルカリ土壌などのストレスに対する抵抗性の作物に関心をもっていた．しかしこれら初期の導入品種は，保存や増殖体制の不備から9割以上がその後に消失してしまった．

20世紀に入ると，H. V. Harlanが1913年にオオムギの遺伝資源をもとめて探索行をはじめた．その記録は彼の著書 *"One Man's Life with Barley"* (1957)にくわしい．その仕事は息子のJ. R. Harlanにひきつがれた(Harlan 1995)．PerdueとChristenson(1989)は，1956年から1987年までのUSDA

(United States Department of Agriculture, 米国農務省)がスポンサーとなった203件の植物探索事業についてのくわしい表をしめしている．なお英国では1939年からJ. Hawkesがバレイショをもとめてアルゼンチン，メキシコ，ペルーなどを探索した(Hawkes 1979)．

ソ連のVavilovは，作物の品種改良事業を推進するには種内の遺伝的変異を多様にすることが重要であり，それには自国の素材だけでなく広く世界に在来系統や近縁野生種をもとめて収集することが不可欠であると考えた．その信念は，USDAの海外種子植物導入局を訪ねたときに全世界から集められた種子や種苗がよく整備されているのをみて，いっそう強められた．彼はみずから単身あるいは共同で探索に出かけるとともに，探検隊を組織して派遣したり，各国の試験場との種苗交換を積極的におこなうなど，文字どおり全精力をそそいで遺伝資源を収集した．その探索事業は1916年から1940年までの25年間にわたり，国内140回，国外40回（65カ国）および，25万点の栽培種と近縁野生種が収集された．日本にも1929年に訪れている．

彼の先見の明は，①遺伝変異をできるだけ拡大するには，種の分布範囲全体から収集する必要があると考えたこと，②種の起源地や多様性中心についての明確な理論をもって探索したこと，③現在栽培されている品種や系統だけでなく，外観は貧相な近縁野生種もそれに劣らぬ関心をもって集めたことなどである．彼の生涯を賭けた活動により，ソ連における遺伝資源事業の基礎が築かれた．

3.3 遺伝資源事業

3.3.1 遺伝資源事業の組織化

Vavilovは全ソ応用植物・新作物研究所の所長として，ソ連にとって重要なあらゆる栽培植物について，その素材を全世界にわたって計画的に探索し，それを栽培して形質の評価をおこない，将来の利用にそなえて保存するという事業を1920年から大規模に展開した．これは世界最初の遺伝資源センターの誕生であるだけでなく，遺伝資源の探索，収集，評価，保存のすべてにわたる一貫したシステムが世界ではじめて確立したときといえる．この成功は米国，英国，オーストラリアなどにおける遺伝資源事業の進展に大きな刺

激を与えた．

3.3.2 遺伝資源事業における国際協力

1940年代になると探索先の遺伝資源が消滅するおそれが大きくなった．そのおそれは第二次世界大戦後になると，急速な工業化や市街化と近代品種の広範な普及によりいっそう強まった．そこで，消滅してしまう前に遺伝資源を急遽収集し，収集された遺伝資源を研究者が自由に利用できるようにするための組織が必要であると感じられるようになった．

米国では中期貯蔵用の遺伝資源センターが設立され，4カ所に植物導入試験場が設置され，種子の低温貯蔵が開始された．また1949年にジャガイモの地域間植物導入試験場がウィスコンシン州に，1958年に国立種子貯蔵研究室がコロラド州フォートコリンズに建てられた．

1960年代になり遺伝資源の保存を国際的な協力の下におこなおうとする活動が**FAO**（国連食糧農業機関）を中心にはじまった．FAOは1961年に植物の探索と導入をテーマとした最初の国際会議を開いた．また1967年に**IBP**（国際生物学計画）と共催で会議を開き，遺伝資源保存のための国際的なとりくみを推進するためにいくつかの勧告をおこなった．それに応じてロックフェラーとフォード財団によってすでに設立されていた4つの国際農業研究所の，IRRI（国際稲研究所），CIMMYT（国際とうもろこし・小麦改良センター），CIAT（国際熱帯農業研究センター），IITA（国際熱帯農業研究所）を核として，1971年に**CGIAR**（Consultative Group on International Agricultural Research，国際農業研究協議グループ）が組織された．その設立の趣旨は，国際農業研究および関連活動により，開発途上国の食糧生産性を高めることにあった．世界銀行，FAO, UNDP（国連開発計画機構）がスポンサーとなった．1974年にFAOの勧告により，各国にある遺伝資源研究機関や国際農業研究所間のネットワークを発展させるため**IBPGR**(International Board for Plant Genetic Resources, 国際植物遺伝資源理事会）が組織され，ローマを本部として活動をはじめた．なおIBPGRはその後IPGRI(International Plant Genetic Resources Institute)に組織換えされた．現在ではCGIARの下にIRRI, CIMMYT, CIAT, IPGRIなど独自の任務と目標をもつ16の国際農業研究所が，研究と遺伝資源保存のため活動し

表 3.1　国際農業研究グループ (CGIAR) の下にある遺伝資源関連の 16 国際農業研究機関

研究機関名	日 本 名	設立年	所 在 地	対 象 作 物	遺伝資源保存点数[1]
IRRI	International Rice Research Institute 国際稲研究所	1960	フィリピン	イネ	80,618
CIMMYT	Centro Internacional de Mejoramiento de Maiz y Trigo 国際とうもろこし・小麦改良センター	1966	メキシコ	トウモロコシ コムギ	19,548 79,912
IITA	International Institute of Tropical Agriculture 国際熱帯農業研究所	1967	ナイジェリア	Bambara Groundnut キャッサバ カウピー ダイズ 野生 Vigna ヤム	2,029 2,158 15,001 1,909 1,634 2,878
CIAT	Centro Internacional de Agricultura Tropical 国際熱帯農業研究センター	1967	コロンビア	キャッサバ 牧草 インゲン 他の Phaseolus	5,728 16,339 27,595 3,216
WARDA	West Africa Rice Development Association 西アフリカ稲開発協会	1970	リベリア	イネ	14,917
CIP	Centro Internacional de la Papa 国際イモ類研究センター	1972	ペルー	ジャガイモ サツマイモ アンデス産イモ類	5,057 6,415 1,118
ICRISAT	International Crops Research Institute for the Semi-Arid Tropics 国際半乾燥熱帯地域作物研究センター	1972	インド	エジプトマメ ラッカセイ トウジンビエ 他ミレット ハトマメ ソルガム	16,961 14,357 21,250 9,050 12,698 35,780
IPGRI	International Plant Genetic Resources Institute 国際植物遺伝資源研究所	1973	イタリア		
ILRI	International Livestock Research Institute 国際家畜研究所	1974	エチオピア	牧草	11,537

研究機関名	日本名	設立年	所在地	対象作物	遺伝資源保存点数[1]
ICARDA	International Center for Agricultural Research in the Dry Areas 国際乾燥地域農業研究センター	1976	シリア	オオムギ エジプトマメ ソラマメ 牧草 レンズマメ コムギ	24,218 9,116 9,075 24,580 7,827 30,270
ICRAF	International Center for Research in Agroforestry 国際耕地林業研究センター	1977	ケニア	*Sesbaria*	25
CIFOR	Center for International Forestry Research 国際林業研究センター	1993	インドネシア		

(詳細は http://www.sgrp.cgiar.org/ を参照)
1) 2000年3月現在.
2) 表記以外に以下の4国際機関がある.
　International Center for Living Aquatic Resources Management (ICLARM)
　International Food Policy Research Institute (IFPR)
　International Service for National Agricultural Research (ISNAR)
　International Water Management Institute (IWMI)

ている(表3.1).そのうち10機関で遺伝資源の保存がおこなわれ,その総数は2000年3月現在で513,730点におよぶ.1992年に国連環境計画の下で,生物多様性の保全と遺伝資源の持続的活用および利益の公平な分配のための「生物の多様性に関する国際条約」が採択された.

日本では1965年から農業技術研究所(平塚市)を中心として遺伝資源管理のプロジェクトが発足し,種苗保存導入の体制が強化された.1978年に農業技術研究所の研究学園都市(つくば市)への移転にともない種子貯蔵施設が新設され,さらに1986年に農業生物資源研究所内に遺伝資源センターが設立され,植物遺伝資源の配布が開始された.2001年には農業生物資源研究所をセンターバンクとする農業生物資源ジーンバンクが発足した.2001年3月現在植物については21万点が保存されている.

農林水産省では1971年から遺伝資源の収集のために各作物の研究者を広く海外に派遣した.1975年から「有用遺伝子の探索導入」事業が,また1985年からは農林水産ジーンバンク事業が開始され,毎年4-5チームが世界各地に収集に出かけた.収集された作物は,イネ,コムギ,トウモロコシ,

ダイズ，バレイショなどから種々の野菜，果樹，牧草類まで多岐にわたる．また国内についてもアズキ，アワ，ソバ，エゴマ，レンゲ，ヤマモモ，カキ，ハマナスなど多種類の栽培植物について在来品種の探索がおこなわれた(江口と山口 1991)．

3.4 遺伝資源の枯渇

3.4.1 遺伝資源の成り立ち

栽培植物が起源地から周辺地域へさらにその先へと伝播していく過程で，それぞれの地域に適合した在来品種が生まれた．1つの順化した栽培植物からじつに多様な在来品種が生じた原因は，気候，土壌，農業慣行，消費者の嗜好などさまざまであった．言いかえれば，いまみられる栽培植物の変異は，何千年もの間に人びとが栽培し，選抜し，増殖し，売買し，伝播してきた結果得られたものである．

プラントハンターから遺伝資源探索の時代まで一貫して，探索旅行のほとんどは欧米など工業先進国から発展途上国へでかけるという構図であった．栽培植物の起源地はいっぱんに発展途上国の，それも市街地や工業化された都市から遠い地域であり，その自然環境は昔から大きく変えられずにいた．また伝播先の多様性中心地とみなされる地域の多くも同様で，そこでは古来よりの農耕が守られてきた．それにより人びとは遺伝変異がいつまでも存在するかのように考え，それが人類にとって石油と同じくらい貴重な，しかしそれよりずっと絶えやすい資源であることに気がつかなかった．しかし近年遺伝資源の枯渇と遺伝的多様性の喪失が急速に進んでいる．

なお遺伝資源の枯渇は，植物全般の絶滅と歩をあわせて進行している．IUCN（国際自然保護連合）の危惧植物のレッドリストによれば，250,000 から 300,000 と推定されている顕花植物の種のうち約 34,000 種が絶滅の危機にさらされている．FAO は 20 世紀のはじめから現在までにじつに栽培植物の遺伝的多様性の 75% が失われたと報告している．

3.4.2 遺伝資源枯渇の原因

遺伝資源の枯渇の原因として以下の項目があげられる(Hawkes *et al.*

2000).

(1) 自然生態系の破壊と分断：世界的な工業化や市街化により，いわゆる土地の開発が進み，遺伝資源の自生地が失われる．タイにおける野生稲の自生地が，道路の拡幅，土地の埋め立て，森林の伐採などで急速に失われている例が報告されている（佐藤 1995）．メキシコでは市街化によりトウモロコシの近縁野生種であるテオシントや在来種が失われた．

(2) 過剰開発：材木，薪材，薬用植物，園芸植物などの乱獲，過放牧，観光地化などにより自生地の遺伝資源が消える．

(3) 外来種の侵入：雑草や病害虫の海外からの侵入による壊滅的被害，外来種が在来品種と交雑することによる遺伝的汚染，外来種による在来種の生息地域からの駆逐などが遺伝資源を消滅させ，遺伝的多様性を低下させる．

(4) 社会経済的変化：民族の習慣や文化の変化，戦禍，食糧難などにより，在来種や在来品種が失われる．日本でも，アイ，ワタ，ナタネ，ジョチュウギクなどの多くの工芸作物が，工業産品による代替によって栽培されなくなり，在来品種が失われた．

(5) 農業慣行や土地利用の変化：多様な在来品種が，農業生産の効率化と機械化の下に少数の画一的な近代品種によりおきかえられていく．これを遺伝的侵食といい，次項で詳述する．また農薬施用の変化，放牧様式の変化，湿地帯の乾燥化，焼畑，刈りとりなどによっても，地域に適応した品種が交替する．

(6) 人的災害：水，空気，土壌などの汚染も遺伝資源の保全に影響する．

(7) 自然災害：洪水，土砂くずれ，土壌浸食などの災害が，遺伝資源の自生地をつぶす．温室ガス効果による地球の温暖化の影響も危惧される．地球規模での 1℃ の気温の上昇は，海面上昇により生息地域や栽培地を水没させるだけでなく，生物の生息地域を極地方向に 150 km，または山頂にむけて 150 m 移動させると推定されている．

3.4.3　遺伝的侵食による枯渇

広い地域に適応する多収品種や病害抵抗性品種が育成され大規模農法とともに普及することにより，従来の農法は生産性が低いとして駆逐され，それとともにそれらの農法を支えてきた**在来品種**(landrace)が各地域から失われ

ていく.このような事態を土壌の侵食になぞらえて**遺伝的侵食**(genetic erosion)とよぶ.遺伝的侵食は欧米では近代的育種が開始された1930年代からすでにはじまっていた.遺伝的侵食に対する最初の警鐘は,1936年にH. V. Harlanが助手のM. Martiniとともに出した声明であるといわれる.侵食は第二次世界大戦後とくに急速に進んだ.コムギ,イネについての「**緑の革命**」(3.11.2項参照)をはじめとする多収品種による農業生産の変革によって,世界各国で主要作物の在来品種がごく少数の近代品種にいっせいにおきかえられた.

現在アジアの稲作国で在来品種が栽培されているのは,山間傾斜地と浮稲地帯をのぞけばごくかぎられた面積であるという.フィリピンでは,1960年代以降のIR系統の普及により面積あたり収量は飛躍的に増したが,数千もあった在来品種は急減し,1990年までにはほとんど完全におきかわってしまった(森島 1993).韓国では1985年に種々の作物での計5,000品種以上あった在来品種が8年後には約900品種(18%)にまで減少し,トウガラシについては211品種のすべてが失われた(Ahn et al. 1996).1948年にJ. R. Harlanがかつてアマの多様性中心地であったトルコ南部を探索したとき,その地域全体がアルゼンチンで育成された1品種で占められているのをみた.ギリシャでは1930年には80%であったコムギの在来種の作つけが1970年には10%以下になった.コムギの在来種は,トルコ,イラク,アフガニスタン,パキスタンでももはやほとんどみられない.また南アフリカのソルガムの豊富な遺伝資源は一代雑種トウモロコシの栽培におきかえられ,英国でもコモチカンランの在来品種の多くが1960年代の一代雑種品種の普及により駆逐された.チリのジャガイモの遺伝資源は疫病で激減し欧州品種にとってかわられた(Ochoa 1975).米国では記録に残されているリンゴ品種は7,098を数えるが,その86%は失われている.日本でも明治中頃には4,000を数えたイネの在来品種が水田に栽培されていたが,現在は数十の近代品種にかえられている.

近縁野生種の自生地が栽培地と隔絶することにより,自然交雑により新作物が誕生することはもはや望めない.また栽培圃場内の品種が均一化することにより,風土に適応した在来品種が自然に選択されるチャンスも今後はない.現状では長い進化の間におこなわれてきた作物進化の道をみずから断ち

きったといえる．

　遺伝的侵食が進み遺伝資源が枯渇すれば，いかに育種技術が進歩しても，育種事業は停滞する．育種の成果がかえって育種材料の貴重な給源を失わせる．これは1つのパラドックスである．ひとたび失われた遺伝資源は現代の科学技術でも再現できない．

3.5　遺伝的画一化と遺伝的脆弱性

3.5.1　遺伝的画一化

　冷害や旱ばつなどの気象変動や病虫害が襲っても，多様な品種が栽培されていれば危険を回避できるチャンスが大きい．20世紀半ばまでは，多くの主要作物で各地域に適応した在来品種が栽培されていた．栽培植物の在来品種間にある**遺伝的多様性**(genetic diversity)は近縁野生種間の種多様性に匹敵するほどであることが多い．しかし今日では主要作物でごく少数品種のみが優占的に栽培されていたり，栽培品種のほとんどがかぎられた共通の祖先品種に由来することが多くなっている．このような状況を**遺伝的画一**(genetic uniformity)化という．

　たとえばアメリカのトウモロコシ，バレイショ，カナダのコムギ，ナタネなどではわずか4-6品種が栽培面積の7割以上を占めている．生産を最大限に高めるためには，栽培は大規模で，そこに投入される品種は遺伝的に均質であるほうがよい．しかしそのような状況では，いったんそれらの品種を犯す病虫害が蔓延したり，気象条件が急変すれば，大面積にわたる被害が発生し，社会的打撃も大きい．

3.5.2　遺伝的脆弱性の歴史

　品種の画一化により，作物栽培が急な悪条件の襲来に耐えられなくなることを**遺伝的脆弱性**(genetic vulnerability)という．品種の画一化が社会に災厄をもたらした例は歴史上多い．

　(1)　19世紀前半まで，欧州のバレイショ品種は南米から導入された2系統からの選抜にすべて由来していて，遺伝的変異がきわめてかぎられていた．アイルランドのバレイショ栽培はさらに英国や欧州大陸から導入したかぎら

れた品種に依存していた. 1846年に疫病菌 (*Phytophthora infestans*) (Iaタイプ) による病害が蔓延したとき, 主品種であった Lumper をはじめどの品種にも抵抗性がなかったため, バレイショ栽培は壊滅し未曾有の大飢饉となった(Hawkes 1979).

(2) 1960年代の米国のトウモロコシは一代雑種育種 (第6章) に依存していた. F_1 種子の生産のためにおこなっていた手による雄穂のぬきとりという面倒な作業を省くために母親に細胞質雄性不稔遺伝子をもつ系統を広く利用していた. 1970年までには米国のトウモロコシの3/4が同一の細胞質(テキサス型細胞質) をもっていたため, この細胞質をもつ品種を特異的に犯すごま葉枯れ病(*Helminthosporium maydis*)が蔓延したとき, トウモロコシ作は2,000万トン (当時の10億ドル相当) を超える被害を受けた(Oldfield 1984).

(3) ウクライナでは暖冬の年がつづくうちに, 寒さに弱いためずっと南の地域でしかつくられていなかった冬コムギ品種 Bezostaja が多収であるためにしだいに普及しはじめた. しかし1,500万haにまで栽培が広がった1972年に極寒の冬が襲い, 減収は数百万トンに達した(Plucknett *et al*. 1987).

(4) 米国フロリダ州のカンキツはわずか数品種で構成されていて, いずれもかいよう病に弱かった. そのため1984年にかいよう病(*Xanthomonas campestris*)が蔓延したとき, 有効な防除の手段がなく, 翌年までに900万本以上の樹を廃棄することになり, 同州のカンキツ産業が壊滅寸前となった(Plucknett *et al*. 1987).

(5) 1706年にジャワからオランダのアムステルダムの植物園に1本のコーヒーの樹がもちこまれた. それが増殖されて, そのうちの1本がフランス国王ルイ14世に献上され, やがてフランス人により西インド諸島にはこばれた. アメリカ大陸の広大なプランテーションに植えられたコーヒーの木は, もとをただせばアムステルダムの植物園に入ったただ1本の樹に由来した. そのため1970年にコーヒー葉さび病(*Hemileia vastatrix*)がブラジルにおよんだとき, ラテンアメリカ中の品種が犯された(Wrigley 1995).

3.6 遺伝資源の収集戦略

3.6.1 何を収集すべきか

IBPGRは1974年の設立後すぐに,組織的な遺伝資源の収集活動として,世界的にみて主要作物のうちどの地域のどの作物から先に収集すべきかをきめた.収集すべき作物の優先順位の決定にあたって考慮されたことは,①資源喪失の危険が大きいこと,②新品種により従来の在来品種がおきかえられつつあること,③経済的重要性が高いこと,④育種研究上で緊急に必要とされること,⑤これまでの収集と保存の状況,であった.

実際に採集されるべき遺伝資源は,①長い間伝統的に栽培されてきた在来品種,②祖先野生種および近縁種,③雑草を含む近縁種の3つである.

3.6.2 どこへ収集にいくべきか

収集の対象作物がきまれば,その作物の多様性中心か起源地がいくべき地域となる.ただし生息地の分布の端でも,有用な変異が存在すると期待される場所は収集の対象となる.IBPGRは,①遺伝変異が大きい,②土地開発が進み,自生地や耕地が消失して遺伝変異が失われる,③耕作の種目が変わることにより作物が消失される,④機械化などの栽培方法の変化で品種がおきかえられる,⑤栽培が少数の近代品種に占められて在来の品種が締めだされる,などの危険が高い地域を優先するとした.

IBPGRではまず大まかな収集地域として,遺伝変異に富む14地域を指定し,これらに1から3の順位を割り当てた.たとえば順位1には,地中海沿岸,西南アジア,中央アジア,南アジア,エチオピア,中央アメリカが選ばれた.ただし優先順位はその後の会議のたびに検討され改訂されている.

収集地域がきめられたときに,実際にその地域のどこを収集の**地点**(**サイト**, site)として探索するかは,対象作物の変異の分布によってきめられる.標高,気候,農業形態のちがいが少ない地域では,サイトは距離(たとえば50 km)をおいて設定する.反対にそれらの差がいちじるしい地域では,サイトを細かくとる.その地域内での地理的および生態学的条件ができるだけ多様になるようにサイトを選定する.

分布が広くてサイトをきめにくい場合には,多様性中心や起源地を優先す

る．地域内についての情報が乏しい場合には，地図上で遺伝資源の分布中心をカバーするように等間隔線を引き，その格子点をサイトとするしかない．探索してみて地域のなかでとくに遺伝変異が豊富なところがみつかれば，ふたたび探索に訪れる．

3.6.3 収集の現場

遺伝資源のおもな収集現場は，①野生種の自生地，②農家の圃場，③農家の台所，庭，倉庫，④農産物の市場，⑤研究機関，に求められる．

近縁野生種は作物の起源地またはその周辺地にもとめられる．放牧地は生態系が乱されているおそれがあるので避ける．在来品種については，これまでほとんどの場合農家の圃場から収集されてきた．しかし遺伝的侵食が進んだ地域では，圃場で栽培されているのはすべて少数の近代品種で，在来品種は農家の庭先でわずかに植えられていたり，台所や倉庫などでみかけるだけということが少なくない．農産物の市場，とくに近隣の農家が自前の収穫物をもちよって売る市場は，遺伝資源のよい採集地となる．ただし自家消費用で市場に出ない品種は集められないことと，収集された遺伝資源の栽培条件についての情報が得られにくいことが欠点である．なお研究所や大学ですでに収集保存されている遺伝資源を分譲してもらう場合もあるが，これだけに頼るのは安易であり，真の意味での遺伝資源探索にはならない(中川原 1989)．

3.6.4 収集個体数と収集個所

1つのサイトあたり最低何個体を採集すればよいかは，採集対象の大きさや採種時の条件により異なる．イネ科の種子は乾燥していて，1本の穂に多数の種子がつくので採集が容易である．それにくらべるとトマトやメロンのように果実中にある種子は現場ではとりだしにくいので，夕方にベースキャンプに戻ってから収穫し乾燥する．わずかな数の個体しか自生していない野生種集団から採集するときには，とりすぎて集団を絶滅に追いやることのないように注意する．

1地域内の複数のサイトから採集するとき，特定サイトから大量に採集するのではなく，数多くのサイトから採集して，その地域の**収集**(collection)

とするのがよい．日程などがかぎられていてサイトの数とサイトあたり採集数の両方ともを十分な大きさにできないときは，サイトあたり採集数は犠牲にしても集団を増やすほうがよい(Ford-Lloyd and Jackson 1986)．

あるサイトの植物集団中に5%以上の頻度で存在する対立遺伝子をすべて落とさずに採集し，5%未満の稀な遺伝子は対象外とすると，サイトあたり50個体を採集するのが妥当とされる(Marshall and Brown 1975)．種子の採集では，1個体あたり50粒とする．ただし栄養器官の収集はたいへんな手間がかかるので10個体でもよい．1集団あたりの収集数が小さすぎると，**遺伝的浮動**(random genetic drift)による遺伝子型の偏りが避けられない．なお植物集団では類似の遺伝子型が近接してパッチ状に自生している場合があるので，同じ場所から複数個体を採集しないよう注意する．

3.6.5 収集個体のきめ方

個体のもつ形質の表現型とは無関係に収集個体をきめる方法を**無作為収集**(random collection)という．遺伝資源の収集では無作為収集を原則とする．ただし，興味ある個体が目に入ったときには，それを選択的に収集する**非無作為収集**(nonrandom collection)も勧められる．これにより集団中の稀な遺伝子型を拾うチャンスが増すからである．収集の現場で観察された外観だけでは，遺伝資源の潜在的な有用性はきめられない．植物体がひどく貧弱にみえる個体でも，収集後の形質評価で貴重な遺伝子をもっていることが判明したという例は少なくない(J. R. Harlan 1975)．

3.6.6 収集の記録

収集にあたっては，収集の番号，日付，作物名，学名，現地名または品種名，収集地名，標高，緯度，経度，収集現場の種類，収集地の土壌および気象条件，近接した圃場に栽培されているほかの作物名，農家名，そして収集された植物についての種々の形質の特徴，栽培法，病虫害，利用法などを記録する．これを遺伝資源の**パスポートデータ**(passport data)または**来歴データ**(provenance data)という．記録は採集日の当日に現地でおこなうことが肝要である．野外での収集と記載を1人でおこなうのは能率的でないので，つねに2人以上の組になっておこなうのが望ましい．

3.6.7 植物防疫

海外から導入される植物は，まず植物防疫法の対象として輸入時検疫を受けなければならない．植物に付着して国内にない病菌や害虫が入りこむ危険が高いからである．植物は，植物種および輸入元国（地域）により日本への輸入が禁止されている．たとえばイネは，玄米をのぞいて，籾とわらは輸入禁止品に指定されている．ただし試験研究用の植物は，植物防疫所を通して事前に農林水産大臣の輸入特別許可の承認を受ければ輸入および利用が認められる．輸入禁止品を無許可でもちこむと廃棄処分される．輸入時検疫では対象植物の病害虫被害の検査をおこなう．被害がなければそのまま輸入者にわたされ，病害虫がみつかれば消毒後再検査されるか廃棄される．イネなど隔離検査対象植物は，輸入時検疫に合格した場合，植物防疫所の隔離圃場や隔離温室に移送されて隔離栽培され，ウイルス病などを中心に検査がおこなわれる．

3.7 遺伝資源の保存方法

遺伝資源の保存方法は，**生息域内保存**(*in situ* conservation)と**生息域外保存**(*ex situ* conservation)に大別される．前者は遺伝資源を自然の**生態系**(ecosystem)における集団の状態のまま保存する方法である．遺伝資源である近縁野生種も在来種も，それぞれの生息域内の環境に適応して進化してきたものであるから，可能ならば生育している地域でそのまま保存するほうが理想的である．しかし生態系での保存では工業化や環境の激変により遺伝資源が失われる危険が高い．とくに在来品種は遺伝的侵食により近代品種に急速におきかえられ失われる傾向にある．そこで上に述べたような本来の生育地から収集してきて遺伝子銀行，植物園，圃場，温室などの施設で維持または保存することが必要となる．これが生息域外保存である．遺伝資源の保存法として現段階では生息域外保存のほうが進展しているが，生息域内保存と生息域外保存は補いあう関係にある(Brush 2000)．

3.7.1 生息域外保存

採集された遺伝資源をどのように保存したらよいかは，保存すべき植物と

保存の目的に依存する．植物については，ライフサイクルの長さ，増殖様式，遺伝的構成，個体の大きさ，野生か栽培品種か，などにより保存法が異なる．保存の目的については，配布用の中期保存か永久保存用の長期保存かによって異なる．遺伝資源が万一に消失する危険を避けるため，複数のセンターで同じコレクションを重複して保存することが望ましい．

　遺伝資源を保存する組織や施設を，**ジーンバンク**(gene bank)または**遺伝子銀行**とよぶ．遺伝資源を探索し採集してきた研究者がそれを預けて保存を依頼できるとともに，遺伝資源を利用したい研究者がそこから配布を受けられるという意味で，金銭の預け入れと貸し出しをおこなう銀行になぞらえて遺伝子の銀行と名づけられた．

　ジーンバンクにおける保存には，おもに種子による施設内保存と植物体による圃場内保存がある．種子保存については，FAO と IBPGR により**ベースコレクション**(base collection)と**アクティブコレクション**(active collection)の2種類が定義されている．これらは長期保存と中期保存に相当する．ベースコレクションは遺伝資源の子孫を永久に維持するために長期保存される遺伝資源である．ここから遺伝資源をとりだして使用するのは，発芽率の検定，次サイクルのための増殖，ほかに保存源がない緊急の場合，にかぎられる．アクティブコレクションは中期保存用でベースコレクション中から育種などの試験研究用に配布される目的で別に保存されるものである．そのほか収集されたのちベースコレクションとして整理する目的で一時的に保存または研究されている遺伝資源を**ワーキングコレクション**(working collection)とよぶ(Singh and Williams 1984)．

(1) 種子保存

1) 長命種子：遺伝資源の保存は，種子の形でおこなわれるのがもっとも一般的である．イネ，コムギ，トマト，ライグラスなどの種子繁殖性の植物にかぎらず，リンゴなど通常は栄養体で増殖させる果樹でも種子の形で保存できる．保存に先立ち国際種子検査規程に則した発芽試験をおこない，発芽率が50％以下のものは保存の対象からはずす．

　種子の寿命は通常の保存状態でも植物の種や属により異なる．ルーピンの500年，大賀ハスの2,000年など，ごく長期間にわたり発芽力が保持されていたという記録があるいっぽうでは，収穫後1カ月たたないうちに発芽力が

失われる種もある．またエンドウ，スイカ，カボチャ，トウモロコシでは品種間でも種子の寿命が異なる．登熟中の温度や湿度が種子の寿命に影響することもある．日本内地のコムギ作では，登熟中の種子が収穫期の梅雨によって劣化して寿命が短くなることがある．

保存中の種子の寿命はとくに温度と湿度と種子の水分含量に影響される．温度を下げ，湿度を下げ，水分含量を低くすると長期に保存できる種子を**長命種子**(orthodox seed)とか，保存適応種子とよぶ．長命種子では，温度が5℃下がるごとに，また水分含量が2％低下するごとに，種子の寿命がほぼ倍加するという報告がある．IBPGRは種子の水分含量を5±1％まで下げて密封し，温度−18℃以下で保存することをすすめている．農業生物資源研究所（つくば市）のジーンバンクでは，受け入れた種子は乾燥室で十分乾燥してから，長期保存用種子は−10℃，中期保存用は−1℃の温度で，いずれも相対湿度30％の貯蔵庫中で保存される．なお長期の種子貯蔵中に染色体異常や突然変異が偶発的に生じることが知られている．それを抑えるには極低温(−192℃)での貯蔵が有効である．

2) **難貯蔵性種子**：低温や低湿度ではかえって乾燥害により生存力が急速に失われる種子がある．このようなタイプの種子を**難貯蔵性種子**(recalcitrant seed)または短命種子という．難貯蔵性種子には，カカオ，コーヒー，ココナッツ，ゴム，ドリアン，マンゴーなどの熱帯性木本作物，チャ，クリ，水生植物，などがある．短命の原因は，乾燥害，低温障害，微生物の繁殖，貯蔵中の発芽などにある．中村(1993)は，難貯蔵性種子をつぎのように分類している．

① 湿潤で低温の貯蔵が必要なもの（クルミ，ワサビ，ゴム，クリ，ナラ，クヌギ，カシ）
② 乾燥と低温の両方に弱いもの（コーヒー，サトイモ，パパイヤ，カカオ）
③ 低温に弱いが乾燥には強いもの（ニガウリ，ハヤトウリ）

難貯蔵性種子のなかには，あまりに寿命が短いために，採集から本国へもち帰る間に発芽力が失なわれるものすらある．また播種から最初の種子が収穫されるまでの間に，貯蔵用にまわした種子が死んでしまうものもある．長期保存が可能となるような技術の開発が急がれている．

(2) 栄養体保存

　栄養繁殖性植物の多くは種子繁殖も可能であるので，種子や花粉の形での遺伝資源の保存が試みられている．しかし，種子や花粉では遺伝的分離がおこり，それから得られる植物体は親植物とは遺伝子型が異なってしまう．育種や栽培上は，栄養繁殖性植物は栄養体，つまり塊根，塊茎，球根，球茎，根茎，穂木などの形で保存されることが望まれる．また野生稲のように種子繁殖性であっても，株保存という栄養繁殖で維持されるものもある．栄養体は種子にくらべると短命で，また体積が大きいので保存がむずかしい．また種子とちがって低温や低湿度がよいとはかぎらない．たとえばカンショにおける塊根の貯蔵では気温が14℃より下がると組織が崩壊する．また湿度は高いほうがよい．バレイショでは塊茎を気温4-5℃，湿度90％で貯蔵する．栄養繁殖性植物の遺伝資源は，実際には，現地保存，圃場や温室での栽培と植えつぎ，茎頂の組織培養などにより維持されている．

(3) 試験管内貯蔵

　短命種子や栄養繁殖性植物の長期貯蔵のために，組織培養の技術を応用して試験管内で遺伝資源を保存する方法を**試験管内貯蔵**(*in vitro* storage)とよび，ジャガイモ，サツマイモ，キャッサバなどのイモ類やリンゴ，イチゴなどの園芸作物で実用化している．FAOはこのような保存を組織化する**試験管内遺伝子銀行**(*in vitro* gene bank)を提案している．試験管内保存では多数の遺伝資源系統を室内の比較的小さな空間で保存でき，圃場保存などにくらべて経費も安いのが利点である．難貯蔵性種子の植物，不稔性の植物，栄養繁殖性植物などの貯蔵に適する．ただし，保存のために技術を要する．

　組織培養を利用した試験管内貯蔵では，正常な細胞分裂がおこなわれること，培養中に遺伝変異が生じないこと，再分化が効率よくおこなわれることなどが肝要である．そのためには，芽生長点，胚，あるいは組織上に直接生じた体細胞不定胚を材料とするのが望ましい．これらは培養による貯蔵をやめれば，特別の誘導処理なしでもただちに芽を生じるという利点がある．カルス培養や細胞の懸濁培養では，培養中に突然変異，染色体異常，染色体数の変化などの変異が生じやすい．茎端から生長点を含む茎頂を切りだして無菌的に培養すると，茎頂が生長し，発根し，小植物体となる．茎先が培養容器のふたに達するほど成長するまえに新しい培地に植えつぎをする．ふつう

の培養法では，成長が速すぎて植えつぎをひんぱんにおこなわなければならなくなる．植えつぎ回数が多いと，労力や経費がかかるだけでなく，汚染やラベルミスなどが多くなる．ゆえに成長を抑える必要がある．それには，低温，特定の培地成分の除去，生長抑制剤の培地への添加，培地の高浸透圧化などの方法がある．成長を抑えると，培養中に遺伝変異が発生するおそれも少なくなる．

　成長点での細胞分裂がウイルスの増殖速度よりも速いため，成長点をくりかえし培養すると，植物体がウイルスに犯されている場合でも，ウイルスのない成長点が得られる．この方法によりウイルスがのぞかれた**ウイルス・フリー**(virus-free)の状態で成長点を保存できる．これも試験管内保存の1つの大きな利点である．

(4) 凍結保存

　栄養繁殖性植物の器官や組織を液体窒素に浸し超低温($-196°C$)で保存する**凍結保存法**(cryopreservation)もおこなわれている．この方法は，バレイショの塊茎，リンゴなど落葉果樹類の休眠中冬芽の生長点，モモ，ナシなどの果樹の花粉，木本作物の穂木や根などで実用化されている．凍結中は細胞分裂ないし成長は完全に停止する．凍結には急速凍結法と段階的凍結法とがある．凍結保存法での問題点は，凍結時に細胞内に氷の結晶ができて細胞機能が破壊されることである．急速凍結法では氷の結晶が細胞内に生じるがごく小さいので害がない．また段階的凍結法では，細胞外の凍結により保護される．凍結防止のためにはDMSO(dimethyl sulfoxide)やグリセロールなどの**凍結保護剤**(cryoprotectant)による処理が有効である．凍結保存が安定して応用できれば，数十年以上にわたるごく長期の保存が可能となる．Withers(1979)はニンジンの体細胞不定胚の保存で乾燥凍結(dry freezing)と名づけた方法をもちいた．すなわち胚を凍結保護剤の5% v/vDMSOであらかじめ処理し，乾燥し，箔に包んでゆるやかに$-100°C$まで温度を下げてから，液体窒素中に移して貯蔵した．貯蔵後は，$40°C$の湯に浸して溶かし，活性炭を含む培地において成長をつづけさせた．

(5) 圃場内保存

　ジャガイモ，サツマイモ，ヤムイモなどの栄養繁殖性の草本植物，果樹，林木などの永年生で木本性の植物，難貯蔵性種子をもつ植物などは，圃場内

保存として圃場，果樹園，林地で維持保存することが考えられる．これを圃場内保存または**圃場遺伝子銀行**(field gene bank)という．保存中に形質調査や解析ができ，また利用もしやすい．いっぽう広い面積と莫大な労力が必要とされる．たとえばトルコにおける3万本のアーモンドのわずか0.1%である3千本を遺伝資源として保存するのに15 haの広さの果樹園が必要である(Plucknett *et al.* 1987)．1つの台木に複数の系統を高接ぎしたり，矮性台木を利用して樹形を小さく抑えるなどの工夫が有効である．また保存中に病虫害にかかるおそれがある．

(6) 植物園保存

採集された種子または生育中植物を別の植物園や樹木園に移して，そこで生育させ保存する方法である．生育中の多種類の植物がいつでもみられるので，遺伝資源保存の教育にも役立つ．ただ面積と経費を要するので，多数の点数の保存にはむかない．プラントハンターによる植物採集の時代には，この方法が主流であった．現在でも多数の種について，少数の系統を維持する場合につかわれる．

3.7.2 生息域内保存

ジーンバンクによる種子貯蔵を中心とする生息域外保存は，広く世界の遺伝資源を保存することに成功している．しかしジーンバンクによる保存には，①サンプル数がかぎられるためもとの集団より多様性が低くなる，②再増殖の際に予期しない淘汰がおきる，③貯蔵中の発芽能力の喪失で遺伝子型頻度が変わる，などの問題がある．そこで種子貯蔵が可能な植物でも生息域内保存が必要となる．

野生種，林木，牧草などは生息域内保存が望ましい場合が多い．これらの植物集団ではさまざまな遺伝子型が分離していて，それらの頻度は生息地の環境と生態系に適応しながら平衡を保っているので，生育場所を変えると集団中の遺伝変異が失われる危険がある．また熱帯原産の栄養繁殖性作物は，貯蔵器官が腐りやすく運搬に支障が多いうえ，ウイルスに犯されやすい，栽培に特定の日長条件が必要である，などから本来の生息地以外では生育や増殖がむずかしい．さらに生息域内保存では，今後も生態系のなかで自然突然変異による新しい遺伝変異の発生を期待できる．また近縁野生種と在来品種

の自然交雑や在来品種間の自然交雑をとおして，その地域の環境に対しより適応した遺伝子型が生まれることも望める．

生息域内保存には，近縁野生種の自生地で区画された場所をその生態系のままに保護する**遺伝的貯蔵**(genetic reserve) と，地域ごとの在来品種を野生種とともに農業慣行下で持続的に保存する**農家保存**(*on-farm* conservation)とがある．最近ではこのような生息地域内保存の強化が重要視されるようになってきつつある．生息域内保存の例としては，メキシコのトウモロコシ近縁種，イスラエルの野生エンマーコムギ，トルコのコムギ，オオムギ，レンズマメなどがある．

自然条件下での遺伝資源保存には，集団の変異を有効に保持し，個体数を長期にわたって安定させながら維持するための，集団遺伝学や生態遺伝学の知識が必要である．

3.8 遺伝資源の管理

現在世界には 1,300 あまりの遺伝子銀行があり，600 万点におよぶコレクションが保存されている．遺伝資源の保存には，探索・収集の事業と同時に，収集された遺伝資源を適切に管理することが重要である．保存施設の災害による遺伝資源の損失を防ぐためには，保存の二重化が望ましい．また保存の効率化には，国内外の保存施設間のネットワークシステムによるデータベース情報の交換も重要である．

3.8.1 種子の増殖と更新

適切な条件下で貯蔵された種子でも，一定期間をすぎると種子が自然劣化してしだいに発芽力を失うので，定期的な発芽試験をおこない，発芽率が50% にまで下がっていたらベースコレクションの**種子更新**(regeneration of seeds)をおこなう．種子の劣化が遺伝子型によってちがう場合があるので，種子集団中のまれな遺伝子が失われないようにするには，発芽率50% でなく 85% 以下になったら更新するほうがよい．なお農業生物資源研究所でのイネ種子の更新は 80% 以下になったときおこなわれている（長峰，私信）．更新のための増殖は農業試験場などの研究機関に依頼する．更新までの年数

は，たとえばコムギで78年，タマネギ28年，レタスで11年というデータがある．アクティブコレクションのための種子が底をついたときや，採集してきた種子の量が当初から不十分の場合にも，増殖が必要である．種子の増殖に際しては，もとの集団中の遺伝子ができるかぎり失われないようにする．それには環境ストレスなど自然淘汰が働くような要因をできるかぎり避けて，生存力の低い個体も致死にならないようにする．またほかの集団との自然交雑を防ぐことも必要である．増殖のために栽培される集団の大きさは，遺伝的浮動が生じないように100個体以上とする．

3.8.2 種子繁殖と集団の遺伝子型構成

自殖性植物の在来品種では，集団中のほとんどすべての個体はホモ接合で固定している場合が多い．しかし近代品種とちがって集団が単一の遺伝子型から構成されているとはかぎらない．更新のために増殖するときには，各個体からできるだけ均等に採種すれば集団全体の遺伝子型構成が変わらない．しかし他殖性植物では，ヘテロ接合性が高く，品種内に多種類の遺伝子型が分離していて，採集時や増殖時に確率的に遺伝子型構成が変化しやすい．栄養繁殖性の個体は遺伝的に固定していないうえに，ときに転座などの染色体異常，異数性，奇数倍数性をもつので，採集した種子自体が遺伝的分離によりもとの個体とは異なる遺伝子型をもつことになる．以上のように，種子繁殖によりもとの集団の遺伝子型構成を変えずに保存や増殖をおこなうことは，自殖性植物以外では不可能に近く，種子増殖では遺伝子型でなく遺伝子を保存することを目標とするのが妥当である．

3.9 遺伝資源の評価

3.9.1 遺伝資源データ

収集された遺伝資源について，まず植物名，学名，品種名，収集場所など来歴についての基本的情報，すなわちパスポートデータが記録され，**整理番号**(accession number)をつけて登録される．農業生物資源研究所が保存する遺伝資源の種子で配布可能なものは，ホームページで公開されている．

3.9.2　遺伝資源の特性評価

育種素材として遺伝資源を利用するには，多くの形質についての特性をあきらかにすることが必要で，1次，2次，3次の**特性調査**をおこなう．特性調査にはばくだいな労力と経費が必要とされる．

1次特性調査では，質的形質か可視的で遺伝率の高い量的形質について収集系統の特性をしらべる．たとえば日本におけるイネでは，1次特性調査に43項目が定められており，そのうち出穂期，稈長，穂長，穂数，芒の有無，ふ先色，籾の長さと幅，玄米の長さと幅，玄米の粒色，ウルチ・モチの別が必須項目となっている．

2次特性調査では，生態的特性，病虫害抵抗性，ストレス耐性など検定圃場での長期の検定を必要とする形質を調査する．調査の効率化のため，短時間で施設を必要としない簡易検定法の開発もおこなわれている．

3次特性調査としてはとくに有用とみられる系統について収量性などの環境変動を受けやすい形質や品質などの特殊な評価方法が必要な特性を複数の年次と場所にわたってしらべる．特性評価の項目や調査基準は国際的に統一されることが望ましい．なお形態は文字による記載だけでは不十分なので，特性を画像情報として記録することも試みられている．

ジーンバンクでは，膨大な数の遺伝資源についての情報をコンピュータによって管理している．またそのためのデータベースとデータベース管理システム(DBMS)が開発利用されている．

3.9.3　遺伝資源の分類

遺伝資源の収集の目的は，ほとんどの場合，育種における交雑親としての利用である．親としてどの遺伝資源を選ぶかをきめるには，それらの遺伝的内容をしらべる必要がある．似たような系統や品種を親に選ぶのは効率的でない．交配組合せの数は労力上も経費上もかぎりがあるので，収集系統数が多い場合に親の選択はとくに必要である．実際に1つの育種目標について交配される組合せの数は100から500程度の規模が多い．

病害抵抗性のように特定の形質や遺伝子の利用が目的の場合は，それだけについて検定すればよい．しかし一般的な利用性をきめるには，遺伝資源間における遺伝的な異同の程度をしらべることが必要である．異同性は，全遺

伝子の遺伝子型にもとづいて，総合的におこなうことが理想的であるが，現状では不可能である．そこで測定できる特性として，形質の表現型値やアイソザイムまたはDNAマーカーの多型がもちいられる．

たとえば形質の表現型値の場合には，調査すべき全遺伝資源について，開花期，稈長，穂数，1穂粒数など多数の形質の値を測定する．これらの形質値をそのままつかうと遺伝資源は高次の多次元空間上に位置づけられることになり，視覚的にわかりにくい．そこでデータを縮約して1-2次元グラフ上に表せるように統計解析をおこなう．解析法にはクラスター分析や主成分分析などの**多変量解析**(multivariate analysis)(奥野ら 1971 参照)がもちいられることが多い．

いっぱんになんらかの計測値にもとづいて生物集団間の遺伝的構成の相違を表す量を，**遺伝距離**(genetic distance)という．形質の表現型値に差が認められなくても遺伝子型が異なることがあるので，表現型値がたがいに似た系統も進化的にはまったく異なる群に属することがある．すなわち形質の表現型値にもとづく分類では，系統についての遺伝的にみた位置づけにならないことが多い．それに対してDNAマーカーは，形質の表現型値よりもDNA塩基配列の異同に直接的な関係をもつので，遺伝距離の推定に適している．またいっぱんに淘汰の影響を受けず進化的に中立(neutral)であるので，これらにもとづく分類は進化上の系譜的関係を反映していると期待できる．ただし，たった1形質のちがいでも遺伝資源としての価値が大きく異なることがあり，系譜上の遠近だけでは遺伝資源の取捨選択はできない．

3.9.4 核コレクション

遺伝資源をできるかぎり多く集め保存することは，際限のない作業となる．多すぎる遺伝資源は，評価や利用の面からも効率的でない．そこで遺伝資源間の重複を最小限にし，収集保存の適正化を図る考えがだされた．種の分布域についての気候，生態，地理の情報を分析して，分類可能な異なる環境をあきらかにし，それぞれの地域から代表的な系統を選ぶ．選ばれた遺伝資源のセットをその作物の**コアコレクション**(core collection)または**代表コレクション**という．この概念は1984年にFrankelによって提案され，FrankelとBrown(1984)により広められた．コアコレクションは，収集された全遺

伝資源の10%以上を占め，少なくとも70%の対立遺伝子を含むことが理想である(Brown 1989)．核コレクションに選ばれなかった遺伝資源は予備コレクション(reserve collection)として維持される(Brown 1995)．探索収集はかならずしも体系的におこなわれるとはかぎらず，多数の系統からなるコレクションほど多様性が高いともいえない．そこで遺伝資源の表現型または遺伝子型の多様性にもとづいて多変量解析による群分けをして核コレクションを選ぶ方法も検討されている．

3.9.5 収集保存された遺伝資源の変異性

生物集団に含まれる個体数が極端に少なくなると，遺伝的浮動によって遺伝変異が偏り，また縮小する．これを**びん首効果**(bottleneck effect)という．米国で種々のルートで収集されたワタ(陸地棉，*Gossypium hirsutum*)の43品種についてDNAマーカーにもとづいて解析した結果，いちじるしいびん首効果が認められた(Iqbal *et al.* 2001)．このような場合は，保存品種数が多くても遺伝資源としての価値は低いので，これまでの収集地とは別の地域から新しく遺伝資源を導入する必要がある．

3.10 育種家権利と遺伝資源の権利

新品種が品種登録され配布されたのちに誰でも勝手に新品種を増殖してよいならば，その品種がもたらす利益を種苗増殖や栽培にあたる者は受けても，育種家が直接得ることはないことになる．育種家は過去の品種育成にかけた投資のみかえりや，将来への育種事業への投資資金を得る必要がある．したがって育種家の権利を認め保護する必要がある．育種家は育成した品種に対して特許法上の権利をもち，その品種の利用者から特許許諾料(royalty)の支払いを受けることができる．これを**育種家権利**(Plant Breeder's Rights)という．育種家の権利は1930年に米国で植物特許法により認められ，1960年代には米国内だけでなく国外にも適用されるようになった．1961年には**植物新品種保護連盟**(Union for the Protection of New Varieties of Plants, **UPOV**)が設立された．

いっぽう遺伝資源をその保存や利用のために本来の生息域の外に運びだす

ことは，その生息域をもつ国にとっては遺伝資源に対する政治的および経済的な権利を失うことを意味する．在来種は数千年の間，生息地域の農民によって選抜され栽培されてきたものであり，その選抜と栽培がなければ遺伝資源のもつ多様性はとっくに失われていたであろう．育種家権利があるならば遺伝資源の起源地や多様性中心における農家に対して**農民の権利**(Farmer's Rights)を認める必要があるという当然の議論がFAOの植物遺伝資源委員会に出され，2001年に承認された．また1992年に「生物の多様性に関する国際条約」が地球サミットで調印され，それまでの「遺伝資源は人類共通の財産」という考えは破棄され，「遺伝資源の原産国主権」が認められるようになった(岩永 2001)．

3.11 遺伝資源の利用

3.11.1 育種的利用

国外から導入された改良品種，在来品種，近縁野生種などが，育種に活用された例は多い．育種上の利用のほとんどは交配母本としてである．母本としては在来品種が多い．導入した近代品種をそのまま自国の品種とすることもあるが，例は多くない．その改良品種が広い適応性をもつか，育種があまり進んでいない作物や国の場合にかぎられる．野生種の利用は，栽培品種との交配上の障壁が多く育種年限も長くなり，品種育成の成功率も在来品種をもちいた場合より低いので，現在，母本としての利用が少ない．ただしDNA組換え技術の進歩により異種異属の生物がもつ遺伝子でも栽培品種に移すことが可能になったので，今後は野生種の利用も増えると期待される．

3.11.2 海外における遺伝資源の育種的利用例

(1) 1945年に進駐軍の農業顧問として来日した米国農務省のS.C. Salmonにより本国にもち帰られたコムギ品種中に**小麦農林10号**があった．この品種は硬質冬コムギのターキーレッドにフルツ達摩を交配して育成された．交雑親のフルツ達摩は米国から導入された軟質冬コムギのフルツと日本の在来品種達摩との交配により育成された．ワシントン州立大学のO. Vogelが農林10号の**半矮性**に着目し，Brevorと交配して，1961年に従来

のもっとも多収の品種とくらべても150%以上収量が多い品種Gainsを育成した. さらにBrevorと農林10号の交配F_3種子を譲り受けたメキシコのNorman Emest Baulaugは, それをメキシコの普及品種と交配し, 1962年にPitic 62とPenjamo 62を育成した. 半矮性品種は1977年までに25以上育成され, メキシコの食糧事情に大きく貢献した. さらにCIMMYTに移ったBaulaugにより, パキスタン, インドをはじめアジアや中近東の諸国に普及され, 急激な生産高の上昇により「緑の革命」(Green Revolution)とよばれた.

(2) 台湾の在来イネ品種である半矮性の低脚烏尖と長稈で病害抵抗性の菜園種との交配から台中在来1号が1956年に育成された. 台中在来1号は従来のインド型品種にくらべて高い収量をしめし, アジア地域300万haに普及した. またIRRIでは低脚烏尖と長稈で良質の品種Petaとの交配からIR 8が育成された. さらに台中在来1号とIR 8の子孫から多くの半矮性品種がIRRIで育成された. また韓国ではIR 8//ユーカラ/台中在来1号の三系交配から1972年にそれまでにない高収量をしめす統一(Tongil)が育成された. 統一系の品種は韓国の食糧自給達成に貢献した. このような半矮性遺伝子を利用したイネ多収性品種の育成と普及は, イネにおける緑の革命とよばれた(蓬原と菊池 1990).

(3) HagbergとKarlson(1969)は, 米国が世界各地から収集したオオムギの遺伝資源について種子のリジン含量を検定した結果, エチオピア由来の二条密穂のハダカムギで, 他品種にくらべてタンパク質中のリジン含量が30%高く, またタンパク質含量も50%高い系統を発見した. この系統はHiprolyと名づけられた. Hiproly自体は, 種子が小さく, しわがあり, 標準品種の1/3程度の収量しかないため, そのままでは品種にはならないが, オオムギ種子の品質向上のための交配母本にもちいられた. その高リジン含量は第7染色体長腕の劣性遺伝子$lys 1$による.

3.11.3　日本における遺伝資源の育種的利用例

(1) 水稲では, フィリピンにある国際イネ研究所(IRRI)で発見されたトビイロウンカ抵抗性のインドの品種Mudgoを導入して, この品種がもつ抵抗性遺伝子$Bph 1$を交配により栽培品種に入れて中間母本農3号(1984年)

などが育成された(金田 1987).

(2) 岡山大学で収集されていたオオムギ800品種について土壌伝染性のオオムギ縞萎縮ウイルス(BYMV)の抵抗性を検定した結果, かつて中国揚子江沿岸で高橋隆平により収集された在来の六条系統木石港3が高度抵抗性遺伝子 Ym をもつことがみいだされた(高橋ら 1966). 木石港3は, 稈が細くて倒れやすく, 収量は低く, 麦芽の品質もごく不良など欠点が多かったが, 当時は唯一の高度抵抗性遺伝子源であった. 木石港3と二条品種の交配により, 20年以上におよぶ選抜の結果, ビール用品種としてミサトゴールデン(1985年, 栃木県農試)ほか多数の抵抗性品種が育成された.

(3) 山川邦夫はトマトの野生種 *Lycopersicon peruvianum* のもつ葉かび病抵抗性を栽培種に導入するため, γ線照射により交雑率を高めてF_1を得, さらに栽培種を反復親として戻し交雑を重ねた結果, 中間母本としてトマト安濃1号, 同2号がつくられた. また同じく *peruvianum* のもつ根腐萎凋病に対する抵抗性を栽培種に導入してトマト安濃4号, 同5号が登録された. さらにそれをもちいて品種佳玉および竜玉が育成された. そのほか, 野菜育種における遺伝資源の利用例は, 吉川(1991)に多数しめされている.

(4) ダイズのリポキシゲナーゼはダイズのもつ不飽和脂質を酸化し不快な青臭さを与える. その生成には3遺伝子 L-1, L-2, L-3 が関与する. L-1 を欠く2品種が1981年にHildebrandとHymowitz(1981)により6,000品種のなかから選抜された. さらにKitamuraら(1983)により約5,000品種のスクリーニングからL-3を欠く早生夏と一号早生が, L-2を欠くPI 86023が選抜された. これら3遺伝子のどれかを欠く品種・系統を親として, 3遺伝子のすべてをもたない品種いちひめが1996年に登録された.

(5) コムギの胚乳デンプン中のアミロース含量は3個の同祖遺伝子 Wx-$A1$, Wx-$B1$, Wx-$D1$ がコードするアミロース合成酵素により制御される. コムギにはもともとモチ性品種がなかったが, 以前から低アミロース性でうどんの粘弾性がきわめてすぐれていることが知られていた関東107号が Wx-$A1$ と Wx-$B1$ を欠いていることがわかった. そこで残りの Wx-$D1$ 遺伝子を欠く品種をもとめて多数のコムギ遺伝資源のスクリーニングをした結果, 品種 Bai Huo (白火)が発見された. これは1974年に農事試験場が中国から導入した品種であった. 関東107号の低アミロース性自体が, 約70

年前に導入された中国品種の徐州に由来する．関東107号×Bai Huo の交雑から，メイズ法による半数体育種を併用して得た倍加半数体のなかから世界ではじめてのモチ性コムギ系統が作出された．また関東107号を交配親として低アミロース性のチクゴイズミ(1994年)，ネバリゴシ(2001年)など6品種が育成された(星野 2002)．

(6) 茨城県農業試験場において，世界の陸稲255品種について収穫後に畦にそって深さ60 cm の溝を掘り土壌深度別に根の量と太さをしらべるざんごう法により，根系発達程度のすぐれた品種を選抜した．とくにインド品種JC 81 を交配親として耐干性品種ゆめのはたもちが育成された(Nemoto *et al*. 1998)．

第 II 部

遺伝変異の分離と組合せ

第4章　選抜育種

> (19世紀末の)育種家の経験はいくつかの育種法を開発するのに役立った．しかし個体別選抜法にしっかりとした科学的な基礎づけをしたのはヨハンセンである．
> H. K. Hayes, F. R. Immer and D. C. Smith (1955)

　選抜育種法(selection breeding)は分離育種ともいい，歴史的には交雑育種法以前に20世紀初頭に発達した育種法であるが，現在でも海外から導入される在来品種で品種内が遺伝的に不均質とみられるものについて適用される．また育成された品種の増殖の際に品種の純度を保つ方法としても使われる．

　なお海外から導入された品種を，そのまま自国の品種として，または名前だけ変えて，普及に移され栽培される場合を**導入育種**という．育種的な操作はほとんど加えられないので，厳密には育種法の名に値しない．育種が進んでいない場合におこなわれる．明治時代末期に北海道の川田龍吉男爵が輸入したIrish Cobblerと思われるジャガイモ品種が，男爵薯の名で普及したのも導入育種の例といえる．サツマイモの三徳いもや七福もそれぞれオーストラリアおよび米国から個人が帰国時にもち帰った品種に命名されたものである．後者はサツマイモ農林1号や沖縄100号の片親としてもちいられた．リンゴの祝，旭，紅玉，国光など日本名の品種も，本来は外国品種である．

4.1　自殖性植物の選抜育種

4.1.1　純系分離法

(1)　純系分離法の原理

　すべての遺伝子座でホモ接合である個体から由来する系統を**純系**(pure line)という．自殖性植物において集団中から優良な純系を選抜する育種法を**純系分離法**(pure-line breeding)という．純系分離法は，おもに他殖性植

物でつかわれる系統分離法などとともに選抜育種の1つである．その原理はデンマークのJohannsen(1903, 1909)による（第1章参照）．

　自殖性植物において自然交雑，自然突然変異，他品種の機会的混入などがおきると，1つの品種中に異なる遺伝子型が混在していわゆる雑駁な状態になる．1回の自殖でヘテロ接合座の半分はホモ接合になるので，長い世代の間自殖がつづいた集団の個体は，ふつう完全ホモ接合になっていてヘテロ接合性の高い個体はほとんど存在しない．地方に昔から栽培されている在来品種にはこのような形で先祖代々伝えられているものが少なくない．

　雑駁な集団での個体間差は，遺伝子型のちがいにもとづくものであるので遺伝する．しかし選ばれた個体はすべて完全ホモ接合個体であるので，次代以降では遺伝的な分離をしめさず，系統内個体間のちがいは環境変異だけによるもので，選抜効果はないことになる．

(2) 純系分離法の実際

純系分離法は3段階からなる．

① 在来品種など遺伝変異を含む集団からランダムにとった種子を播き，多数，たとえば数万の個体を1本植えで栽培する．比較すべき標準品種をあわせて栽培しておく．生育の初期段階からよく観察して，目的にかなう個体を数百からときに数千個体選ぶ．選ばれた個体のなかに優良な個体が含まれなければ，その後どのように努力してもむだである．選抜個体数はできるだけ大きいほうがよい．またどれを選ぶかは育種目標によって異なる．選抜個体は個体別に種子を採る．

② 選抜された個体ごとに，次代で系統として1ないし数列に1本植えで栽培する．これを系統(line)という．標準品種および在来品種を比較のために植えておく．その特性をよく観察し，同一系統内の個体間で特性の表現上の分離がないかをよくしらべる．調査は1年でたらなければ，数年間つづける．形態が不良な系統はのぞく．

　　また病害抵抗性やストレス耐性などの特性が発現されれば，それについても選抜する．個体の表現だけでは優劣性を判定しにくいので，育種としての純系分離法では直接個体単位で選ぶのではなく，かならずその次代の多数個体を系統として栽培して，その平均的表現によって親個体を評価することが必要である．これを**次代検定**(progeny test)という．

系統内の個体間で分離がなく，ひとしく優良である系統がみいだされたら，その親個体に由来する全個体は，栽培されずに種子の形で保存されているものも含めて，すべて優良であることになる．これは次代にもとづいて親個体を選抜していることになる．第 2 代の個体別の系統を，さらに第 1 代の個体ごとにまとめたものを系統群という．場合によっては系統群まで展開して，系統群中の系統間で分離がないかをよくしらべる．分離がなければ純系と判定する．優良な個体の子孫は，それぞれ別個に増殖し保存する．表現が似ていてもけっして混ぜることはしない．

③　観察だけでは優劣が判定できなくなったら，選抜された純系と，標準品種，在来品種を，普通植えして品種比較試験をおこない，在来品種よりすぐれた純系を選抜する．

4.1.2　純系分離法の実例

　交雑育種が品種改良の主流になる以前の，19 世紀末から 20 世紀はじめにかけては，純系分離法がおもな育種法であった．純系分離法によりコムギ，エンバク，オオムギ，アマなどの自殖性植物で多数の新品種が育成された．たとえばクリミア半島で Turkey の名でよばれていたコムギ品種から，米国で純系分離法によって Kenred, Nebred, Cheyenne など多数の品種が分離育成された．またエンバクの早生品種 Fulghum や病害抵抗性の Dwarf Yellow Milo，オオムギの泥炭土適応性の Peatland や多収性の Trebi なども純系分離法によって得られた品種である (Allard 1960)．

　日本でも明治末から昭和初めまでの国によるイネ育種の主流は，純系分離法であった．純系分離法は，陸羽支場の寺尾博により 1910 年からイネおよびダイズで開始された．大正年間には政府の奨励の下に全国の府県で純系分離法がおこなわれ，在来品種の愛国から得た陸羽 20 号 (1914 年) をはじめ多くのイネ品種が育成された．この時期に純系分離でつくられた品種は，のちの交雑育種によるイネ品種改良のための貴重な母本となった (松尾と谷口 1970)．国公立試験場や麒麟麦酒社でのビール用オオムギの改良でも，当初はもっぱら導入品種ゴールデンメロンからの純系分離がおこなわれた．ダイズでは 1950 年代でもまだ栽培面積の 50% 近くが純系分離品種で占められていた．野菜ではスイカの大和 2 号，3 号，キュウリの相模半白，大仙節成 1-

4号,霜しらず,刈羽節成などが純系分離法でつくられた.

4.1.3 自殖性植物における集団選抜法

純系分離法が個体を単位として選抜し,選抜次代では個体別にあつかってけっして混ぜないのに対し,選抜個体をいっしょにして次代とする方法を**集団選抜法**(mass selection)という.集団選抜法は,純系分離法とちがって不良個体や異常個体をのぞくことを主眼としてあらい選抜をかけるだけである.集団選抜では,きびしい選抜をして少数の個体しか選ばないとすると,集団の遺伝的構成をいちじるしく偏らせるおそれがあるので,選抜割合は25%以上とする.集団選抜法は手間がかからず,また選抜後の集団についての検定もはぶけるという利点がある.在来品種における自然突然変異,自然交雑,他品種の混入などによって生じた異常個体をのぞくのに有効である.

4.2 他殖性植物の選抜育種

4.2.1 系統分離法

他殖性植物の選抜育種として**系統分離法**(pedigree separation)がある.系統分離法は個体または系統の集団を対象とし,おもに他殖性植物の改良にもちいられる.自殖性植物では品種の特性維持のためにもちいられることがある.系統分離法には,集団選抜法,系統集団選抜法,成群集団選抜法などがある.

(1) **集団選抜法**(common mass selection)

優良な外観をもつ個体を選び,それらをまとめて採種して次代集団とする.次代ではふたたびそのなかから優良個体を選び,まとめて採種して次々代に供する.操作はごく簡単であるが,選抜は母親だけにもとづいておこなわれて花粉親については制御されていないことと,選抜が個体単位であり次代検定をおこなわないことから,選抜効果はごく低い.19世紀末までの米国のトウモロコシの改良にもちいられた.

(2) **系統集団選抜法**(pedigree mass selection)

まず集団中から外観上すぐれた個体を選抜し,次代に系統栽培して各系統中から最良の系統を選抜する.最良系統の個体別に次々代に系統栽培して,

最良系統を選抜する．その後同じ操作をくりかえして，最終的に選抜されたいくつかの優良系統をすべてまとめて採種する．

(3) **成群集団選抜法**(group mass selection)

開花期などの特性値が似た個体（たとえば早生，中生，晩生など）どうしをまとめて群にして，各群について別個に集団選抜をおこなう．

4.2.2 他殖性植物における選抜育種の実例

1858年ドイツから米国ミネソタに移民したW. Grimmは，故国からもちこんだアルファルファの系統について1900年頃まで採種と選抜をくりかえしGrimmとよばれる耐寒性が抜群の品種を育成した．これにより20世紀に入りアルファルファの栽培がミシシッピー河以東に広がり，米国東部やカナダでの栽培のきっかけとなった(Bolton *et al.* 1972)．

日本では野菜で系統分離が早くから採用され，スイカの大和2号，3号(1925年)，キュウリの相模半白(1929年)などが育成された．

4.3 栄養繁殖性植物の選抜育種

4.3.1 栄養系分離

栄養繁殖性の植物で，優秀な栄養系を選抜していく方法を**栄養系分離**(clonal separation)という．選抜育種の1種である．栄養繁殖では，どのような遺伝子型であれ，子は親とまったく同じ遺伝子型を受けつぎ，原則として遺伝子型が変化しない．例外は自然突然変異であるが，その頻度はふつういちじるしく低い．したがって優秀な個体がみいだされたら，さし木などその植物に適した栄養繁殖方法によって増殖する．次代でその優秀性を確認したら，以降の遺伝的な操作なしでもそのまま品種とすることができる．サツマイモでは大正時代に沖縄，埼玉，愛媛などの県農事試験場で各地の在来品種を集めて選抜育種によるすぐれた生態型の選抜がおこなわれた(小林 1984)．

4.3.2 実生選抜法

栄養繁殖が主体の植物でも，種子で増殖できることがある．栄養繁殖性植

物における種子由来の植物体を**実生**(seedling)という．栄養繁殖性植物では，多かれ少なかれヘテロ接合性があるので，遺伝的分離により実生はそれが由来した母親と遺伝子型が異なる．しかし優秀な個体の実生は優秀なものが多いと期待されるので，実生を母親別に系統として栽培して選抜する．優秀な個体はさらに栄養繁殖で増殖して，その次代で優秀性を確かめる．

4.3.3 珠心胚実生法

カンキツでは通常の受精胚由来種子のほかに**珠心胚**(nucellar embryo)から無性的に分化した種子が形成されるという性質をもつ多胚性品種がある．このような品種では，ふつうに種子を播くと，受精胚は発芽せず，珠心胚だけが実生となることが多い．温州ミカンもその例である．**珠心胚実生**(nucellar seedling)では自然突然変異の発生頻度が高く，それを利用して品種が得られている．ワシントンネーブルからのトロビタオレンジ，ダンカングレープフルーツからのマーシュグレープフルーツ，温州ミカンのシルバーヒル温州，谷川温州，興津早生などがある．

第5章　自殖性植物の交雑育種

> 交雑によって新しい植物品種を育成するうえでメンデリズムは新しい合理的な基礎を与えるであろうと，チェルマクは確信していた．
> N. Roll-Hansen (1986)

　異なる遺伝子型をもつ品種または系統を人為的に**交雑**(cross)して，植物の繁殖様式にしたがって世代を進め，雑種世代で希望型を選抜して，新しい組合せの遺伝子構成をもつ品種をつくりあげる方法を**交雑育種**(cross breeding)という．

　交雑育種では人為交配の技術よりも，交雑後の世代における集団構成と選抜方式が重要であり，交雑育種の成否はいかに効率の高い育種方式を企画できるかにかかっている．交雑育種の効率を上げるには，交雑後の集団における遺伝子型の分離，世代進行にともなう遺伝子型頻度の変化，量的形質の遺伝効果と選抜反応，などを十分理解することが必要である．その基礎を与えるのはメンデルの法則と Fisher にはじまる統計遺伝学である．

5.1　交雑育種の特徴

5.1.1　交雑育種の長所

(1)　交雑育種は，交雑とそれにともなう組換えという自然界でおこなわれる変異拡大の手段をそのまま利用している手法であるため，植物，動物をとわず，また植物では自殖性，他殖性，栄養繁殖性に共通して利用可能な改良手法となっている．比較的安価で施設が要らず労力もかからない方法であるため，多数の集団をあつかえる．このような長所から交雑育種は世界のどの国でも，またいつの時代でも，育種の主方法としておこなわれてきた．近代育種がはじまってからこれまで世界で育成された品種の大部分は交雑育種に

由来する．

(2) 交雑以外の手段，たとえば突然変異育種や遺伝子組換えによって作出された系統や中間母本をさらに品種にまで完成させる過程では，交雑育種でつかわれている育種方式が採用されることが多い．

5.1.2 交雑育種の短所

(1) 交雑の両親として利用できる品種や系統は，原則として自然界でも交雑可能なほど近縁な範囲に制約される．そのため利用できる遺伝資源に限界がある．

(2) 既存の遺伝資源のなかに改良目標にかなう遺伝資源がみつからない場合には，打つべき方法がない．その場合にはさらに遺伝資源の拡大をもとめて探索と導入をおこなうか，突然変異育種などほかの変異創出法による援護が必要となる．

(3) すでに優良な遺伝子型をもつ品種について，1つまたは少数の形質の欠点を改良したい場合でも，他品種と交雑すれば遺伝的分離によってこれまでつくりあげられた優良な遺伝子型がふたたびご破算になってしまう．それに対処するための方法として連続戻し交雑がおこなわれるが通常は長い世代を必要とする．

(4) 交雑によりせっかくつくりあげられた遺伝子型が分離してしまうのをおそれるため，育種が進んだ作物では，多くの形質で優良性が似ている品種間で交雑がおこなわれがちとなる．その結果利用される遺伝資源の範囲がますます狭くなり，育成されてくる品種群が画一的になり，遺伝的脆弱性がもたらされる危険がある．

(5) 交雑後代で遺伝的に分離する可能性のある遺伝子型は理論的には無数に近いが，選抜世代での供試個体数が少ない場合には，実際に分離し選抜できる遺伝子型の数はいちじるしく少なく，理論的にありうる遺伝子型のごく一部しか利用できないことになる．

5.2 自殖性植物における遺伝的分離

5.2.1 植物の繁殖様式

植物における種(species)の**繁殖様式**(mode of reproduction)はじつに多様であるが,自殖性の種子繁殖,他殖性の種子繁殖,アポミクシス,栄養繁殖などに大別される.交雑育種における交雑と選抜のシステムは対象植物の繁殖様式によって異なる.交雑育種法はおもに種子繁殖性植物の改良にもちいられるが,栄養繁殖性植物でも種子繁殖が可能ならば適用できる.他殖性植物の交雑育種は第6章で,栄養繁殖性植物の交雑育種は第7章で述べる.

種子繁殖性(seed propagation)とは,受精をへて形成された種子を通しておこなわれる繁殖法である.**アポミクシス**(apomixis)とは一般的には受精や減数分裂なしでおこなわれる繁殖法をいうが,植物では狭義に種子が卵細胞以外の組織の細胞から形成される**無性的種子形成**(agamospermy)をいうことが多い.**栄養繁殖**(vegetative propagation)とは,種子以外の器官による無性的な繁殖法をいう.アポミクシスは栄養繁殖に含めない.

種子繁殖において,雌性配偶子(卵細胞)が同じ個体の雄性配偶子(花粉)によって受精される現象を**自殖**(selfing)という.自然交雑率が4%未満の植物を**自殖性植物**(self-pollinated crop, autogamous crop)(表5.1),4%以上の植物を**他殖性植物**という.なお自然交雑率は同じ植物種でも栽培地や品種により異なるので,他殖性か自殖性かの分類がかならずしも明確でないものもある.なお自然交雑(natural crossing)とは,通常メンデル集団内の個体間の交雑をいう.Fryxell(1957)は種々の植物の繁殖様式をまとめ

表5.1 自殖性で種子繁殖の栽培植物

穀類・マメ類・工芸作物	野菜	牧草	花卉
イネ,パンコムギ,マカロニコムギ,ライオオムギ,エンバク,エンバク,アワ,タアカ,アゴラ,ダイズ,ラッカセイ,アズキ,ネギ	トマト,エンドウ,インゲンマメ,レタス,ナス	カウピー,サブクローバ,コモンベッチ,ヘアリーベッチ,青花ルーピン,ヤハズソウ,メドハギ	アサガオ,マツバボタン,キンギョソウ,フロックス,ケイトウ

た表を詳細な文献つきでしめしている．

　種子の発芽から成長，受精，成熟にいたる過程を1年で終える植物を**一年生植物**(annual plant)という．果樹，林木，クワなどの木本性植物や一部の草本性植物では，一生が1年以内に終わらず長く生存する．これを**多年生植物**(perennial plant)という．植物の生活環と繁殖様式は進化上の関連がふかく，自殖性植物のほとんどは一年生であり，他殖性植物の多くは多年生である．

5.2.2　自殖性植物における遺伝的分離と固定
(1)　遺伝的分離

　自殖性植物では，交雑育種の親にもちいられる品種や系統は，すべての遺伝子座で**ホモ接合**(homozygous)とみられる．いま2品種 P_1, P_2 がそれぞれ $AABBCCDD$, $aabbCCdd$ の遺伝子型をもつとすると，交雑 $P_1 \times P_2$ では A, B, D 座で両親が異なる**対立遺伝子**(allele)を，C 座では同じ対立遺伝子をもつことになる．したがって交雑の次代である F_1 では，すべての個体は同一の遺伝子型 $AaBbCCDd$ をもち，A, B, D 座では**ヘテロ接合**(heterozygous)，C 座ではホモ接合となる．F_1 を自殖して得られる F_2 では，個体間で遺伝子型が異なる．すなわち自殖性植物では，F_2 世代ではじめて遺伝的な分離が生じる．分離は F_1 でヘテロ接合であった座でのみ生じる．このような座を**分離遺伝子座**(segregating locus)という．F_1 でホモ接合であった座は分離がなく，**非分離遺伝子座**(non-segregating locus)という．また遺伝的分離がある世代を**分離世代**(segregating generation)，分離がない世代を**非分離世代**(non-segregating generation)という．親と F_1 が非分離世代，F_2 以降のすべての世代が分離世代になる．

　いまある1遺伝子座について，交雑親 P_1 の遺伝子型を AA，P_2 の遺伝子型を aa とする．交雑（$P_1♀ \times P_2♂$ または $P_2 \times P_1$）の F_1 では，全個体がヘテロ接合 Aa となる．つぎの F_2 では，メンデルの法則にしたがえば，AA, Aa, aa の3種の遺伝子型が $1/4 : 1/2 : 1/4$ の比で生じる．自殖世代をつづけると，ホモ接合個体 AA と aa はそのまま次代に伝わり，ヘテロ接合個体 Aa は，半数だけが次代に伝わる．その結果 AA, Aa, aa の頻度の比は，F_3 では $3/8 : 1/4 : 3/8$ に，F_4 では $7/16 : 1/8 : 7/16$ となる．F_t 世代では比は，

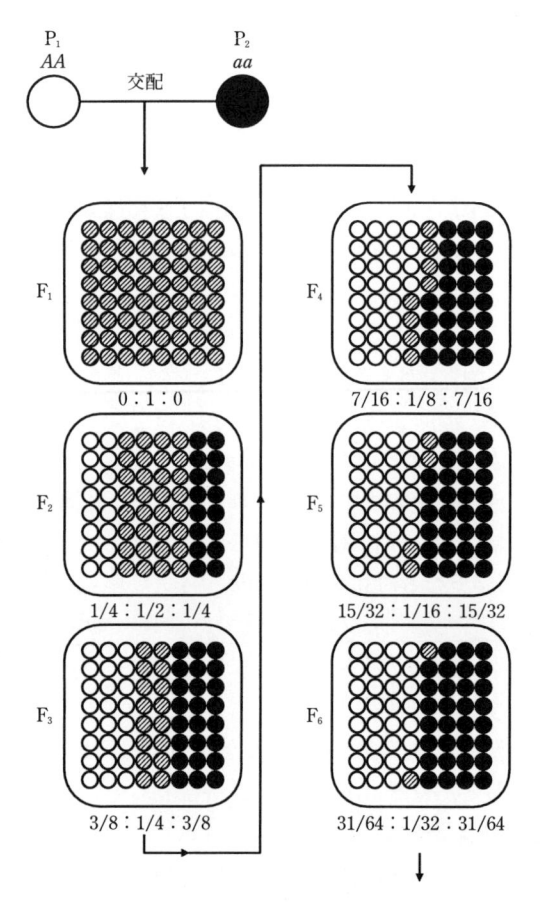

図 5.1 交配後に自殖をつづけたときのある 1 分離遺伝子座における遺伝子型頻度の変化．各世代におけるシロ地，灰色地，黒地の丸の数はそれぞれ，全体を 64 としたときの AA, Aa, aa の頻度を表す．F_t では AA, Aa, aa の頻度は $(1/2 - 1/2^t) : 1/2^{t-1} : (1/2 - 1/2^t)$，$F_\infty$ では $1/2 : 0 : 1/2$ となる．

$$AA : Aa : aa = \frac{1}{2} - \frac{1}{2^t} : \frac{1}{2^{t-1}} : \frac{1}{2} - \frac{1}{2^t}$$

となる（図 5.1）．t が大きくなるにしたがい，Aa の頻度は減少して 0 に近くなり，AA と aa の頻度は 1/2 に近づく．分離世代における遺伝子型の理論的な分離の頻度を**分離比**（segregation ratio）という．F_2 の 400 個体があるとき，理論どおりならば，100 個体の AA，200 個体の Aa，100 個体の

aa が分離することになる．しかし実際の分離はほとんどの場合に分離比どおりにならず，多かれ少なかれ理論比からずれることになる．個体数が大きいほど，偏差は小さくなる．

(2) 2 遺伝子座での遺伝的分離と連鎖

ある 2 遺伝子座 A, B について，P_1 の遺伝子型を $AABB$，P_2 の遺伝子型を $aabb$ とする．F_1 では全個体がヘテロ接合 $AaBb$ となる．F_2 では，もし A 座と B 座で遺伝的分離が独立であるならば，$AABB, AABb, AAbb, AaBB, AaBb, Aabb, aaBB, aaBb, aabb$ の 9 種の遺伝子型が $1/16 : 2/16 : 1/16 : 2/16 : 4/16 : 2/16 : 1/16 : 2/16 : 1/16$ の比で生じる．しかし A 座と B 座が同じ染色体上で近接していると，この比は成り立たない．F_1 $AaBb$ の減数分裂で，A 遺伝子は B 遺伝子と，a 遺伝子は b 遺伝子とともなって分離する傾向が生じ，両親と同じ構成をもつ AB と ab 遺伝子型の配偶子が，組換えられた構成の Ab と aB 配偶子 (**組換え型**，recombinant) より多くなるからである．この状態を**連鎖** (linkage) という．同じ染色体上にあるのに組換え型が生じるのは，A 座と B 座の間で染色体の**乗換え** (crossover) が生じるからである．

(3) 遺伝的固定

ある遺伝子座がホモ接合になると，それ以降の世代ではずっとホモ接合のまま変化しない．すべての遺伝子座についてホモ接合である個体を**完全ホモ接合体** (complete homozygote) という．完全ホモ接合体からなる系統は Johannsen の純系と同じである．自然交雑をまったくおこなわない完全自殖性植物では，選択や移入や突然変異がないかぎり，全個体が完全ホモ接合体になった集団の遺伝子型頻度は世代をへても変化しない．これを自殖性植物における遺伝的な**固定** (fixation) という．

自殖性の栽培植物では自殖世代を重ねながら，望ましい形質をもつ有望個体を選抜して，最終的に同一の遺伝子型をもつ完全ホモ接合体を得て品種とする．固定していない個体を選んで品種として増殖し配布すると，採種圃などで思わぬ遺伝的分離が生じて，もとの品種とは異なる遺伝子型に変わってしまうおそれがある．したがって交雑から何世代めまで待てば完全ホモ接合体が 1 に近い高い頻度になるかを知ることが重要である．

ある遺伝子座におけるホモ接合個体の頻度を**ホモ接合度** (homozygosity)，

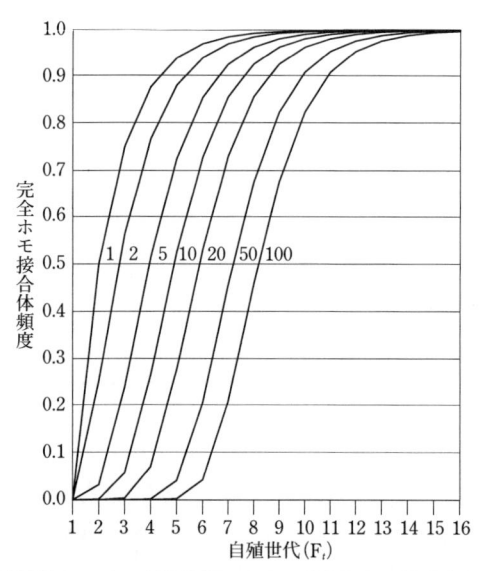

図5.2 自殖性植物における自殖世代にともなう完全ホモ接合体頻度の変化．図中における頻度0.5の線の傍に記された数字1, 2, 5, 10, 20, 50, 100は，関与する遺伝子座数をしめす．この頻度は，すべての遺伝子座がたがいに独立である場合にだけ成り立つ．全ゲノムについて完全ホモ接合である頻度は図5.4にしめされる．

ヘテロ接合個体の頻度を**ヘテロ接合度**(heterozygosity)という．上述したとおり自殖世代をつづけると，各遺伝子座におけるヘテロ接合度は毎代1/2に減る．したがって世代F_tでのホモ接合度は$1-1/2^{t-1}$となる．F_tでk個の遺伝子座すべてでホモ接合となる個体の頻度は$f_{Homo}=(1-1/2^{t-1})^k$となる．これをJonesの式という．たいがいの育種教科書にはこの式にもとづく図(図5.2)が載っているが，この式は遺伝子座間に連鎖がない場合にだけ成り立つ．遺伝子座が多くなれば当然連鎖を無視できなくなるので，$k=100$の場合の曲線などはほとんど無意味である．ゲノムの全遺伝子座についての固定を考えるには，この式では不適当である．

(4) 全染色体の固定

世代にともなう遺伝的固定の速度をきめるのは，遺伝子座の数ではなく，染色体数と染色体あたりの乗換えの頻度である(Hanson 1959 a)．染色体あたりの乗換え数が少ないほど，早い世代で染色体上の全遺伝子座が固定する．シミュレーションの結果では，たとえば長さ100 cM（センチモルガン）の

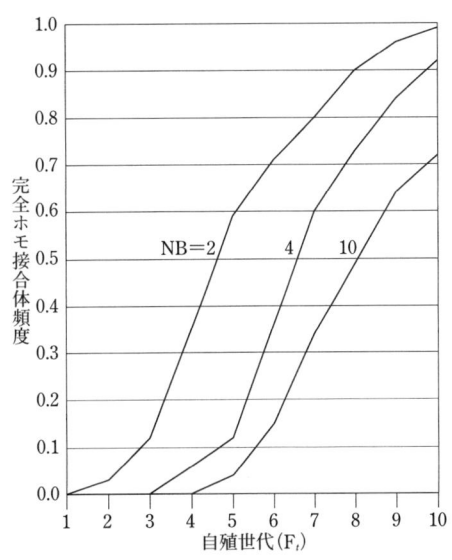

図 5.3 自殖世代にともなう1本の染色体についての完全ホモ接合個体の頻度の変化．NB (number of breaks) は1本の染色体あたりの平均乗換え数をしめす．NB=2, NB=4, NB=10 は，それぞれ 100 cM, 200 cM, 500 cM の染色体長に相当する．

染色体では，F_6 までに7割以上が固定する．染色体が長くなると固定まで世代も増すが，500 cM でも F_{10} までには7割以上が固定する．なお毎代の染色体あたり乗換え数が z であるとき，その染色体の遺伝的長さは $50z$ cM となる（図 5.3）．染色体上の全遺伝子座で固定する世代は，染色体あたりの平均乗換え数の7から8倍の独立した遺伝子座がある場合にほぼ匹敵する．また固定の速度は半数染色体数 (n)（第9章参照）によって異なる．染色体あたり乗換え数を2とすると，$n=7$（例オオムギ），$n=12$（例イネ），$n=21$（例コムギ）の植物では，ゲノムの全遺伝子座中9割がはじめて固定する世代は，それぞれ F_{11}, F_{12}, F_{13} となる（図 5.4）(Ukai 1987)．

(5) 固定系統における両親の寄与

固定系統の染色体では，両親の染色体部分がさまざまに組合さっている．実際に得られた固定系統や品種で染色体領域中のどこが母親由来でどこが父親由来かは，DNA マーカーの利用により実験的に決定できる (Lorenzen *et al*. 1995)．

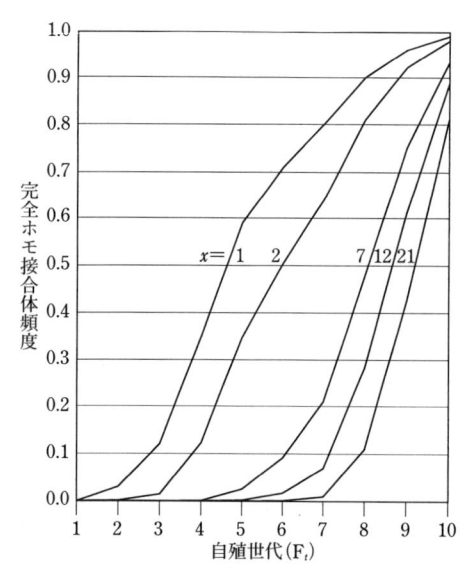

図 5.4 自殖世代にともなう全ゲノムについての完全ホモ接合個体の頻度の変化。染色体長は 100 cM とする。0.5 の線の傍に記された数字 1, 2, 7, 12, 21 は、半数染色体数 (x) をしめす。$x=7$, $x=12$, $x=21$ は、それぞれたとえばオオムギ、イネ、コムギの場合に相当する。$x=1$ は 1 本の染色体全体が完全ホモ接合となった個体の頻度をしめす。本図の $x=1$ のデータは、図 5.3 における NB=2 の場合のデータと同じである。

5.3 量的形質の解析

5.3.1 質的形質と量的形質

(1) 形質とは

身長や体重が人によってちがうように、植物も花色、草丈、開花期、収量などさまざまな特性について個体間差がみられる。いっぱんに個体のもつ特性のちがいがすこしでも親から子へ遺伝するとき、その特性を**形質** (trait, character) という。植物の形質には、ダイコンの根形、トマトの果形、クワの葉形、花の一重と八重などの形態形質、イネ穀粒のウルチとモチ、コムギの春播性と秋播性などの生理形質、イネのいもち病抵抗性、オオムギの縞萎縮病抵抗性、ジャガイモの疫病抵抗性などの病理形質など多くの種類がある。また収量のようにこのような分類にあてはまらない総合的な形質もある。形質は質的形質と量的形質に分けられる。

(2) 質的形質

異なる品種（または系統）間の交雑に由来する雑種世代において，形質の表現が個体間で不連続な**クラス**(class)に分かれ，その分類が環境によって変わらない形質を**質的形質**(qualitative trait)という．たとえばオシロイバナの赤花品種と白花品種を交雑した F_2 では，赤，桃，白の3種の花色が分離し，そのどの階級にも入らないような個体はない．質的形質は，いっぱんに1個またはごく少数の遺伝子座に支配され，またその表現型は遺伝子によってきまり，非遺伝的因子によって変わることはほとんどない．

(3) 量的形質

数(number)または長さ，重さ，時間などの量(quantity)で表される形質を，**量的形質**(quantitative trait)または**計量形質**(metric trait)という．イネでいえば，分けつ数，穂数，穂あたり粒数（計数値），草丈，稈長，穂長（長さ），生体重，千粒重，収量（重さ），早晩生，休眠日数（時間）などの形質が量的形質といえる．量的形質も関与する遺伝子についてメンデルの法則が成り立つのは質的形質と同じであるが，決定的なちがいが2つある．

① 量的形質はいっぱんに複数の遺伝子座に支配されている．たった1個の遺伝子座が関与していて，その遺伝効果が大きい遺伝子であっても，表現が数や量で表される形質ならば量的形質といえるが，その例は少ない．

② 量的形質は，その表現が環境の影響を受けやすい．いいかえれば量的形質の表現にみられる変異の一部は遺伝的ではない．

関与する遺伝子座が多いことと，環境の影響を受けやすいことから，分離世代での量的形質の表現は連続的になり，質的形質の場合とちがってクラスに分けることがふつうはできない．量的形質では表現や遺伝的分離だけから個体のもつ遺伝子の構成を推定することはできない．

ただし，分離世代の量的形質を調査するさいに，計量の労を省くために，開花期を早生，中生，晩生などに，また病虫害などの程度を無，微，少，中，多，甚などの順序のあるクラスに分けて，個体のしめす表現を評価することがある．これを**スコア**(score)という．

5.3.2 主働遺伝子とポリジーン
(1) 主働遺伝子

遺伝効果が大きく単独でその効果が認められる遺伝子を**主働遺伝子**(major gene)という．質的形質は主働遺伝子に支配される．この場合，主働遺伝子の効果は環境によって変化しない．たとえばエンドウの花弁の赤色を支配する主働遺伝子は，栽培条件が変わってもつねに赤色を与える．量的形質にも主働遺伝子が関与していることが多い．たとえばオオムギの極早生遺伝子はホモ接合で7日以上も出穂期を早くし，その効果は観察可能である．しかし出穂期は環境によって変動し，同じ遺伝子をもっていても個体によって2-3日の出穂期のちがいが生じる．

(2) 微働遺伝子

数の多少に関係なく，遺伝効果の小さい遺伝子を**微働遺伝子**(minor gene)という．ここで「小さい」とは，ふつう主働遺伝子や環境変動にくらべたときの相対的な大きさから判断される．

(3) ポリジーン

英国のFisherは，量的形質ではふつう多数の遺伝子座が関与していて，それぞれの遺伝子座の効果は小さいがその効果が足し算された総和が形質値として観察されるとし，このような遺伝子のセットを**ポリジーン**(polygene)と名づけた(Fisher 1918)．ポリジーンの考えはMather(1949)によってさらに推進された．ポリジーン説の根拠は，量的形質は分離世代で連続分布をしめすこと，トウモロコシ種子のタンパク質および油含量のように，多くの量的形質では1世代あたりの選抜効果が小さく，しかもいく世代にもわたって認められること，ショウジョウバエの腹部剛毛数などのように推定される遺伝子座数が大きいこと，などからきている．Mather自身は著書でポリジーンだけでなく主働遺伝子も同じ量的形質に関与することや，多数の主働遺伝子が関与した量的形質もあることを紹介しているが，統計遺伝学的な手法では，遺伝子座の数や各遺伝効果を推定することがむずかしかったことにより，ともすればポリジーン説が量的形質を考えるうえで標準とされるようになってしまった．しかし植物における最近のQTL解析 (5.3.4項参照) によれば，量的形質を支配する遺伝子座はかならずしも同程度の遺伝効果をもつとはかぎらない．むしろ1つまたは少数の主働遺伝子座と比較的多

くの微働遺伝子座が関与している例が多い.

5.3.3 環境効果

生育時の気温, 雨量, 日射量など, 遺伝子のほかに量的形質の表現に影響する因子をまとめて**環境因子**(environmental factor)またはたんに**環境**(environment)という. 環境は2種類に分けてあつかわれる. 同じ圃場, 同じ栽培時期, 同じ栽培条件下で生育している個体間に働く非遺伝的因子を**ミクロ環境**(micro-environment)という. ミクロ環境には, 圃場内の位置による気温差, 水温差, 肥料ムラなどがある. それに対して栽培の地域, 年次, または栽培条件のちがいをとくに**マクロ環境**(macro-environment)という. マクロ環境のちがいは, 地域, 年次, 栽培条件を同じくする個体のすべてに等しく働くと仮定される. ミクロ環境による量的形質の表現型値の変化量を**環境変動**(environmental variation)という. マクロ環境は設定できるが, ミクロ環境はできない.

5.3.4 統計遺伝学とQTL解析

量的形質に関与している遺伝子座を**量的形質遺伝子座**(quantitative trait locus; QTL)とよぶ. いっぱんに1つの量的形質には複数のQTLが関与している. 量的形質の解析では, QTLのもつ遺伝効果を推定することが重要であり, それには統計学的手法がつかわれる. この分野を**統計遺伝学**(statistical genetics)または**量的遺伝学**(quantitative genetics)という. Fisherら(1932)の論文で提示された遺伝モデルにもとづいて, 量的形質に関与する遺伝子座の効果が推定できるようになった. また量的形質の変異を遺伝的成分と環境による成分とに分けることができ, 選抜効果の予測ができるようになった. その育種に与えたインパクトは非常に大きかった. ただし遺伝効果については関与遺伝子座全体についての総和しかもとめられず, QTL別の情報は得られなかった. またそもそも関与する遺伝子座がいくつで染色体上のどこにあるかもまったくわからなかった. そのような状況では, たとえば交雑育種において, 両親がどのような遺伝的構成をもっているか, 分離世代でいくつの遺伝子座が分離するかが未知のまま育種事業を進めることになり, F_2の適正な規模をきめたり, 選抜された系統や育成された品種がどちらの

親のどのような遺伝子をもつかを知る手段はなかった.

しかし分子生物学的技術の進展が量的形質の解析法にも画期的な変化をもたらした.1980年代になり生物個体間のDNA塩基配列のちがいを検出できるようになった.これを**DNA多型**(DNA polymorphism)という.DNA多型にもとづく遺伝マーカーを**DNAマーカー**(DNA marker)という.DNAマーカーには,RFLP(restriction fragment length polymorphism),RAPD(random amplified polymorphic DNA),AFLP(amplified fragment length polymorphism),SSR(simple sequenced repeats),CAPS(cleaved fragment length polymorphism)などがある.DNAマーカーを質的形質の遺伝子のようにもちいて,くわしい**連鎖地図**(linkage map)が作成できるようになった.さらに連鎖地図を利用してQTLの数,染色体上位置,各QTLの遺伝効果が推定できるようになった.この方法を**QTL解析**(QTL analysis)という(Lander and Botstein 1989).詳細はLiu(1998),LynchとWalsh(1998),鵜飼(2000)などを参照されたい.

5.3.5 量的形質と遺伝効果

収量,開花期,稈長など農業上重要な形質の多くは量的形質である.品種改良ではこれらの形質についての選抜が重要である.しかしたいてい選抜は観察によっておこなわれる.自殖性植物の交雑育種では,とくに初期の選抜世代において,個体や系統ごとに量的形質を計測して,それにもとづいて選抜することはほとんどない.初期世代ではあつかう個体数が多く,労力的にも時間的にも無理である.しかし適確な選抜をおこなうには,各世代での量的形質の変動がどのような理論的基礎にもとづくかを理解しておくことが重要である.

(1) 表現型と遺伝子型

量的形質については,ある特定の個体がある特定の環境条件下でしめす量的形質の表現を**表現型**(phenotype),その値を**表現型値**(phenotypic value)という.またある個体がもつ対立遺伝子の集合を**遺伝子型**(genotype)という.ただし量的形質ではふつう遺伝子型は交雑後の世代で分離する遺伝子座についてだけ記述される.たとえば目的形質に5遺伝子座(A, B, C, D, E)が関与していて,そのうちA, B, C座が分離するとき,個体の遺伝子型は

$AABbCc, aaBBCc$ などと表される．D 座と E 座については記述しない．量的形質では遺伝子型はある特定の1形質に対して定義される．表現型値のうち遺伝子型できまる部分を**遺伝子型値**(genotypic value)，環境変動できまる部分を**環境効果**(environmental effect)という．なお量的形質における表現型の定義は質的形質の場合とは異なることに注意する．質的形質の表現型は量的形質では表現型値に対応するが，質的形質では環境変動がないので表現型値は遺伝子型値と等しい．

量的形質の解析では，まず量的形質を数理的にどのように表すかが重要である．その基本となるのが**遺伝モデル**(genetic model)である．遺伝子型値を g，環境効果を e とすると，表現型値 p は，つぎのとおり表される．

$$p = g + e$$

すなわち表現型値は，遺伝子型値と環境効果の和となる．遺伝子型値と環境効果の間には交互作用がないとする．これがもっとも簡単な遺伝モデルである．遺伝効果はさらに相加効果，優性効果，エピスタシスに分割して考えることができる．

(2) 相加効果と優性効果

量的形質に関与するある遺伝子座について，母親 P_1 の遺伝子型がホモ接合の A_1A_1，父親 P_2 の遺伝子型が A_2A_2 であるとする．このとき対立遺伝子 A_2 を1つだけ A_1 でおきかえたときに量的形質にある変化量 a が生じると期待されるとき，その効果 a を**相加効果**(additive effect)という．P_1 と P_2 の遺伝子型値の差は $2a$ となる．

交配 $P_1 \times P_2$ における F_1 の遺伝子型 A_1A_2 は，P_1 の遺伝子型 A_1A_1 においてどちらか1つだけ遺伝子を A_2 におきかえたものに相当する．したがって対立遺伝子間に交互作用がなければ，F_1 の遺伝子型値は両親の遺伝子型値の平均に等しくなる．しかしふつうは交互作用があるので，等しくならない．F_1 の遺伝子型から両親の遺伝子型値の平均をひいた値を d で表し，これを**優性効果**(dominance effect)という．さらに遺伝子座が異なる遺伝子間で交互作用がある場合に，その効果を**エピスタシス**(epistasis)という．この遺伝モデルは Fisher ら(1932)が提唱し，Mather(1949)らが発展させたものである．

(3) 遺伝子型値の世代平均

上の遺伝モデルにしたがえば，P_1, P_2, F_1 の遺伝子型は，座 A については，

$$P_1 : u+a$$
$$P_2 : u-a$$
$$F_1 : u+d$$

で表される．u は定数であり，分離しない遺伝子座の効果を含む．エピスタシスは考えにいれない．

F_2 は分離世代であるので，その遺伝子型値の**平均**(mean)をもとめるにはすこし計算しなければならない．つまり3種の遺伝子型 A_1A_1, A_1A_2, A_2A_2 がそれぞれ $1/4, 1/2, 1/4$ の頻度で分離するので，その平均は

$$F_2 : \frac{1}{4}(u+a) + \frac{1}{2}(u+d) + \frac{1}{4}(u-a) = u + \frac{1}{2}d$$

となる．目的形質に関与する分離遺伝子座が k 個あるとき，

$$(a) = a_1 + a_2 + \cdots + a_k \left(= \sum_{i=1}^{k} a_i \right)$$
$$(d) = d_1 + d_2 + \cdots + d_k \left(= \sum_{i=1}^{k} d_i \right)$$

とおけば，k 座すべてについての遺伝子型値の各世代の個体間平均 $M_g[\cdot]$ は，

$$M_g[P_1] = u + (a)$$
$$M_g[P_2] = u - (a)$$
$$M_g[F_1] = u + (d)$$
$$M_g[F_2] = u + \frac{1}{2}(d)$$

となる．ほかの分離世代についても同様に表される．

(4) 遺伝子型値の世代分散

世代平均だけでなく，個体間の遺伝子型値のバラツキも重要である．なぜ

なら，そのバラツキこそが選抜を可能とする変異であるからである．そこでそのバラツキを表す統計学的な量として分散(variance)を計算しておく必要がある．分散は各個体の値から世代平均をひいた値を2乗したものにその頻度をかけた値に等しい．つまり F_2 についての遺伝子型値の分散は，遺伝子座Aだけを考えるとき，

$$V_g[F_2] = \frac{1}{4}\left(u+a-u-\frac{1}{2}d\right)^2 + \frac{1}{2}\left(u+d-u-\frac{1}{2}d\right)^2$$
$$+ \frac{1}{4}\left(u-a-u-\frac{1}{2}d\right)^2$$
$$= \frac{1}{4}\left(a-\frac{1}{2}d\right)^2 + \frac{1}{2}\left(d-\frac{1}{2}d\right)^2 + \frac{1}{4}\left(a-\frac{1}{2}d\right)^2$$
$$= \frac{1}{2}a^2 + \frac{1}{4}d^2$$

となる．u は遺伝子型とは独立の定数なので，分散には関係ない．形質に関与する k 個の遺伝子座についての相加効果と優性効果の2乗の和を以下のとおりAとDで表すとき，

$$A = a_1{}^2 + a_2{}^2 + \cdots + a_k{}^2 \left(= \sum_{i=1}^{k} a_i{}^2\right)$$
$$D = d_1{}^2 + d_2{}^2 + \cdots + d_k{}^2 \left(= \sum_{i=1}^{k} d_i{}^2\right)$$

Aを**相加分散**(additive variance)，Dを**優性分散**(dominance variance)という．世代の全個体についての遺伝子型値の分散つまり**遺伝子型分散**(genotypic variance) $V_g[F_2]$ は，遺伝子座間に連鎖もエピスタシスもなければ，

$$V_g[F_2] = \frac{1}{2}A + \frac{1}{4}D$$

と表される．ほかの世代の分散も同様に記述できる．

5.3.6 遺伝母数の推定

実際に測定できるのは，遺伝子型値ではなく，それに環境効果 e が加わった**表現型値**である．ふつう各個体に加わる環境効果はその遺伝子型値に関係ない．環境効果は，平均が 0，分散が E の正規分布にしたがうと定義できる．つまりある世代の無限数個体を測定したとき，表現型値の平均 $M_p[F_2]$ は遺伝子型値の平均に等しく，表現型値の分散 $V_p[F_2]$ は遺伝子型値の分散に E をたしたものに等しくなると期待される．すなわち

$$V_p[F_2] = V_g[F_2] + E = \frac{1}{2}A + \frac{1}{4}D + E$$

となる．P_1, P_2, F_1 などの非分離世代については，遺伝子型分散は 0，表現型分散は E となる．同様に F_3 については，

$$V_p[F_3] = \frac{3}{4}A + \frac{3}{16}D + E$$

となる．

いま F_2 について，たとえば 200 個体の稈長についての観察値 80.3, 82.8, …, 79.8 が得られたとすると，表現型値の平均と分散は，

$$M_p[F_2] = (80.3 + 82.8 + \cdots + 79.8)/200 = 80.4$$
$$V_p[F_2] = [(80.3 - 80.4)^2 + (82.8 - 80.4)^2 + \cdots$$
$$+ (79.8 - 80.4)^2]/(200 - 1) = 1.05$$

同様に F_3 についても

$$V_p[F_2] = 1.43$$

であるとする．また非分離世代の個体間分散は 0.05 であるとする．このとき，観察された表現型分散と理論からもとめた遺伝子型分散を等しいとおくと，

$$E = 0.05$$

$$\frac{1}{2}A+\frac{1}{4}D+E=1.05$$
$$\frac{3}{4}A+\frac{3}{16}D+E=1.43$$

となる．この連立方程式はたやすく解け，$A=1.68$，$D=0.64$ が得られる．3世代以上の分離世代についての表現型値の分散のデータがあるときには，最小2乗法を適用して解くのがよい．A や D のように遺伝モデルから定義される量を**遺伝母数**(genetic parameter)という．遺伝母数の推定法についての詳細は Kempthorne(1957)，Mather と Jinks(1971)，鵜飼(2002)などを参照されたい．

5.3.7 量的形質の遺伝率

質的形質では，表現型をくらべれば品種間でどのような形質について異なっているかがすぐにわかる．しかし量的形質では表現型値を測っただけでは，品種間の遺伝的な差がわかりにくい．

ある交雑組合せで両親の表現型値の差が大きければ，遺伝的にもちがうことが予想されるが，それが品種全体で得られる最大限の遺伝的差かどうかはわからない．量的形質に働く遺伝子座で，形質を増す方向に働く対立遺伝子を**正対立遺伝子**(positive allelomorph)，減らす方向に働く遺伝子を**負対立遺伝子**(negative allelomorph)という．形質に関与するすべての遺伝子座について正対立遺伝子が片方の親に，負対立遺伝子が他方の親にあるときに，両親の表現型値は最大の差をしめす．

いっぽう両親の表現型値の差が小さくても，遺伝的なちがいが大きいことがある．遺伝子座 A では正対立遺伝子を，ほかの遺伝子座 B では負対立遺伝子をもっている親と遺伝子座 A では負対立遺伝子を，遺伝子座 B では正対立遺伝子をもつ親との交雑 ($A^+A^+B^-B^- \times A^-A^-B^+B^+$) では，親間の差が小さくても，2つの遺伝子座で異なることは交雑 ($A^+A^+B^+B^+ \times A^-A^-B^-B^-$) と同じであり，$F_2$ での遺伝子型の分離と遺伝子型値の分散も等しい．F_2 での分散は，両親間の遺伝子型値や表現型値の差ではなく，両親間で分離する遺伝子座の数と遺伝効果の大きさによってきまる．

F_2 における表現型値の分散が小さければ，その量的形質について選抜す

ることはできない．分散が大きい場合にはじめて選抜の対象となるが，その場合にも分散がどのような成分で構成されているかによって選抜効果がいちじるしく異なる．環境分散 E が大部分を占める場合には，表現型値にみられるバラツキはほとんどが環境によるものなので，それにもとづいて選抜をしても効果はほとんど期待できない．望ましい形質が優性方向で優性分散 D が大きい場合には，選抜効果は期待できるが，選抜された個体中にヘテロ接合性の高い個体が混じりやすく，次代以降で分離することになる．自殖性植物の交雑育種で真に選抜効果があるといえるのは，相加効果の2乗和 A が大きい場合である．

そこで表現型値の分散中の A, D, E の相対的割合に依存する量として，F_2 を例とすれば

$$h_B{}^2 = \frac{\frac{1}{2}A + \frac{1}{4}D}{\frac{1}{2}A + \frac{1}{4}D + E}$$

$$h_N{}^2 = \frac{\frac{1}{2}A}{\frac{1}{2}A + \frac{1}{4}D + E}$$

を考え，これらをそれぞれ**広義の遺伝率**(heritability in a broad sense)および**狭義の遺伝率**(heritability in a narrow sense)とよぶ．両遺伝率は0から1の範囲の値をとるが，100倍して％でしめされることもある．定義上から広義の遺伝率はつねに狭義の遺伝率より値が大きい．広義の遺伝率が低いということは，その形質が遺伝しにくいこと，いいかえれば環境の影響を受けやすいことを意味する．広義の遺伝率は高いが狭義の遺伝率が低いときには，優性効果が大きいことを意味する．自殖性作物の交雑育種では最終的に完全ホモ接合体である純系の品種の育成が目標となるので，分離世代での狭義の遺伝率が高い形質が高い選抜効果をしめすことになる．

遺伝率の式中の A と D の係数は，自殖世代によって異なる．世代が進むと，A の係数が増して1に近づき，D の係数は小さくなって0に近づく．その結果，狭義の遺伝率は世代とともに高くなり，また広義の遺伝率と狭義の遺伝率の差が小さくなる．

5.4 交雑育種の基本

自殖性植物における交雑育種の基本は，つぎの3段階から構成される．
① 交雑と遺伝的分離による遺伝変異の作出
② 優良な個体または系統の選抜
③ 選抜系統の純化と維持

遺伝変異の作出は，親間の交雑とそれにともなう遺伝的組換えと分離によっておこなわれる．育種家の技量は，交雑親の選択と選抜の段階で発揮される．選抜効率を高めるために種々の育種法や選抜技術が開発されている．選抜系統の純化は，ほとんどの遺伝子座についてホモ接合である個体を選抜し，遺伝的に固定した系統を得ることによって達成される．選抜系統の維持には，他個体からの自然交雑や種子の混入を防ぎながら系統を継代させる．

5.4.1 交雑育種における親の選択

(1) 育種目標の設定

どのような仕事も，しっかりとした目標がなければ成功はおぼつかない．品種改良事業も育種目標をかかげ，それにむけての育種計画をたてることからはじまる．育種目標は，社会的ニーズ，消費者や農家の要望，育種家のアイデアなどによってきめられる．

交雑育種は，育種目標からみて，**組合せ育種**(combination breeding)と**超越育種**(transgression breeding)に分けられる．組合せ育種は母親のもつ形質と父親のもつ形質とを組合せて両形質をあわせもつ新品種をつくることを目的とする．たとえば病気に強いが低収の品種と病気には弱いが多収の品種との交雑から病気に強く多収の品種を得るような場合である．いっぽう超越育種はある特定の1形質について両親のどちらよりもすぐれた品種を得ることを目的とする．早生品種と早生品種を交雑して極早生の品種を得るような場合である．

(2) 品種の収集と調査

品種育成の成否は交雑すべき親の選定できまる．育成計画をたてるにあたっては，まず国内外のできるかぎり多数の品種を育成試験地に集め，同一圃場で数年にわたって栽培して，特性をくわしくしらべることからはじめる．

またそれらの品種が栽培されていたさまざまな地域で得られた特性の実績を探って参考にする．

(3) 親の選択

目標形質以外についてはなるべく遺伝的に似かよった品種を両親に選べば，交雑後の遺伝的分離が簡単で，品種育成も短年で完了できる．また当初の目標どおりの形質組合せをもった系統が選抜できても，ほかの形質について不良であれば品種にならない．そこで両親にはすでに実績のある**主要品種**(leading variety)を選び，そのすぐれた遺伝子型構成をこわさないような組合せの交雑をおこなうことが無難な方法となる．実際に水稲の農林8号×農林6号や農林22号×農林1号のように多くの品種を生みだした交雑組合せが知られている．また片親に主要品種を選び，他方の親にその主要品種の欠点を補うような特性をもつ品種を選ぶ場合も多い．たとえば登熟期に倒れやすくて，いもち病に弱い農林1号の改良に，いもち病に強い農林22号を交雑してホウネンワセが育成され，さらにホウネンワセに稈の強い系統を交雑してトドロキワセが育成された(櫛淵 1976)．育種の歴史が長い作物では，水稲の農林8号やコムギの新中長などのように，主要品種として特定の品種が何回も親に選ばれることになる．

いっぽう同じ遺伝的系譜の品種ばかりが多用される結果，画期的な新品種がしだいに育成されにくくなり，育種事業が袋小路に入りかねないおそれもある．そこで系譜上遠縁の品種間で交雑すれば，それまでにない遺伝子組合せをもつ品種が育成できると期待される．酒井(1958)は品種間の系譜上の近さを表す量として，集団遺伝学でつかわれる近縁係数をもちいることを提案した．

改良形質には病害抵抗性などのように，しばしば外国品種など遠縁の品種にしか遺伝資源がみつからない場合もある．遠縁品種間の交雑育種では，片方の親に既成の優良品種をもちいて，それに改良すべき特性をもつ遠縁の品種を交雑することになる．分離遺伝子座が多く，ときには目標の遺伝子に望ましくない遺伝子が密接に連鎖している場合があるので，F_2などの分離世代の供試個体数を多くして，長い世代にわたって育成をおこなわなければならない．

5.4.2 交配技術

交配(pollination)の実際の方法について，イネとオオムギを例にして述べる．詳細は植物によって異なるが，共通点も少なくない．なお，交配に先立ち両親の開花期が同じになるように，日長処理などで調節することが重要である．

(1) イネの**温湯除雄法**

交配用の母本と父本はポットで栽培する．交配前日の夕方に，すでに開花した穎花をすべて眼科用小鋏で切りとる．芒をもつ品種では，未開の穎花の芒を切りとっておく．交配前の開花を抑えるために，母本は日陰や室内におく．

交配室は温度 30°C，湿度 80% 程度に調節しておく．交配室にそなえた温湯除雄器の湯温を正確に 43°C に調整する．母本のポットを傾けて，穂全体を湯に 5-7 分間浸す．これにより花粉が機能をうしなって，母本が**除雄**(emasculation)される．また開花が刺激されて，約 30 分後に成熟した穎花が開く．開かなかった未成熟の穎花はすべて小鋏で切りとる．開いた花も 40 分程度でふたたび閉じてしまうので，授粉をすばやくおこなう．授粉に先立ち，父本の穎花の先を小鋏で切りとっておく．父本の穎花から成熟した葯が抽出してくるので，それをピンセットでつまんで母本の開花した穎花に 1 つずつつけてゆく．そのさいピンセットの先をめしべにふれて傷つけないようにする．種々の組合せの交配をおこなうときには，異なる父本品種に移るまえにピンセットの先をエタノールで洗う．

交配が終わったら，ほかの花粉がかかるのを防ぐため紙袋（交配袋）を穂にかぶせる．そのさい乾燥と穂が折れるのを防ぐために，穂と一緒に止葉もつつむ．交配袋はふつうパラフィン紙製をもちいる．交配袋の下端をピンまたはステープラで止める．交配袋には黒のマジックペンで，交配の組合せ（母親×父親），月日，交配者名をしるす．黒以外の色は退色しやすいので避ける．交配室は高温高湿で汗をかきやすいので，大量の交配を何日も温湯除雄法でおこなうときには，交配作業後すぐにシャワーをあびるなどして，皮膚の清潔と健康に留意する．

なお国際イネ研究所(IRRI)などでは，除雄法として，穎の上部 1/3 を切除して先のとがったガラス管をさしこんで葯を吸いとる方法がおこなわれて

いる．

(2) オオムギの剪穎法

交配用の母本と父本は圃場に1本植えするか，ポット栽培とする．穂ばらみ期に芒の先が止葉の節からのぞくようになったら，小ピンセットをつかって穂を止葉から出す．6条品種ではあらかじめ側列の穎花をすべてピンセットでむしりとって2列の主列だけにしておく．各穎花の先端約2mmの部分を小鋏で切りとる．これを剪穎という．剪穎した穎花の先からピンセットをさしいれて，未熟で緑色した3本の葯をつまみとる．これが除雄作業となる．慣れれば1度で3本ともとれるようになる．除雄した穂は止葉とともに交配袋をかけておく．交配袋の下端は稈をつつむようにしてピンでとめる．交配袋には母本の品種名，除雄月日，除雄者名を黒のマジックペンでしるす．除雄後3日めに交配袋をはずして，交配する．交配にさいしては父本の穂を穂首から切りとってきて，成熟した穎花の先を切っておく．穎花の先から黄色い葯がやがて抽出してくるので，それをピンセットでつまんで，母本の穎花に1つずついれ軽く振動させて授粉する．交配後ふたたび交配袋を止葉とともにかぶせておく．交配袋の下端はかならず稈をつつむようにしてピンでとめる．乾燥，虫の侵入，風による袋の脱落を防ぐためである．交配袋に，交配した父本品種名，交配月日，交配者名をしるす．

5.5 集団育種法

5.5.1 集団育種法の定義

自殖性植物の交雑育種では，F_2で遺伝的分離がはじめて生じるが，初期の分離世代では選抜を加えずに集団で栽培し，世代が進んで遺伝子座でのホモ接合度が高くなった頃に選抜を開始し，以後は系統栽培に移す方法を**集団育種法**(population breeding, bulk-population method)または**ラムシュ育種法**(Ramsch methode)という．Ramschの名はフランス語のramas（よせ集め）に由来する．自殖性植物の育種では，選抜されるべき対象はホモ接合個体であり，集団育種法は最小の労力と経費でホモ接合系統を得るための方法である．両親の間で多数の遺伝子座が分離する場合，とくに量的形質についての改良に適した育種法といえる．

5.5.2 集団育種法の手順

集団育種法の手順は以下のとおりである（図 5.5）．

(1) 交配

集団育種法では交雑形式として $P_1 \times P_2$ のような典型的な二親交配だけでなく，三系交雑や多系交雑もおこないやすい．品種 A と品種 B の交雑において，$P_1(♀) \times P_2(♂)$ とその逆交雑 $P_2 \times P_1$ のどちらを採用しても遺伝的にはちがいがないことが多い．ただし交配した種子が無事に登熟するためには，圃場での病害抵抗性やストレス耐性などが高いほうを母親にもちいるのがよい．CIMMYT の Borlaug がワシントン州立農業試験場の O. A. Vogel から多収性系統としてゆずり受けた農林 10 号 × Brevor の後代系統にさび病抵抗性品種を 1954 年に交配したさいに，さび病に弱い前者を母親としたために交配種子が得られなかった例が知られている．

(2) F_1

自殖性植物の F_1 では，全遺伝子座についてヘテロ接合，つまり完全ヘテロ接合となる．交雑種子は発芽や幼苗時の生育がよくない場合があるので，管理に気をつける．栽培は 1 本植えとして，またふつうより粗植にして株あたりの採種量が増えるようにする．イネやムギ類では 10 個体程度の F_1 が必要である．F_1 個体中に交雑の失敗による自殖個体が混じっていないかを，質的形質について両親とくらべて確認し，自殖個体があればぬきとって棄てる．母親が劣性で父親が優性の質的形質について，F_1 で優性側の発現があれば，交雑が成功していると判定できる．F_1 個体と他個体との自然交雑を避けるために開花前に袋かけをして，採種は個体別におこなう．

(3) F_2

一本植えで栽培する．F_1 個体別に植えて，質的形質および量的形質の分離をしらべて分離がみられなければ，交雑の失敗としてその系統を棄てる．原則として選抜はおこなわない．ただし育種目標にあきらかにそぐわない個体をのぞいたり，出穂期別に集団を分ける場合もある．

採種はふつうまとめて(in bulk)おこなう．ただし集団の全個体をまとめて採種すると個体間での種子数のちがいと，次代用種子の抽出変動から，遺伝子型頻度が偏るおそれがある．これを防ぐために，各個体から一定粒数の種子をとることもすすめられる(5.5.5 項参照)．

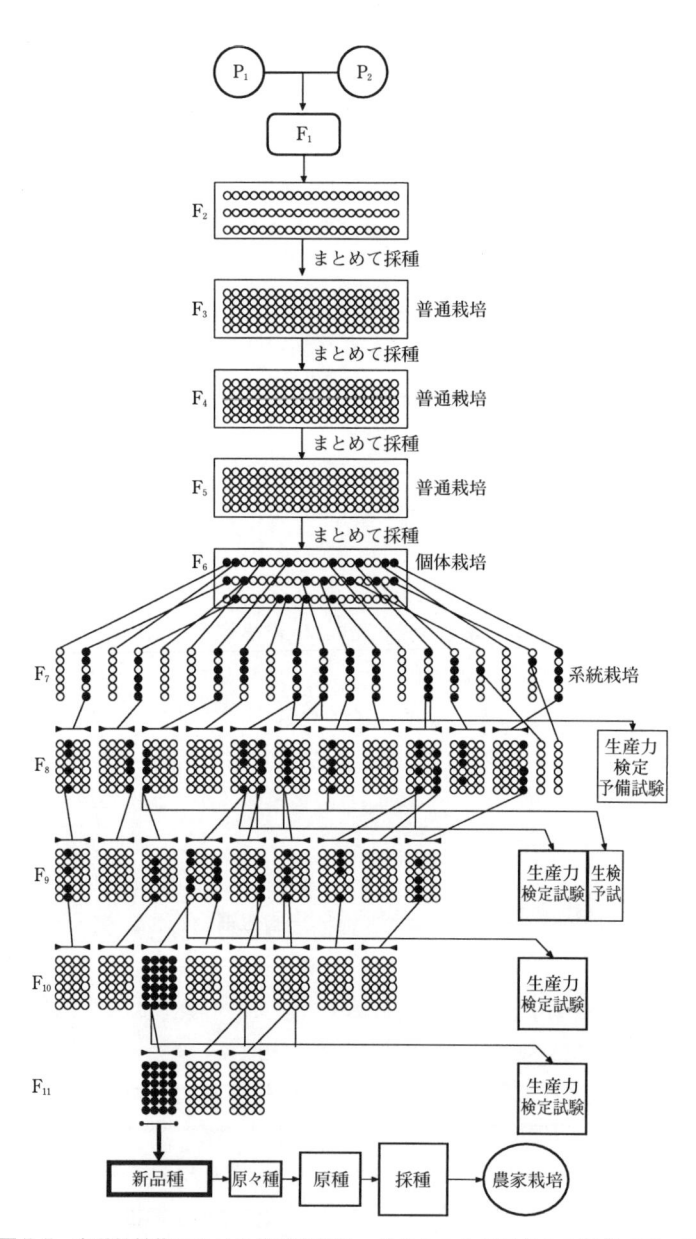

図 5.5 自殖性植物における集団育種法．黒丸と白丸が混在する世代では，黒丸は選抜個体，白丸は非選抜個体を表す．F_8-F_9 では有望系統の特性調査と生産力検定予備試験，F_9-F_{11} では生産力検定試験が併行しておこなわれる．

(4) F_3-F_5

F_3 以降の数世代では前代の個体別にすることなく，まとめて栽培する．これを集団栽培という．いつまで集団栽培の世代とするかは，分離する主要形質の遺伝子座数によって変える．ふつう完全ホモ接合体の頻度が 0.8 を超えるまでおこなうとされる．この考えによれば，遺伝子座数が 3 では F_5，4-7 では F_6，8-12 では F_7，13 以上では F_8 となる．ふつうは F_5 または F_6 までとする．F_6 では 1 遺伝子座あたりのヘテロ接合性が 3.125% にまで下がる．集団栽培中では，密植など，普通の栽培条件と変えてもよい．集団栽培中は，原則として無選抜で世代を送る方法と，育種目標にそって集団に淘汰をかける場合とがある．前者では，できるかぎり個体間で種子量の差が生じないようにすることが望ましい．後者では，集団栽培世代を検定圃場で経過させて特性検定をかねる．

(5) F_6

1本植えにして，はじめて個体選抜をおこなう．規模として育種目標に関連する遺伝子座について完全ホモ接合体となっている個体が少なくとも数個体得られるだけの個体数が必要である．日本ではふつう 3,000-5,000 個体とされる．

(6) F_7 以降

前代に選抜した個体別に系統栽培とする．系統あたり個体数は約 40 とする．以降はつぎにしめす系統育種法に準じて，系統の特性をよく観察し調査して，系統選抜と系統内の個体選抜をおこなう．選抜された個体は次代に系統として，分離の有無を調査し，特性調査をおこなう．選抜された有望な固定系統について，一部を系統栽培用，ほかの一部を生産力検定予備試験用として採種する．

(7) **系統特性試験**

F_4 世代以降で選抜された系統の特性をしらべる．何を特性とするかは育種目的で異なる．病害抵抗性やストレス耐性などは普通栽培では検定できないことが多いので，そのための検定圃場や施設を設けて試験をする．

(8) **生産力検定予備試験**

固定が進んだ F_5 以降の系統について，普通栽培で予備的に収量および実用的特性を調査する．これを生産力検定予備試験(preliminary yield trials;

PYT)という.調査対象には,選抜された優良系統だけでなく,比較のための**標準品種**(standard variety)を含める.イネでは1区面積が4-8 m^{2}で2反復とされる.圃場の配置は統計学における**実験計画法**(experimental design)にしたがい,おもに**乱塊法**(randomized block design; RBD)がもちいられる.比較的多数の系統をいくつかの栽培条件であつかうので,圃場配置としては**分割区配置**(split plot design)や**格子型配置**(lattice design)が採用されることもある.ブロック内の系統の配置はランダムとし,たとえ調査しやすくとも固定した順にしてはいけない.播種時期,栽培密度,施肥量など栽培法は育成品種の普及が予想される地域の慣行栽培にできるだけ近くする.

(9) **生産力検定試験**

予備試験ですぐれた成績をしめした系統は,育成地番号をつけて,3年間以上収量などの調査をおこなう.これを生産力検定試験または比較収量試験(comparative yield trials; CYT)という.比較の対象となる標準品種を含める.圃場配置は4-5回反復の乱塊法とする.系統の優劣は,生産力検定試験と系統特性検定試験の結果にもとづいて評価される.

(10) **系統適応性検定試験**

育成地番号のついた優良系統について,普及が予想される地域の試験地に種子を配布して,普通栽培での熟期,品質などの特性および収量について数年間にわたる調査を依頼する.ふつうは生産力検定試験と併行しておこなう.優良な系統には地方番号をつける.

(11) **奨励品種決定調査**

地方番号のついた系統についての特性および収量の調査を原則3年間おこなう.1年めに予備調査,2年め以降に基本調査および現地調査をおこなう.イネでの規模は,基本調査では1区6 m^{2}以上3反復以上,現地調査では1区20 m^{2}以上2反復以上とする.地方番号系統とともに,標準品種,比較品種を供試し比較する.標準品種には数県にわたり普及している品種がもちいられる.比較品種とは特定の形質をくらべるための品種である.調査の結果,優秀と認められた系統は**新品種候補**と決定される.

育成登録された新品種が都道府県によって奨励品種に採用されると,その増殖のために**原々種圃**(breeder's seed farm),**原種圃**(foundation seed farm)が設置される．そこで生産された種子は，さらに採種圃(seed farm)での増殖をへて生産農家に配布される．

　栽培の地域や年次のようなマクロ環境が異なれば，品種の形質値も変化するのがふつうである．マクロ環境と品種の交互作用を**遺伝子型×環境交互作用**(genotype×environmental interaction)または **GE 交互作用**という．日本では最近 GE 交互作用の研究が進んでいないが，適応性検定試験の結果についても，通常の平均値の比較や分散分析だけでなく，**GE 交互作用**を解析することが望まれる(戸田 1993)．

5.5.3　集団育種法の得失
(1)　集団育種法の長所
1)　初期の分離世代は無選抜の集団栽培によるので，栽培，調査，選抜の労力がかからない．そのため系統育種法にくらべて交雑組合せあたりの個体を多数あつかえる．またより多くの交雑組合せを併行して試験できる．
2)　ホモ接合性が十分高くなった世代で選抜をはじめるので，選抜個体中にヘテロ接合性の高い個体が混じることが少なくなり，ホモ接合性の高い個体が得られやすい．
3)　選抜された個体のホモ接合性が高いので，次代で系統に展開したときに遺伝的分離が少なく，形質についての系統の評価がより確実となる．
4)　早い世代に質的形質で選抜すると，その形質の遺伝子に連鎖した望ましくない遺伝子も間接的に選びとってしまうおそれがある．また反対に不良な質的形質を淘汰すると，それに連鎖した望ましい遺伝子ものぞかれてしまう．集団育種法ではそのような危険が系統育種法より少ない．
5)　特性検定を集団栽培世代でおこなうことにより，検定の労力を節約できる場合がある．

(2)　集団育種法の短所
1)　後期世代まで無選抜ですごすため品種育成までの世代数が長くなる．これを克服するために，集団栽培世代の世代促進がおこなわれる．また品種育成をとくに急ぐときには，集団栽培を F_5 ではなく F_4 までできりあげて，F_4 で個体選抜した後は系統育種に準じる方法もおこなわれ

る．
2) 集団栽培世代の間に貴重な遺伝子型が集団から失われる危険がある．
3) 特性検定を集団栽培世代でおこなう場合に，あまり早い世代からにすると，間接選抜によって望ましくない遺伝子を選んだり，集団の遺伝的な構成を偏らせたりするおそれがある．
4) 育種過程で分離や選抜の結果を確認しながら作業を進めることがないので，交雑組合せの特徴をとらえることがおろそかになりやすい．このことはとくに初心の育種家にとって熟練を妨げることになる．

5.5.4 世代促進法

生育や開花に必要な温度や日長を与えることにより，生育時期でない季節にも栽培をつづけ，通常の栽培では1年に1世代しか栽培できない植物を数世代進めることを可能とする方法を**世代促進**(accelerated generation advance)法という．水稲育種では，世代促進法の確立によってはじめて集団育種法が普及した．

世代促進には，大別して2つの方法がある．

(1) 温度や日長を制御した施設の利用

寒冷な北日本のイネやコムギの世代促進には専用温室がもちいられている．イネではふつう播種後15日の4葉期から8-10時間の短日処理を約1カ月つづけ，100日以内で1世代，年間3世代を経過させる．次代種子の休眠打破には，高温(50-55℃)で5日間の種子処理をおこなう．東北農業試験場の百足(1979)は秋播性コムギにおいて，1葉展開後の幼苗を低温処理する**緑体春化法**，未発根の発芽種子から春化処理を開始する種子緑体春化法，長日下での開花促進，さらに収穫した種子を過酸化水素(H_2O_2)に浸漬する方法などを組合せて，60-80日で播種から収穫のサイクルをまわすことを可能にした．

(2) 遠隔試験地の自然環境の利用

西南暖地のイネでは沖縄や鹿児島の試験地を利用して圃場での年2期作による世代促進がおこなわれる．この場合には施設が不要で労力も少なくてすむので，比較的大規模な集団をあつかえる．ただし世代促進をおこなった試験地の環境にひきずられて望ましい個体が淘汰されるおそれもあるので注意する．

集団栽培世代では,さまざまな遺伝子型をもつ個体が分離していて,個体間で生産力の**競合**(competition)がおきやすい.集団栽培での競合に強い個体が,収量などの特性でもすぐれているのなら,競合の勝者を品種にすればよい.しかし実際にはかならずしもそうではない.典型的な実験例がSuneson(1949)によるオオムギの**混成交雑**(composite cross)集団で得られている.4品種を等頻度で混ぜた集団を15代無選抜で栽培した結果,品種の構成は88%, 11%, 1%, 0%に変わった.しかし1本植えで栽培すると,もっとも多収であったのは,集団栽培では消滅した品種であった.

自然条件が異なる2カ所の試験地で交互に栽培して世代を進めるとともに,それぞれの試験地の環境に適合した個体を選抜する方法を**往復育種法**(shuttle breeding)という.これは1種の世代促進であるが,世代を進めるだけでなく選抜もおこなう点が特徴的である.Borlaugはメキシコのコムギ品種育成にさいして,分離世代を夏季には高温になりすぎる低地の5圃場と高地(2,249 m)の圃場を往復させて栽培して,育種年限を大幅に短くするとともに,異なる気候や土壌条件に適した品種の育成に成功した(Borlaug 1982).中国では海南島の試験地が往復育種に利用されている.韓国の半矮性インディカ品種統一は,夏を韓国,冬をフィリピンのIRRIで栽培する往復育種をおこなうとともに,国内で圃場と温室を利用することにより,F_{12}までの世代をわずか7年で経過させて,育成された.

5.5.5 単粒系統法

集団栽培世代とくに世代促進法を併用した場合には,栽培面積を節約するために密植で世代を進めることが多い.そのため普通栽培にはない,不稔,個体あたり種子数の不均一,淘汰による集団の遺伝的構成の変化などが生じるおそれがある.そこで種子の収穫には,1個体から1粒をとる**単粒系統法**(single seed descent; SSD)や複数粒とる複数粒系統法(multiple seed descent; MSD)がおこなわれる.単粒系統法はGoulden(1941)によって提案され,BrimとCockerham(1961)によりダイズ育種に適用されたもので,F_2個体のすべてについて選抜せずに後代で系統にして検定することをねらいとする.実際には各個体からランダムに1粒ないし数粒の種子をとって次代に供試するやり方を後期世代(ふつうはF_5)までつづけておこない,優

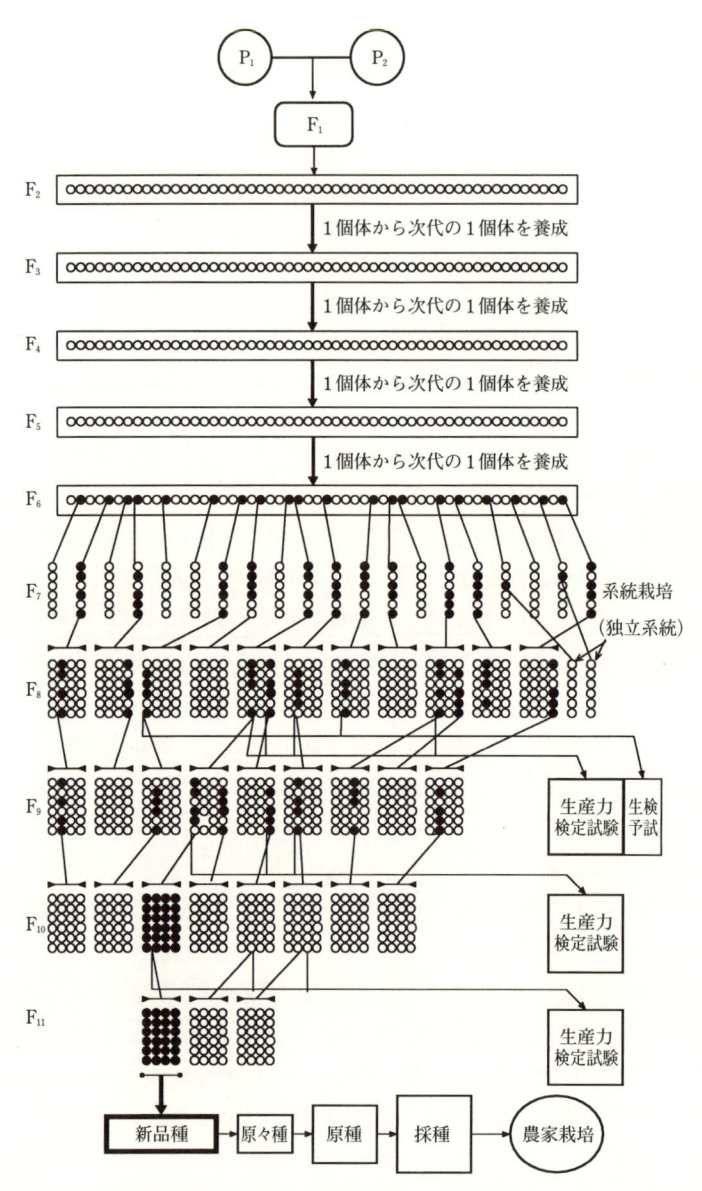

図 5.6　自殖性植物における SSD 育種法．黒丸は選抜個体，白丸は非選抜個体を表す．たとえば F_2 から F_6 までは，1 個体から次代の 1 個体を養成する形式で継代する．F_9 では有望系統の特性調査と生産力検定予備試験，F_9–F_{11} では生産力検定試験が系統育成と併行しておこなわれる．

良個体をいくつか選抜し，次代系統とする．これにより最終的に F_2 個体別の固定度の高い系統を得る．系統単位で選抜をおこない，さらに次代で収量などの特性を検定する（図5.6）．SSD においても，集団の個体数が少ないと分離世代での遺伝的浮動によって集団が偏るおそれがある．

初期世代の個体数は少なくして，世代とともに増やしていくやり方や，全個体をまとめて収穫してそこから一定数の次代種子をとる方法では，集団の遺伝的構成が偏るおそれが大きい．

5.5.6 集団育種法の実例

集団育種法は20世紀初めにスウェーデンの Nilsson-Ehle によって提案され，冬コムギの育種に適用された．彼は集団栽培中に自然淘汰によって冬の寒害に耐えない個体を集団からのぞき，寒さに強く多収の品種をつくりあげた．米国ではV. H. Florell がオオムギで1927年に交雑組合せ Atlas × Vaughn の後代世代に集団育種法をはじめて採用した．1940年に H. V. Harlan, M. L. Martini, H. Stevens によって集団育種法の理論的なうらづけがなされ，それ以来コムギ，オオムギ，ダイズなどの自殖性植物の育種に採用されるようになった．

日本では第二次世界大戦後まもなく酒井(1949, 1952)によって集団育種法の原理が紹介された．日本の水稲では，青森県農業試験場藤坂試験地で育成されたフジミノリ(1960年)が，集団育種法による最初の品種である．愛知県農業試験場では集団育種法と世代促進法の併用によって交配からわずか6年後の1963年に日本晴を育成した．ダイズのエンレイ(長野県農業試験場，1971年)も集団育種法によってつくられた．しかしイネの育種現場では系統育種法がしばらくは主流を占め，集団育種法のほうが多くもちいられるようになったのは1980年代に入ってからである．現在ではほとんどの品種が集団育種法によって育成されている．

5.6 系統育種法

5.6.1 系統育種法の定義

F_2 世代で個体選抜をはじめ，その後の世代で系統選抜および系統内の個

体選抜をおこなう方法を**系統育種法**(pedigree method)という.以下ではおもに水稲(香山 1954),コムギ,オオムギ(Borojević 1990)を参考にして,育種手順をしるす.

5.6.2 系統育種法の手順

系統育種法の手順は以下のとおりである(図5.7).

(1) 交雑

交雑形式として$P_1 \times P_2$のような典型的な二親交雑が多い.

(2) F_1

集団育種法に準じる.

(3) F_2

5個体以上のF_1個体由来のF_2個体を栽培する.F_1個体が自殖でないことを再度確認するために,F_2はF_1個体別に系統として栽植する.個体選抜をおこなうために1本植えとする.比較のために両親品種と標準品種を同じ実験区に植える.

育種目標とする形質の数や形質に関与する遺伝子座数が多いほど,F_2の個体数を大きくする必要がある.個体数が少ないと希望する遺伝子型の分離が確率的にも期待できないことになる.供試個体数は日本では500-2,000個体程度であるが,米国,カナダ,イタリア,スウェーデンなど海外の例では,5,000-10,000個体が多い(天辰ら 1958).

F_2では質的形質を中心に個体選抜をおこなう.遺伝子座Aで,優性遺伝子をA,劣性遺伝子をaとすると,優性ホモ個体を選抜したいときには,F_2でまず表現型優性の個体(AA, Aa)を選抜して,次代に系統栽培して分離の有無を調査して固定個体を選ぶことになる.劣性ホモ個体の場合には,F_2で固定した個体が選抜できる.

量的形質については,出穂期や稈長のように遺伝率が高く関与する遺伝子座が少数の形質ならば,選抜しても十分効果が得られる.しかし,穂数,穂重,収量など遺伝率が高くない形質については,個体の表現型にもとづく選抜では効果が期待できない.またF_2では各分離遺伝子座についてヘテロ接合性が高く50%であるので,量的形質の表現型値にもとづいて選抜をすると,ヘテロ接合性の高い個体を選びかねない.以上のことから量的形質につ

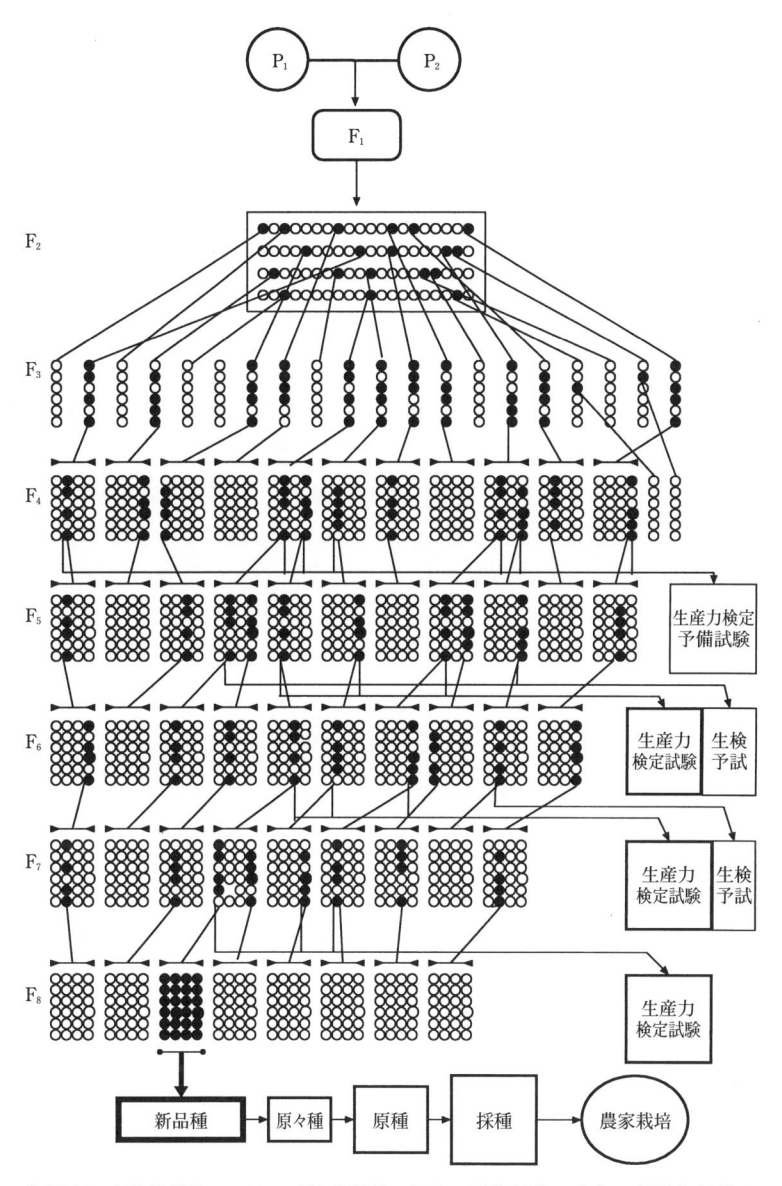

図 5.7　自殖性植物における系統育種法．黒丸は選抜個体，白丸は非選抜個体を表す．F_2 では個体，F_3 では系統，F_4 以降では系統群中の系統が選抜の単位となる．F_5-F_7 では生産力検定予備試験が，F_6 以降では生産力検定試験が系統育成と併行しておこなわれる．

5.6　系統育種法

いては，ごく劣悪な個体をのぞく程度のゆるい選抜を加えるにとどめる．

個体選抜にさいしては，まず圃場で幼苗時から登熟期までの全生育期間をつうじて質的形質を中心に観察して第1次選抜をおこなう．選抜個体どうしをじかにくらべたい場合には，株ごと収穫して室内で圃場にあったときの位置の順にならべて観察することもある．さらに形質を計測して最終選抜をおこない，選抜された個体に番号をつける．これが次代 F_3 での系統番号となる．F_2 で選抜される個体数は，日本では 200-300，米国では 1,000 以上とされている．

(4) F_3

前代の個体別に系統に展開して栽培する．F_3 は自殖性植物の交雑育種ではじめて系統単位で観察できる世代である．集団栽培にくらべて系統栽培の利点は2つある．1つは遺伝的に固定した形質については多数個体の平均的な値を系統単位で観察できることである．このことは環境の影響を受けやすい量的形質についてとくに有用である．もう1つは質的形質や遺伝率の高い量的形質について遺伝的分離の有無を観察でチェックできることである．

系統数は少なくとも200とする．系統あたり個体数は50程度とし，1-2列に1本植えする．また最初に両親品種の列を，10-15系統ごとに比較用の標準品種の列を挿入する．ヘテロ接合個体由来の系統でも系統内個体数が少ないと，たまたま劣性個体が分離しないことがあり，誤って F_2 個体が固定しているとみなされることになる．系統内個体数が n の系統について，連鎖していない k 個の遺伝子座のすべてで劣性ホモ接合の個体が少なくとも1個体分離する確率は，

$$P=(1-0.75^n)^k$$

となる．これより $P=0.99$ とすると，$k=1, 10, 100$ でそれぞれ $n=16, 24, 32$ となる．したがって質的形質の分離の有無を検定するだけならば系統内個体数は30で十分であろう．

F_3 では，優良個体を多く含む優良系統の選抜，優良系統内の個体選抜，選抜にもれた非優良系統からの個体選抜の3通りの選抜をおこなう．系統については，育種目標にそった表現型をしめし，かつ分離の少ないものが優良とみなされる．分離の有無は成育中に何回となく調査することが望ましい．

とくに出穂期，開花期，登熟期には入念にしらべる．優良系統については圃場での数回の観察調査をへて，成熟期に 15-20 個体を選んで収納し，室内で稈長，穂長，穂数，1株穂重，平均穂重，稔性，玄米特性などを調査し，最終的に 5-10 個体を厳選する．病虫害抵抗性など各種特性についての特性検定試験を F_3 以降の世代でおこなう．

(5) F_4 代以降

前代で各優良系統から選抜された 5-10 個体に由来する姉妹系統をセットにして**系統群**という．交雑組合せあたり最少でも 20 系統群を選ぶ．系統群あたり 5-10 系統，1 系統 50 個体とし，1 本植えする．非優良系統からの選抜個体の多くは単独であるので系統群にならない．これを**単独系統**という．

F_4 での選抜には，優良系統群の選抜，優良系統群内の優良系統の選抜，非優良系統群における優良系統の選抜，単独系統中からの優良系統の選抜の 4 通りがある．遺伝率の低い量的形質については，系統群内の系統間の比較で分離の有無を判定する．F_4 では各遺伝子座でのホモ接合度が 87.5% に達するので，系統内の均質性が高くなる．したがって選抜は個体単位よりも系統単位でおこなうことに重点をおく．

系統群の選抜については，できるかぎり分離が少なく，育種目標にかなった系統を多く含む系統群を選ぶ．系統群内の系統間で分離がみられなかったら，遺伝的に固定したとみなして系統内の個体選抜をやめる．同一系統群の系統間で差がみられる場合や単独系統からは，F_3 の場合と同様にして優良系統を選抜する．系統内分離がある場合でも，有望個体が出現している場合にはさらに個体選抜をおこなう．選抜された系統のうち 5% 程度の個体をあらかじめとって次代の系統栽培用とし，残りを生産力検定予備試験用とする．

(6) F_5

ホモ接合度は 93.8% となり遺伝的固定がいっそう進むが，なお系統群内系統間が均質で分離がないことを確認する．また F_4 で選んだ優良系統の種子をもちいて，集団育種法でしめした方法に準じて生産力検定予備試験をおこなう．同じ種子をもちいて実験室で成分などの検定をおこなうこともある．圃場試験，生産力検定予備試験，実験室内検定の結果を総合して選抜すべき系統をきめる．生産力検定予備試験にまわさなかった系統も，次代の検定に供試するよう採種する．生産力検定予備試験の種子は混種や自然交雑の危険

が高いので，次代以降にはもちいない．

(7) F_6

生産力検定予備試験で選ばれた優良系統を生産力検定試験にまわす．その種子は前代の固定度検定の種子をもちいる．F_5 ではじめて選ばれた系統については生産力検定予備試験をおこなう．F_7 以降は F_6 に準じる．

生産力検定試験は3年間（F_6, F_7, F_8）にわたり，数カ所でおこなう．その結果にもとづいてもっともすぐれた系統を選び，品種審査会にかける．

5.6.3 系統育種法の得失

(1) 系統育種法の長所
1) 両親が比較的少数の質的形質の遺伝子座で異なる場合に選抜効率が高い．
2) 個体選抜されたあと，ただちに次代で系統にしてその選抜効果をしらべ，特性を調査しながら世代を追うことができるので，選抜結果を確認しやすい．
3) 集団育種法とちがって1本植えにするので，選抜に対して個体間の競合の影響を受けにくい．

(2) 系統育種法の短所
1) 最大の短所は，労力がかかることである．早い世代から個体選抜や系統選抜をおこなうため，栽培，観察調査，ラベルつけ，個体別の収穫，選抜系統の系譜の記録，など多くの作業を必要とする．
2) 交雑親間ではふつう多数の遺伝子座について異なるので，F_2 で分離しうる遺伝子型の数がばくだいになる．そのなかから目的とするある1種類の遺伝子型を得る確率は，分離遺伝子座が多いほど低くなり，選抜しにくくなる．そもそも F_2 で目的とする完全ホモ遺伝子型が1個体以上分離し，それが確実に選抜できるほど，F_2 集団を大きくすることは実際上むりである．また目的の遺伝子型以外に多種類の遺伝子型が同じ集団内に分離していることじたいが，観察と選抜上の妨げになる．
3) ヘテロ個体が高い頻度で分離している F_2 などの初期世代から選抜を開始するので，選抜した個体が，程度の差はあるがヘテロ接合であることが多く，次代以降にも分離することになり，再選抜と固定のための操

作が必要となる．

4) とくに量的形質については，関与する遺伝子座が多いので目的の遺伝子型が初期世代で分離する確率が低い．また遺伝率がとくに高い形質以外では，F_2 での個体単位の選抜や F_3 以降での系統内で分離している系統からの個体選抜は効率が低い．

5) 早い世代からホモ接合を選抜すると，それに近接する遺伝子座でもホモ接合になるため，染色体の乗換えのチャンスが少なくなり，目標形質の遺伝子座間に連鎖がある場合にその連鎖を破った個体が得られにくくなる．

6) 旱魃や冷害などの災害のため特性調査ができない年次にあった場合には，世代を進めることがむずかしくなる．

5.6.4 系統育種法の実例

系統育種法は海外で，コムギ，オオムギ，ダイズ，エンドウ，トマト，トウガラシ，その他の自殖性植物の育種にもちいられている．日本のイネ育種でも 1980 年代までは系統育種法が主流であった．農林 1 号(1931 年)，コシヒカリ(1956 年)，ササニシキ(1963 年)などの品種は，この方法により育成された．

5.7 戻し交雑育種法

5.7.1 戻し交雑育種法の定義

親 P_1 と P_2 の交配において，F_1 に P_1 または P_2 を交配すること，すなわち交配形式 $(P_1 \times P_2) \times P_1$ または $(P_1 \times P_2) \times P_2$ を**戻し交雑**(backcross)という．$(P_1 \times P_2) \times P_1$ にさらに P_1 を交配するというように，何世代も連続的に親 P_1 への戻し交雑をおこなうことを**連続戻し交雑**という．P_1 を**反復親**(recurrent parent)，P_2 を **1 回親**(non-recurrent parent)という．

P_1 への連続戻し交雑をおこない，P_2 のもつあるすぐれた形質 T について毎代選抜して，P_2 に由来する形質 T をもち，それ以外の遺伝子座については P_1 と同じである品種を育成する手法を**戻し交雑育種法**(backcross breeding)という．戻し交雑育種法の特徴は，集団育種法や系統育種法のようなま

ったく新しい遺伝子組合せの品種をつくることにあるのではなく，一方の親の優良な遺伝子型を再現させながら，そこへ他方の親の望ましい遺伝子を加えることができる点にある．戻し交雑育種法では形式上 P_2 から P_1 にある1つの優良形質を導入する形になるので，P_1 を**受容親**(recipient parent)，P_2 を**供与親**(donor parent)ともよぶ．供与される形質は，いっぱんに1遺伝子座支配の優性形質で，肉眼または分析実験により表現型から優性劣性を確実に識別できる形質であることが望ましい．

5.7.2　戻し交雑における遺伝的分離

　戻し交雑では，導入したい遺伝子の座およびそれと連鎖した遺伝子座とそれ以外の遺伝子座とでは，各世代における遺伝子型の頻度が異なる．反復親の遺伝子型を A_1A_1，1回親を A_2A_2 とすると，第1回戻し交雑は，$A_1A_2 \times A_1A_1$ となる．次代の分離は $\frac{1}{2}A_1A_1 : \frac{1}{2}A_1A_2$ となる．これをまた A_1A_1 に戻し交雑すると，次代では $\frac{3}{4}A_1A_1 : \frac{1}{4}A_1A_2$ となる．無選抜ならば，1回の戻し交雑でヘテロ接合体 A_1A_2 の頻度が 1/2 になる．A_2A_2 は生じないので，遺伝子座あたりの遺伝子型の種類はつねに2つだけである．遺伝子座が k 個の場合には，遺伝子型の種類は 2^k となる．戻し交雑を t 回連続した次代の分離は $\left(1-\frac{1}{2^t}\right)A_1A_1 : \frac{1}{2^t}A_1A_2$ となる．たとえば $t=5$ では，分離は $0.96875 A_1A_1 : 0.03125 A_1A_2$ となる．t が増せば急速に A_1A_2 が減少し，ほとんど A_1A_1 だけになる．つまり全体の遺伝的構成は，導入される形質に関与する遺伝子座以外では P_1 の遺伝子型に近くなる．このような系統を P_1 の**準同質遺伝子系統**(near-isogenic line; NIL)という．あるいは P_1 の**遺伝的背景**(genetic background)をもった系統という．

　導入すべき遺伝子座(T)については，1回親からの T_2 遺伝子をもつ個体，すなわちヘテロ個体 T_1T_2 を毎代選抜することになる．T_2 が T_1 に対して優性ならば，ホモ個体 T_1T_1 と区別できるので，ヘテロ個体をたやすく選抜でき，それを次代の交雑にもちいればよい．T_2 が T_1 に対して劣性のときは，表現型からでは毎代ヘテロ個体を選ぶことはできないので，1代ごとに自殖して次代の分離の有無をしらべてヘテロ個体だけを選ぶことが必要となる．

5.7.3 戻し交雑育種法の手順

(1) F_1

多収であるが病害に弱い遺伝子型 (rr) をもつ P_1 を反復親とし，それに優性の抵抗性遺伝子をホモ接合 (RR) でもつ品種 P_2 を戻し交雑する場合を例として考える．F_1 は抵抗性であるが，ヘテロ接合 (Rr) となる．

(2) 戻し交雑第1世代

F_1 を P_1 に交雑した次代 (BC_1F_1) では，個体の 50% が抵抗性ヘテロ接合 (Rr)，50% が感受性 (rr) となる．全個体を病菌で汚染された隔離圃場や温室で栽培して，抵抗性を判定し，抵抗性個体 (Rr) を選抜する．抵抗性個体を P_1 に交雑する．

毎代の戻し交配では片方が前代の戻し交雑集団から選抜された抵抗性個体群，他方が反復親となる．前者は抵抗性以外の形質については分離をし，とくに初期世代では変異の幅が大きい．病害抵抗性以外の形質については無選抜でもよいが，反復親にできるだけ似た個体を選抜することにより遺伝的背景をより早い世代で反復親型にすることができる．

栽培品種に野生種の形質を戻し交雑で導入したい場合のように反復親と1回親がごく遠縁の場合には，細胞質と遺伝子との間の不親和によって，生育や稔性に異常がおきることがある．どちらを母親にするかは注意してきめる．

(3) 戻し交雑第2世代

BC_1F_1 を P_1 に交雑した次代 (BC_2F_1) では，やはり個体の 50% が抵抗性ヘテロ接合 (Rr)，50% が感受性 (rr) となる．抵抗性個体 (Rr) を選抜して P_1 に交雑する．

(4) 戻し交雑第3-5代

同じように戻し交雑をたとえば第5代 (BC_5F_1) までつづける．BC_5F_1 では抵抗性遺伝子座 (R-r) およびその近傍の遺伝子座以外の全遺伝子座中 96.9% が P_1 型となっているはずである．

(5) 以降の世代

BC_5F_1 から抵抗性個体 (Rr) を選抜して，自殖し (BC_5F_2)，その個体別の系統について，収量および抵抗性の検定をおこなう．

抵抗性が感受性に対して劣性の場合には，戻し交雑世代での作業がやや面倒となる．つまり反復親 P_1 が感受性で優性ホモ接合 (SS)，1回親 P_2 が劣

性ホモ接合 (ss) のとき，戻し交雑で生じたヘテロ接合体 (Ss) と SS 個体はともに感受性となり，区別できない．そのため BC_1F_1 を自殖して得られる BC_1F_2 集団の抵抗性を幼苗期に検定し，抵抗性個体 (ss) を選抜し，それを P_1 に交雑する．次代 BC_2F_1 はヘテロ接合 (Ss) となるが，P_1 型に近づいている．これに P_1 を交雑して得られる BC_3F_1 ではふたたびヘテロ接合体 (Ss) と SS 個体が分離するので，自殖して BC_3F_2 として，抵抗性個体 (ss) を選抜する．これを P_1 に戻し交雑して BC_4F_1 (全個体 Ss) を得る．P_1 に戻し交雑すると BC_5F_1 を得るので，自殖して BC_5F_2 とし，抵抗性個体で P_1 型の個体を選抜する．

5.7.4 戻し交雑における連鎖ひきずり

連続戻し交雑で得られる個体の遺伝子型は，反復親の遺伝子型にしだいに近づくが，目的遺伝子 R と近接した領域では，連鎖により間接的に 1 回親の染色体部分が残ることになる．これを**連鎖ひきずり** (linkage drag) という．連鎖ひきずりは，とくに野生種など遠縁の品種の遺伝子を優良品種にとりいれたい場合などでは，できるかぎり短いほうがよい．連鎖ひきずりの長さはかなり大きく，m 回の戻し交雑世代 (BC_mF_1) での，目的遺伝子の右側または左側に残る平均的な長さ $E(c)$ (単位 cM) とその分散 $V[c]$ は，染色体長を s モルガン (M) とすると理論的に，

$$E(c) = \frac{1}{m}(1 - e^{-sm/2}) \approx \frac{1}{m}$$

$$V[c] = \frac{1}{m^2}[2 - (sm+2)e^{-sm/2}]$$

で表される (Hanson 1959 a)．m が 10 以上になると，$E(c)$ は近似的に m に反比例する (Fisher 1949)．10 回の戻し交雑後でも目的遺伝子の両側あわせて約 20 cM が残ることになる (図 5.8)．しかもこの連鎖ひきずりの長さは平均であり，個体によってこれより短いものもあれば長いものもある．通常の連続戻し交雑では選んだ個体が実際にどれだけの連鎖ひきずり部分をもつかはわからない．

R-r 遺伝子座の両脇に近接した 2 つの DNA マーカーをもちいて，R-r

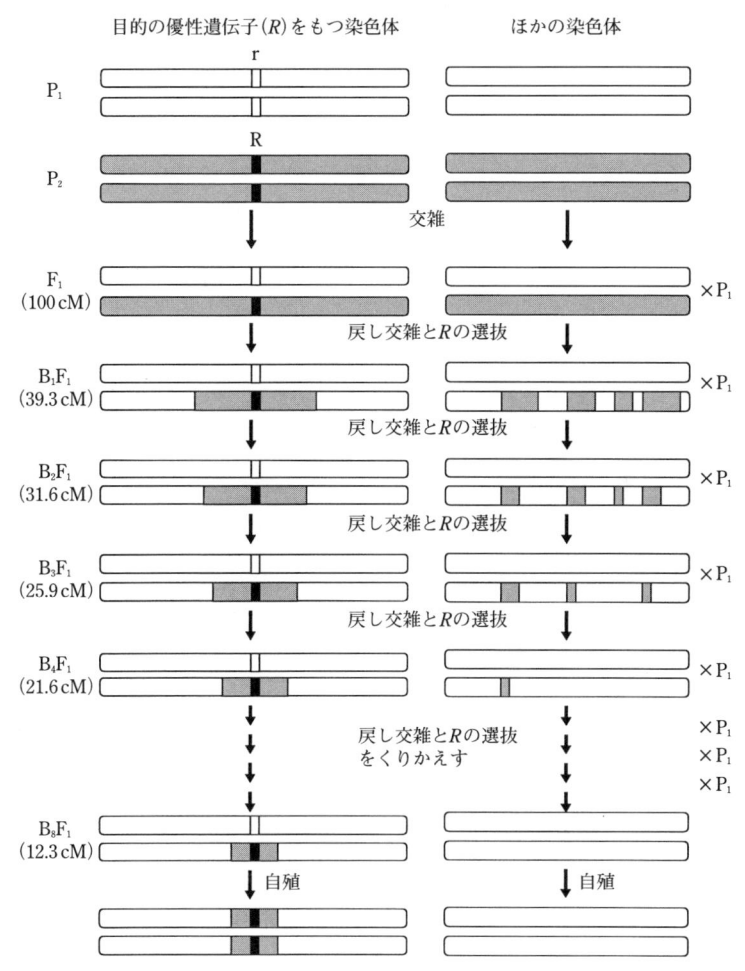

図 5.8 P_1 を連続戻し交雑しながら,毎代 P_2 のもつ目的の優性遺伝子(R)をもつ個体(ヘテロ接合体 Rr)を選抜した場合における,染色体の連鎖ブロック(linkage block)の変化.戻し交雑世代の下の括弧内は優性遺伝子の片側に残る連鎖引きずりの長さ(cM)をしめす.左列は優性遺伝子が乗っている染色体,右列はそれ以外の染色体の変化を表す.染色体の長さは 200 cM とする.

白地部分は P_1 に,網かけ部分は P_2 に由来する染色体部分を表す.長さ s cM の染色体において,m 回の戻し交雑の後に優性遺伝子の片側にひきずられて残る染色体部分の長さ c は平均して $c=(1-e^{-sm/2})/m$ モルガンで表される.m が大きくなると,染色体長 s に関係なく,$c=1/m$ で近似できる.目的遺伝子の乗っていないその他の染色体では,P_2 由来の染色体部分の長さは,$s/2^m$ モルガンとなる.

5.7 戻し交雑育種法　*135*

座の両側の染色体領域が乗換えによって P_2 親の染色体から P_1 親の染色体に変わったことを確認しながら，戻し交雑をおこなう方法によって，連鎖ひきずりの長さを急速に短くできる．たとえばマーカーと R-r 座の間の距離が 1 cM ならば，わずか 2 回の戻し交雑と 450 個体のマーカー検定で，連鎖ひきずりの長さを R 遺伝子座の両側 1 cM にすることができる．またこの方法をもちいれば，選抜された個体の連鎖ひきずりが実際にどれくらいの長さかをきめることも可能である (Young and Tanksley 1989)．

5.7.5 戻し交雑育種法の得失

(1) 戻し交雑育種法の長所
1) 優良品種の遺伝子型をそのままにして，1 ないし少数の質的形質を改良したい場合に有効である．
2) k 個の遺伝子座について，集団育種法や系統育種法の初期世代では分離する遺伝子型の種類が 3^k であるのに対して，戻し交雑世代では 2^k でしかない．とくに系統育種法の F_2 では目標の遺伝子型の頻度は $(1/4)^k$ であるのに対して，戻し交雑育種法では $(1/2)^k$ である．したがってあつかう個体数が比較的少なくてすむ．
3) 必要個体数が少ないので，そのぶん労力がかからず，また世代短縮などを利用しやすい．

(2) 戻し交雑育種法の短所
1) 優良品種に導入したい形質が量的形質である場合には有効でない．
2) 1 ないし少数の形質しか改良できない保守的な方法であり，画期的に新しい遺伝子型をもつ品種を生みだすことができない．

5.7.6 戻し交雑育種法の変法

(1) 短期連続戻し交雑育種法

反復親だけでなく，1 回親も品種としての欠点が少ない品種ならば，戻し交雑の回数を 3 回程度に減らしてもよい．

(2) 戻し交雑育種法による複数形質の導入

Briggs(1938) は，コムギ品種 BigClub になまぐさ黒穂病 (R_1)，さび病 (R_2)，ヘシアンバエ (R_3) の 3 種の抵抗性を導入するため，まず BigClub に

6回の戻し交雑によって品種 Martin のもつ R_1 抵抗性を導入した BigClub (R_1) を作成した．ついで別に品種 Dawson のもつ R_3 抵抗性をいれるため，まず3回の戻し交雑をおこない，つぎに BigClub (R_1) を反復親にもちいて2回の戻し交雑をおこない，R_1 と R_3 抵抗性をかねそなえた BigClub (R_1, R_3) を得た．さらに Hope のもつ R_2 抵抗性を3回の戻し交雑で導入した Baart に，BigClub を1回，BigClub (R_1) を2回，さらに BigClub (R_1, R_3) を戻し交雑して，ついに R_1, R_2, R_3 の3種の抵抗性を BigClub に導入することに成功した．

5.7.7　戻し交雑育種法の実際

戻し交雑育種法は動物育種では早くからウシやウマの改良にもちいられていたが，植物では米国の Harlan と Pope (1922) がオオムギの品種 Manchuria の滑芒化を目的とした育種に適用したのが最初で，1920年代から30年代にかけて当時の標準品種に病害抵抗性を付与する目的で広く採用された．カリフォルニア州立農業試験場では，Briggs が1922年に戻し交雑育種法によるコムギのなまぐさ黒穂病抵抗性品種の育成をはじめ (Briggs 1930)，Romana 44, Baart 46 など多くの抵抗性品種が作出された．

日本ではイネで，パキスタン品種 Modan の縞葉枯病抵抗性の遺伝子を導入したミネユタカ (中国農試，1972年) や，マレーシア品種 Milek および Kuning からのいもち病抵抗性を入れたハマアサヒ (青森県農試，1979年) などが戻し交雑育種法によって育成された．

また最近の例としては，ササニシキにそれぞれ異なるいもち病真性抵抗性を付与した4種の系統からなる多系品種のササニシキ BL (商品名ささろまん) (宮城県古川農試，1994年) やコシヒカリ富山 BL (2002年) がある．

5.8　半数体育種法

5.8.1　定義

ある生物種において，細胞あたり染色体数が通常の個体の半分の数である個体を半数体という (9.5.1項参照)．減数分裂のすんだ F_1 配偶子から半数体植物を再生させ，その染色体数を人為的に倍加することにより，いっきに

F_2で完全ホモ接合の個体を得て，そのなかから目的とする遺伝子型を選抜する方法を**半数体育種法**(haploid breeding)という．実際には半数体ではなくその染色体を倍加した**倍加半数体**(doubled haploid)を利用するので，半数体育種法というより，倍加半数体育種法というべきであろう．半数体の育種的利用については，Katayama(1950)によってはじめてしめされ，Nei(1963)は半数体育種の効率を数理的に検討した．

5.8.2 半数体の作出
(1) 葯培養

半数体育種法での半数体の作出は，ふつう F_1 の**葯培養**(anther culture)によっておこなわれる．葯培養による半数体の作出は，GuhaとMaheshwari(1964)が *Datura innoxia* で胚の分化に成功したのが最初である．作物ではNiizekiとOono(1968)がイネで，中田と田中(1968)がタバコで半数体作出が可能なことをしめした．

半数体作出には，①花粉粒が分裂し増殖して胚葉体をへて半数性の幼植物を形成する場合と，②直接に胚を誘導できず，花粉粒からいったん脱分化してカルス組織がつくられ，カルスから幼植物が再分化する場合とがある．*Datura* やタバコは前者，イネは後者である．

培養に適した葯の発育時期としては，タバコでは1核期の花粉をもちいる．野菜では四分子期，1核期，2核期，成熟した花粉など，野菜の種類によりさまざまである．

もちいられる基礎培地も植物により特異的であり，タバコではNakata培地，イネではN6やMS培地がつかわれる．野菜ではMS，B5修正培地がもちいられることが多い．基礎培地だけでなく，これに添加されるオーキシンやサイトカイニンの種類も重要である．

半数体作出の成否は供試される品種や系統によって大きく異なる．

(2) 染色体脱落法

オオムギでは栽培品種 *Hordeum vulgare* と *H. bulbosum*（球根オオムギ）との種間交雑をおこなうと，受精後の胚の細胞分裂過程で *bulbosum* の染色体が急速に脱落する．胚乳は初期に発育停止になるので，胚培養をおこなって助けると，栽培品種の半数体が得られる．これを **bulbosum 法**という．こ

の方法は Kuckuck(1934)によって発見され，Symko(1969)および Kasha と Kao(1970)によって大量の半数体作出が可能なことがしめされて普及した．またコムギにトウモロコシの花粉を交雑すると，受粉後の胚形成過程でトウモロコシの染色体が失われ，コムギの半数体が得られる．これを**メイズ法**とよぶ．

5.8.3 染色体倍加

タバコにおける葉型のように，半数体のままでも選抜が可能な形質もある．しかしいっぱんには半数体の染色体を倍加した倍加半数体で選抜をおこなう．葯培養などの半数体作出の過程でしぜんに染色体の倍加がおこって2倍体が得られることも多いが，その頻度は高くなく，ふつうは染色体倍加剤である**コルヒチン**（9.4.2項参照）をもちいて人為的に染色体を倍加させる．タバコでは半数体の開花後に花序を 0.1% の濃度のコルヒチン溶液に 24-48 時間 20-25℃ で浸漬して腋芽の成長点細胞を倍加する方法がもちいられる(田中 1971)．これにより成功率約 50% で半数体が得られる．

5.8.4 育種操作

倍加半数体が得られてからの育種操作の手順は，集団育種法における個体選抜世代（F_6 または F_7）以降でのあつかい方に準じる．

5.8.5 半数体育種法の得失

(1) 半数体育種法の長所
1) 系統育種法の初期世代や集団育種法の集団栽培世代などのように，固定までの何世代かを必要としないので，育種年限をいちじるしく短くできる．
2) F_2 集団は完全ホモ接合の個体だけで構成されていて，ヘテロ接合個体の混在により観察が乱されることがなく，個体選抜が容易である．また F_3 では系統内の分離がなく系統単位で特性を評価できるので，とくに量的形質の選抜上有利である．

(2) 半数体育種法の短所
1) 半数体育種法では，組換えがおこなわれるチャンスが F_1 配偶子の減

数分裂のときしかない．そのため近接した遺伝子座間で組換わる確率が小さく，組換え型の遺伝子型が分離世代で得られにくくなる．集団育種法や系統育種法では，遺伝的に固定するまでに組換えが数世代おこなわれるので，得られる遺伝子型の種類が豊富になると期待される．
2) 倍加半数体の作出の過程で，特定の遺伝子型が淘汰されることがある．そのため倍加半数体集団の遺伝子型構成が偏ることになる．
3) 倍加半数体作出の過程で，量的形質および質的形質について高い頻度で望ましくない遺伝的変異が生じることが多い．これらは核遺伝子の自然突然変異によるとみられる．
4) 世代促進などの利用で集団育種法などによる育種年限を短縮できる作物では，半数体育種法のメリットは相対的に低くなる．

5.8.6 半数体育種法の実例

中国ではイネ育種に半数体育種が組織的にとりいれられ，1985年までにすでに80以上の品種が育成された．日本では日本専売公社においてタバコの立枯病に強い黄色種の育成を目標に半数体育種がおこなわれ，MC 101号が育成され，1976年から栽培に移された．イネでは上育394号(1988年)や彩(1991年)をはじめとして1999年までに16品種が葯培養利用による半数体育種法で育成された．またコムギではメイズ法で世界で最初のモチ性品種であるはつもち(1999年)ともち乙女(1999年)が育成された．

5.9 相互交雑育種法

5.9.1 定義

分離世代の個体間で**無作為交配**(random mating)をおこなわせて，ヘテロ接合性を高めるとともに，遺伝子座間とくに密接に連鎖した遺伝子座間の組換えを促し，新しい遺伝子組合せをより豊富に得るための方法を**相互交雑育種法**(intermating breeding)という．

5.9.2 原理

(1) 連鎖および有効乗換え

いま連鎖した2つの遺伝子座AとBについて，交雑親P_1とP_2の遺伝子型をそれぞれ$A_1A_1B_1B_1, A_2A_2B_2B_2$とすると，$F_1$は二重ヘテロ個体$A_1B_1/A_2B_2$となる．斜線（/）は$P_1$からの遺伝子$A_1$と$B_1$が同じ相同染色体上にあり，$P_2$からの遺伝子$A_2$と$B_2$が他方の相同染色体上にあることをしめす．

交雑育種の分離世代では，両親のもつ遺伝子がさまざまに組み合さり，より多くの種類の遺伝子型が分離することが望ましい．単一の遺伝子座での遺伝子型の分離は，配偶子や受精胚レベルでの選択がないかぎり，母親型ホモ接合，ヘテロ接合，父親型ホモ接合の3種の遺伝子型が1:2:1で生じる．このことはどの分離遺伝子座でも一様に成り立つ．しかし2座A,Bを同時に考えると，分離する遺伝子型の頻度はつねに一様ではない．遺伝子型頻度を変える要因には2つある．

1つは，A,B座間の染色体上距離ないし連鎖の強さである．遺伝子座AとBがたがいに異なる染色体上にあるか，同じ染色体上でも遠い位置にあるときには，A_1B_1/A_2B_2個体の減数分裂で配偶子A_1B_1, A_2B_2に加えて新しい遺伝子組合せである配偶子A_1B_2とA_2B_1が得られる．ここでA_1B_2とA_2B_1を**組換え型**(recombinant type)，A_1B_1, A_2B_2を**非組換え型**(non-recombinant type)という．A座とB座が連鎖していなければ自殖次代で10種類の遺伝子型$A_1A_1B_1B_1, A_1A_1B_1B_2, A_1A_1B_2B_2, A_1A_2B_1B_1, A_1B_1/A_2B_2, A_1B_2/A_2B_1, A_1A_2B_2B_2, A_2A_2B_1B_1, A_2A_2B_1B_2, A_2A_2B_2B_2$が1:2:1:2:2:2:2:1:2:1の比で生じる．A座とB座が密接に連鎖しているときには，その間で乗換えが生じにくく，配偶子A_1B_2とA_2B_1が得られにくくなる．自殖次代では，$A_1A_1B_1B_1, A_1B_1/A_2B_2, A_2A_2B_2B_2$が多くなる．A-B座間距離が0に近ければ，その比は1:2:1となり，ほかの遺伝子型はほとんど生じなくなる．連鎖があると，分離する遺伝子型の種類がかぎられる．

もう1つは，個体のもつ遺伝子型である．乗換えがおきたとき新しい遺伝子組合せをもつ配偶子が生じるのは二重ヘテロ個体だけである．ホモ接合個体，たとえば$A_1A_1B_1B_1$では1種類の配偶子A_1B_1しか生まれない．また一重ヘテロ個体，たとえばA_1B_1/A_1B_2の減数分裂では乗換えがおきてもおきなくても，得られる配偶子はA_1B_1とA_1B_2だけである．新しい遺伝子の組

合せが生じる頻度は，二重ヘテロ個体の頻度が高いほど増すことになる．乗換えによって新しい遺伝子組合せの配偶子が生じるとき，その乗換えを**有効乗換え**(effective crossover)という (Hanson 1959 b).

自殖性植物の F_1 では，全個体が二重ヘテロ接合性であるので，有効乗換えの頻度が最高になる．しかし自殖をつづけると，毎代ヘテロ接合性が1/2になるので，二重ヘテロ個体の頻度が下がり，有効乗換えが少なくなる．このことは交雑育種上不利となる．とくに目標形質の遺伝子座と望ましくない形質の遺伝子座が密接に連鎖している場合には，乗換えによりその連鎖が破られることが育種上の課題であり，それには有効乗換えの頻度を高めることが必要となる．

(2) 無作為交配と有効乗換え

2品種間交雑後代では，選択がないかぎり，すべての分離遺伝子座で対立遺伝子の頻度が0.5ずつになっている．このような集団で無作為交配をさせると，A座では F_2 と同じに A_1A_1, A_1A_2, A_2A_2 の3種の遺伝子型が1：2：1で分離する．このことはほかのすべての遺伝子座で成り立つ．二重ヘテロ接合体の頻度も高くなり，それにともない有効乗換えの頻度も高くなることになる．

(3) 連鎖ブロック

Hanson (1959 a, b) は，交雑から完全固定までの世代で，両親のもつ遺伝子組合せが，乗換えによって切断されずに保たれた染色体領域を**連鎖ブロック** (linkage block) とよんだ．彼は，連鎖ブロックの最終的な長さが短くなるほど，交雑育種法としてすぐれていると考えた．彼の理論計算によれば，完全固定したときの連鎖ブロックの平均長は，100 cM の長さの染色体では，自殖だけの場合には43.2 cM であるが，5世代の相互交雑（親数10）を自殖世代間に挿入すると，約1/3の13.7 cM にまで短くなる．

5.9.3 相互交雑の実際

(1) 親と交雑

相互交雑育種では，親の数は2より多いほうがよく，4-20が提案されている．第1世代では，各親の遺伝子が等しく寄与するようにする．それには親の数が少ないときには総あたり交配をおこなって，各交配に由来する次代

個体を同数とする．親数が多くて労力的に総あたり交配ができない場合には，無作為交配をおこなって，各母親について同じ個体数を栽培する．

(2) 相互交雑世代

無作為交配を毎代おこない，各個体から同数の次代個体をつくる．相互交雑は少なくとも4世代は必要とされる．相互交雑が終わった世代はヘテロ接合性が高いので，集団栽培に移して自殖世代を何代かつづけて固定度を高め，その後に個体選抜と系統選抜をおこなう．

(3) 相互交雑の長所と短所

長所は相互交雑世代の数が増すほど遺伝子間の組換えが進み，多様な遺伝子型が得られることが期待できることである．しかし相互交雑世代のぶんだけ年数がかかるのが大きな難点で，実際の育種に適用された例がみあたらない．

5.10 交雑育種における選抜の将来

交雑育種で規定されるのは，交配親の組合せと選抜様式だけである．新品種が生まれたとき，その品種が親の遺伝子のどちらを受けついだかは，選抜目標形質の遺伝子，とくに主働遺伝子が関連する座以外については不明である．得られた品種がその交雑組合せから期待される最良の遺伝子型であったのか，ほかの交雑組合せからつくられた品種と遺伝的にどのような関係にあるのか，という点の答えもない．同じ交雑組合せで同じ様式の選抜をしても，同じ品種が育成できる保証はほとんどない．交雑育種はこの意味では再現性に乏しい技術といえる．

植物育種においては，分離世代であつかう個体数が多く，選抜の際に調査しなければならない形質の数も種々あり，しかも形質発現の時期がかぎられているため，形質とくに量的形質について個体ごとに測定して，それにもとづいて優良個体を選抜するということは望んでも実行しがたい．これまで**選抜指数**をはじめ量的形質の選抜について多くの理論が提案されたが，実際の育種に適用された例を聞かない．将来もこの傾向は変わらないであろう．

量的形質の表現型値の測定ではなく，遺伝子型の推定に役立つ手段としてDNAマーカーの利用が注目される．ただ，現状ではDNAマーカー利用も

研究は進んでいるものの，育種現場への浸透は不十分である．しかし，将来的に以下のようなことにもちいられると期待される．

(1) 実際に育成にもちいられる交雑組合せでの**QTL解析**により，主要な量的形質の遺伝子座の解析と，各品種がもつ対立遺伝子があきらかになれば，育種目標にかなった親の選択が容易となる．

(2) 遺伝率の低い形質については，関与するQTLの近傍のマーカーを選抜することにより間接的に各QTLにおける望ましい遺伝子を選抜できる．これを**マーカー利用選抜**(marker assissted selection)または**MAS**という．

(3) 各個体の染色体領域が母親と父親のどちらから由来しているかを実験的にあきらかにできる．それによりゲノム全体をみわたしながらの選抜，つまり**全ゲノム選抜**(whole genome selection)が可能となる．

(4) 育成された品種について，染色体の各領域がどちらの親から伝達されたかがわかれば，多くの新品種についての解析を通じて，優良性を期待するのに欠くことのできない染色体領域ないし遺伝子座がしだいにあきらかになる．

(5) 品種から品種へ系譜的に伝達されてきた染色体領域が同定され，ゲノムの全領域にわたって品種間の近縁性が実験的にしめされる．

第6章 他殖性植物の交雑育種

> 植物の育種で一番大切なことは,「その植物をよく知ること」である.
>
> A. Srb and R. Owen (1952)

自殖性植物にくらべて他殖性植物の交雑育種の方式は複雑で多様である.その育種法は F_1 代の雑種強勢を積極的に利用する方式と,集団の遺伝構造の改良を中心においた方式とに大別される.

6.1 他殖性植物集団の特性

6.1.1 他殖性植物と自然交雑

(1) 他殖性の定義

他殖性植物(cross-pollinated plant, allogamous plant)とは,自然交雑率が4%以上の植物と定義されている.栽培されている他殖性の種子繁殖植物の例を表6.1にしめす.牧草では,例外もあるが,1年生種は自殖性で多年生種は他殖性である.果樹の多くは他殖性であるが,増殖は栄養繁殖によっておこなわれ,育種も栄養繁殖性の特徴を生かした方法がとられるので,表には含めていない.

他殖性植物には花器の構造からみてさまざまな種類がある.ライムギのようにめしべとおしべが同じ花中に共存する花を**両性花**(bisexual flower, hermaphrodite flower),トウモロコシのようにめしべとおしべが別の花になっている花を**単性花**(unisexual flower)という.単性花であればとうぜん自然交雑しやすい.多くの単性花の植物は雄花と雌花が同じ個体上にある**雌雄同株**(monoecious)であるが,なかにはホップ,ホウレンソウ,アスパラガス,バッファローグラスなどのように雄花と雌花が別々の個体,つまり**雌雄異株**

表6.1 他殖性で種子繁殖の栽培植物

	穀類・マメ類・工芸作物	牧草	野菜	花卉
風媒性	トウモロコシ ライムギ トウジンビエ ベニバナインゲン (ソルガム)	イタリアンライグラス ペレニアルライグラス オーチャードグラス チモシー スーダングラス トールフェスク メドーフェスク レッドフェスク レッドトップ リードカナリーグラス バミューダグラス バヒアグラス マウンテンブロムグラス ネピアグラス ホイートグラス		
虫媒性	ソバ ヒマワリ テンサイ アサ ホップ (ワタ) (ソラマメ)	シロクローバ アカクローバ アルサイククローバ アルファルファ バーズフットレフォイル セインフォイン ヤマハギ レンゲ (スイートクローバ) (黄花ルーピン)	キュウリ スイカ メロン カボチャ ナタネ ダイコン カブ キャベツ ハクサイ ニンジン ネギ タマネギ セルリー チシャ (トウガラシ)	コスモス ペチュニア マリーゴールド パンジー プリムラ

注) 括弧内の植物は比較的に自然交雑率が低い.

(dioecious)のものもある．進化上最初の**顕花植物**(flowering plant)は他殖性で両性花をもつ植物であったと考えられている．現在でも自然の顕花植物の95%は両性花である(Richards 1986).

(2) 自然交雑

自然交雑(natural hybridization)の程度は，他殖性植物に分類される植物

間でもいちじるしく異なる．ソルガム，ソラマメ，ワタ，スイートクローバなどでは比較的低く，ペレニアルライグラス，シロクローバ，ソバ，キュウリなどでは高い．また同じ植物でも，品種により，また栽培地の気候により自然交雑率が異なる．他殖性植物にはトウモロコシのように自然条件下では他殖性であるが人工授粉すれば自殖も可能なものと，授粉しても自殖ができない性質をもつ植物とがある．後者の性質を**自家不和合性**(self-incompatibility)という．

葯中で生まれた花粉がほかの植物体のめしべの柱頭にはこばれることを**花粉媒介**(pollination)または送粉という．自然交雑で花粉をはこぶ媒介者には，生物的媒介と非生物的媒介がある．前者には昆虫，鳥，コウモリ，哺乳類などが，後者には風と水がある．他殖性栽培植物の花粉の媒介は，ほとんどは昆虫による**虫媒**(entomophily)か風による**風媒**(wind pollination, anemophily)に分類される．虫媒性の進化は古く石炭紀初期にさかのぼる．媒介昆虫には，アブ，ハチ，チョウ，ガ，ハエ，アリ，カブトムシなどがある．

花粉が親植物体からほかの植物体にはこばれ，受粉され受精されることを**花粉流動**(pollen flow)という．花粉媒介と用法が似ているが，花粉媒介は繁殖様式としての用語であるのに対し，花粉流動は植物集団における遺伝子の流れを考察する場合にもちいられる．花粉流動は，他殖性植物における選抜，品種の隔離，種子の増殖，遺伝子組換え植物の環境への影響などの問題を考えるうえで重要な要因である．なお種子が母植物体から風や動物などにはこばれて他所に移ることを**種子拡散**(seed dispersal)という．花粉流動と種子拡散をあわせて**遺伝子流動**(gene flow)という．

6.1.2　他殖性植物の交雑育種の特徴

他殖性植物の交雑育種の様式は，ヘテロシス育種，集団改良，合成品種法に大別される．他殖性植物は，以下の点で自殖性植物と大きく異なる．

(1) 近交弱勢

自殖性植物では，自殖世代を重ねてホモ接合度を高め，その集団から個体選抜や系統選抜をへて純系品種を育成する．しかし，他殖性植物ではそのようなことはしない．その理由は多くの他殖性植物では，自殖などの近交（6.2節参照）を何代かつづけると，個体の生活力がいちじるしく低下してしま

うからである．これを近交弱勢という．このため自殖をつづけてホモ接合度を高めた系統を品種にすることはできない．

他殖性植物の交雑育種では，両親の間の近縁係数（6.2.3項参照）が高いと，後代で有望な系統が得られにくいことがアルファルファ(Aycock and Wilsie 1968)やテンサイ(藤本 1971)で報告されている．

(2) ヘテロシス

トウモロコシなどでは近交度の高い系統間や品種間の交雑をおこなうと，その子供のF_1つまり**一代雑種**(F_1 hybrid)は両親よりも草丈が大きく，収量も高く，全体に強勢になる現象がある．この現象を**ヘテロシス**(heterosis)という．他殖性植物の育種では，植物により程度のちがいがあるが，このヘテロシスが発現されるような品種を育成することが重要となる．その典型がトウモロコシで代表されるヘテロシス育種である．ヘテロシス育種では，すべての分離遺伝子座がヘテロ接合である個体を利用する．

(3) 自然交雑

自然交雑率の高い他殖性植物では放任受粉がもっとも容易な集団維持の方法であり，反対に自殖や近交をおこなうには，受粉制御や隔離に特別の労力や経費がかかる．そのため他殖性植物の育種では，受粉制御の手間をできるだけ小さくして，放任受粉の形式をとりいれながら選抜がおこなわれる．

(4) 他殖性集団の遺伝構造

自殖性集団では，自殖世代が進むにつれて毎代ヘテロ接合の遺伝子座の頻度が1/2になる．集団の遺伝子頻度が変わらなくても，遺伝子型頻度は変化し，やがて全個体が完全ホモ接合個体となる．しかし他殖性集団では異なる．集団中の個体間で遺伝子型に関係なく等しい確率で交配がおこなわれ，また花粉流動距離が集団の大きさにくらべて十分大きいとき，その配偶形式を**無作為交配**(random mating)という．無作為交配では，各遺伝子座における遺伝子型の頻度は，集団中の遺伝子頻度できまる．すなわちある遺伝子座で，対立遺伝子A, aの頻度をそれぞれp, qとすると，遺伝子型AA, Aa, aaの頻度はそれぞれ$p^2, 2pq, q^2$となる．選抜や移住などによる遺伝子頻度の変化がなければ，無作為交配の2代め以降では遺伝子型頻度は変化しない．これを**Hardy-Weinbergの法則**という（詳細は木村(1960)やFalconerの書の翻訳本(1990)などを参照）．逆にいえば，集団の遺伝子頻度が一定であれば，

無作為交配集団では遺伝子型頻度を変えることができない．これより牧草などの他殖性植物の集団改良では，集団中の優良遺伝子の頻度を高めることが改良の重要な手段となる．

6.2 ヘテロシス育種法

ヘテロシスをしめすすぐれた F_1 をつくるような系統の組合せを選定することと，そのような F_1 を生むような親系統を育成することが，**ヘテロシス育種**(heterosis breeding)では重要となる．栽培農家には，F_1 種子の形で品種が提供される．これを F_1 品種または**一代雑種品種**(hybrid variety)とよぶ．ヘテロシス育種は 20 世紀初頭に米国の East, Shull, Jones などによりトウモロコシではじめて開発され，現在ではソルガム，ワタ，ヒマワリなど広く他殖性の栽培植物の改良にもちいられている．また野菜類では，キャベツ，キュウリ，メロンなどの他殖性植物だけでなく，トマト，ナスなどの自殖性植物でも F_1 品種が育成されている．さらにヘテロシス育種は中国を中心にイネでも成功している．

ヘテロシス育種の手順や技術的問題は作物によってかならずしも同じでないので，詳細は Banga と Banga(1998) などを参照されたい．以下では代表的なトウモロコシの場合を中心にしるす．

6.2.1 ヘテロシス

(1) 定義

米国の Shull は 1914 年に，2 つの近交系を交配したときの F_1 が両親にくらべていちじるしい強勢をしめすことを heterosis（ヘテロシス）と名づけ，ヘテロシスを "the stimulating effect of the union of unlike germ cells" と定義した．ヘテロシスの類義語に**雑種強勢**(hybrid vigor)という語があるが，これは品種間交雑によって得られる雑種が親よりも強勢になることを意味し，ヘテロシスよりも古い語である．ヘテロシスと雑種強勢は現在ほとんど同義につかわれているので，以下ではヘテロシスの語だけをもちいる．

(2) ヘテロシス程度の表現

ヘテロシス程度の表し方は 3 通りある．F_1 と両親の平均とをくらべる場

合を**中間親ヘテロシス**(midparent heterosis; MP heterosis)，F_1 と優良親とをくらべる場合を**優良親ヘテロシス**(better-parent heterosis; BP heterosis)または heterobeltosis，F_1 と標準品種とをくらべる場合を**標準ヘテロシス**(standard heterosis, heterosis over the check variety; CK heterosis)という．中間親の値を MP，優良親の値を BP，純系の標準品種の値を CK，とすると，これらのヘテロシスはそれぞれ

$$中間親ヘテロシス \quad H_{MP}=(F_1-MP)/MP$$
$$優良親ヘテロシス \quad H_{BP}=(F_1-BP)/BP$$
$$標準ヘテロシス \quad H_{CK}=(F_1-CK)/CK$$

と表される．これらの値は 100 倍して％で表される場合も多い．定義上，H_{MP} はつねに H_{BP} より高い値をしめす．統計遺伝学では中間親ヘテロシスまたは優良親ヘテロシスがもちいられるが，育種的には標準ヘテロシスで F_1 品種を評価するのが妥当である．

6.2.2 ヘテロシスの理論

ヘテロシス発見の当初から，ヘテロシスがなぜ生じるかについての遺伝学的議論がなされ，いくつかの説が提案されてきた．現在ではこれらのうちどれか 1 つだけが正しいというのではなく，生物，形質，遺伝子座などにより適合する説が異なると考えられる．

(1) 優性説

Davenport(1908)は多くの場合に優性遺伝子のほうが劣性遺伝子よりも生物体に有利であることを認めた．Keeble と Pellew(1910)はエンドウで節間長を大きくする優性遺伝子をもつ品種と，節間数を増す優性遺伝子をもつ品種を交配したところ，F_1 では両方の優性遺伝子の作用が働いて草丈が親よりも高くなった．これらの実験結果を参考にして，ヘテロシスについて以下の説が提案された．

純系の品種ではふつう一部の遺伝子座で優性対立遺伝子ホモ，残りの遺伝子座では劣性対立遺伝子ホモとなっている．このような品種間の交配 F_1 では，すべての分離遺伝子座についてヘテロで，各座では優性対立遺伝子がかならず 1 個含まれることになる．すべての遺伝子座で優性対立遺伝子が劣性

対立遺伝子よりもすぐれた方向に働くとすると，F_1 は各遺伝子座で両親の平均（＝中間親）よりも高い遺伝子型値をしめすことになり，平均親ヘテロシスがつねに成り立つ．さらに優良親における優性遺伝子ホモと劣性遺伝子ホモの正負の遺伝効果が相殺された和よりも，F_1 のヘテロ座での1個の優性遺伝子による正効果の和のほうが高くなることがあり，これが優良親ヘテロシスをもたらすことになる．これを**優性説**(dominance theory)という．

F_1 からはじめて近交を毎代つづけると，大多数の遺伝子座で優性ホモである個体が低頻度ながら分離してくるはずであり，そのような個体を選べば，F_1 と同等またはよりすぐれた個体を得ることができると予想される．しかし Aastveit(1964)によるオオムギでの選抜実験の結果などをのぞけば，実証例はあまり多くない．これはヘテロシスに関与する遺伝子座が多いうえに，有利な対立遺伝子が相反(repulsion)関係でたがいにきつく連鎖しているためと説明されている．たとえば4遺伝子座で A, B, C, D が有利な対立遺伝子，$a, b, c, d,$ が不利な対立遺伝子とするとき，両親では $AAbbccDD$ と $aaBBCCdd$ のように一部の有利な対立遺伝子をたがいに相補的にもち，しかも遺伝子座間が近接していて分離世代で組換えがおきにくいと，$AABBCCDD$ という理想型はなかなか得られないことになる．このような説を**優性遺伝子連鎖説**(dominance of linked-genes hypothesis)という．

(2) 超優性説

異なる対立遺伝子は生理的にたがいに補いあってヘテロ接合に固有の活性増加をもたらすので，ヘテロシスの発現にはヘテロ接合という状態そのものが原因となっているとする説を**超優性説**(overdominance theory)という（図6.1）．この説は，はじめ Shull(1911 a, b)，East と Hayes(1912)により生理学的用語をつかって漠然とながら提案され，East(1936)により遺伝学的に明確な形でしめされた．さらに Hull(1945, 1946, 1948)は，ヘテロ遺伝子型が正のホモ遺伝子型よりも効果が高い，つまり超優性をしめす場合にヘテロシスが観察されると主張した．この場合超優性はすべての分離遺伝子座で存在する必要はなく，最小1個の遺伝子座でもよい．とくに単一座の超優性によるヘテロシスを**単遺伝子ヘテロシス**(single-gene heterosis)という．超優性説はかならずしも優性説と対立しこれを否定するものではなく，優性説があてはまらない場合の説明としてとり上げられることが多い．

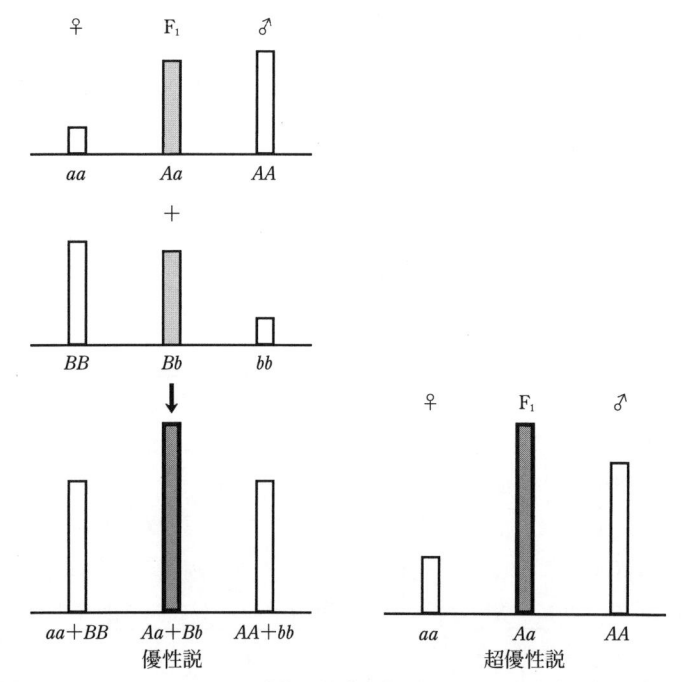

図 6.1 ヘテロシスについての優性説と超優性説．ここで大文字は優性遺伝子，小文字は劣性遺伝子を表す．優性説では，個々の遺伝子座でヘテロ接合は両親の中間の値をしめすが，全遺伝子座の和をとるとヘテロ接合体が両親のどちらよりも高い値になると考える．いっぽう超優性説では，1遺伝子座でもヘテロ接合は両ホモ接合よりも高い値をしめすとする．

なお2つの連鎖した遺伝子座(A, B)について，P_1 が aB/aB，P_2 が Ab/Ab の遺伝子型をもつ，つまり F_1 で相反(aB/Ab)の関係にあるとき，両座がごく近接していてその間に組換えがほとんどおこらないと，各座では優性であっても，2遺伝子座が超優性の1個の遺伝子座のようにふるまうことになる．この現象を**偽超優性**(pseudo-overdominance)という．

(3) エピスタシス説

Brieger(1930)や Rasmusson(1933)は非対立遺伝子間の交互作用（**エピスタシス**）が優性で補足(complementary)型であるときには，ヘテロシスが期待されると主張した．Jinks(1955)および Jinks と Morley Jones(1958) もヘテロシスにはしばしばエピスタシスが大きく関与していると主張している．これらをヘテロシスの**エピスタシス説**(epistasis theory)という．Adams と

Duarte(1961)は，インゲンにおいて，個葉の大きさは相加効果だけで，また葉数は相加効果と完全優性の優性効果で説明されるのに対して，個体あたりの葉の総面積については，F_1 は高いほうの親よりもはるかに大きな値をしめすことを認めた．彼らは葉総面積が，個葉の大きさと数の積であるため，遺伝的にも構成要素間の相乗的関係に由来するエピスタシスによってヘテロシスがしめされたと考えた．

　収量のヘテロシスについてどの説が正解かは，最近 DNA マーカーを利用した **QTL 解析**によって解明されつつある．Stuber ら(1992)はトウモロコシで第 6 染色体以外の全染色体で収量に関する QTL を検出した．これら QTL の近傍のマーカーについてのヘテロ接合個体は，つねに対応する両ホモ接合個体より高い収量をしめした．またゲノム全体のヘテロ性が高い個体は収量も高く，両者の間に正の相関が認められた．これより，トウモロコシのヘテロシスは超優性によること，また検出された QTL がヘテロシスに大きく寄与しているといえる．同様に自殖性植物であるアラビドプシスでも超優性説が支持された(Mitchell-Olds 1995)．いっぽう，イネでは，Xiao ら(1995)が収量および収量構成要素の QTL 解析から，ヘテロシスは超優性ではなく各 QTL における優性効果の総合的作用によると結論した．イネではほとんどの形質でゲノム全体のヘテロ性と表現型値との間に相関が認められなかった．また優性説を裏づけるように，実際に F_8 世代で F_1 よりすぐれた系統が得られた．しかし最近 Li ら(2001)および Luo ら(2001)は，イネのヘテロシスは補足因子間のエピスタシスと超優性によると報告している．

　ヘテロシスはすべての形質で認められるとはかぎらない．トウモロコシでは，草丈，葉の大きさ，クロロフィル含量，根系の大きさ，病害抵抗性，粒の大きさと数，穂の長さと径，花粉量など多数の形質にヘテロシスが認められるが，早熟性や穂数などにはみられない．またヘテロシスは植物の栽培環境により異なることがある．不良環境で両親の生活力が低下しても，F_1 はそれほどは低下しないことが多い(Bucio *et al*. 1969, Parsons 1971, Barker and Varughese 1992)．

6.2.3　近交系とは
(1)　近交と近交係数

祖先を共通にする個体間での交配を，**近交**(inbreeding)という．自殖は，同じ個体間の交配とみなせるので，もっとも強い近交といえる．近交にはほかに同じ両親から生じた子供間の交配である**全きょうだい交配**(full sib-cross)や，片親だけが共通の子供間の交配である**半きょうだい交配**(half sib-cross)などがある（図6.2）．近交がおこなわれると，集団のヘテロ接合性が低くなり，そのぶんホモ接合性が高くなる．たとえば自殖では毎代ヘテロ接合性は前代の1/2になる．全きょうだい交配では一代あたり約19%ヘテロ接合性が減る(Kempthorne 1957)．近交を何代もつづけて，ホモ接合度が十分高くなった系統を**近交系**(inbred)という．

　集団遺伝学では，集団から無作為に抽出した1個体の，任意の1遺伝子座における複数の遺伝子（2倍性なら2個，4倍性なら4個）についての対が同一の祖先に由来する確率を**近交係数**(inbreeding coefficient)という．同じ個体でも異なる個体でも，ある同一遺伝子座の2個の遺伝子が同一祖先に由来することを，**由来が同一**(identical by descent)という．どんな生物でも長い進化の歴史をもつので，祖先は無数にあり，祖先が同一かどうかは実験的に確認できない．実際にはある特定の祖先集団を考え，その時点で個体がもつすべての遺伝子は由来が同一でないとして，以後の系譜を考えて近交係数をもとめている．2つの近交系間の交配に由来する集団では，交配親間で

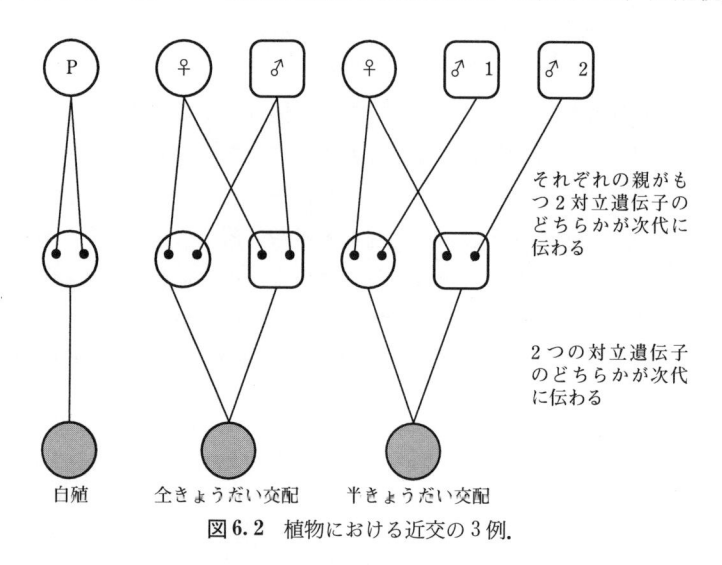

図6.2　植物における近交の3例．

は遺伝子の由来が同一でないとして計算する．両親が純系ならば，近交係数は分離遺伝子座におけるホモ接合性と等しくなる．なおある同一遺伝子座の遺伝子が同じ対立遺伝子であることを，**状態が同一**(identical in state)という．状態が同一の遺伝子型がホモ接合である．由来が同一であれば状態が同一であるが，逆はかならずしも真ではない．

(2) 近交弱勢

何代も近交をつづけると，植物体がしだいに虚弱になり，収量，稈長，穂数などが世代とともに減少する．これを**近交弱勢**(inbreeding depression)という．Jones(1924)の論文には，人の背丈よりはるかに高いトウモロコシ一代雑種のみごとな草姿と，自殖によって生じたあわれな矮性や細葉個体の写真が載っている．

近交弱勢がなぜ生じるかも，ヘテロシスの説によって異なる．優性説によれば，F_1からはじめて近交を何代もつづけるとホモ接合性が高くなり，集団中に低頻度で潜在していた有害な劣性遺伝子が固定した個体が分離してくるので，集団の活性が平均的に低くなると考えられる．いっぽう超優性説によれば，近交をつづけると超優性をしめす遺伝子座でヘテロ接合体の頻度が減るので，それにともない活性が下がることになる．エピスタシス説では，近交弱勢は近交世代とともに有利な遺伝子組合せが減少するためといえる．

近交弱勢が何世代までつづくかは，形質により異なる．1904年にEastはトウモロコシの累代自殖実験をはじめ，その結果がJones(1939)によって発表された．それによると稈長は最初の5代だけ低下がみられたが，収量は20代めまで下がりつづけた．近交弱勢の実験的証明は，Neal(1935)，Hallauer と Sears(1973)などによってもおこなわれている．これらの結果では，形質値を自殖世代に対してプロットすると下に凸の曲線となり，世代が進むにしたがい1世代あたりの減少程度が小さくなる．しかし世代でなく近交係数に対して形質値をプロットすると関係は直線的となる（図6.3）．ただしエピスタシスが関与するときにはこの直線性は成り立たない．

近交弱勢の程度も形質により異なる．EastとJonesの実験では，30代におよぶ自殖の結果，稈長は66％，子実収量は11％まで低下した．近交弱勢の発現程度は環境によっても異なる．環境条件が不良な年(Durel *et al.* 1996)や栽植密度が高く個体間の競争が大きい場合(Schmitt and Ehrhardt

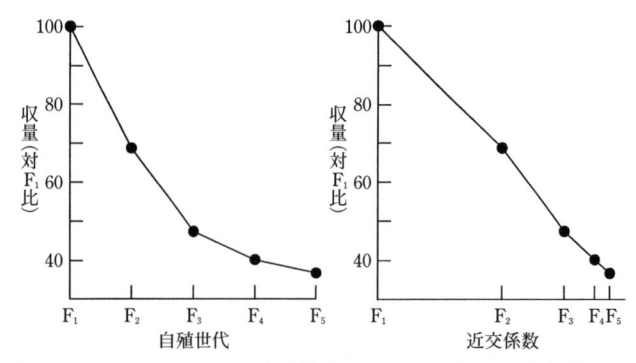

図 6.3 トウモロコシにおける自殖世代にともなう収量の減少(Hallauer and Sears 1973). ヨコ軸は左図では自殖世代,右図では近交係数を表す. タテ軸は F_1 に対する収量の相対値(%)をしめす. F_1, F_2, F_3, F_4, F_5 の近交係数はそれぞれ,0, 0.5, 0.75, 0.875, 0.9375 である. 世代ではなく近交係数に対してプロットすると,近交弱勢による収量の変化は直線的となる.

1990)には近交弱勢がいちじるしい.

(3) 近交の様式

自殖のように極端な近交よりもきょうだい交配のほうが,近交によるいちじるしい弱勢を避けることができる. Cornelius と Dudley(1974)によれば,同じ近交係数になってもきょうだい交配では自殖より形質値の低下が少ない. これは,きょうだい交配では自殖よりも遺伝的組換えの機会が多いので,近交をつづけている間に優良な個体が分離したためと説明されている.

交配親につかうべき近交系が近交弱勢のため F_1 の採種性が低くなるのを防ぐために,トウモロコシでは近交弱勢があまりひどくならない早期世代,たとえば自殖3代め(S_3)を近交系として利用することが薦められている(井上と岡部 1985).

6.2.4 近交系の育成素材の選択

ヘテロシス育種では,優秀な F_1 が得られるような近交系の交配組合せを選ぶことが,もっとも重要である. いっぱんに近交系間で目標形質についての遺伝子型ができるだけ異なるほど,F_1 のヘテロシスが高くなると期待される. したがって近交系はたがいに遺伝子型構成が異なる集団から作出するのがよいと考えられる. しかし目標形質についての遺伝子型をじかに知るこ

とはできない．そこで集団間の類縁性を，系譜，形質値の差異，DNA マーカー多型などを利用して推定し，遠縁の集団から由来した近交系間の交配をおこなうようにする．

(1) 系譜上の近縁度とヘテロシス

系譜による類縁関係にもとづいて遺伝的距離を表すには集団遺伝学における**近縁係数**(coefficient of coancestry)(Malécot 1948)がもちいられる．近縁係数とは，2つの集団からそれぞれ1個体を無作為にとったとき，その個体間で遺伝子の由来が同一である確率をいう．たとえば2倍性植物の場合，ある集団から無作為にとった個体Aと他方の集団からとった個体Bのもつ2つの相同遺伝子をそれぞれ $A_1, A_2 ; B_1, B_2$ とするとき，

$$R_{AB} = \{\text{Prob}(A_1 = B_1) + \text{Prob}(A_1 = B_2) + \text{Prob}(A_2 = B_1) + \text{Prob}(A_2 = B_2)\}/4$$

と定義される．ここで $\text{Prob}(A_1 = B_1)$ は，遺伝子 A_1 と遺伝子 B_1 の間で由来が同一である確率を表す．近縁係数は0と1の範囲の値をとる．共通祖先がない場合には0となり，1に近いほど近縁性が高いことをしめす．

系譜にそって近縁係数をもとめるには以下のようにする．いま図6.4のように，2個体AとBが共通祖先Oをもつとする．ある任意の遺伝子座につ

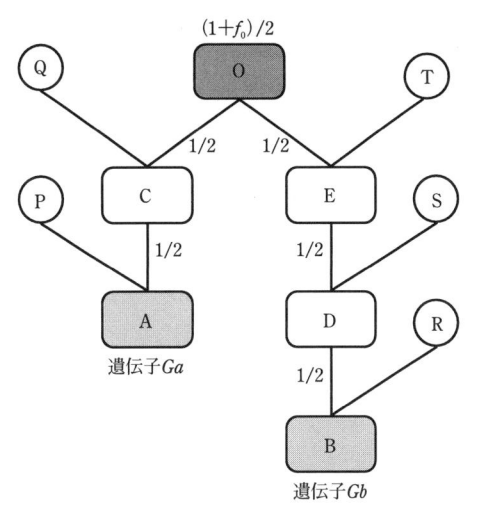

図6.4 近縁係数のもとめ方の例．f_0 は親Oの近交係数をしめす．

6.2 ヘテロシス育種法

いてAから無作為にとった遺伝子をGaとすると，これは親CまたはPに由来するが，どちらからきたかは等しい確率でおこりうるので，Cからきた確率は1/2となる．さらにCの遺伝子（Gaが由来した）がOからくる確率は1/2である．よって遺伝子GaがCを通りOからくる確率は$1/2 \times 1/2 = 1/4$となる．同様にBの遺伝子GbがDとEをへてOからくる確率は$1/2 \times 1/2 \times 1/2 = 1/8$となる．よって$Ga$と$Gb$が共通祖先Oから由来する確率は$1/4 \times 1/8 = 1/32$となる．この場合に，$Ga$と$Gb$がOのもつ同じ遺伝子に由来する場合と異なる遺伝子（たとえばO_1とO_2）に由来する場合がありうる．後者では，O_1とO_2がさらに共通の祖先から由来する場合にだけGaとGbとで由来が同一といえる．O_1とO_2が共通祖先をもつ確率は，親Oの近交係数f_0そのものであるので，GaとGbの近縁係数r_{AB}は以下のとおりとなる．

$$r_{AB} = \frac{1}{32}\left(\frac{1}{2} \times 1 + \frac{1}{2} \times f_0\right) = \frac{1}{64}(1 + f_0)$$

系譜にそって計算された近縁係数は，実際の遺伝子型にもとづく相同性程度とはかなりずれることがある．Bernardoら(1997)が，トウモロコシのF_2およびBC由来の後代で得られた近交系において，交配親の寄与割合をDNAマーカーをもちいてしらべた結果，F_2での期待値の0.5およびBCでの期待値0.75（反復親）に対していちじるしく割合の異なるものが2割以上みいだされた．

系譜的に遠縁の系統間ほど高いヘテロシスがみられることが実証されている．たとえば種間交配では種内交配より大きなヘテロシスが観察される(Marani 1963)．ただしMollら(1965)は，トウモロコシで中程度までは遠縁になるほどヘテロシスも大きくなるが，それ以上では逆にヘテロシスは小さくなると結論した．

(2) 量的形質にもとづく遺伝距離とヘテロシス

集団間の遺伝的分化の程度を表す指標を**遺伝距離**(genetic distance)という．系統間の系譜的関係が不明の場合には，遺伝距離によってヘテロシスを予測することがある．

形質の場合には，たとえば各系統について数多くの量的形質を測って，そ

れにもとづいて正準判別分析における正準変量の値をもとめるか，マハラノビス汎距離 D^2 をもとめて，遺伝距離とする．正準判別分析については柳井と高木(1986)を，マハラノビス汎距離については奥野ら(1971)を参照されたい．Isleib と Wynne(1983) はラッカセイで正準変量にもとづいて分類した系統間でヘテロシスが認められることを観察した．また Ramanujam ら(1974)はマングビーンの開花期，莢数，収量について，Ghaderi ら(1984) はインゲンの種子収量，葉重，ソラマメの草丈，開花期などで，Shamsuddin (1985) もコムギの収量および収量構成要素について，マハラノビス汎距離とヘテロシスの間に関連があることを認めた．

(3) マーカーにもとづく遺伝距離とヘテロシス

アイソザイムまたはDNA多型によるマーカーを利用して，マーカーの異同を品種や系統間でしらべて，それにもとづいて遺伝距離をもとめることができる．計算式にも多数の方法がある(根井 1987)．Baril ら(1997)は，*Eucalyptus* で DNA マーカーをもちいて推定した遺伝距離が樹体積の一般組合せ能力（後述）と正の相関をしめし，組合せ能力の81%を説明できたと報告している．いっぽう Melchinger ら(1986)はトウモロコシで200以上のDNAマーカーにもとづく遺伝距離とヘテロシスをくらべた結果，両者の関連は小さいことを認め，無作為に選んだDNAマーカーは優良な単交雑を選定するのには役立たないと結論した．

6.2.5 トウモロコシのヘテロシス育種操作

トウモロコシにおける育種法は他殖性植物のヘテロシス育種の基準となった．その概要は以下の操作手順からなる．
① 近交系を作出するための素材集団の改良
② 素材集団からの近交系の作出
③ 作出された近交系の評価と交配組合せの選定
④ 選定された組合せの近交系間の交配と採種

(1) 素材集団の集団改良システム

近交系の作出には，まず素材となる集団をあらかじめ改良し養成しておかなければならない．これを**集団改良システム**(population improvement system)という．集団改良システムには，集団内選抜システムと集団間選抜シ

ステムとがある.

優良近交系を高い頻度で得るには,**素材集団**(source population)に多様な優良遺伝子が高頻度で含まれていなければならない.そのため素材集団の改良が必要である.素材集団に選抜を加えて,集団内におけるヘテロシスに関する形質の遺伝子は固定しないように配慮しながら病害抵抗性などほかの望ましい遺伝子の頻度を高くする.ただし,後者の遺伝子についてもあまり強い選択をしてホモ接合体だけを選ぶと,ヘテロシス関与遺伝子の集団内変異が減少し,ヘテロシスが期待できる近交系が得られにくくなる.

トウモロコシの素材集団の改良には,他殖性植物の改良に一般的につかわれる種々の集団改良法,すなわち集団選抜法,半きょうだい選抜法,全きょうだい選抜法,S_1 系統選抜法,検定交雑選抜法,相反循環選抜法などがもちいられる(6.3 節参照).

米国のトウモロコシ育種では,1930 年代には約 100 種類の放任受粉集団が近交系作出の素材集団として利用されていたが,一代雑種の種子産業が発展するにつれて 1960 年代を境に種々の形質について補いあう有望系統(elite line)間の交雑 F_2 集団がもちいられるようになった.この近交系をリサイクルする方法を**サイクル促進系統育種**(advanced-cycle pedigree breeding)という.しかしこの方法では,ごく少数の近交系が何回も育種につかわれるようになり,遺伝的変異が限定されるため,ほかから遺伝子源を導入する必要がでている(Lu and Bernardo 2001).1986 年現在では,素材集団として単交雑の F_2 集団がもっとも多く採用され,42% を占めている.以下,戻し交雑集団(20%),合成品種または混合品種(11%),循環選抜による改良集団,適応した外来品種,在来品種×外来品種の後代集団,三系交雑集団,放任受粉集団の順に,さまざまな集団がもちいられる(Dhillon 1998).

単交雑の F_2 集団を素材集団とする場合,F_2 の個体数は米国では 500 程度である.種々の形質に関与する遺伝子座での分離を考慮すると,この数ではまったく不十分であるが,育種家は個体数を多くするよりも交雑組合せの種類を増やすほうを選ぶ.

(2) 近交系の作出

ヘテロシス育種によりすぐれた F_1 品種を得るには,親となる近交系が優秀でなければならない.すぐれた近交系は,1) それ自身の成育が正常で,

熟期，病虫害抵抗性，ストレス耐性などの点で育種目標にかない，花粉量や種子粒数が少ないなどの採種上の欠点がないこと，2) ほかの近交系と交配したとき，その F_1 が育種目標にかなった形質特性を発現すること，の2条件をもたなければならない．

近交系は F_1 にしたときに収量以外の主要形質についても育種目標にかなっていなければならない．必要とされる形質が優性の主働遺伝子による場合には，親の片方がもっていればよい．しかし劣性形質については，両親の近交系にそなわっていなければならない．ヘテロシスが期待できない量的形質についても，両親が目標にかなっていることが必要である．有望な近交系ながらある特定の質的形質に欠陥がある場合には，戻し交雑育種法によってほかの系統からその形質の優良遺伝子を導入しておく．

トウモロコシでの近交系の作出は，つぎのようにおこなわれる．

① 素材集団 (S_0) のなかから熟期，病虫害抵抗性，収量などの点ですぐれた個体を選抜し，それら選抜個体を自殖する．ここで自殖でなく，選抜個体の放任受粉種子（半きょうだい交雑）を次代に供する方法も提案されている．また作出されたばかりの新しい素材集団では，1代だけ放任受粉をして個体間の交雑をおこなってから，個体選抜と自殖に移る方法も薦められている．

② 自殖次代 (S_1) を穂別系統 (ear-to-row) として栽培し，表現型をよく観察し，系統間および系統内個体間でくらべて，優良系統を選び，さらにそれら系統内で優良個体を選ぶ．選抜個体を自殖する (S_2)．

③ 以下同様に系統栽培と自殖をつづける．自殖3代め (S_3) くらいになると，質的形質についてはホモ接合性が高くなるので，近交系の特徴がわかりやすくなる．選抜は世代が進むにつれて，系統単位でおこなう．

④ 均質な近交系を得るには5-6世代の自殖が必要である．

自殖はもっとも極端な近交で，遺伝子座でのホモ接合化（固定）が急速に進む．1代の自殖は，全きょうだい交配の3代，半きょうだい交配の6代に相当する．遺伝的固定がゆっくり進む後2者の近交のほうが，集団内変異が大きく，優良系統を選抜できるチャンスが多いと考えられる．しかし，きょうだい交配では，受粉や収穫に手間がかかり，また選抜系統のホモ接合性が低いため世代とともに遺伝的構成が変わってしまう．自殖性にくらべてきょ

うだい交配のほうがより優良な系統が得られるという実験的証拠がとぼしい.このような理由から,きょうだい交配による近交系の作出は実際にはおこなわれていない.

作出された近交系は,自殖と穂別系統栽培によって維持される.残っているヘテロ接合性と自然突然変異により,近交系に変異個体が分離することがあるので,たえずそれを注意してのぞく必要がある.なお収量について近交系自体を選抜しても,多収の雑種になるわけではない.

(3) 近交系の評価と組合せ能力

近交系の価値は,ほかの近交系と交雑したときに,すぐれた雑種を生みだす能力にある.このような潜在的能力を**組合せ能力**という(Sprague and Tatum 1942).組合せ能力には一般組合せ能力と特定組合せ能力とがある.**一般組合せ能力**(general combining ability)とは,多数のほかの品種と交雑したときに,それらのF_1で発揮される平均的な能力である.**特定組合せ能力**(specific combining ability)とは,特定の品種との交雑のF_1で特異的に発揮される能力であり,雑種の値と両親(近交系)の一般組合せ能力から期待される値との差としてもとめられる.これらはそれぞれ**GCA**および**SCA**と略称でよばれることが多い.エピスタシスがない場合には,一般組合せ能力は相加効果に,特定組合せ能力は優性効果に相当する.組合せ能力はもともとF_1雑種の収量にもとづいて近交系を分類するためにつかわれた用語である.HallauerとMiranda(1981)によれば,多収の系統でも高い組合せ能力をもつものはひじょうに少なく,米国では実用に供される系統は1/10,000にすぎない.

近交系間の計画的な総あたり交配,つまり**ダイアレル交配**(diallel cross)により一般組合せ能力と特定組合せ能力を推定することができる(Griffing 1956).当初はダイアレル交配における各単交雑の雑種の値から近交系を評価し選抜していた.これは特定組合せ能力検定のための**単交雑検定法**(single cross test)に相当する.しかし育種が進み検定したい近交系の数が増すと,総あたり交配は労力上できなくなった.

そこで多数の近交系の予備的な評価法として**トップクロス検定法**(top cross test)が1927年にR. L. Davisにより提案された(Dhillon 1998).この方法はある一定の集団を**検定親**または**テスター**(tester)として,テスターと

評価すべき近交系とを交雑したときの F_1 の生産力を比較するものである．トップクロスで高い一般組合せ能力をしめした近交系について，さらに単交雑検定法で特定組合せ能力を評価する．なお組合せ能力は相対的な値であり，検定に供した近交系により，またテスターの遺伝的構成により，変化する．トップクロス検定法では，はじめ5-6世代の自殖をへた近交系（S_5-S_6）をもちいて評価がおこなわれていたが，より早い世代で劣等な系統をのぞくために，S_2-S_4 での評価が多くなった．

トップクロス検定法でつかわれるテスターにどのような集団をもちいるかが重要である．テスターはつかいやすく，検定される近交系の能力を正しく評価できるものでなければならない．

選抜が進んでいない近交系間の評価には一般組合せ能力が重要であるが，選抜が進んだ段階では特定組合せ能力に注目する必要がある．特定の近交系との組合せ能力の高い系統を選ぶには，その近交系自身をテスターとすればよい．多数の近交系の一般組合せ能力を評価するには，現在使用中の近交系から構成される合成品種（Green 1948）や，8近交系をもちいた複複交雑（Matzinger 1953）など広い遺伝的構成をもつ集団をテスターとする方法がある．いっぽうでは，すべての遺伝子座で劣性ホモである系統（Hull 1945）や望ましい対立遺伝子の頻度が低い集団（Rawlings and Thompson 1962）など特定の狭い遺伝的構成の集団をテスターとするのが理想的であるとする考えも提起された．現在この議論は決着していない．

(4) F_1 品種の種子生産のための近交系間交雑様式

優秀な近交系の組合せがきまったら，つぎは雑種種子の生産である．ヘテロシスが最大に発現されるのは，一代雑種つまり近交系間の交雑（単交雑）の F_1 であるが，採種量が少ないことがあるなどの問題から，以下にしめすようにほかの交雑方式も工夫されてきた．

1) **単交雑**(single cross)：2近交系間の交雑 A×B をいう（図6.5）．その F_1 では，ヘテロシスの発現が最大である．親のホモ接合度が完全に近ければ，F_1 集団は分離遺伝子座についてヘテロ接合の単一の遺伝子型からなるので，形質も均質である．育種や採種の手順が単純であることも利点である．しかし，親の近交系が近交弱勢により貧弱であると，F_1 種子も小さくなり，生産される種子量も少なくなる．したがって種

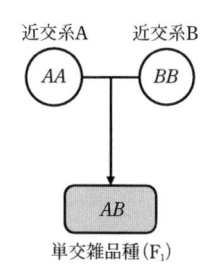

```
        近交系A      近交系B
         (AA)  ───  (BB)
                │
                ▼
              (AB)
           単交雑品種(F₁)
```

図 6.5 単交雑品種の作出形式. AA, BB, AB はそれぞれある1遺伝子座における近交系 A, 近交系 B, 一代雑種(F_1)の遺伝子型を表す.

子の生産費も相対的に高くつくことになる.

採種には隔離圃場で交雑すべき近交系を母親2畦に対して父親1畦の割合で交互に植えて, 母親がわの近交系の雄ずいを開花前にとりのぞく. 父親の畦からは採種できずむだになるので, できるだけ母親の畦を増やすほうがよいが, 単交雑では父親の花粉量が十分でない場合が多いので母親対父親の畦数比を2:1にせざるを得ない. なお採種には後述の細胞質雄性不稔が利用されることもある.

2) **三系交雑**(three-way cross):単交雑 F_1 と第三の近交系との交雑 (A×B)×C をいう (図 6.6). 単交雑 F_1 植物のほうを母親にする. 母親が F_1 で活力強勢なため, 採れる種子は大きく量も多い. ヘテロシス程度や形質の均質性は単交雑と複交雑の中間となる. 親 A, B, C の遺伝子型をそれぞれ AA, BB, CC とすると, 三系交雑で得られる種子は $\frac{1}{2}AC + \frac{1}{2}BC$ となる. したがって親 C と親 A, B との組合せ能力が高いことが必要である.

3) **複交雑**(double cross):単交雑間 F_1 を両親にもちいた交雑 (A×B)×(C×D) をいう (図 6.7). 親が単交雑 F_1 で成育旺盛なため, 種子は大きく, 採種量も多い. しかし, 複交雑種子から育った個体では, 特定組合せ能力が平均化されるためヘテロシス程度が低い. また親 A, B, C, D の遺伝子型をそれぞれ AA, BB, CC, DD とすると, 複交雑後に得られる種子は $\frac{1}{4}AC + \frac{1}{4}AD + \frac{1}{4}BC + \frac{1}{4}BD$ となり, 種々の遺伝子型が分離するため形質も不ぞろいとなる. また4つの親が関係するので優良な交雑組合せを選ぶのも容易ではない. 採種には隔離圃場で単交雑 F_1

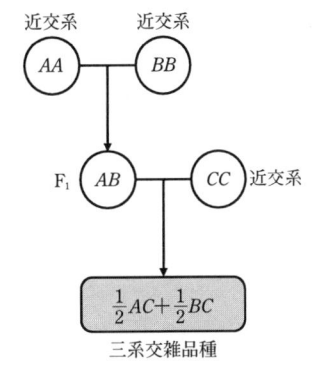

```
          近交系      近交系
           AA         BB
            │─────────│
                ↓
  F₁       AB         CC    近交系
            │─────────│
                ↓
          ½AC + ½BC
           三系交雑品種
```

図 6.6 三系交雑品種の作出形式．AA, BB, CC, AB はそれぞれある1遺伝子座における近交系 A，近交系 B，近交系 C，一代雑種(F_1)の遺伝子型を表す．$\frac{1}{2}AC+\frac{1}{2}BC$ は三系交雑品種における遺伝子型分離を表す．

```
   近交系A   近交系B   近交系C   近交系D
    AA       BB       CC       DD
     │───────│         │───────│
         ↓                 ↓
F₁      AB               CD      F₁
         │─────────────────│
                  ↓
     ¼AC + ¼AD + ¼BC + ¼BD
              複交雑品種
```

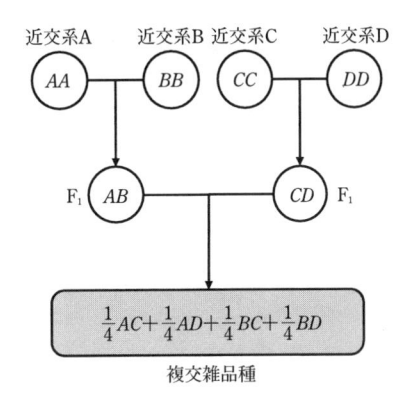

図 6.7 複交雑品種の作出形式．AA, BB, CC, DD はそれぞれある1遺伝子座における近交系 A，近交系 B，近交系 C，近交系 D の遺伝子型を，AB, CD は一代雑種(F_1)の遺伝子型を表す．$\frac{1}{4}AC+\frac{1}{4}AD+\frac{1}{4}BC+\frac{1}{4}BD$ は複交雑品種における遺伝子型分離を表す．

の両親を交互に植えて，開花前に母親の雄ずいをとりのぞく．母親と父親との畦本数の比は 3:1 または 4:1 とする．

上記の 3 交雑法間では，育種および採種過程における単純さ，および得られた種子を播いて得られる栽培集団についての，①個体間における形質の均質性，②収量，③環境に対する安定性，などが異なる(Hallauer and Miranda 1981)．単交雑は複交雑にくらべて，形質の均質性も収量も高く，組合

せ能力の検定や交配組合せの選定などの育種過程がより単純で，採種上でも隔離圃場の数が少なくてすみ，所要年数も少ないなどの点でまさる．交雑種子を播いたときに期待される収量は単交雑がもっともすぐれ，三系交雑は単交雑とほぼ同じであるが，複交雑はやや劣る．環境安定性だけは種々の遺伝子型が混在している複交雑のほうがほとんど単一の遺伝子型からなる単交雑よりまさる．

米国におけるトウモロコシのヘテロシス育種は Jones(1924)による複交雑の開発ではじめて軌道にのった．当初は近交系が貧弱で，単交雑では十分な種子量が確保できなかったからである．しかし1950年頃から近交系の改良が進み優秀な系統が得られるようになって，しだいに単交雑や三系交雑が増え，1977年には単交雑が9割近くを占めるにいたった．

(5) F_1 品種種子の生産における雄性不稔細胞質の利用

F_1 品種の採種においては，自殖による種子が混ざることを防がなければならない．そこでトウモロコシの初期の育種では，大量に雇用された農業労働者により母株の雄ずいを手でもぎとっていた．しかしそれでは労力とコストがかかるので，遺伝的に正常な花粉を生産しないような植物すなわち**雄性不稔**(male sterile)の植物を母親として利用することが提案された．雄性不稔には，核遺伝子だけが関与する**核遺伝子型雄性不稔**(nuclear genic male sterility; GMS)と細胞質が関与する**細胞質雄性不稔**(cytoplasmic male sterility; CMS)とがある．

GMSの遺伝子は主要な栽培植物では自然または誘発突然変異として数多く得られている．いっぱんに単一の遺伝子座が関与し，雄性不稔は劣性である．つまり雄性不稔遺伝子を ms，可稔性の対立遺伝子を Ms とすると，$msms$ は雄性不稔，$Msms$ と $MsMs$ は正常な可稔となる．$msms$ 個体は花粉の能力を欠き自家受粉できないので，次代が得られない．ふつう雄性不稔個体を得るには，$msms$ 個体にヘテロ接合体 $Msms$ を交配した次代か，$Msms$ 個体の自殖次代で，分離してくる雄性不稔個体を利用する．しかしヘテロ個体を可稔ホモ接合個体から識別できず，また次代で可稔性個体をのぞいて不稔個体だけをのこすことは大きな集団では労力上むずかしい．オオムギではDDT抵抗性遺伝子を雄性不稔遺伝子と連鎖させて，幼苗時にDDTを散布して可稔でDDT感受性の個体をのぞく方法が計画されたが，実用化しなか

雄性不稔系統の維持

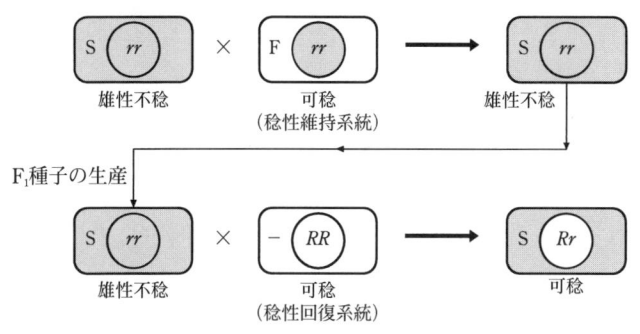

```
  S  rr      ×   F  rr       →      S  rr
 雄性不稔         可稔                雄性不稔
              (稔性維持系統)
```

F₁種子の生産

```
  S  rr      ×   -  RR       →      S  Rr
 雄性不稔         可稔                 可稔
              (稔性回復系統)
```

図 6.8　細胞質雄性不稔を利用した F_1 採種法(本文参照)．なお(S)Rr は遺伝子 $R-r$ が胞子体型ならば正常，配偶体型ならば半不稔となる．

った．そこでトウモロコシでは CMS を利用した採種システムが提案された．

　CMS では，2種の細胞質つまり不稔細胞質(S)および正常な細胞質(F)と，核内遺伝子座($R-r$)とが関与する．不稔細胞質のもとでは，rr は雄性不稔，Rr と RR は可稔となるが，正常細胞質では rr, Rr, RR のすべてが可稔となる．そこで(S)rr に(F)rr の花粉を交配すれば，次代ではすべての個体が(S)rr となる．これを F_1 採種の母親としてもちいる．F_1 採種の圃場では，RR 個体を父親として(S)rr に交雑するようにすれば，F_1 個体は(S)Rr となり，正常な稔性をしめす．この場合に父親の細胞質は可稔でも不稔でもよい．なお別途に毎世代(S)rr×(F)rr の交配をおこなえば，雄性不稔個体を絶やさず維持できる．(S)rr の系統を雄性不稔系統(male sterile line)または **A 系統**(A-line)，(F)rr の系統を**稔性維持系統**(maintainer)または **B 系統**(B-line)，(−)RR の系統を**稔性回復系統**(resorer)または **R 系統**(R-line)とよぶ（図 6.8）．

　CMS は GMS にくらべてずっと種類が少ない．トウモロコシでは CMS-T, CMS-S, CMS-C の3種の雄性不稔細胞質が知られている(Duvick 1965)．これらの不稔細胞質に対する稔性回復遺伝子もみいだされており，CMS-T に対する稔性回復には2個の胞子体型の反応をしめす相補的な優性遺伝子($Rf1$, $Rf2$)が関与している．CMS-S には1個の配偶体型(6.2.6項参照)の優性遺伝子($Rf3$)が，CMS-C には1個の胞子体型の優性遺伝子($Rf4$)が支配している．3種の雄性不稔細胞質のうち CMS-T が，不稔程度が完全で稔

性回復も容易であるので,最良と考えられた.CMS-T を利用したトウモロコシの F_1 品種の採種は1950年代から米国で広くつかわれだし,1970年にはトウモロコシ栽培の80％にまで達した.カナダ,ブラジル,南米,ソ連でもつかわれた.しかし1970年に CMS-T をもつすべての品種がごま葉枯病(*Helminthosporium maydis*)の新レースに犯されトウモロコシ生産に甚大な被害が生じた.その後 CMS-T は利用されなくなり,1987年には F_1 採種でつかわれる雄性不稔細胞質(CMS-C, CMS-S)は33％にすぎなくなった.

6.2.6 イネにおけるヘテロシス育種法

他殖性植物でヘテロシス育種が大成功してから,イネやコムギなどの自殖性植物でもヘテロシス育種が試みられるようになった.しかし成功したのは穀類ではイネだけである.コムギでは40年以上のヘテロシス育種に関する研究の歴史があるが,F_1 のヘテロシス程度に対して F_1 品種の採種にかかるコストが大きく,実用化にいたっていない.以下にイネのヘテロシス育種(Virmani and Edwards 1983, Ahmed and Siddiq 1998, Li and Yuan 2000)についてしるす.イネではヘテロシス育種の課題がトウモロコシなどの他殖性植物の場合といちじるしく異なる.

(1) 雄性不稔

トウモロコシは雌雄異花で,大きなおしべがめしべから離れて植物体の頂部についているので,除雄が容易で種子生産上有利である.同じイネ科でも,イネやコムギは,両性花で小さな穎のなかにおしべとめしべが共存しているので除雄がむずかしい.

そこで採種には,正常な花粉をつくることができない雄性不稔,とくにCMS が利用される.CMS はイネの種間,亜種間,品種間における核と細胞質の不親和性にもとづく雄性不稔である.多数の例が報告されているが,ほとんどのヘテロシス育種で利用されているのは,中国の Yuan により1970年に野生稲の *Oryza sativa* f. *spontanea* で発見された雄性不稔細胞質をもつインディカの WA 系統である.またジャポニカの F_1 品種用には,Shinjyo(1969)による品種 Chinsurah Boro II に由来する雄性不稔細胞質(CMS-bo)が利用されている.細胞質雄性不稔系統は通常では種子がつかないので,増殖や維持ができない.そこで核遺伝子と細胞質との相互作用によ

り不稔を回復させる稔性回復遺伝子(fertility restorer gene; *Rf*)の探索がおこなわれた．CMS-Wa に対する稔性回復遺伝子は少なくとも 4 つみいだされていて，染色体 10, 7, 1 に乗っている．CMS-bo の稔性回復遺伝子は 1 個で染色体 10 にある．

核内遺伝子に支配される GMS はいっぱんに劣性で，雄性不稔ホモ接合個体は不稔になるのでその種子が得られない．雄性不稔個体はヘテロ接合個体の次代で分離するものをつかうことになる．したがって雄性不稔個体だけからなる集団を得ることがむずかしく，GMS のほとんどはヘテロシス育種に利用できない．しかし一部の GMS は環境条件によって雄性不稔が回復する．このような雄性不稔を**環境感応性遺伝子雄性不稔**(environmentaly sensitive genic male sterility; EGMS)という．EGMS では，環境を制御することにより，雄性不稔ホモ接合個体を得ることができる．EGMS には日長に反応する**日長感応性遺伝子雄性不稔**(photoperiod sensitive genic male sterility; PGMS)と温度に反応する**温度感応性遺伝子雄性不稔**(thermosensitive genic male sterility; TGMS)とがある．1981 年に中国の Shi によりみいだされた PGMS では，日長が 14 時間以上では雄性不稔となるが，13 時間 45 分以下では正常となる．わずか 15 分の日長時間の差により不稔と正常のちがいが生じる．これには 2 個の遺伝子が関与している．また 1990 年に中国で自然突然変異として TGMS がみいだされた．この突然変異は高温では雄性不稔であるが，低温では正常となる．日本の品種レイメイの γ 線照射による突然変異として得られた Maruyama ら(1991)による TGMS は，高温(31/24°C)で雄性不稔，低温(25/15°C)で正常，中間(28/15°C)では部分不稔となる．反対に高温(27°C)では正常であるが，低温(24°C)では雄性不稔となる系統も発見されている．

なお中国では oxanilates をはじめさまざまな化学物質による雄性不稔化が試みられているが，環境汚染，人畜への有害性，有効性の低さなどの点から実用化されていない．

(2) イネにおけるヘテロシス育種のシステム

イネでは CMS の利用による**三系法**(three-line-sysytem)と EGMS にもとづく**二系法**(two-line-system)がおこなわれている．

1) 三系法：三系とは，細胞質雄性不稔系統 (A 系)，維持系統 (B 系)，

稔性回復系統（R系）をいう．A系を母親，R系を父親として交雑して，F_1種子を生産する．A系は完全不稔であり種子が得られないので，A系と核の遺伝子型ができるかぎり近くて正常細胞質をもつ系統であるB系を別に用意する必要がある．A系は細胞質源の野生稲または栽培稲を1回親，特性のすぐれたほかの栽培稲を反復親として戻し交雑して作出される．B系はその戻し交雑における反復親がそのままつかわれる．R系はA系と交雑したF_1で種子が得られるためには，稔性回復遺伝子をもたなければならない．R系は品種間交雑，自然突然変異，誘発突然変異により得られる．稔性回復遺伝子をRf，雄性不稔細胞質をS，正常細胞質をNで表すと，A系は(S)$rfrf$，B系は(N)$rfrf$，R系は(S)$RfRf$または(N)$RfRf$となる．またA系×R系のF_1は(S)$Rfrf$となる．なお稔性回復遺伝子と雄性不稔細胞質との相互作用のちがいにより，F_1に生じる花粉の稔性には2つの型がある．稔性が花粉自体の遺伝子型できまり，Rf花粉は正常，rf花粉は不稔となる型を**配偶体型**(gametophytic)，花粉の稔性が母個体の遺伝子型によってきまる型を**胞子体型**(sporophytic)という．稔性回復遺伝子が優性なら，胞子体型では母個体$Rfrf$の花粉は花粉の遺伝子型に関係なく正常となる．F_1種子の生産にはどちらの型でもちがいがないが，農家がF_1個体を栽培したときに，配偶体型では花粉稔性が低いために稔実率が下がるおそれがある．

親となるA系とR系は，トウモロコシの場合と同様に収量についての高い一般組合せ能力，病害抵抗性やストレス耐性，望ましい草型や品質などをそなえていなければならない．しかし必要条件はそれだけでなく，A系は飛散してくる花粉を受けやすい構造，R系は花粉をできるだけ大量に飛散させる構造の花器をもたなければならない．

2) 二系法：EGMSはある特定の日長や温度で雄性不稔となるので，母親としてもちいられる．EGMSは別の環境条件では稔性が正常となるので，三系法におけるB系がなくても維持増殖できる．さらに父親は稔性回復遺伝子をもつ必要がなく，父親につかう品種の選択の幅が広い．また三系法でみられるような雄性不稔細胞質にともなう有害な影響を回避できる．二系法では採種が簡単で効率よくおこなえる．

(3) F_1品種の採種

三系法における，A系の増殖，F_1種子生産，F_1品種の農家栽培に必要な面積の比が大きいほど，ヘテロシス育種の効率がよいといえる．中国ではこの比は約 1：50：5,000 である．A系(♀)とR系(♂)の畦数の比は 8：2 から 18：2 とされる．効率的な受精には，A系がR系より 1-2 日だけ早く開花することが望ましい．また開花期の予測と調整のためにさまざまな工夫がなされている．A系とR系は開花日だけでなく，開花時刻も同調することが重要である．交雑率には，品種の花柱，葯，花糸などの長さ，柱頭の大きさ，穎外への柱頭の突き出し程度，花粉数などが影響する．環境条件としては，気温は 25-30℃，湿度は 50-60%，天候は快晴で，風速は 2.5 m/秒以上がよい．さらに交雑を促すために花粉親の植物体をロープや竹棒でゆさぶって花粉を飛散させることもおこなわれる．中国では F_1 種子の生産量は，約 2.7 トン/ha である．

(4) ヘテロシス程度

イネでは純系の標準品種にくらべた場合の F_1 品種のヘテロシス程度は，収量について 18-36% の値が報告されている．F_1 品種の実収量についてはインドで 8,669 kg/ha，フィリピンで 7,630 kg/ha，中国で 6,342 kg/ha などの記録がある．収量のヘテロシスの多くは，1 つ以上の収量構成要素の増加にもとづいているが，おもに穂数と穎花数が関与している．収量だけでなくバイオマス，収穫指数，光合成能などについてもヘテロシスが認められる．Indica 品種間や Japonica 品種間の交雑よりも Indica × Japonica や熱帯 Japonica をもちいた交雑組合せのほうが高いヘテロシスが期待される．

6.2.7 野菜における一代雑種育種法

野菜では，キャベツ，ハクサイ，タマネギ，ホウレンソウのような他殖性植物だけでなく，トマト，ナスのような自殖性植物でも 1 個体あたりの採種量の多いものでは F_1 品種利用の育種が広く進められている．表 6.2 に野菜におけるヘテロシスの発現程度として，放任受粉品種または近交系品種にくらべた場合の F_1 品種の収量増の % を要約してしめす．

(1) 野菜における F_1 品種の急速な普及の理由

これにはつぎの点があげられる．

表6.2 野菜におけるヘテロシスの発現程度(Wehner 1999)

ヘテロシス程度(%)[1]	自殖性	他殖性
0	インゲン, エンドウ, レタス	
1-20	トマト	キュウリ, メロン, スイカ, キャベツ, カリフラワ, ホウレンソウ
21-40	トウガラシ	ニンジン, タマネギ
41-60	ナス	カボチャ, ブロッコリ
61-80		
81-		アスパラガス

1) 放任受粉集団または近交系に対するF₁品種の増加%.

1) 育成品種の保護ができる：これは野菜に特有の理由である．野菜の育種は種苗会社を中心におこなわれているので，栽培農家による自家採種を避け，またライバル会社による同じ交雑組合せの模倣を防ぐうえで，F₁品種を主体にして親の交雑組合せを非公開にすることが経営上の大きな利点になっている．

2) 優性遺伝子に支配される優良形質をF₁品種に併有させられる：トマトでは耐暑性と果実の大きさは負の相関があり，耐暑性で果実が大きい純系を交配後代で選抜することはむずかしい．しかし耐暑性で果実が小さい品種と暑さに弱いが果実が大きい品種との交雑により，耐暑性で果実が大きいF₁品種が育成された．またトマトでは種々の病害抵抗性が単一の優性遺伝子に支配されているので，両親のもつ抵抗性をあわせもったF₁品種が得られやすい．

3) ヘテロ接合自体の有利性が認められることがある：トマトは流通過程での過熟による損傷を防ぐために果実を青採りする．成熟阻害遺伝子(*rin*)や非成熟遺伝子(*nor*)の利用が検討されたが，ホモ接合個体では，果実が赤くならず香りもよくないので品種にならない．ヘテロ接合個体は過熟にならず，果実の品質も損なわれないので，メキシコなどの生食用輸出トマトに利用されている(Scott and Angell 1998)．

4) 品種の育成年限が短い：品種改良が進むにつれて，競争もはげしくなり，育種の企画から品種の育成までの年限がますます短くならざるを得なくなっている．F₁品種では，交配後の長い世代での選抜を必要としないので，育種年限が短くてすむ．1つの品種に多くの希望形質をもた

せなくても，親間でたがいの欠点を補いあうような形質の組合せでF_1をつくれば，育種の目的を達成できる．
5) **F_1集団は均質で環境安定性が高い**：F_1品種は両親にくらべて集団内が均質であり，また環境変動に対して安定であるといわれる．キャベツやブロッコリなどでは形質表現が均質であると高価格で販売できる．ただし収量などの形質にくらべて均質性についてのヘテロシスを証明する実験データは多くない．
6) **ヘテロシスが利用できる**：トマトでは収量，早生性をはじめ，果実の酸度，アミノ酸，ビタミンC，リコペン，可溶成分などの含量について，タマネギでは収量，早生性，貯蔵性，乾物重などでヘテロシスが報告されている．ホウレンソウでもF_1は放任受粉集団より多収である．ヘテロシス程度は交配組合せによって異なり，場合によっては上記の形質でもヘテロシスが認められないこともある．野菜ではヘテロシス程度は，F_1利用の育種を採用するうえでの最重要な要因ではなく，あれば儲けもののボーナスと考えられている．この点がトウモロコシやイネのヘテロシス育種と異なる．したがって野菜でのF_1品種利用の育種はヘテロシス育種というよりも**一代雑種育種**(hybrid breeding)とよんだほうがよいであろう．

(2) 野菜における一代雑種育種の特徴
1) **種子生産の効率**：アブラナ科野菜は不和合性，タマネギとニンジンは雄性不稔，ホウレンソウでは雌性，キュウリでは全雌花系などが利用されてF_1採種がおこなわれている(住田 1990)．いっぱんに野菜類では果実あたりの種子数が多いので，種子生産の効率が高く，ナス科野菜などでは採種は手作業による人工交配によっている．たとえばトマトはイネと同様に自殖性で，その除雄と交配は手作業で1花ずつおこなわれるので採種の手間がかかる．個体あたり果実数のヘテロシスは20-30%でイネの収量の場合と同程度である．しかし米国，オランダ，ベルギーなど労賃の高い国でも手作業による人工交配が広くおこなわれている．これは果実あたりの種子量が多いので，2人1日の作業で1 haの栽培用の種子を生産でき，経済的に利益があるからである．なお除雄のミスから自殖種子が混じることがある．形態マーカーによって自殖率を推定す

る．最近はアイソザイムや DNA マーカーを利用して自殖種子の混入率を検定できる(Hashizume *et al.* 1993, Kato *et al.* 1998)．

2) 生産部分が栄養器官である：キャベツ，ハクサイ，ホウレンソウでは葉，タマネギでは鱗茎，ニンジンでは根が生産の目的器官である．これらはすべて栄養器官であるため，F_1 個体が不稔でも生産上の問題はない．したがって母親はどのような型でも雄性不稔であればよく，また R 系統は稔性回復遺伝子をもつ必要がない．F_1 種子生産のシステムはそれだけ簡易になり，経済的である．

3) 花や葯が大きい：キュウリ，メロンなどでは，母親と父親の畦を交互につくり，母親側の個体は除雄する．花や葯が大きいので，除雄作業は簡単である．ただし1個体の開花期間が長いので，つぎつぎに開く花を2日おきに除雄しなければならない．

4) F_1 採種に自家不和合性が利用できる植物がある：雌性器官も雄性器官も形態や機能が正常であるにもかかわらず，受粉しても受精にいたらない遺伝現象を**不和合性**(incompatibility)という．花粉または花粉が由来した植物体の遺伝子型と交配相手の花柱(pistil)の遺伝子型との関連で受精の可否がきまる点で，花柱の遺伝子型に無関係に受精の有無がきまる**不稔性**(sterility)とは区別される．とくに両性花や同株内の他花間で不和合性が認められる場合を**自家不和合性**(self-incompatibility)という．自家不和合性には個体間で雌雄ずいに形態的分化が認められない**同型花型**(homomorphic)と，分化のある**異型花型**(heteromorphic)とがある．さらに同型花型は，**配偶体型不和合性**(gametophytic incompatibility)と**胞子体型不和合性**(sporophytic incompatibility)とに分類される(de Nettancourt 1977)．

同型花型自家不和合性の遺伝様式は，1ないし数遺伝子座の複対立遺伝子系（S^i (i=1, 2, …)で表す）によって説明され，花粉の表現型と花柱の表現型が同じ S^i 遺伝子で決定される場合に不和合となる．つまり配偶体型では花粉（配偶体）のもつ S^i 遺伝子が花柱の遺伝子型に含まれている場合に不和合となる（図 6.9）．たとえば自殖 S^1S^2♀$×S^1S^2$♂では，花粉 S^1 と S^2 は花柱にも同じ複対立遺伝子があるので，ともに不和合となる．交雑 S^1S^2 $×S^1S^3$ では，花粉 S^1 は花柱側の遺伝子型に同じ遺伝子が含まれるので不和

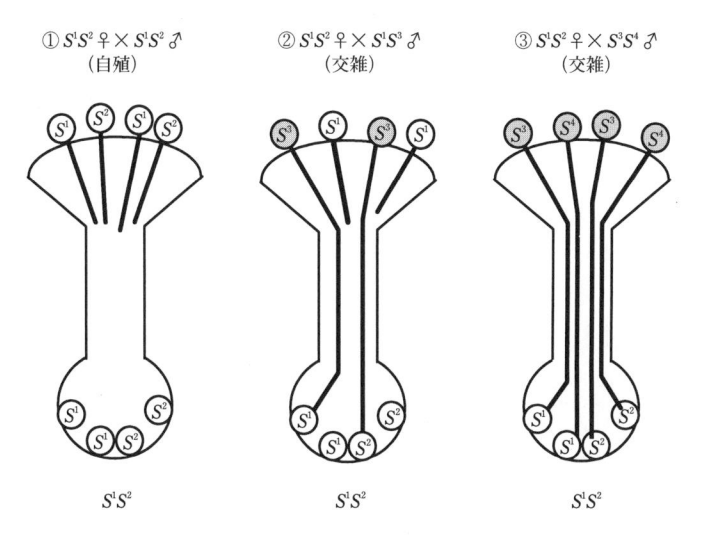

図 6.9 配偶体型自家不和合性における花粉の遺伝子型と受精様式（S 複対立遺伝子がたがいに共優性の場合）.
① S^1S^2 個体の自殖で生じる S^1 または S^2 複対立遺伝子をもつ花粉は，雌ずいにも同じ遺伝子が含まれているので，ともに不和合となる.
② S^1S^3 個体との交雑では，S^1 をもつ花粉は不和合であるが，S^3 遺伝子が雌ずいの遺伝子型に含まれていないので S^3 花粉は受精にあずかる.
③ S^3S^4 個体との交雑では，S^3 遺伝子と S^4 遺伝子はどちらも雌ずいの遺伝子型に含まれていないので，S^3 花粉も S^4 花粉も受精にあずかる.

合となるが，S^3 は受精にあずかる．交雑 $S^1S^2 \times S^3S^4$ では，花粉 S^3 と S^4 は花柱に同じ遺伝子がないので，ともに受精にあずかる．胞子体型では花粉自体ではなく花粉が由来した植物体（胞子体）の遺伝子が花柱と同じ S^1 遺伝子をもつとき受精が抑制される．胞子体型では遺伝子間に優劣関係があり，受精様式は複雑である（日向 1976）．図 6.10 に 1 例をしめす．いっぱんに配偶体型の種では，成熟花粉は 2 核性が多く不和合の花粉は発芽して花粉管が柱頭内に侵入するが，その後伸長がとまる．胞子体型では花粉は 3 核性で，不和合花粉は発芽しないか，発芽しても花粉管が柱頭内にまで伸びない．

自家不和合性は顕花植物で広くみられる現象で，Brewbaker (1959) はしらべた 600 属中で 71 科 250 属以上におよぶことを認めた．栽培植物にも多く，配偶体型の同型花にはナシ，リンゴ，アカクローバ，ライムギなど，胞子体型の同型花にはキャベツ，ハクサイ，ダイコン，サツマイモなどがある．

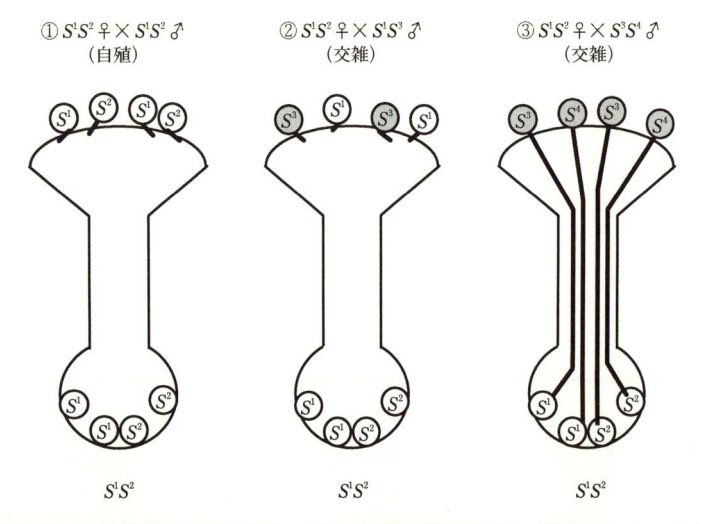

図6.10 胞子体型自家不和合性における花粉の遺伝子型と受精様式．もっとも簡単な例として複対立遺伝子 S^1, S^2, S^3, S^4 は花柱側では共優性であるが，花粉側で優劣関係 $S^1 > S^2 > S^3 > S^4$ にあるとする．優劣関係とは，異なる S 遺伝子をもつ2種類の花粉が花柱上にあるときに下位の花粉が上位の花粉のように行動することをいう．胞子体型自家不和合性には，このほか花柱側でも花粉側でも優劣関係がある場合，花粉側で共優性で花柱側で優劣関係がある場合，花粉側でも花柱側でも優劣関係がない場合，などさまざまあり，複雑である．

① S^1S^2 個体の自殖では，S^1 花粉はそのまま S^1 花粉として，S^2 花粉は S^1 花粉として行動する．花柱にも S^1 遺伝子が含まれているので，S^1 花粉も S^2 花粉も不和合となる．

② S^1S^3 個体との交雑では，S^1 花粉はそのまま S^1 花粉として，S^3 花粉は S^1 花粉として行動する．花柱には S^1 遺伝子が含まれているので S^1 花粉はもちろん S^3 花粉も不和合となる．この交雑では胞子体型と配偶体型では結果が異なることになる．

③ S^3S^4 個体との交雑では，S^3 花粉はそのまま S^3 花粉として，S^4 花粉は S^3 花粉として行動する．花柱には S^3 遺伝子が含まれていないので，S^3 花粉も S^4 花粉も受精にあずかる．

異型花にはソバ，アマ，サクラソウなどがある．

　日本のキャベツ，ハクサイでは自家不和合性を利用した一代雑種育種がおこなわれている．2近交系 S^iS^i と S^jS^j を作出し，圃場で交互に植えて自然交雑すれば，S^iS^i 個体からは S^iS^j が，S^jS^j 個体からは S^jS^i の F_1 種子が得られる．自家不和合性である植物でホモ接合の近交系を作出するには工夫が必要である．これには開花1-4日前の蕾の柱頭に成熟花粉をかけると自家不和合性が働かず自殖種子が得られる**蕾受粉**(bud pollination)の方法がもちい

られる．

6.2.8 ヘテロシス育種の実際

米国のトウモロコシは，1917年にJonesが複交雑の有用性をしめしてからはじめて一代雑種品種の利用がさかんになり，1940年代にはほとんどすべてのトウモロコシ畑は複交雑品種で占められた．南北戦争終結(1865年)以来もずっと2トン/ha以下にすぎなかった収量も，年とともに高くなり1930年からの30年間で倍増した．さらに1960年に優良な近交系が開発され，複交雑にかわって単交雑や三系交雑品種が主流になり，収量増加が加速され，現在8トン/haを超えている (1.11.4項参照)．

トウモロコシでのヘテロシス育種が成功して，ほかの他殖性植物，たとえばソルガム，ワタ，ヒマワリなどでもヘテロシス育種が導入された．トウモロコシをはじめとするヘテロシス育種の実際については，Gowen(1952)，JánossyとLupton(1976)や，各作物別の文献(Walden 1978, Hallauer and Miranda 1981)などを読まれたい．

イネのヘテロシス育種は中国が中心である．1976年にYuan Long Pingをリーダーとする研究チームによりはじめて安定で高収のF_1雑種品種が開発されて以来，F_1品種の栽培は急速に広まり，1998年現在で1,764万ha（イネの全栽培面積の54%）および，全収穫量の63%を生産している(Nanda and Virmani 2000)．平均収穫高は6.6トン/haで，年間生産高は1.1億トンに達する．採種は三系法が中心であるが，2002年に二系法による最初の品種である両優培九が育成された．中国以外ではベトナム，インド，フィリピンでF_1品種が作出されている．イネのヘテロシス育種は通常の純系品種による育種にくらべて採種に労力を要し，労質が低くてしかも水田比率が高い国でのみ奨励される．

世界の加工トマトの45%を生産する米国カリフォルニア州では，栽培面積の78%がF_1品種である．また米国では1990年代のタマネギ市販品種の81%がF_1品種である．Wehner(1999)は，米国では野菜のヘテロシスによる増収のおかげで毎年22万haの栽培面積が節減されていることになると述べている．日本では1924年に埼玉県農業試験場で育成されたナスの浦和交配1号が野菜における一代雑種品種の最初である(青葉 1996)．実際に一

代雑種が普及したのは第二次世界大戦後であり，まずトマト，ナス，スイカで，ついでキュウリ，キャベツ，ハクサイ，ホウレンソウなど多種類の野菜で F_1 品種が育成され市販されるようになった．

6.3 集団改良システム

　ヘテロシス育種では近交系を作出するさいのもととなる素材集団の遺伝的構成が優良であることが重要である．そのため種々の集団改良法が工夫されている．それらの方法は，ヘテロシス育種の素材集団の改良法としてだけでなく，それじたいが独立した育種法として他殖性植物の改良にもちいられる．また交雑を含まない集団選抜法や半きょうだい選抜法は，分離育種法と重なる面があるが，ここでは一部の重複を避けずにしるすことにする．なお集団改良にもちいられる方法は，参考書によってしばしば同じ方法が別名でよばれていることが多く，また相互の関係が明確でない．ここでは Hallauer と Miranda(1981)，Hallauer ら(1988)および Poehlman と Sleper(1995)などによって整理された分類にそってしるす．

　素材集団は，組換えと遺伝的分離により広い遺伝変異が生まれることを期待して，できるだけ多様な遺伝子型を含む集団とする．また小集団では遺伝的浮動や近交弱勢が生じるおそれがあるので，集団のサイズ（個体数）自体も大きくする．

6.3.1 集団選抜法

集団選抜法(mass selection)は，トウモロコシ，テンサイ，ワタ，牧草などの改良に最初に適用された育種法である．その要点は，

① 放任受粉の素材集団から選抜目的形質について優良な表現型をもつ 50-100 個体を肉眼観察で集団から選抜する．

② 選抜個体からの種子をまとめて，次代用に供試する．

集団選抜法では1サイクルが1世代である．これを数サイクルくりかえして，最適な遺伝子型構成をもつ集団にしあげていく（図6.11）．

　集団選抜法は，米国におけるトウモロコシ集団の改良法としてもっとも古く，Reid Yellow Dent をはじめとする放任受粉品種のほとんどすべては集

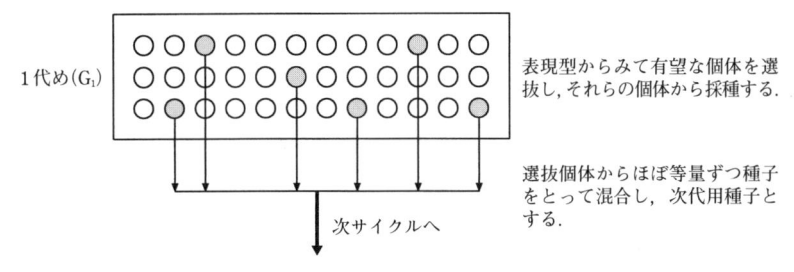

図6.11 他殖性植物の集団改良法としての集団選抜法．1サイクルは1世代である．

1代め(G_1)：表現型からみて有望な個体を選抜し，それらの個体から採種する．

選抜個体からほぼ等量ずつ種子をとって混合し，次代用種子とする．

次サイクルへ

団選抜法により育成された（Jugenheimer 1985）．米国のネブラスカ大学でトウモロコシにおける近交系の素材集団の改良，とくに個体あたり穂数の改良に適用され，1955年から19世代以上つづけられた．

　集団選抜法の長所は，手順が簡単であるので多数個体をあつかえること，1サイクルが1世代であるので品種育成までの期間が短くてすむこと，改良が連続してみられること，にある．短所は，放任受粉集団から選抜するので，母親側の遺伝子についてだけ選抜が働き花粉側については無選抜となる点である．また選抜は個体単位で表現型値だけにもとづいておこなわれるため，環境の影響を受けやすい．したがって遺伝率が低い形質，遺伝子型×環境交互作用がある形質，個体間で競争がある場合に対しては，選抜効率が低くなる．栽植密度をあまり高くすると個体間競争がおこりやすいので注意する．土壌や微気象の条件が圃場内の場所によって不均質の場合には，素材集団を小さな区画つまりグリッドに分けて，各グリッドから1個体だけ最優秀個体を選ぶ**グリッド法**(gridding)を適用するとよい．この方法は集団選抜法以外でも有効である．

　改良形質にかかわる遺伝子座数が多い場合や，正対立遺伝子と負対立遺伝子が連鎖している場合には，集団選抜法での選抜反応は長い世代にわたってつづく．また集団が小さいと，遺伝的浮動によって，有用遺伝子が失われたり近交度が高くなって，選抜効果が低下することがある．超優性によるヘテロシスが働いている形質では，選抜により片方の遺伝子頻度をあまり高くすると，ヘテロ接合座の頻度が低くなり，ヘテロシス効果が失われることにより選抜反応がなくなることになる．

6.3.2 半きょうだい選抜法

半きょうだい選抜法(half-sib selection)は**母系選抜法**(maternal-line selection)とよばれている方法と同じである．母系選抜法は，1939年にJ. R. Fryerによりアルファルファの育種で提案されたもので，放任受粉させた素材集団から個体を選抜し，次代で系統栽培して，その平均的特性からもとの個体を評価することを基本とする．母系という名は，選抜個体の次代系統内の個体は，選抜された母親が周辺個体から無作為に花粉を受けて生じた子供であり，父親はさまざまに異なることによる．次代系統の評価は母親の能力を評価することになる．また20世紀はじめにトウモロコシ育種でおこなわれた**1穂1列法**(ear-to-row breeding)も半きょうだい選抜法の1変法といえる．

(1) 半きょうだい選抜法の手順

3代めの種子のとり方からa法とb法の2種がある．a法では2代めに選抜した系統の種子をそのまま3代めにもちいるのに対して，b法では系統で評価してから優良系統が由来した1代めの個体の保存種子を3代めに供試する．系統展開時に非優良系統の花粉がかかった種子をそのまま次代用種子にまわすa法よりb法のほうが選抜効率が高い．半きょうだい選抜法では，1サイクルが2世代となる．

1) 半きょうだい選抜法(a法)：放任受粉した個体から種子をとり，2代めで個体別に系統を養成して，育種目的にかなった5-10系統を選抜し，混合して，さらに3代め（次のサイクルの1代め）にまわす方法をいう（図6.12）．これはかつて**後代検定つき集団選抜法**(mass selection with progeny test)とよばれていたものと同じである．

2) 半きょうだい選抜法(b法)：育種法の手順は以下のとおりである（図6.13）．

① 素材集団からの個体選抜：放任受粉の素材集団から表現型がすぐれた50-100個体を選抜する．

② 次代系統の展開：選抜個体の種子の一部をとって，系統で栽培する．系統内個体数は100前後とする．系統栽培には反復を設けることが必要である．残りの種子は保存しておく．出穂期，草型，収量などの特性をしらべ，系統単位で評価して，優良な5-10系統を選ぶ．選抜された系

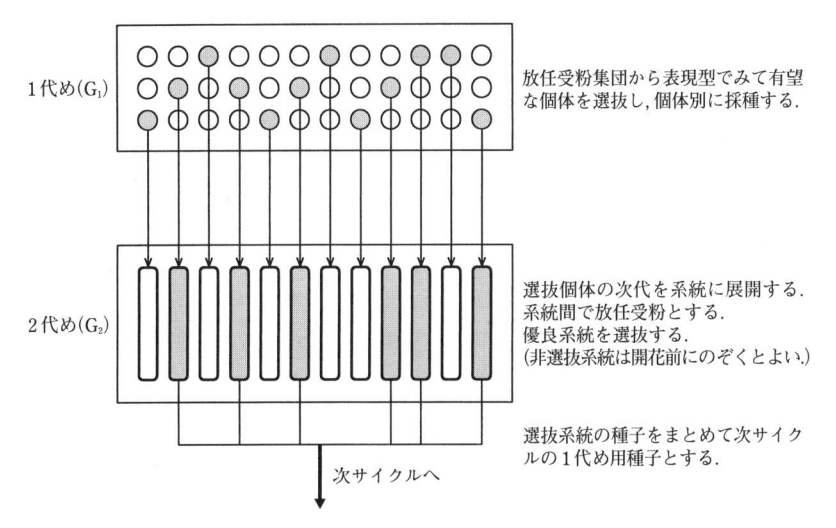

図6.12 他殖性植物の集団改良法としての半きょうだい選抜法（a法）．1サイクルは2世代である．

統が由来した1代め個体の残余種子から個体あたり等量の種子をとり混ぜる．これを3代めに供する．

3代めの集団は新しい放任受粉の品種，ヘテロシス育種における近交系作出のための素材集団，2回めのサイクルの1代め集団，などにもちいられる．

(2) 半きょうだい選抜法の長所と短所

半きょうだい選抜法では，いったん選抜した個体の次代を系統に展開し，選抜はこの半きょうだい系統にもとづいて評価し選抜する点で，個体選抜にもとづく集団選抜法よりも環境の影響を受けにくい．選抜個体の後代の平均的成績によって選抜個体を評価することを**後代検定**という．系統を密播して比較できるので，早期繁茂性の検定や欠株程度など競合に関する選抜も有効である．また選抜系統の種子を混ぜるので，自殖性植物における純系選抜とちがって，集団内の変異が選抜後にいちじるしく縮小するおそれが少ない．ただし選抜強度をあまり強くすると近交になりやすい．

短所は，選抜個体のもつ遺伝子の半分（父親側）が選抜を受けていないことである．父親側遺伝子は，a法では主として2代めで後代検定用に栽培された系統から花粉を通してランダムに由来したものであり，b法では1代めの素材集団内の個体からランダムに由来している．

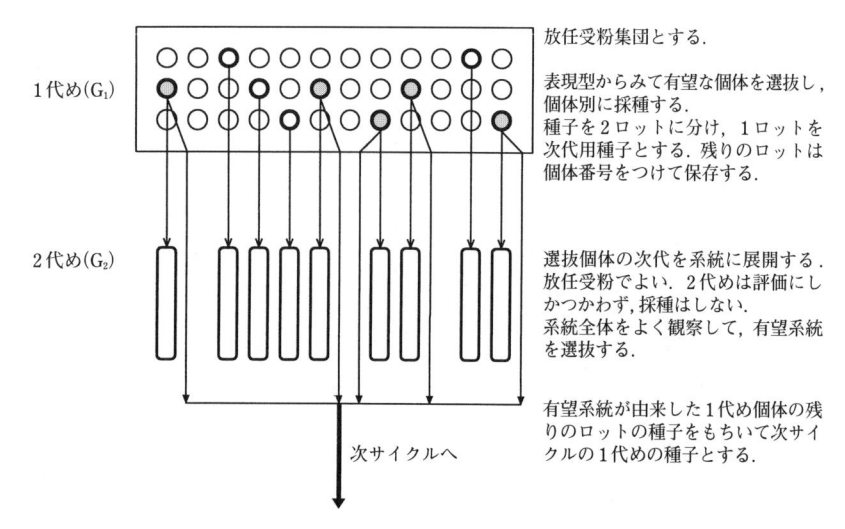

図6.13 他殖性植物の集団改良法としての半きょうだい選抜法（b法）（または母系選抜法）．1サイクルは2世代である．

半きょうだい選抜法は2代めに個体別系統で後代検定をおこなうので，トウモロコシやテンサイのように1個体からの採種量が多い植物に適する．

(3) 育成品種

トウモロコシにおける1穂1列法は19世紀末に米国のイリノイ農業試験場のC. G. Hopkinsにより導入されたもので，穀粒の油とタンパク質含量の改良のために適用された．品種 Burr White をもちいて1896年からの70年間におよぶ高低両方向への選抜の結果，油含量はもとの4.7%から高方向へ16.6%，低方向へは0.4%まで変化した．またタンパク質含量は10.9%から，高方向に26.6%，低方向に4.4%まで変化した (Dudley 1974)．

日本では，1977年に山口県農試で母系選抜法によりイタリアンライグラスのミナミワセが育成され，登録された．そのほかにはイタリアンライグラスのワセヒカリ (1965年)，ワセアオバ (1970年)，ミユキアオバ (1983年)，ハルアオバ (1987年)，アカクローバのタイセツ (1990年)，アルファルファのタチワカバ (1982年) などがある (表6.3)．

6.3.3 全きょうだい選抜法

全きょうだい選抜法 (full-sib selection) では，素材集団から選んだ優良個

表6.3 牧草の農林登録品種で採用された育種法 (1965-1989)

草　種　名	集　団　選　抜	母　系　選　抜	合　成　品　種
チモシー	センポク ホクシュウ	クンプウ	ノサップ
オーチャードグラス	キタミドリ	アオナミ	オカミドリ アキミドリ マキバミドリ ワセミドリ
メドウフェスク			トモサカエ
トールフェスク			ホクリョウ ヤマナミ ナンリョウ
スムーズブロムグラス			アイカップ
ペレニアルライグラス			キヨサト ヤツガネ ヤツボク ヤツナミ
イタリアンライグラス	ミナミアオバ	ワセヒカリ オオバヒカリ ワセアオバ ヤマアオバ ミナミワセ ミユキアオバ ハルアオバ	ヒタチアオバ ワセユタカ ナスヒカリ フタハル
バヒアグラス		ナンプウ	シンモエ ナンゴク
ローズグラス	ハツナツ		
ギニアグラス	ナツカゼ ナツユタカ		
アカクローバ[1]	サッポロ		
シロクローバ		ミネオオハ	キタオオハ マキバシロ ミナミオオハ
アルファルファ	ナツワカバ	タチワカバ	キタワカバ

(古谷 1990 よりまとめ)
1) アカクローバにはほかに交雑による品種ニシアカがある．

体を対にして交配し，そのF₁種子を後代検定にまわす．この育種法では特定の交配組合せの対で発現される特定組合せ能力の高い個体を選ぶことになる．自家不和合性植物を含む多くの他殖性植物に適用される．育種法の手順は以下のとおりである（図6.14）．全きょうだい選抜法では1サイクルは3世代である．全きょうだい選抜法は，CIMMYTにおけるトウモロコシ集団

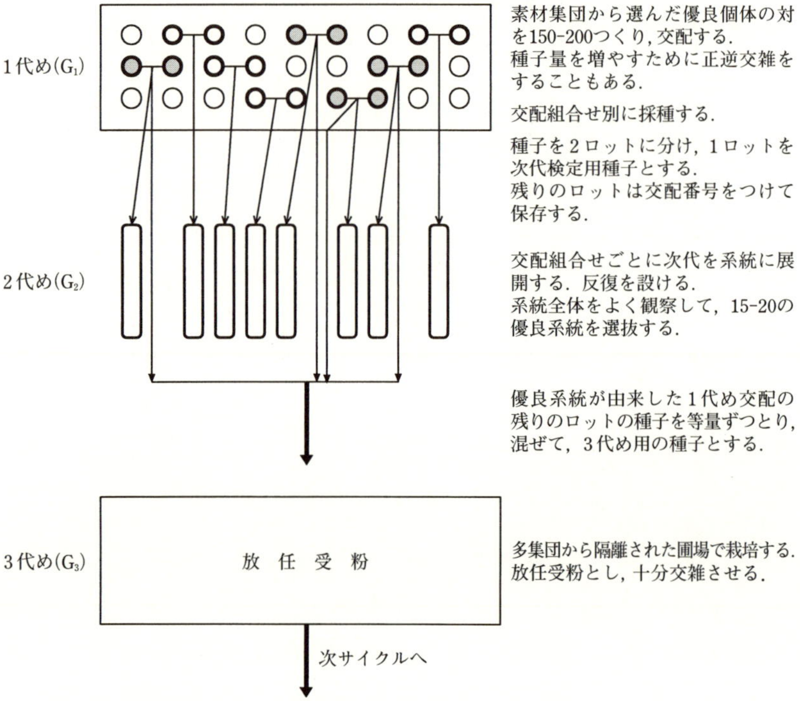
1代め(G1)
2代め(G2)
3代め(G3)
素材集団から選んだ優良個体の対を150-200つくり，交配する．
種子量を増やすために正逆交雑をすることもある．
交配組合せ別に採種する．
種子を2ロットに分け，1ロットを次代検定用種子とする．
残りのロットは交配番号をつけて保存する．
交配組合せごとに次代を系統に展開する．反復を設ける．
系統全体をよく観察して，15-20の優良系統を選抜する．
優良系統が由来した1代め交配の残りのロットの種子を等量ずつとり，混ぜて，3代め用の種子とする．
放 任 受 粉
多集団から隔離された圃場で栽培する．
放任受粉とし，十分交雑させる．
次サイクルへ

図 6.14 他殖性植物の集団改良法としての全きょうだい選抜法．1サイクルは3世代．

の改良にもちいられた．

① 素材集団から150-200対の個体を選ぶ．採種量を増やすため交雑を片方向でなく正逆でおこなうこともある．

② 各対の交雑で得られたF_1種子の一部を2代めに系統栽培して後代検定をおこなう．試験区には反復を設ける．残りのF_1種子は保存しておく．後代検定で15-20系統を選抜し，それら系統が由来した個体の残余種子(remnant seed)を等量ずつとって混ぜる．これを3代め用に供する．

③ 3代めの集団は，選抜個体間での新しい遺伝的組換えが生じやすいように放任受粉とする．

6.3.4 S_1 系統選抜法

米国におけるトウモロコシのヘテロシス育種では,当初,近交系はおもに放任受粉集団から作出されていた.しかし多数の組合せの雑種を作成してもしだいに育種の効果が少なくなり,素材集団の改良が必要であると考えられるようになった.そこで素材集団での遺伝的変異の大きな減少なしに有用遺伝子の頻度を高めるための方法として**循環選抜法**(recurrent selection; RS)が考案された.この方法のアイデアは Hayes と Garber(1919)にまで遡るが,当時は育種家の注目をひかなかった(Gardner 1978).しかし Jenkins (1945)により詳細な方式が提案され,これがネブラスカ州の J. H. Lonnquist とアイオワの G. F. Sprague により採用されて収量選抜に有効であることが証明されると,多くの選抜試験にとりいれられるようになった.なお命名は Hull(1945)による.

集団内改良システムとしての循環選抜法には,表現型循環選抜法,一般組合せ能力改良のための循環選抜法,特定組合せ能力改良のための循環選抜法,の3方法がある(Borojević 1990).現在では,表現型循環選抜法は S_1 系統選抜法に,また後2者の循環選抜法は検定交雑選抜法に含められている.検定交雑選抜法については次項で述べる.

S_1 系統選抜法(selection from S_1 progeny test)の手順は以下のとおりである(図6.15).この方法では1サイクルが3世代である.なお S_1 とは,放任受粉集団における個体の自殖によって得られる系統をいう.

① まず素材集団から目的形質について優良な50-100個体(S_0 個体)を開花期前に選抜し,選抜個体を自殖する.自殖種子を採る.
② 自殖で得た種子の一部を2代めに個体別系統(S_1 系統)として反復を設けて栽培する.残余種子は保存しておく.集団は放任受粉でよい.後代検定として系統の評価をおこない,優良な系統を選ぶ.優良系統が由来した1代めの個体の残余種子から等量ずつ種子をとって混ぜて,3代め用とする.
③ 3代め集団は,放任受粉させて,個体間の遺伝的組換えをはかる.

S_1 系統選抜法では,系統単位で評価されるので個体単位の選抜よりも効率が高い.S_1 系統は自殖に由来するので,各 S_0 個体の遺伝子だけをもち,ほかの個体からの遺伝子は含んでいない.そのため半きょうだ

```
第1サイクル
1代め($G_1$)   [表現型からみて有望な50-100個
               体を開花期前に選抜し（$S_0$個体），
               自殖する．
               個体別に採種する．
               種子を2分して，一部を次代用に
               供し，残りを保存する．]

2代め($G_2$)   [選抜個体の自殖種子の一部を系
               統（$S_1$系統）として展開する．
               反復を多数設ける．
               系統間は放任受粉でよい．]

               1代めの種子をまとめて3代め用
               種子とする．

3代め($G_3$)   [放任受粉して遺伝的組換えをは
               かる．ほかの集団から隔離して栽
               培する．]

               次サイクルへ
```

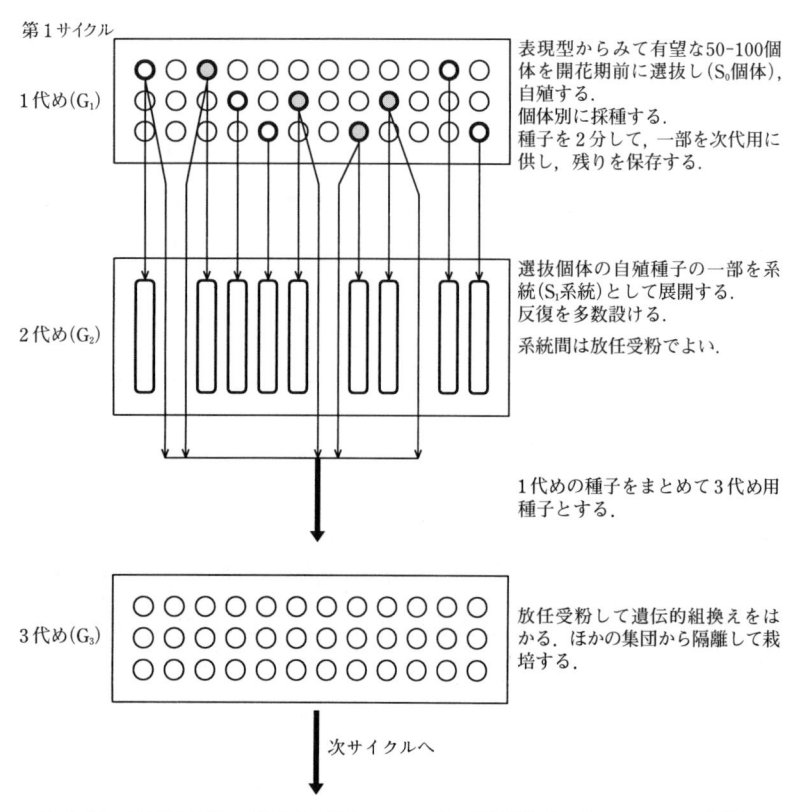

図 6.15　他殖性植物の集団改良法としての S_1 系統選抜法．1サイクルは3世代である．

い選抜法にくらべて低遺伝率の形質の選抜に適すると期待される．しかし2代めの系統が自殖次代のため自殖弱勢の影響をまぬがれないことは短所である．1個体からの採種量の多い植物に適する．ただし自殖ができない自家不和合性の植物にはつかえない．

6.3.5　検定交雑選抜法

検定交雑選抜法(selection with testcross)では，放任受粉の次代系統でなく，検定系統との計画的な交雑をおこなった次代の評価にもとづいて，1代め個体の選抜をおこなう．

この方法の手順は以下のとおりである（図 6.16）．

1代め(G_1)　○○○○○○○○○○○○○○○○
　　　　　　○○○○○○○○○○○○○○○○
　　　　　　○○○○○○○○○○○○○○○○

素材集団より表現型からみて有望な個体を開花期前に50-100個体選抜し，①自殖および，②花粉を検定系統に受粉して交雑をおこなう．自殖種子は保存しておく．

2代め(G_2)

検定系統との交雑種子を次代系統に展開する．
系統間は放任受粉でよい．
系統の観察をよくおこない，5-10の優良系統を選ぶ．

優良系統が由来した1代めの個体の自殖種子を等量ずつとりだし混ぜる．

3代め(G_3)　放任受粉集団

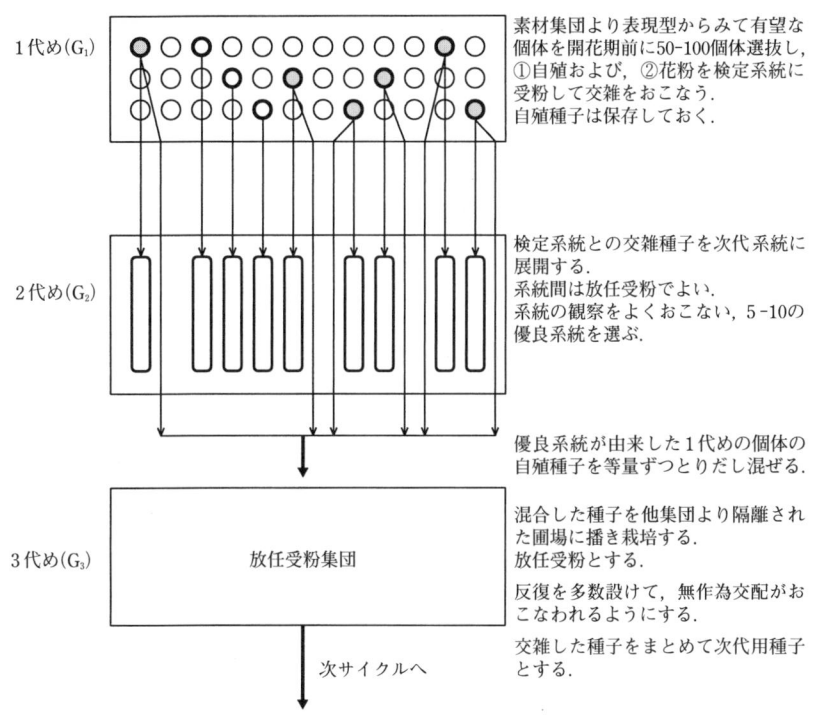

混合した種子を他集団より隔離された圃場に播き栽培する．
放任受粉とする．
反復を多数設けて，無作為交配がおこなわれるようにする．

次サイクルへ

交雑した種子をまとめて次代用種子とする．

図 6.16 他殖性植物の集団改良法としての検定交雑選抜法（b法）（または組合せ能力改良のための循環選抜法）．一般組合せ能力の改良には，検定系統にヘテロな集団をもちいる．特定組合せ能力の改良には，検定系統に優良な近交系をもちいる．1サイクルは3世代である．1世代めでの自殖種子のかわりに，放任受粉種子をもちいるa法もある．

(1) a法

① 開花期前に，素材集団から目的形質について優良な50-100個体を選抜する．各選抜個体からの花粉を検定親に受粉する．検定親から雑種種子をとり，また選抜個体から個体別に放任受粉で得た種子を採る．

② 2代めで検定交雑で得た種子を選抜個体別系統として播き，栽培する．優良な5-10系統を選抜し，それらが由来した1代め個体の放任受粉種子を各個体から等量ずつとって混ぜる．

③ 3代めでその混合種子を播き，放任受粉により自由な遺伝的組換えをおこなわせる．

(2) b法

① 開花期前に，素材集団から目的形質について優良な 50-100 個体を選抜する．各選抜個体からの花粉を検定親に受粉する．検定親から雑種種子をとり，また選抜個体を自殖して得た種子をとる．
② 2代めで検定交雑で得た種子を選抜個体別系統として播き，栽培する．優良な 5-10 系統を選抜し，それらが由来した1代め個体の自殖種子を各個体から等量ずつとって混ぜる．
③ 3代めでその混合種子を播き，放任受粉により自由な遺伝的組換えをおこなわせる．

検定交雑選抜法では，特定の検定系統と交雑した後代の系統によって1代め個体を評価するので，放任受粉後代の系統による半きょうだい選抜法よりも，組合せ能力からみた選抜個体の評価が確実にできる．もし検定系統が近交系ならば，検定交雑系統中の個体は近交系の遺伝子を共通にもつことになる．なお3代め種子として，放任受粉種子をもちいるa法よりも，自殖種子をもちいるb法のほうがすぐれている．検定交雑選抜法は，検定交雑で十分な種子が得られる他殖性植物に適する．ただしb法は自家不和合性の植物には適用できない．

検定系統としては，一般組合せ能力の改良を目的とする場合には，品種の混合集団や合成品種などヘテロな集団をもちいる．この場合はかつての一般組合せ能力改良のための循環選抜法に相当する．いっぽう特定組合せ能力の改良を目的とする場合には，特定の優良近交系をもちいる．この場合はかつての特定組合せ能力改良のための循環選抜法に相当する．

6.3.6 集団間選抜システム

ヘテロシス育種において親となる近交系は，単独でいくら優秀であってもそれだけでは育種の目的に適するとはかぎらない．近交系間の交配 F_1 が優秀ではじめて親として優秀ということになる．そこで素材集団の改良も交配相手の近交系を作出するもう1つの集団と並行して改良する方法が考案された．それが**集団間選抜システム** (interpopulation selection system) である．すなわち2つの基本集団 A と B との集団間交雑 ($A \times B$) を対象として，それぞれの集団から無作為に選んだ個体間での単交雑で評価したときに，その形質値が改良されるような選抜を加える．間接的にはそれぞれの集団も改良

される．集団間選抜システムとしては**相反循環選抜法**(reciprocal recurrent selection; RRS)がもっともよく検討されている．相反循環選抜法はComstockら(1949)により提案されたもので，素材集団として2集団AとBをもちいる．育種の手順は前述の検定交雑選抜法と同じで，各集団から有望な個体を選抜し，自殖と検定交雑をおこなう．検定交雑に際して，集団Aを集団Bの検定系統とし，集団Bを集団Aの検定系統とする．素材集団には，2種の品種，合成品種，単交雑品種など，遺伝的に異なる集団をもちいる．集団間選抜システムとしては，そのほかに**全きょうだい相反循環選抜法**(full-sib reciprocal recurrent selection; FSRRS)や**近交系テスター利用の相反循環選抜法**(reciprocal recurrent selection using an inbred tester; RRSIT)がある．

6.4 合成品種法

6.4.1 合成品種法の定義と特性

合成品種法(synthetic variety)とは，素材集団から特性と組合せ能力が優良な系統または個体（クローン）を選抜し，それらの種子をまとめて播いて何代かの放任受粉をして1つの品種とする方法である．「合成」の語は，育種家により人為的に作出された植物集団であることを意味する．

合成品種法にはつぎの特徴がある(Poehlman and Sleper 1995)．
(1) 合成品種は再作出可能な要素から構成される．
(2) 構成要素は組合せ能力または後代検定にもとづいて選抜される．
(3) 合成品種では構成単位間の無作為交配がおこなわれる．
(4) 合成品種の構成要素となる系統や個体は別途に維持されるので，定期的に同じ組成の集団を再構築できる．

合成品種法は1931年に英国アベリストウイスにあるウエールズ大学のT. J. Jenkinによってはじめられた方法で，牧草の改良に広くもちいられている．牧草の育種では，上記の半きょうだい選抜法，全きょうだい選抜法，S_1系統選抜法がつかわれることはまれである．これは1個体からの採種量が少ないこと，多くの牧草は自家不和合性で自殖ができないこと，花器が小さく人為的に交配することがむずかしいことなどが理由となっている．

F_1品種とくらべた場合の合成品種の長所としてつぎの点があげられる．
(1) 多様な遺伝子型が混在しているため，個体間で遺伝子型が均質な集団よりも，変異性が高くて環境変動に対して緩衝力がある．
(2) 採種が容易である．
(3) 親として近交度の高い近交系を必要としないので，近交弱勢のいちじるしい植物でも適用できる．
(4) 品種育成や採種にかかるコストが高くなく，技術や設備も簡便である．

合成品種法では，単交雑や複交雑でなく，合成後に放任受粉による無作為交配で何世代かを進める間にヘテロシスを利用する点がヘテロシス育種と異なる．また素材集団の構成要素について，組合せ能力を検定して採用する点が集団選抜法と異なる．合成品種法には，多系統合成品種法と多個体合成品種法とがある．

なお自殖性植物で，環境変動に対する安定性をもたせるために，特性の似た品種の種子を混ぜて播いて栽培するのは，**機械的混合**(mechanical mixture)であり，合成品種とはよばない．また種子を混合して放任受粉をした他殖性植物集団でも，構成系統または構成個体を別に維持して定期的に再構築しないものは合成集団とよべない．

6.4.2 多系統合成品種

各地から集めた優良系統の種子を混ぜて，品種としたものを**多系統合成品種**(multiple strain varieties)という．この育種法の手順は以下のとおりである（図6.17）．

① 地域に適応した在来系統，海外導入品種，近交系など種々の起源から素材となる系統を集める．
② 素材系統の群からこれまでの成績記録にもとづいて優良個体を選抜する．
③ 2-3代自殖または近交をおこなって主要形質について固定をはかり，選抜をおこなう．ただし草型や適応性など，構成系統間では変異があったほうが合成品種としてよい形質も多い．
④ 病害抵抗性など，選抜系統にない必要特性を付与するために，選抜系統を抵抗性系統と交雑して，有用特性を付与する．

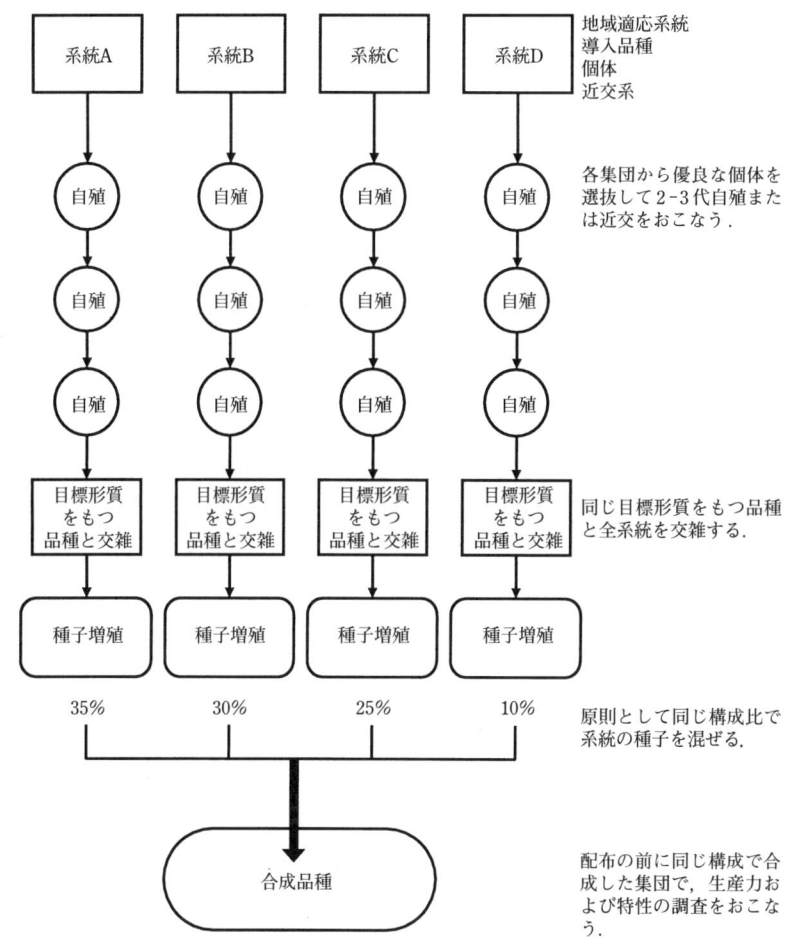

図 6.17　他殖性植物の育種法としての多系統合成品種.

⑤　種子を増殖する．
⑥　各系統の構成比（たとえば4系統について，35%, 30%, 25%, 10% など）をきめて種子を混ぜて，1つの合成品種とする．
⑦　合成品種のその後の増殖は，放任受粉による．
⑧　合成品種収量および種々の特性の検定を数年間おこなう．
⑨　合成品種の構成系統は別々に維持されるので，いつでも合成品種を再構成できる．構成系統はそれぞれの適応した地域で維持増殖されるので，

6.4　合成品種法　　*191*

自然選択による遺伝的変化を受けるおそれが少ない．

6.4.3　多個体合成品種

優良な個体をまとめて合成品種としたものを**多個体合成品種**(multiplant synthetic variety)という．この育種法は，英国のウエールズ植物育種研究所（現，草地環境研究所，IGER）でもちいられ，多くの品種が育成された．以下に Poehlman(1966)，Kuckuck ら(1985)，宝示戸(1985)などを参考に，種子繁殖と栄養繁殖の両方が可能な多年生牧草における育種手順の例をしるす（図 6.18）．ただし細部は育種家によって異なる．

① 素材集団の養成：合成品種の育成は，それ自身が強勢で，生産力が高く，また組合せ能力の高い遺伝子型を選んで素材集団の要素とすることからはじまる．組合せ能力は F_1 品種の場合と同様の方法で推定する．各地の牧野の在来系統，海外からの導入品種，改良品種，雑種集団などから素材を集めて集団の遺伝的変異を広くするように努めることが重要である．素材集団として計約 5,000-10,000 個体を選んで個体植えで栽培する．

② 素材集団からの個体選抜：素材集団を栽培して，出穂期，草型，草勢などの特性を調査し，総合的評価でとくに優秀な個体をたとえば 200-400 個体程度選抜する．

③ 栄養系の反復栽培と選抜：選抜された 200-400 個体をそれぞれ栄養系（クローン，clone）として増殖し，各 20 株に分けて，20 反復で栽培する．出穂期，草型，草勢，病害抵抗性などについて調査し，その総合的評価にもとづいて 25-50 クローンを選抜する．必要に応じて，クローン集団を刈り込み，病害，寒害などのストレスにかけて耐性個体を選抜することも有益である．主要形質について遺伝的に固定させるために，クローン内で個体選抜したり，1 世代以上近交をおこなうこともある．

④ 選抜クローンのポリクロス：トウモロコシの F_1 品種の場合と同様に，各クローンの組合せ能力を推定する．それには**ポリクロス検定**(poly-cross test)が広くもちいられる．ポリクロス検定（多交雑検定ともいう）とは，隔離した 1 群のクローンを反復して栽培し，各クローンが周辺にあるほかの全クローンからの花粉によってできるだけ等しい頻度で

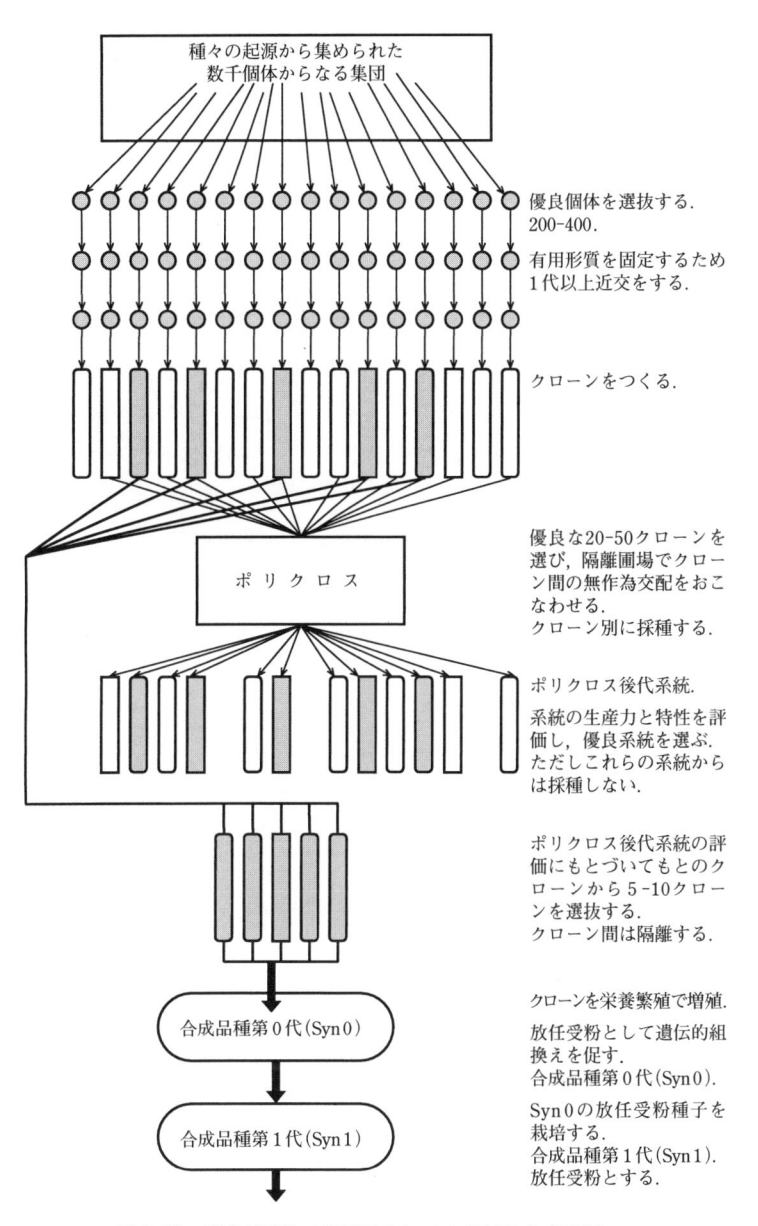

図 6.18　他殖性植物の育種法としての多個体合成品種.

6.4　合成品種法

授粉されるように自然交雑し，その交雑後代を検定する方法である．ポリクロスの命名は1942年米国ネブラスカのTysdalらによる．反復はできるだけ多く設け，各クローンの配置をランダムにする．たとえば各クローンを100株に分けて，20反復（各5株）で栽培して交雑する．この場合にクローン間で開花期のずれがないように注意する．各クローンで反復別に採種し，クローン別にまとめて次代検定用とする．

⑤ ポリクロス後代の特性検定：各クローンのポリクロス種子と比較品種の種子を3-4反復で系統の形で播き，栽培して生草収量などを調査する．前代の母クローンでの形質調査結果とをあわせて検討して，育種目標にかなう組合せ能力の高いクローンを最終的に5-10系統選抜して合成品種候補の構成系統とする．牧草のポリクロス検定はトウモロコシ育種における近交系のトップクロスによる一般組合せ能力の検定に相当する．育種家によっては，ポリクロス検定で優良であった系統を10系統以上選んでダイアレル交配をおこない，特定組合せ能力を推定して，クローン選定上の評価点に加える．

⑥ 系統適応性検定試験など：選定された構成系統のクローンを株分けして，交配温室内でクローン間の無作為交配をして合成第1代種子を得る．この種子を隔離圃で疎に条播し栽培して合成第2代種子を得る．この種子をもちいて3年間にわたり栽培して，系統適応性，病害抵抗性，ストレス耐性，放牧適性，採種量などを検定する．また必要があれば実験室内で飼料成分の分析をおこなう．

⑦ 合成第0代(**Syn 0**)：適応性などの検定とは別に，構成系統のクローンを栄養繁殖で増殖し，無作為な配置で隔離圃に移植する．虫媒性植物の場合には，媒介昆虫の飛来を防いだケージに移植して昆虫をなかに放飼する．これがSyn 0世代となる．無作為交配をおこなわせて遺伝的組換えを促す．

⑧ 合成第1代(**Syn 1**)：合成第0代で放任受粉によって得られた種子を隔離圃に播いて種子を増殖する．種子が十分な場合は得られた種子を生産農家への配布用の種子とする．

⑨ 合成第2代(**Syn 2**)：合成第1代で放任受粉によって得られた種子を隔離圃に播いて合成第2代種子を大量に採る．これを生産農家に配布す

る．多くの場合は十分な採種量を確保するために，Syn 3 またはそれ以降の世代まで増殖される．しかし世代が進むごとに，ヘテロシスが低くなる．
⑩ 合成品種の構成系統はクローンとして維持し，何年かに1回定期的に合成品種を再合成する．また新しい優良系統を加えたり，旧系統とさし換えたりすることもおこなわれる．

6.4.4 合成品種の収量予測

合成品種の収量は，構成系統自体の平均収量，構成系統間 F_1 の平均収量，選択された構成系統の組合せによってきまる．合成品種の収量は，構成系統数が多いときには一般組合せ能力によって予測できる．構成系統が少ないときには，特定組合せ能力のほうが予測上重要となる．

構成系統数はいっぱんに 5-6 程度がよいとされている．少なすぎると遺伝変異が不十分となり，適応性が低くなる．いっぽうあまり多くすると特定地域に対する適応性が下がる．F_1 品種では F_2 でヘテロ接合度が半分になり収量もずっと低くなる．自殖世代が進むと，ヘテロ接合度は急激に下がり，近交弱勢により収量もしだいに低下する．しかし合成品種では育成後に無作為交配で世代を進めるのでそのようなことはない．2倍体植物では，構成系統が多ければ（8以上），合成第1代で得られたヘテロ接合度や収量は第2代以降で少し低下するが大部分は維持され，平衡に達する．4倍体では，第2代以降でむしろヘテロ接合度や収量が増し，やはり世代とともに平衡に達する．平衡に達する世代は，2倍体では構成系統間の近交度に関係なく合成第2代，4倍体では4-5代である．

6.4.5 合成品種法による育成品種

1976年に農林省（現，農林水産省）草地試験場（栃木県西那須野）で合成品種法によりオーチャードグラスのオカミドリとアキミドリが育成され登録された．そのほかではイタリアンライグラスのナスヒカリ(1974年)，フタハル(1979年)，チモシーのノサップ(1977年)，アルファルファのキタワカバ(1983年)なども合成品種法による品種である（古谷 1990）（表6.3）．

第7章　栄養繁殖性植物およびアポミクシス性植物の交雑育種

> 新品種を育成するにはひじょうに長い年月がかかるので，育種家は現在の課題にかかわるだけでなく，将来を遠望して彼が育成中の幼苗のなかから何が求められているかを心に描かなければならない．
> A. G. Brown (1975)

7.1　栄養繁殖性植物とその育種の特徴

塊根，塊茎，球根，挿し木など栄養器官を通して繁殖する植物を**栄養繁殖性植物**(vegetatively propagated plant)という．栽培植物ではサツマイモ，ジャガイモ，キャッサバなどのイモ類，スイセン，チューリップ，ダリアなどの花卉，サトウキビなどが栄養繁殖性である．永年性木本の果樹，クワ，チャ，林木，花木などは，種子でも繁殖するが，育種的には栄養繁殖性植物としてあつかわれる．栄養繁殖性植物においても，交雑育種がおもな改良手段である．同一の遺伝子型をもつ栄養繁殖性集団を**栄養系**または**クローン**という．

栄養繁殖性の植物では，育種目標にかなった個体を1個体でも得られれば，それ自体がどのような遺伝子型をもっていても関係なく，そのまま栄養繁殖で増殖して品種にできる．栄養繁殖性植物の多くは，ヘテロ接合性が高いので，交配して得られる F_1 個体で遺伝的分離が期待され，ただちに個体選抜ができる場合が多い．図7.1に栄養繁殖性植物における育種方式の1例をしめす．

なお両親ともホモ接合である形質については F_1 では分離しないので，その場合には F_2 まで養成して選抜する．また望ましい形質が劣性である場合にも，選抜には F_2 での分離を待つ必要がある．さらにある形質だけを改良したい場合には，イネなどでおこなわれる戻し交雑が採用される．

以下にサツマイモと果樹の場合について育種方式の概略をしるす．

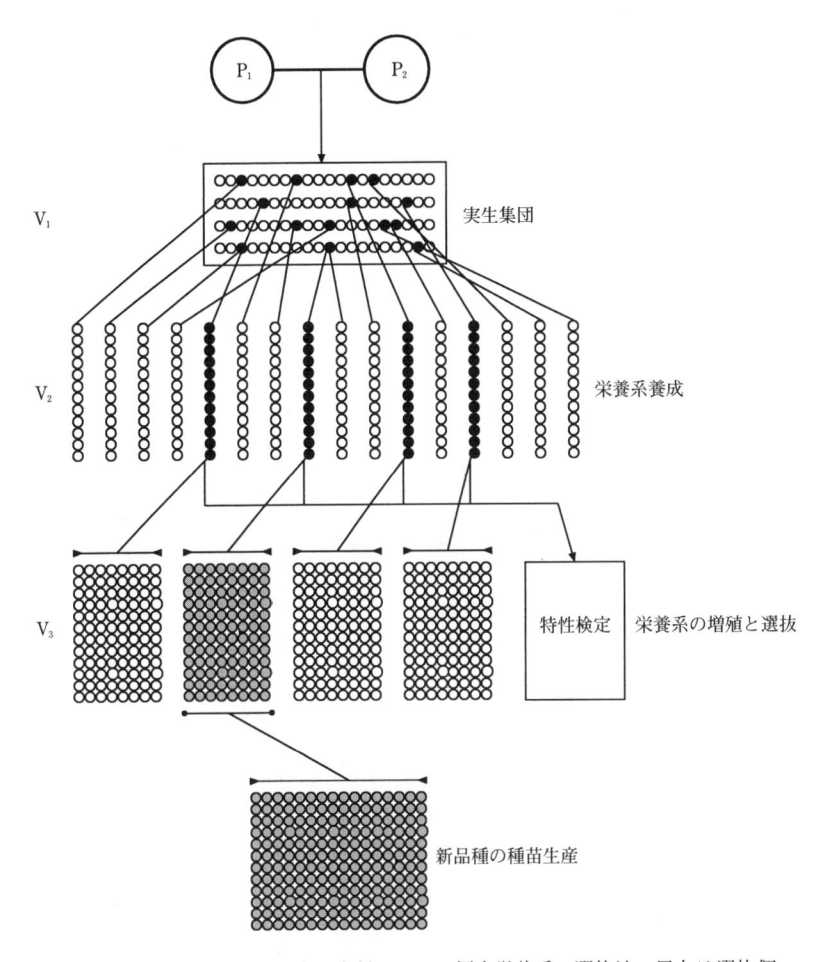

図 7.1 栄養繁殖性植物の交雑育種における優良栄養系の選抜法．黒丸は選抜個体または選抜栄養系を，白丸は非選抜個体または非選抜栄養系を表す．両親はヘテロ接合性が高いという想定のもとに，交配次代の雑種一代の個体から選抜を開始する．またいったん選抜されれば，栄養繁殖で増殖するため V_2 代以降では分離がないので，優良系統はただちに増殖して品種とすることができる．種子繁殖性植物とくらべて品種育成までの世代数は少ないが，いっぱんに1世代あたりの年数は長い．

7.1 栄養繁殖性植物とその育種の特徴

7.2 サツマイモにおけるヘテロシス育種

7.2.1 サツマイモの交雑育種の特徴

サツマイモの交雑育種では，系統または品種間の交配をおこない，F_1個体の集団から優良個体を選抜して，次代以降では毎代それを栄養繁殖で増殖した系統にもとづいて選抜をおこなう．栄養繁殖では世代を送っても遺伝子型が変わらないので，結局は改良にF_1個体のヘテロシスを利用していることになる．したがって他殖性植物のように近交系を養成して，一般組合せ能力および特定組合せ能力を検定して，近交系間交配のなかから高いヘテロシスをしめす組合せを選ぶのが理想的である．しかしサツマイモの品種のほとんどは**自家不和合性**で，自殖ができない．この自家不和合性は，アブラナ科植物と同じ同型花胞子体型である．自家和合性の品種もあるが，自殖をすると近交弱勢がいちじるしく，異常花の増加や花数のいちじるしい減少が生じやすく，自殖2代以降では種子が得られない場合が多い．近交度を高めるには，きょうだい交配をおこない稔性について選抜することがすすめられる．

さらにサツマイモには十数種類の**交配不稔群**があり，同じ不稔群内の品種間交配ではまったく結萠しないか，してもきわめて率が低い．

すぐれた近交系を得るには，海外品種などの遺伝子源を広く収集することと，近交系を養成する基礎集団の改良をおこなっておくことも重要である．サツマイモの交雑育種でも，両親間があまり近縁では多収品種は得られにくく，近縁係数が0.1以上であることが望ましい(吉田 1986)．Jonesら(1986)は，集団選抜による基礎集団の改良を提案している．サツマイモの交雑育種は，1914年に沖縄で世界最初に開始された．

7.2.2 サツマイモの交雑育種の手順

赤藤(1968)，Jonesら(1986)などを参考にして，サツマイモの交雑育種の手順をしるす．ただし育種家によって手順はかならずしも同じではない．

① 交配：組合せ能力の高い親を選び，交配をおこなう．サツマイモの開花促進には，キダチアサガオというアサガオの品種を台木として，それにサツマイモの苗を接木する方法がもちいられている

② 実生第1代：種子を約25℃の温床に播く．第1代の苗は種子からの

苗で，2代め以降のイモからの苗とは形質の発現が異なるので，選抜をおこなわない．茎の長さが約 30 cm になったら地際で切りとり圃場に植える．サツマイモはつる性植物で地上部が茂って個体間で競合しやすい．そこで選抜における個体間競合の影響を避けるため草型および草勢によって分類して植え，また選抜は競合の影響を受けやすいつる重やイモ重ではひかえて，イモの皮色や形状などについておこなう．実生第1代の集団は F_1 個体から構成されることになる．サツマイモはヘテロ接合性が高く，F_1 代でも自殖性植物の F_2 のようにさまざまな個体が分離するので，個体選抜が開始できる．

③ 実生第2代：選抜個体からのイモを次代の実生2年めで系統栽培する．萌芽性などの苗床で検定できる形質が不良な個体は淘汰して本圃にはもちこまない．第1代と同様に本圃への植付けは草型および草勢によって分けておこなう．切干歩合などの特性を調査して，標準品種と比較する．収量については競合の影響が大きいので，ゆるい選抜にとどめる．

④ 実生第3代：第2代と同様に系統栽培と特性検定をおこない，栄養系の選抜をつづける．

⑤ 実生第4代：選抜系統について生産力検定予備試験をおこなう．試験区は面積約 20 m² の4畦仕立てとし，収量の選抜は中央の2畦だけをもちいて測った値にもとづいておこなう．

⑥ 実生第5代：選抜された系統について，生産力検定試験および多肥適応性，病虫害抵抗性，早掘適応性などの特性検定試験，系統適応性試験などを併行しておこなう．

7.3 果樹における交雑育種

7.3.1 果樹の交雑育種の特徴

(1) 果樹では，交配 F_1 個体のなかから優良個体を選抜し，それを増殖して品種とする方式が交雑育種の主流である．F_1 を品種としてもちいている理由は，ヘテロシスを積極的に利用するというよりも，両親のもつ優良形質を組合せて新品種とすることにある．したがって高いヘテロシスをしめす交配組合せを選定するための組合せ能力の検定がおこなわれ

ることはない.
(2) 実生の養成から結実して形質を評価できるまでの期間が長い．果樹の育種では果実のしめす形質が最大の育種目標なので，選抜は果実がなるまで待たなければならない．
(3) 植物体が大きいため，育種で必要とされる圃場面積が大きい．必要面積は樹齢が進むにつれて急増する．ニホンナシの例では1,000個体あたり播種後1-3年めの苗圃では120 m²であるが，3-10年めの1次選抜圃では2 ha(=20,000 m²)を必要とする．そのため選抜圃場では通常の栽培よりも密植したり，強い剪定をおこなって植物体を小さくしたり，**矮性台木**(dwarf stock)に接いで植物の成育を抑えたり，成木の枝に接ぎ木する**高接ぎ**(top grafting)によって必要面積を節約したりする．
(4) 植物体が大きく，成育期間も長いため，温室などを利用した環境制御がむずかしい．
(5) 優良個体が選抜されたあとで栽培農家むけに十分な数の苗を増殖するにも長い年数がかかる．

7.3.2 果樹における育種の手順

リンゴ(Brown 1975)における，F_1の栄養繁殖による育種方式を以下にしめす．
(1) 交配親の選定：目標とする特性をどちらかの親がもつような交配組合せを選定する．圃場に父親候補の品種が植えられていない場合でも，その品種をもつ育種家の協力で花粉を郵送してもらうことにより交配が可能である．
(2) 花粉採集：果樹では植物体が大きく，花粉の採集に時間がかかるので，交配に先立ち花粉を集めておくことが必要である．イネなどとちがって花粉の寿命が長いのでこのことが可能である．花弁が開く直前に花を集めて実験室か温室で葯をとり，暖かい場所におくと葯が開いて花粉が得られる．交配したい相手の父親品種がかならずしも母親品種と同じ時期に開花しないことと，同じ品種でも最初から最後の花の開花までに日数がある（リンゴでは約6週間）ので，花粉を交配につかうまでガラスびんにいれて冷蔵庫に貯蔵しておく必要がある．1年以上保存したい場合

には，−15℃で冷凍保存する．

(3) 除雄：交配に先立ち開葯まえに母親品種のおしべをのぞく必要がある．リンゴは**自家不和合性**であるので自家受精のおそれは少ないが，圃場では虫媒による自然交雑を防がなければならない．除雄には柱頭が突出した形になるので交配しやすくなるという効果もあり，温室内栽培などで媒介昆虫の侵入がない場合でも除雄が必要である．1花房あたり2花を除雄し，ほかの花はとりのぞく．圃場での昆虫の飛来を避けるには，おしべだけでなく花弁や花托ものぞくことが有効である．除雄後および交配後に袋を花にかぶせておくと，自然交雑を完全に防ぐだけでなく，花部の乾燥を防ぎ，結実率も高くなる．

(4) 交配：小さなやわらかいブラシを花粉の入ったガラスびんにさしいれて花粉をまぶしてから，柱頭上でかるく払うことによって交配できる．花粉親を変えるさいには，ブラシを100%アルコールで洗って乾かしてからつかう．交配後結実を待って果実を収穫し，ただちに種子を採る．

(5) 種子の後熟処理：種子を湿った砂中やプラスチック層中で低温(3-5℃)の状態に6-14週間おくと，**後熟**(after-ripening)して発芽の準備がととのう．後熟処理をしないとリンゴの種子は発芽しない．

(6) 実生から幼苗期の管理：種子を苗床に播き，実生を育てる．実生に個体番号をつける．**幼苗期**(juvenile stage)の木は，結実するようになった成木と多くの点で異なる．葉は小さく枝は細く，花は1つもつかない．発根は幼苗期のさし穂では容易であるが，成木期ではきわめてむずかしい．幼苗期は，品種により栽培環境により異なるが，3ないし10年以上の期間がある．幼苗期を短くすることは，育種年限の短縮につながる．それには樹皮の**環状剝離**(girdling)，温室内での生長促進，成木への高接ぎなどの方法がある．高接ぎをすると，矮性台木へ実生を接ぎ木した場合にくらべても倍近くの本数を植えることができるうえ，結実までの年数が短くてすむ．ナシでは高接ぎ法により1haあたり4,000本から7,000本近くあつかえ，結実までの年数が2年ほど短くなる．しかしいっぽう，台木や中間台がウイルスに汚染されていると，それまで無毒であった交雑実生を保毒させてしまうおそれがある．

(7) 選抜：① 選抜は発芽して最初の葉が展開したときから開始される．

表 7.1 果樹の育種経過

果樹名	品種	交配	初結実	一次選抜	系統番号付与	系統適応試験規模(場所×年次)	命名登録
リンゴ	さんさ	1969[4]	1976[3]	1976	1981	7×5	1986
リンゴ	きざし	1969[4]	1977[3]	1977	1981	14×9	1990
ナシ	秀玉	1963	1969[3]	1971	1972	30×14	1986
ブドウ	ハニーシードレス	1968	1972	1976	1986	29×5	1991
ブドウ	安芸クイーン	1973[2]	1976	1980	1986	34×5	1991
ブドウ	ノースブラック	1976	1979	1984	1985	6×6	1991
ブドウ	ハニーブラック	1972	1975	1976	1986	34×6	1992
カンキツ	はやさき	1962	1971	—	1974	8×12	1986
カンキツ	ありあけ	1973	1978[3]	1981	1987	10×5	1992
ブンタン	紅まどか	1962	1972	—	1981	8×10	1991
モモ	よしひめ	1973	1976	1978	1981	14×8	1990
モモ	まさひめ	1973	1976	1978	1981	13×8	1990
スモモ	ハニーローザ	1972[1]	1977	1980	1983	11×12	1994
スモモ	ハニーハート	1973	1978	1980	1983	15×12	1995
カキ	陽豊	1967	1976[3]	1981	1983	33×7	1990
カキ	新秋	1971	1978[3]	1981	1983	35×7	1990

1) 自然交雑, 2) 自殖, 3) 高接ぎ, 4) 花粉をニュージーランドに送って交配 (農林水産省果樹試験場報告よりまとめ).

リンゴの黒星病などでは幼苗期に発病する病害を検定できる．成長の弱い個体，長く細すぎる枝を出す個体，出葉の遅い個体などものぞく．成育の早期に育種目標にそぐわない個体を淘汰することにより，使用面積を大きく節約できる．果樹ではほかの作物とちがって栽培上の特性を検定し選抜することが比較的少ないので，実際栽培に移されてから病害などの問題が発生する例が少なくない．

② **成木期**(adult stage)に入ると，開花し結実するようになる．選抜は果実の品質（食味，糖度，酸度，硬度など），香り，大きさ，皮色など果実特性にもっとも重点をおいて数年間にわたってつづけ，その結果にもとづいて1次選抜をおこなう．

③ 選抜された個体については，増殖して矮性台木に接ぎ木して通常の栽培条件の下で得られる果実収量をはかり，標準品種と比較して優良性を判定する．また既存品種の樹への高接ぎによって大量の果実を得て，果実の貯蔵性を検定する．

④ 選抜された個体をさらに増殖して，系統適応性試験として普及予

定のいくつかの地域で何年か栽培をつづけて，地域適応性や環境安定性をしらべる．

(8) 日本における果樹育種の年数：果樹は木本であるため，品種登録までの年数がかかる．日本における種々の果樹における育種経過をまとめて表7.1にしめす．交雑から品種登録までの所要年数は短かい場合で15年，長い場合には30年近くかかっている．

　果樹，チャなどの木本性植物では，優良品種となった最初の木を**原木**として保存することが多い．リンゴの品種ふじの原木は，果樹試験場盛岡支場に保存されている．

7.4　アポミクシス性植物の交雑育種

7.4.1　アポミクシスの定義

　ある種の植物は染色体の減数や受精なしに形成された胚をもつ種子で増殖する．植物育種ではこのような種子による栄養繁殖を（狭義の）**アポミクシス**(apomixis)という（5.2.1項参照）．apomixis は "without mixing" を意味するギリシャ語に由来する．アポミクシスには，アポミクシスだけしかおこなわない**絶対的アポミクシス**(obligate apomixis)と，個体内でアポミクシスの花と有性生殖をおこなう花が混在する**条件的アポミクシス**(facultative apomixis)とがある．

7.4.2　アポミクシス植物

　アポミクシスはイネ科，バラ科，キク科の倍数性種にみられる．*Paspalum, Panicum, Poa* などのイネ科牧草や栽培植物の近縁野生種にもアポミクシス種が含まれる．多くのアポミクシス植物は同質または異質の倍数性である．ケンタッキーブルーグラスのように　個体間で染色体数が大きく異なる種がある．また遺伝的にもヘテロ性が高い．

　アポミクシスはかつて交雑育種において組換えをさまたげる障壁とみなされてきた．しかし，アポミクシス性が比較的単純な遺伝をすることがみいだされ(Harlan *et al.* 1964)，Taliaferro と Bashaw(1966)により遺伝的基礎と育種法が提示されていらい，ヘテロシスを固定できる重要な手法として注

目されるようになった．アポミクシスをイネ，コムギ，トウモロコシなどに移す試みもおこなわれている．

7.4.3 アポミクシスの遺伝

アポミクシスによる胚形成には3通りある(den Nijs and van Dijk 1993)．

(1) **複相胞子生殖**(diplospory)：減数分裂の省略または復旧により胚嚢母細胞から非還元の胚嚢が生じる．その後に卵細胞が単為生殖的に胚になるか，胚嚢のほかの細胞が胚に発達する．

(2) **無胞子生殖**(apospory)：胚嚢母細胞からではなく，珠心または珠皮の体細胞から非還元の胚嚢が生じ，それが胚に発達する．

(3) **不定芽形成**(adventitious embryony)：配偶体を形成せずに胞子体の組織から直接胚が発達する．

多くのアポミクシス植物では胚乳の形成と卵細胞の発達のために，花粉による受粉が必要である．卵は受精しないが，非還元の極核が受精する．花粉の形成については通常の種子繁殖性植物と同じく正常のはずであるが，実際にはアポミクシス植物の大部分は倍数性や異数性であるため，花粉母細胞の減数分裂は異常で花粉稔性が低い．

絶対的アポミクシス植物では，原則として次代のすべての個体は母親と同じ遺伝子型をもつ．条件的アポミクシス植物ではアポミクシスと有性生殖が併せおこなわれる．前者は母親と同じ遺伝子型となるが，後者は遺伝的に分離するだけでなく，種々の異数性をしめす．なおアポミクシス植物では双子苗が生じることが多い．

アポミクシス性は1ないし数個の優性または劣性の遺伝子によって制御されている．

7.4.4 アポミクシス育種

条件的アポミクシスでは交雑育種が適用できる．絶対的アポミクシスの改良には，栄養系分離か突然変異育種しか手段がないことになるが，稀にある有性生殖をおこなう個体を探索して発見できれば，交雑育種ができる．アポミクシス植物の交雑育種では，有性生殖個体を母親とし，アポミクシス植物を父親として交配する．アポミクシス植物ではふつう交配親はヘテロ接合性

が高いので，次代集団中に遺伝的変異が分離し，選抜が可能である．選抜個体の生殖様式を検定してアポミクシスであれば，種子を増殖して特性の検定をおこなう．栄養繁殖性と同様にアポミクシスによる繁殖では，親のもつ遺伝子型がそのまま次代に伝わる．したがって F_1 世代で雑種強勢が現れる場合には，それが後代まで維持される．

　アポミクシス利用の交雑育種が進められている植物には，ケンタッキーブルーグラス *Poa pratensis*，ギニアグラス *Panicum maximum*，ブッフェルグラス *Cenchrus ciliaris* などの牧草がある(中島 1991)．

第8章　遠縁交雑育種

> すでに栽培により改良された植物間にみいだされる価値の差は，それがどれほど大きくても，栽培植物と完全な野生種との間に存在する違いにくらべればわずかなものである．
>
> Alphonse de Candolle (1883)

8.1　遠縁交雑における雑種の作出

8.1.1　遠縁交雑

　種内の品種間にはみいだせない形質を近縁の他の**種**や**属**(genus)から導入するために，種間や属間で交雑する育種法を**遠縁交雑**(distant hybridization)または**種間交雑**(interspecific hybridization)という．

　遠縁交雑は，病虫害抵抗性をはじめ，ストレス耐性，適応性，細胞質雄性不稔，品質，などさまざまな形質の改良のためにおこなわれてきた．

　遠縁交雑では品種間交雑とちがって，雑種を得ること自体がむずかしいので，交配を大量におこなう必要がある．また得られた雑種は遺伝的または染色体的に不安定であったり，目的遺伝子以外の不良な遺伝子の影響をひきずったりしがちである．いっぱんに成育が劣るので，十分な管理が必要である．

　遠縁交雑は保存されている遺伝資源の品種中に育種のための目的遺伝子がみつからない場合にかぎるべきであり，遠縁交雑に頼らざるを得ない場合にもできるだけ栽培種に近縁の種を親に選ぶべきである．近縁種としては倍数性種よりも2倍性種をもちいるほうが，交雑成功後に目的外の望ましくない遺伝子を淘汰しやすい．また野生種から移行させる形質は1遺伝子に支配される質的形質が適している．

8.1.2　交雑障壁

　交雑育種で品種の改良をはかろうとしても，目的形質についての有用遺伝

子が既存の品種中にはみあたらないことが少なくない．そのような場合には近縁の野生種にまで対象を広げて有用遺伝子を探索する．目的の遺伝子をもつ他種の系統がみつかったら，栽培品種と交雑してその遺伝子を対象品種に導入する．しかし異なる種間や属間の交雑では，交雑上の障壁が多く，雑種をつくることがむずかしい．このような交雑が妨げられる現象を**交雑障壁**(breeding barrier)という．交雑障壁がある２つの生物集団はたがいに**生殖隔離**(reproductive isolation)の状態にあるという．交雑障壁は進化において種が分化してきた過程で形成されたもので，その機構を**生殖的隔離機構**という．

生物学的種概念にしたがえば，両親の分類学上の類縁関係が遠いほど生殖隔離が強く働いて交雑種子が得られにくいと予想される．しかし栽培植物における種分類はかならずしも生殖隔離の程度にもとづいてなく，分類学上の近さと交雑の成功度とは厳密には対応していない．交雑障壁には多数の機構が複雑にからんでいて，倍数性や正逆交雑により異なり，さらに同じ組合せの種間でさえ個体間で交雑に難易がみられる場合がある．

交雑障壁は，それが発現する生育段階により受精前障壁と受精後障壁に大別される．

受精前障壁(prefertilization barrier)には，花粉が柱頭上で発芽しない，発芽しても花柱内に侵入しない，入っても花柱内で花粉管がよく伸びない，受精直前に花粉管が破裂するなどの現象が生じる．花粉や胚嚢が正常でも生理的な原因から交雑できない場合をとくに**交雑不和合性**(cross-incompatibility)という．

また**受精後障壁**(postfertilization barrier)には，受精胚が分裂しない，数回の分裂はしても幼胚のうちに死ぬ，胚乳などの胚周辺の組織の発達異常で胚が成育して種子にならない，雑種種子は生じても劣弱である，種子は発芽しても幼苗期で枯死する，雑種個体の生育は正常でも不稔がいちじるしい，などさまざまな段階での異常がおこる．

8.1.3　１側性不和合性

２つの種ＡとＢの種間交雑において，片方の種Ａを種子親にＢを花粉親にした交雑Ａ(♀)×Ｂ(♂)では雑種種子が得られるが，逆交雑Ｂ(♀)×Ａ

(♂)では交雑不和合となることが多い．これを **1側性不和合性**(unilateral incompatibility; UI)といい，多くの場合に**自家不和合性**(self-incompatible; SI)の種と**自家和合性**(self-compatible; SC)の種を交雑したときにおこる．SI×SC の交雑では SC の花粉が SI の花柱内で伸長が抑えられるが，逆交雑 SC×SI ではそうならない．ただし SI 間や SC 間交雑で1側性不和合性が認められることもある．

1側性不和合性は Harrison と Darby(1955)によってはじめてキンギョソウで報告され，現在 *Brassica, Capsicum, Linum, Lycopersicon, Nicotiana, Phaseolus, Solanum* などの属で知られている(Dhaliwal 1992)．たとえばトマト栽培種 *Lycopersicon esculentum* と *L. peruvianum* の交配では，前者を花粉親にしたときにだけ不和合となる(McGuire and Rick 1954)．

Hogenboom(1972, 1973)は，遠縁交雑における不和合性は自家不和合性とは機構がまったく異なり，自家不和合性を支配している S 遺伝子とは独立であるとし，これを**不調和性**(incongruity)と名づけた．彼によると，自家不和合性はめしべと花粉の関係を失敗に終わらせる他殖性化の機構であるのに対して，不調和性は隔離機構として進化したもので自家不和合性よりも植物界での分布が広い．自家不和合性は細胞間相互作用の初期過程で働くのに対して，不調和性は受精前後で作用する．また不調和性は1側性不和合性とも異なる．1側性不和合性は種々の自家不和合性をもつ科に多くみられるが，不調和性は自家不和合性の有無とは関係ない．1側性不和合性と不調和性とは共存する場合もしない場合もある．

8.2 受精前障壁の克服法

受精前および受精後の交雑障壁の克服には種々の手段がある．詳細は Khush と Brar(1992)を参照されたい．

8.2.1 遺伝的要因

異種間の交雑率が遺伝的に制御されている場合がある．コムギでは交雑和合性を支配する2つの劣性遺伝子 kr-1 と kr-2 をともにもつ系統はライムギと容易に交雑するが，優性遺伝子をもつ系統ではライムギ花粉の伸長がコム

ギの花柱基部や子房壁で抑えられる．系統により遠縁交雑の成功率が異なる例はほかにもあるが，その遺伝様式はあきらかでない．

8.2.2 橋渡し種

2つの種AとBの間での交雑が成功しない場合に，もう1つの種Cを橋渡しにして，A×Cの雑種をBに交雑することにより，AにBの遺伝子を導入できることがある．第3の種を**橋渡し種**(bridging species)という．この方法はコムギ，タバコ，ジャガイモ，レタス，テンサイなどでもちいられた．たとえばライムギ Secale cereale と Aegilops ventricosa は交雑により直接に雑種を得ることは不可能であるが，(Ae. ventricosa × Triticum turgidum) × S. cereale という交雑では雑種種子が得られる(Leighty and Sando 1927)．この場合4倍性種の T. turgidum が橋渡し種となっている．またパンコムギ (6倍性) Triticum aestivum に2倍性の種 Aegilops umbellulata から遺伝子を導入したい場合に直接の交雑は成功しがたい．しかし4倍性種の T. dicoccoides と Ae. umbellulata を交雑し，その雑種を染色体倍加して異質倍数体とし，それとパンコムギを交雑すると子孫が得られる(Sears 1956)．

8.2.3 花柱短縮

トウモロコシ Zea mays は花柱が30cm以上あるのに対し近縁野生種 Tripsacum dactyloides では2cm以下しかないので，両者は交雑しても種子が得られない．Mangelsdorf と Reeves(1939)は，トウモロコシの花柱を2cm以下に切断して Tripsacum の花粉をかけた結果，種子を得ることができた．花粉の伸長が抑制される領域より下の線で不和合性の花柱を切断し，そこに花粉を受粉した和合性の柱頭と花柱を接木することにより，交雑に成功することがある(Knox et al. 1986)．

8.2.4 メントール花粉

交雑和合性の花粉を処理によって不活性(inviable)にしてから交雑不和合性の花粉と混ぜて花柱につけると，交雑不和合性の花粉が発芽して受精することがある．これは不活性化した和合性花粉の細胞壁から認識タンパク質が

でて柱頭の拒否反応を変えることによる．このような不活性化された花粉を**メントール花粉**(mentor pollen)または**認識花粉**(recognition pollen)という．花粉を不活性にする方法には，エタノールやメタノールなどのアルコールによる処理や放射線照射がある．メントール花粉法はポプラ(Knox et al. 1972)で応用された．

8.2.5 成長ホルモンと免疫抑制剤

GA_3, IAA, NAA などの成長ホルモンは，ふつう花粉の発芽や花粉管の伸長を抑制するが，ときに花粉管の伸長や，胚の発育を促す作用をしめす(Pharis and King 1985)．コムギ属やオオムギ属の種間交雑では，受粉前後に 75 ppm の GA_3 を 1-2 日間母親の個体に処理すると有効である．この方法は，オオムギ-ライムギ間(Larter and Vhaubey 1965)，ナシ-リンゴ間(Crane and Marks 1952)の交雑でもちいられた．

交雑障壁が動物における免疫機構に似た立体特異性的抑制作用(stereo-specific inhibition reaction; SIR)によっても緩和され，受精や胚の発育を促す(Bates and Deyoe 1973)．有効な免疫抑制剤としては，E-amino caproic acid(Taira and Larter 1977)，salicyclic acid，クロラムフェニコール，アクリフラビンなどが知られている．

8.2.6 試験管内受精

種子親から花器官の組織を切除して花粉管が胚嚢に達するようにおこなう操作を**試験管内受精**(in vitro fertilization)という．試験管内受精では，胚珠を受精から種子の完熟まで無菌的に培養しなければならない．最初の実験はインドの Kanta ら(1962)による．Kanta と Maheshwari(1963)はケシ科植物とタバコ属で，未受精子房から胎座をつけたまま胚珠を切りだして Nitsch の培地上におき，それに花粉をふりかけると，15 分で発芽して花粉管が珠孔から胚珠に直接入って受精がおこなわれることを認めた．この結果は，受精にはかならずしも柱頭が必要でないことをしめす．柱頭中に花粉管が侵入しないか，侵入しても花柱内で花粉管の伸長が抑えられる場合に，その交雑障壁を回避する方法として試験管内受精を利用できる．試験管内受精によって受精した胚珠は，胎座をつけたまま培養をつづけるとふつう球状胚

期に退化するので，胎座をはずして胚珠培養をおこなう．KameyaとHinata(1970)はアブラナ属で，Niimi(1976)はペチュニアで試験管内受精に成功している．

なおタバコやペチュニアのように2核性花粉をもつ植物では，花粉管内で生殖核が分裂する．したがって試験管内受精で花粉管が発芽してすぐに胚珠に入ると重複受精がおこらない．このような植物では，花粉を培地上で発芽伸長させてから胚珠のついた胎座をおく方法や，柱頭に受粉したのち花柱を切断して置床した胎座上またはその近くにおく方法をもちいると種子を得る効率が高くなる(中島 1985)．

8.2.7 細胞融合

生殖的隔離が強い遠縁の植物間では，通常の交雑障壁克服法の援用だけでは交雑が不可能である．そのような場合には，プロトプラスト利用による細胞融合がもちいられる．細胞融合については第11章で述べる．

8.3 受精後障壁の克服法

植物では受精後に胚珠(ovule)が成長して胚(embryo)をへて種子となる．受精自体は，イネ×ソルガム，コムギ×トウモロコシ，オオムギ×ペレニアルライグラス，エンドウ×ソラマメなどかなり遠縁の属間でも認められる(Pickersgill 1993)が，受精胚の成長はまもなく停止する．受精後交雑障壁としては雑種胚の発育停止がもっとも多い．胚の発育停止は種間の近縁度に応じて種々の発育段階でおこる．

8.3.1 胚救助

受精後の交雑障壁によって通常では種子にまでならない胚を種子から切りとって人工培地上におき培養によって発育を助けて雑種個体を得ることを**胚救助**(embryo rescue)という．胚救助には，交雑障壁が胚の成育のどの段階で発動するかに応じて，胚培養，胚珠培養，子房培養などの方法がもちいられる．

(1) 胚培養

胚珠中から幼胚を切りだし,寒天培地上におき,胚の成長を助ける.これを**胚培養**(embryo culture)という.胚培養の歴史は古く,人工培地上で培養された最初の植物器官も胚である(Hännig 1904).胚は小さくても1つの個体であるので,厳密にいえば胚培養は組織培養とはいえない.

培地は材料により,切りだし時の胚の成育段階で異なり,これまでWhite, MS, LS, B5などがもちいられている.幼胚の成育は,周辺組織からの養分供給に依存しているため,胚の切りだしの時期が早いほど,必要な培地の組成も複雑となる.成熟に近い胚では基本的な無機成分と糖だけでよいが,未成熟胚ではビタミン,ホルモン,アミノ酸などさまざまな有機成分を必要とする.どのような有機成分が必要かは,ふつう試行錯誤できめられている.母親の正常な胚乳を培地上に胚にはふれないようにおいたり,培地に加えることも有効である(Ziebur and Brink 1951).胚は,球状期,心臓型期,魚雷型期の順に発達するが,魚雷型期以降にまで発達した胚では胚培養の成功率が高い.

(2) 胚珠培養

球状期(globular stage)以前の**未熟胚**(immature embryo)では雑種胚を損傷なしに胚珠から切りだすことがむずかしく,胚の支持体が必要である.また植物によっては,胚珠が小さく成長が進んだ胚でも切りだしがむずかしいものもある.そのような場合には胚培養でなく,子房から胚珠を切りだして培養する**胚珠培養**(ovule culture)がすすめられる.胚珠を表面殺菌してから,すくうように切りだして培地上にできるだけ平らにおく.ふつうNitschまたはWhiteの培地をもちいる.なお胚の球状期から心臓型期への転換期は,子葉形成と二極化成長がはじまる時期にあたる.二極化成長が誘導されるためには,胚珠内で胚が非対称に付着していることが必要である.胚珠培養は,ワタ(Stewart and Hsu 1978),タバコ属(Douglas *et al.* 1983),ホウセンカ(Arisumi 1985)などの遠縁交雑で報告されている.

(3) 子房培養

被子植物において,ふつうめしべの基部にあって胚珠をつつむ袋状の器官を**子房**(ovary)という.受精後2-15日のきわめて早い段階で異常が発現するような場合には,胚だけを摘出して培養することがむずかしいので,子房をまるごと切りとって試験管内で培養する.これを**子房培養**(ovary culture)という.がく(calyx),花冠(corolla),おしべ(stamen)はのぞく.小花柄(pedicel)の末端部先端を切りとり,切断端を培地にさしこむようにして子房を置床する.培地は半固形または液体培地とする.培養により幼胚が成長してきたら,幼胚を切りだして前述の胚培養に移す.Inomata(1982)は交雑や胚培養では雑種を得がたい種間交配の組合せ *Brassica campestris* × *B. oleracea* について,受粉後4日の子房の培養により F_1 雑種個体を得ることに成功した.

(4) 胚救助の成功例

胚救助にはじめて成功したのは,Laibach(1925)によるアマ属(*Linum*)での実験である.その後,穀類,野菜,牧草,樹木など多数の植物の遠縁交雑で成功例が報告されている.詳細は Williams ら(1987)を参照されたい.日本では1957年に農林省園芸試験場の西貞夫らが育成したハクサイとキャベツの雑種ハクランや,温州ミカンとオレンジの雑種である清見が,雑種種子の胚培養によって育成されたことが知られている.キリンビール(株)とトキタ種苗の共同で育成された野菜である千宝菜(1986年)は,キャベツとコマツナの胚培養由来の雑種胚から得られた品種である.

8.3.2 その他の方法

(1) 正逆交雑

核と細胞質の相互作用により,雑種個体が不稔や退化をしめすことがある.このような場合に逆交雑の F_1 は正常となることがある.たとえば *Triticum timopheevi* を母親にパンコムギを父親にした遠縁交雑の F_1 は雄性不稔であるが,逆交雑では可稔となる.正逆交雑間での交雑の難易のちがいは,両親の染色体数が異なる場合に多いが,*Triticum* × *Aegilops* のように同じ染色体数をもつ種間でも認められることがある.また染色体数の異なる種間では,交雑に成功する交雑方向が,染色体数の多いほうを母親にした場合と,少ないほうを母親にした場合とがある(香川 1957).

(2) 染色体数の調整

コムギ,エンバク,ジャガイモ,ワタなどの倍数性の栽培植物には,近縁野生種が2倍性など低次の倍数性であるものが多い.いっぽう,イネ,オオムギ,トウモロコシなど2倍性の栽培植物の近縁野生種には倍数性種が少な

くない．このように栽培種と近縁野生種が倍数性を異にする場合には，そのままでは交雑が成功しにくい．その場合には，低次倍数性の種の染色体倍加をおこなうことにより，交雑障壁を破ることが可能である．たとえばジャガイモでは2倍性野生種 *Solanum chacoense* の染色体倍加により4倍性である栽培種 *S. tuberosum* と交雑しやすくなる．ただし *S. acaule* は4倍性でも栽培種と交雑不能であるが，この同質倍数体と栽培種を交雑すると種子が容易に得られる(Lamm 1945)．

(3) 接木

遠縁交雑で雑種種子が得られても，発芽後に幼苗が致死になることがある．そのような場合に正常個体を台木として接木をすることにより，雑種個体を成熟期まで成育させることができる．

(4) カルスからの再生

遠縁交雑で胚乳が受精後の早い時期に退化するような場合には，非常に未熟な段階で胚を切りださなければならない．このとき通常の胚発生の過程を通るのではなく，未熟胚をまずカルス化して増殖し，そのカルスから多数の幼植物体を再分化させる方法がある(Rupert *et al.* 1979)．またカルス形成なしに，直接に不定胚形成によって増殖させることもおこなわれている．

8.4 遠縁交雑におけるその他の問題

8.4.1 雑種不稔

遠縁交雑ではしばしば雑種個体が不稔となる．これを**雑種不稔**(hybrid sterility)という．これは遺伝的差異，染色体異常または核細胞質間不調和による．雑種の不稔は，雑種を倍数化して複2倍体（9.4.4項参照）にすると回避できることが多い．コムギとライムギの雑種 F_1 を倍加してライコムギを作出した例が有名である．また栽培品種を親にして連続戻し交雑をおこなうと，遺伝子型がしだいに栽培種に近づくにつれ，不稔性も回復する．

8.4.2 雑種崩壊

遠縁交雑で，雑種 F_1 個体は成育も稔性もほぼ正常であるのに，F_2 以降の世代の個体は致死や成育不良となり，やがて親のタイプ以外は集団からのぞ

かれてしまうことがある。これを**雑種崩壊**(hybrid breakdown)という。その原因は動原体の不調和，染色体構造の部分的異常，遺伝子置換，核細胞質不調和などによるとされているが，よくわかっていない。F_1ではヘテロであるため耐えられていた不調和が F_2 以降で遺伝的分離によりホモになるため致命的影響を与えるという考えもある。

8.4.3 雑種個体における組換えの促進

遠縁交雑においては，雑種が得られることに加えて，種間における**遺伝子移行**(gene transfer)がおこなわれることが重要である。とくに複2倍体として利用する場合以外の遠縁交雑では，遺伝子または染色体部分の置換がなくては改良にならない。それには，組織培養，染色体転座，染色体対合システムの改良などの方法がある。遺伝子移行の成否はアイソザイムやDNAマーカーによって実験的に追跡できる(Ghesquière *et al.* 2000)。また蛍光ラベルしたDNAをハイブリダイズさせる**FISH**(fluorescent *in situ* hybridization)法や**GISH**(genomic *in situ* hybridization)法により，置換された異種染色体または染色体部分を顕微鏡下で識別して観察できる(Schwarzacher *et al.* 1992，向井 1993)。

(1) 組織培養

遠縁交雑において，雑種個体を培養すると組換えが促進されることがある。培養過程で**転座**などの染色体再配置が生じ，異種の遺伝子が栽培種に導入される可能性がある(Larkin *et al.* 1989)。オオムギ *Hordeum vulgare*×*H. jubatum* の種間交雑による雑種は，減数分裂期に無対合(asynapsis)となり不稔であるのに対して，その組織培養から再生した個体では対合が増えて2価染色体が観察された(Orton 1980)。

(2) 放射線照射

異種染色体添加のモノソミック系統をつくり，その種子または花粉に放射線を照射することにより，染色体に転座をおこさせ，染色体部分を移行させることができる。Sears(1956)はこの方法により *Aegilops umbellulata* のさび病抵抗性遺伝子を含む染色体部分をパンコムギの6B染色体に転座させることに成功した。金子ら(1992)はカンラン類1染色体添加型ダイコンをもちいて転座の効率を検討している。

(3) 染色体操作

パンコムギにおける A, B, D ゲノムの同祖染色体間の染色体対合は 5 B 染色体上の **Ph 1 遺伝子**によって制御されている (9.3.2 項参照). この遺伝子を欠いた系統やその働きが抑制された系統と近縁野生種を交雑すると，同祖染色体間での対合が生じ近縁野生種からパンコムギへの遺伝子の移行が可能となる．たとえばパンコムギの異質染色体添加系統と 2 倍性種 *Aegilops speltoides* を交雑して得た系統では，後者のもつ優性遺伝子が *Ph* 1 遺伝子の作用を抑制し同祖染色体間で対合をおこさせるため，*Ae. comosa* の 2 M 染色体添加系統でさび病遺伝子をコムギの染色体に移すことができた(Riley *et al.* 1968). 同様の遺伝子移行は 5 B 染色体のナリソミック(Sears 1973) や *Ph* 1 遺伝子の働きを失った突然変異体の利用(Wang *et al.* 1977)でも可能である.

8.5 遠縁交雑の歴史と育種的成果

遠縁交雑の歴史は古く，1760 年にドイツの Kölreuter によるタバコ属の種間交雑 *Nicotiana paniculata*×*N. rustica* が最初とされる．近縁野生種が栽培品種にない育種上有用な遺伝子をもつことは早くから知られていて，種々の植物で種間や属間の雑種が無数といってよいほど作出され，その形態，生理，細胞学的特徴などがしらべられた．とくに第二次世界大戦後には遠縁交雑を積極的に育種にとりいれようとする動きがさかんになった．また染色体倍加に有効なコルヒチンの発見(1937 年)を契機として，複 2 倍体の作出が急速に広まり，1950 年代までにすでに 35 属で 250 種類以上の複 2 倍体が報告されている．日本ではこの頃までの膨大な文献を扱った香川(1957)による労作が出版されている．

遠縁交雑には大きく 2 つの目的がある．1 つは，ゲノムの異なる種属間交雑から新作物を作出することであり，もう 1 つは近縁種のもつ遺伝子を栽培品種にとりこむことである．前者の成果としてはライコムギ，飼料ナタネ CO，ハクラン，雑種ライグラスなどがある．異質倍数体の作出は，今後も飼料作物，薬用植物，園芸植物の改良に有効であると期待される．後者の事例は非常に多い．これまでとりこまれた遺伝子としては病虫害抵抗性遺伝子

がもっとも多い.

8.5.1 遠縁交雑による新作物の作出
(1) ライコムギ

ライコムギは人間がつくった最初の新作物といわれ，コムギ(*Triticum aestivum*)の多収性と良品質にライムギ(*Secale cereale*)のもつ不良環境耐性をつけ加えることを目的とする．英名の Triticale は Tschermak による．その研究の歴史は 1875 年に A. S. Wilson がエジンバラでの植物学会でパンコムギにライムギを交雑して不稔の次代を得たと発表したことにはじまる．1888 年にはドイツの育種家 W. Rimpau が稔性のある F_1 個体をはじめて得た(Müntzing 1979)．ライコムギの育種的改良はスウェーデンの Müntzing による 1932 年からの仕事にはじまり，1950 年までにはパンコムギの収量の 9 割に達する多収の 8 倍体ライコムギが作出された．

コムギ($2n=6x=42$, AABBDD)とライムギ($2n=2x=14$, RR)の交雑 F_1 は，$2n=28$(ABDR)で，形質は両親の中間をしめし，減数分裂期ですべて 1 価染色体となりほとんど完全不稔である．F_1 をコムギに戻し交雑した次代は，コムギの 42 本とライムギの 7 本の染色体をもち，不稔はやや回復する．この個体の減数分裂ではコムギの染色体は 2 価染色体を形成し正常に分離するが，ライムギの染色体は 1 価染色体として不規則な分離をしめす．たまたま生じた $n=21+7$ の卵が $n=21+7$ の花粉で受精されると，コムギとライムギの全染色体をもつ **8 倍体ライコムギ**($2n=8x=56$, AABBDDRR)の個体が得られる．

1948 年になって，米国の O'Mara により *Triticum durum* ($2n=4x=28$, AABB)とライムギの交雑による **6 倍体ライコムギ**(AABBRR)が作出された．8 倍体と 6 倍体とではゲノム構成が異なるがともにライコムギとよばれている．1954 年にカナダのマニトバ大学でライコムギの組織的な育種が開始され，改良の結果コムギに近い収量をもつ系統が得られるようになり，1969 年に 4 つの 6 倍体ライコムギの相互交配から最初の品種 Rosner が育成された．1964 年にはメキシコの CIMMYT と共同プロジェクトとしてライコムギの研究が推進され，世界の多数の地域で何年にもわたる適応性試験がおこなわれた．6 倍性ライコムギと 8 倍性ライコムギを交雑すると，4 倍性

コムギのA, Bゲノムと6倍性コムギのA, Bゲノムの間に組換えがおこなわれ，選抜によりすぐれた特性をもつ系統が得られる．これを**2次ライコムギ**(secondary triticale)という．Dゲノムの染色体は急速に失われるのでこのライコムギは6倍性である．

また6倍体ライコムギにパンコムギを交雑した**置換ライコムギ**(substitution triticale)では，AゲノムとBゲノムを完全に保持した状態でライムギ染色体(R)のいくつかがDゲノムの染色体で置換された種々の系統が得られる．どの染色体が置換されたかは**ギムザ染色法**(Giemsa staining method)により同定できる．

6倍体ライコムギは，コムギの高いタンパク質含量と，ライムギの高いリジン含量をあわせもち，またコムギの高収量とライムギの不良環境適応性や病害抵抗性が結びあわさっている．ライコムギは家畜の飼料として，ポーランド，フランス，ロシア，オーストラリア，米国などで栽培されている．6倍体のほうが8倍体より細胞学的に安定していて稔性も高い．ライムギは他殖性であるが，ライコムギはコムギと同じ自殖性である．なおライコムギの細胞遺伝学的研究には日本の中島吾一による貢献がある(Nakajima 1952など)．

(2) アブラナ科の新作物

1) 飼料ナタネ：アブラナ科で最初の実用的な合成作物は，飼料ナタネ($2n=38$, AACC)である．これは東北大学の水島宇三郎が1946年に作出したハクサイ($2n=20$, AA)とキャベツ($2n=18$, CC)の交雑F_1を倍数化した$2n=56$の合成植物(AACCCC)の後代から，細田らにより1950年に選抜された(Namai et al. 1980)．細胞学的には安定しないが，早春の繁茂性がよく，採種量も十分高いので，COの名で飼料用として普及した．なおカブ(AA)とコールラビ(CC)の種間交雑から，飼料根菜ルタバガ(AACC)も育成された．

2) ハクラン：東京教育大学の細田友雄により，ハクサイとカンランの種間雑種の後代から結球性のあるnapus型の植物が得られた．また農林省野菜試験場の西貞夫によりキャベツのもつ軟腐病抵抗性をハクサイにいれる目的で，キャベツ $Brassica$ $oleracea$ ($2n=2x=18$, CC)とハクサイ $B.$ $campestris$ ($=B.$ $rapa$) ($2n=2x=20$, AA)の種間交雑が1956年か

ら10年以上の間試みられた．この交雑はふつう成功しがたいが，胚培養の利用により雑種種子が得られた．当初はキャベツを母親とした場合にのみ成功したが，培養技術の工夫で，逆交雑でも種子が得られるようになった(Nishi 1980)．F_1個体はほとんど完全不稔であったが，コルヒチンによる倍数化で $B.\ napus$ と同じゲノム構成をもつ複2倍体($2n=4x=38$, AACC)が作出された．自然の $B.\ napus$ は自家和合性であるが，この合成ナプスは高い自家不和合性をしめした．複2倍体のうち初期の研究で得られたものがさらに静岡県農業試験場や種苗会社により改良されて**ハクラン**の名前で1966年から種子が販売され栽培された．ハクランの名はハクサイの白とキャベツの別名甘藍の藍をあわせたもので，命名は篠原捨喜による(篠原と菅野 1961)．新作物は洋種ナタネと同じゲノムをもつが，結球性で，サラダ用として生食に適するとともに，漬物用や煮食用としてもつかえる．栽培上は軟腐病や他の細菌病に強く，旱害や高温に耐性があり，つくりやすい．

(3) 雑種ライグラス

ペレニアルライグラスとイタリアンライグラスの交雑から複2倍体の4倍性雑種ライグラスが英国ウエールズの E. L. Breese らにより1975年にEUCARPIAで発表された．これはイタリアンライグラスの高い栄養価とペレニアルライグラスの高い病害抵抗性と稔性をあわせもつ．

8.5.2 遠縁交雑による近縁野生種の遺伝子導入の例

近縁野生種の遺伝子を栽培種に導入して品種を育成した例は，種々の栽培植物のさまざまな形質で報告されている．ここでは日本の例を2つあげる．

(1) トマト

Yamakawa(1970)は，近縁野生種 $Lycopersicon\ peruvianum$ のもつTMV，CMV，葉かび病，根腐萎凋病などに対する抵抗性を栽培品種 $L.\ esculentum$ にとりこむため，栽培種を母親にして交雑をおこなった．そのさい，$peruvianum$ をガンマフィールドに植えて生育中照射をおこない，その植物体より花粉をとって栽培品種に授粉した．その結果 0.7 Gy の線量率で照射された花粉をもちいた場合に交雑率のいちじるしい上昇が認められた．雑種 F_1 は $L.\ peruvianum$ 由来の自家不和合性をもつので，栽培品種に戻し

交雑して，その次代から自家和合性個体が選抜され，中間母本系統が育成された(3.11.3項参照)．

(2) ブラシカ

1930年代に農村振興策の1つとして油料用ナタネの増産が図られ，それにともない朝鮮種ナタネ *Brassica napus* ($2n=38$, AACC)と和種ナタネ *B. campestris* ($2n=20$, AA)の交雑，いわゆるN×C交雑による育種が進められた．*Brassica napus* は明治期に導入されたもので，南西日本で栽培された品種は朝鮮種，北海道を中心に栽培された品種は洋種とよばれた．含油率が高く多収であるが長稈で晩生で水田裏作として栽培するうえで問題があった．それに対し和種ナタネは昭和初期まで日本の主要品種であり早生で耐寒性をもっていた．そこで朝鮮種を早生化し強稈で耐寒性，耐湿性，耐雪性の高い品種を得ることが目標とされた．このプロジェクトにより1973年までにアサヒナタネほか26品種が種間交雑で育成された．

第 III 部
遺伝変異の創出

第9章　染色体変異と倍数性育種

> 小麦の歴史はこの染色体に刻まれてあって，恰も地球の歴史が地層という書物で読めるように，ここから小麦の分類や祖先の発見がなされる．
>
> 木原均 (1946)

　品種間交雑を主とする交雑育種では，ふつう**染色体**(chromosome)の数や構造の変異は生じないので，育種家が有望系統の選抜にあたって染色体を顕微鏡下でしらべることは少ない．しかし，遠縁交雑，人為倍数性，人為突然変異，培養変異，細胞融合，遺伝子組換えなどを利用した育種では，選抜された系統にしばしば染色体の変異が生じていることがある．これらの育種では，育成された品種についての染色体の基本的な調査が本来は必要である．

　染色体は遺伝子の担い手であるという意味で重要であるだけでなく，染色体の減数分裂期での分離や世代間の伝達の様式についての正しい把握なしには，遺伝を理解することはできない．また染色体の数，大きさ，構造の変異は，生物進化における大きな要因となっており，育種的にもさまざまな形で関係している．

9.1　染色体の数と大きさの変異

9.1.1　染色体とは

　体細胞では分裂中期が染色体のコイル化による収縮が進むので観察に適している．細胞を固定し染色して顕微鏡下で観察されるときの染色体は，生物種によって数，長さおよび動原体の位置に特徴がある．1個の核に含まれる染色体のセットの数と形態を**核型**(karyotype)とよび，これを図式化したものを**イディオグラム**(idiogram)という．**動原体**(centromere)の部分ではくびれが認められ，これを**1次狭窄**(primary constriction)という．また染色

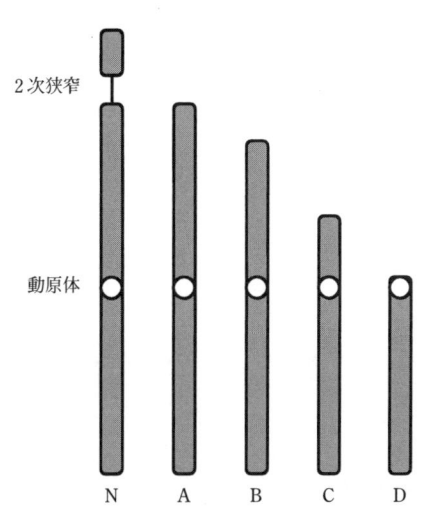

図 9.1 染色体の形態．N：2 次狭窄をもつ染色体，A：中部動原体型，B：次中部動原体型，C：次端部動原体型，D：端部動原体型．動原体に接する基部から末端部までの染色体部分を染色体腕という．B および C の場合には，腕の長さが異なるので，長いほうを長腕，短いほうを短腕という．[短腕長/(短腕長＋長腕長)]×100 を腕長比という．いっぱんに核型における染色体の図は，短腕を上にしてタテに描く．

体によっては動原体のほかにもくびれをもち，これを **2 次狭窄**(secondary constriction) という．2 次狭窄部は仁(nucleolus)の形成に関与するので，**仁形成域**(nucleolus organizer region; NOR)ともよばれる．動原体の位置により，中部(median)，次中部(sub-median)，次端部(sub-telocentric)，端部(telocentric)動原体型に分けられる（図 9.1）．染色体末端部には 7 塩基程度の配列が数百回反復された**テロメア**(telomere)が存在する．テロメアは染色体末端部の複製，末端部での染色体融合の防止，核膜への結合による染色体間の安定的配置などに役立っている．なお分裂中間期におけるDNA 合成後から分裂中期までの染色体は，それぞれ 2 本の**染色分体**(chromatid)からなる．この染色分体は 1 本の 2 本鎖 DNA に対応する．体細胞での染色体の観察には，種子発芽時の根端分裂組織あるいは幼植物の茎頂組織がふつうもちいられる．ただし成体ではこれら組織の分裂活性が低いことが多いので，芒の分化時の細胞など伸長の速い特定器官の細胞をしらべるのがよい．

減数分裂期の染色体では，とくに相同染色体間の**対合**(pairing)の様式と

染色体の乗換えの結果みられるキアズマ(chiasma)の観察がおこなわれる．

9.1.2 染色体の数

配偶子のもつ染色体数を配偶子染色体数(gametic number)といい n で，また体細胞のもつ染色体数を接合体染色体数(zygotic number)といい $2n$ で表す．染色体数は種子植物の種間で大きく異なる．もっとも少ないのは *Haplopappus gracilis* などの $2n=4$ で，もっとも多いのは *Sedum suaveolens* の $2n=640$ である(表9.1)．なおシダ植物まで含めるとオオハナヤスリ *Ophioglossum reticulatum* が最大数で，減数分裂で630の2価染色体と10個の染色体断片が観察され，少なくとも $2n=1,260$ である(Ninan 1958)．栽培植物にかぎっても，ボタンの $2n=10$, ソラマメの $2n=12$ などから，サトウキビ($2n=80$), サツマイモ($2n=90$), カキ($2n=90$ または $2n=135$)(庄ら 1990)などまで幅広いちがいがみられる．全体的には双子葉種でも単子葉種でも，$2n=14$ から $2n=24$ までの種が多い．染色体の数が種によって大きく異なることの主因は，後述の倍数性化にある．なお個体間で

表9.1 植物の染色体数

(a) 染色体数の少ない種の例

体細胞染色体数	植物
$2n=4$	*Haplopappus gracilis* *Brachycome lineariloba* *Zingeria biebersteiniana*
$2n=6$	*Crepis capillaris* *Luzula purpurea* *Crocus balanse* *Ornithogalum virens* *Hypochaeris cretensis* *Callitriche autumnalis*

(b) 染色体数の多い種の例

体細胞染色体数	植物
$2n=ca.265$	*Poa litorosa* (単子葉で最大), 約38倍性
$2n=308$	*Morus nigra*, 14倍性
$2n=640$	*Sedum suaveolens* (双子葉で最大), 80倍性
$2n=1,260$	*Ophioglossum reticulatum* (シダ, 植物で最大)

染色体数が大きく異なる種がある．たとえばケンタッキーブルーグラスはアポミクシス性で増殖時に減数分裂を通らないので種々の染色体数が次代にそのまま伝わり，個体間で $2n=28$ から $2n=154$ までの大きな変異がみられる．

　種子植物については，Darlington と Ammal(1945) および Darlington と Wylie(1955) により染色体数の大規模な文献調査がおこなわれ，約2万種に属する5万個体のデータがまとめられた．その事業はその後もつづけられ，"Index to Chromosome Numbers" の書名で米国のミズーリ植物園から毎年出版されている．

9.1.3　染色体の大きさ

　種子植物は，微生物，コケ類，藻類よりもいっぱんに染色体が大きく，植物では染色体は大きくなる方向に進化したといえる．これは種子植物では，遺伝子数が多いこと，DNA に遺伝情報をもたない領域が占める割合が高いこと，遺伝子領域でもイントロンなどの転写されない部分があることなどによる．

　しかし種子植物中の種属間では，進化程度と染色体の大きさに直接の関連はみられない．たとえば進化したアブラナ科の *Arabidopsis* やイネ科の *Panicum* は，原始的な種である *Psilotum* や *Tmesipteris* などよりも染色体がかえって小さい．栽培植物にかぎってみると，ユリ，ソラマメ，タマネギ，ネギ，ライムギ，スギ，ヒノキなどは染色体が大きく，ニンジン，イネ，ハッカ，グラジオラス，シチトウイなどでは小さい．顕微鏡下での染色体のみかけの大きさは，細胞の固定や染色の方法および染色体の分裂段階によって変化するので正確にはきめにくい．そこで Sparrow と Evans(1961) は放射線感受性との関連で中間期の核体積を染色体数($2n$)で割った値(**ICV**)を染色体の平均的大きさの指標としてもちいた．それによれば，ICV は供試した植物の種属間で最大の *Trillium grandiflorum* と最小の *Sedum ruprifragum* とで，最大210倍以上の差がある(表9.2)．

　染色体の大きさは，ICV よりも染色体あたりの DNA 量または塩基配列長(bp)で表すほうが適切である．Bennett と Smith(1976) および Bennett ら(1982) は 1,000 種以上の植物についての DNA 量のデータを発表している．同じ科内の種間でも DNA 量は大きく異なり，たとえば Ranunculaceae で

表9.2 植物の染色体の大きさ（栽培植物を中心とする）

栽培植物名	学名	染色体数 $2n$	ICV[1] (μ^3)	DNA量[2] (bp)	DNA量[3] 1C(pg)
トリリウム	Trillium grandiflorum	10	107.0 a		46.0 b
ムラサキツユクサ	Tradescantia paludosa	12	98.3 a		18.0 b
ユリ	Lilium longiflorum	24	69.2 a		
ソラマメ	Vicia faba	12	42.5 a	1.2×10^{10}	27.4 b
ネギ	Allium fistulosum	16	29.5 b		13.1 a
タマネギ	Allium cepa	16	29.4 a		17.9 a
ハプロパプス	Haplopappus gracilis	4	25.0 a		2.0 a
ライムギ	Secale cereale	14	23.7 c	9.5×10^9	9.5 b
コムギ	Triticum aestivum	42	16.0 c	1.6×10^{10}	15.7-17.3 a
エンバク	Avena sativa	42	15.3 c		13.2 a
エンドウ	Pisum sativum	14	15.1 b	4.1×10^9	2.9-5.2 a
オオムギ	Hordeum vulgare	14	13.5 c	4.8×10^9	10.7 a
トウモロコシ	Zea mays	20	11.5 a	2.5×10^9	3.0-3.9 b
ホウレンソウ	Spinacea oleracea	12	10.8 b		1.0 b
ペレニアルライグラス	Lolium perenne	14	9.4 c		4.9 a
インゲン	Phaseolus vulgaris	22	8.7 b		1.3 b
アルファルファ	Medicago sativa	32	8.4 c		1.7 a
ナス	Solanum melongena	24	8.0 b		
ソルガム	Sorghum bicolor	20	7.7 c		
ラッカセイ	Arachis hypogea	40	7.5 c		1.8 a
トマト	Lycopersicon esculentum	24	7.4 b	1.0×10^9	1.0-2.6 a
キュウリ	Cucumis sativus	24	6.5 b		1.0 a
テンサイ	Beta vulgaris	18	6.2 b		1.2 a
ニンジン	Daucus carota	18	5.8 b		1.0 a
サトウキビ	Saccharum officinarum	80	5.6 c		4.0-4.3 a
ダイコン	Raphanus sativus	18	5.2 b		0.4 b
ハクサイ	Brassica pekinensis	20	4.3 b		
セイヨウカボチャ	Cucurbita maxima	20	3.7 b		0.4 a
イネ	Oryza sativa	24	3.2 b	4.2×10^8	1.0 b
アラビドプシス	Arabidopsis thaliana	10	2.3 a	1.0×10^8	0.2 a
セダムの1種	Sedum ruprifragum	136	0.5 a		

1) ICVとは体細胞の中間期核体積を染色体数($2n$)でわった値．染色体の大きさを表す指標．
 a：SparrowとEvans(1961)，b：YamakawaとSparrow(1965)，c：Sparrow(1966)．
2) 半数染色体がもつDNA(1C)の塩基配列長(bp) (Hughes 1996).
3) 半数染色体がもつDNA1本鎖(1C)の質量(pg=10^{-12}g)(Bennett and Smith 1976)．ICVと比較するには染色体数(n)で割って，染色体あたりの平均値に換算する必要がある．1pg=0.965×10^9塩基対の関係がある(a：Strauss 1971, b：Bennett et al. 1982)．

は80倍の差がある(Rothfels et al. 1966).

　染色体の大きさが増加する方向への進化には，染色体部分の重複が主因となる．もっとも簡単な重複は，染色体の不等交叉などにより染色体上の近接

した場所に同じ方向にコピーが生まれることで，これを**縦列反復**(tandem repeat)という．もう1つはトランスポゾンによるもので，たとえばトウモロコシでは300万年前にトランスポゾンが活発化して全塩基配列長が倍加したとされる．いっぽう染色体では進化の過程でたえず欠失が生じ，これが染色体の大きさを減少させることが知られている(Knight 2002)．

染色体の大きさは放射線感受性と関連がある（第10章参照）．ソラマメ，タマネギ，ライムギなどの染色体の大きい植物は染色体の構造や細胞遺伝学的行動の研究材料によくもちいられてきた．DNAの塩基配列の研究材料としては逆にイネやアラビドプシスのように染色体の小さい植物が適している．

9.1.4 B染色体

植物によっては，通常の染色体のセットのほかによぶんの染色体が含まれることがある．これを**B染色体**(B chromosome)という．それに対して通常の染色体を**A染色体**とよぶ．

B染色体は生物にとってなくてはならないものではない．しかし，それにもかかわらず植物界に広くみられ，これまで単子葉，双子葉あわせて1,007種で観察されている．JonesとRees(1982)は，B染色体が観察された植物種の詳細な表を提示している．それには，普通作物のトウモロコシ，ソルガム，ライムギ，牧草のオーチャードグラス，トールフェスク，メドーフェスク，ケンタッキーブルーグラス，アルファルファ，野菜のタマネギ，花卉のキク，ユリ，ベゴニアなど，栽培植物の例も多数みられる．B染色体が存在する顕花植物では，その数は1-4本の場合が多いが，メドーフェスクで21本，トウモロコシで34本など例外的に多い場合もみいだされている．トウモロコシなどでは，近代品種でB染色体が認められることは少ないが，牧草では集団中にしばしば認められ，採種や品種の同定上問題となることがある．

B染色体は，いっぱんにつぎの特徴がある．これらの特徴からB染色体とA染色体はたやすくみわけられる．

① 形態：A染色体にくらべて形が小さい．たとえばライムギではB染色体はA染色体の半分程度である．動原体の位置はA染色体と同じくさまざまであるが，仁形成域はもたない．トウモロコシではヘテロクロ

マチン部が多い．

② 遺伝：減数分裂期や体細胞分裂の後期で，分裂したB染色体がたがいに離れず，したがって両極へ分かれない**不分離**(nondisjunction)が生じやすい．ライムギでは花粉や卵の第一分裂で不分離が生じた結果，B染色体が欠落したり，逆に増加したりする．この結果遺伝様式は非メンデル式となる．また体細胞分裂後期での不分離により，同じ個体の組織間でB染色体の数が異なることになる．このような遺伝様式から，細胞あたりB染色体数は，植物の集団により，個体により，さらには同じ個体の組織間，同じ組織の細胞間でいちじるしく不定となる．

③ 遺伝活性：いっぱんに遺伝的に不活性であり，主働遺伝子をもたない．ただし数が多くなると，稔性や生長が抑制されたり，減数分裂期でのA染色体側のキアズマ頻度が影響を受けることがある．

④ 対合：A染色体とは相同性がなく，対合しない．B染色体どうしでは対合がある種（ライムギ，トウモロコシ）とない種（ギニアグラス）とがある．

　　AT/GC比，サテライトDNA量，反復対非反復DNA比などDNAレベルの指標については，B染色体とA染色体で差がない．

　　なおB染色体は**性染色体**(sex chromosome)とは異なる．性染色体は栽培植物ではホップ，アサ，ポプラなどで観察されている（小野 1963）．ちなみに性染色体以外の染色体を**常染色体**(autosome)といい，これはA染色体とは定義が異なる．

9.2　植物進化と倍数性

9.2.1　ゲノムと基本数

H. Winklerは1920年に配偶子のもつ遺伝子またはDNAの全体を**ゲノム**(genome)と名づけた．この定義は近時の分子生物学でつかわれている用法と同じである．いっぽう細胞遺伝学では，「生物の生存上に必要な最小の染色体のセット」をゲノムという．これは1929年頃から木原均により提唱された定義である(Kihara 1930)．染色体が1本しかない原核生物ではどちらの定義でもゲノムの実体は同じになるが，倍数性種を含む高等生物では，ど

表9.3 栽培植物とその近縁種のゲノム構成

(a) イネ (*Oryza*)

種　　　　名	2n	ゲノム
O. sativa (栽培種)	24	AA
O. rufipogon	24	AA
O. nivara	24	AA
O. officinalis	24	CC
O. glaberrima (栽培種)	24	$A^g A^g$
O. barthii	24	$A^g A^g$
O. longistaminata	24	$A^l A^l$
O. australiensis	24	EE
O. brachyantha	24	FF
O. punctata	48	BBCC
O. minuta	48	BBCC
O. latifolia	48	CCDD
O. grandiglumis	48	CCDD
O. alta	48	CCDD

注）*O. sativa* と *O. glaberrima* 以外は野生種.

(b) コムギ (*Triticum*) とエギロプス (*Aegilops*)

種　　　　名		2n	ゲノム
T. monococcum	(栽培ヒトツブコムギ)	14	AA
T. monococcum var. *sinskajae*	(栽培ヒトツブコムギ)	14	AA
T. monococcum var. *boeoticum*	(野生ヒトツブコムギ)	14	AA
T. urartu	(パンコムギ祖先野生種)	14	AA
Ae. squarrosa	(パンコムギ祖先種)	14	DD
Ae. speltoides	(野生種)	14	GG (SS の変異)
Ae. bicornis	(野生種)	14	$S^b S^b$
T. turgidum var. *durum*	(マカロニコムギ)	28	AABB
T. turgidum var. *turgidum*	(栽培種)	28	AABB
T. turgidum var. *polonicum*	(栽培種)	28	AABB
T. turgidum var. *carthlicum*	(栽培種)	28	AABB
T. turgidum var. *turanicum*	(栽培種)	28	AABB
T. turgidum var. *dicoccum*	(栽培エンマコムギ)	28	AABB
T. turgidum var. *dicoccoides*	(野生エンマコムギ)	28	AABB
T. timopheevi var. *timopheevi*	(栽培種)	28	AAGG
T. timopheevi var. *militinae*	(栽培種)	28	AAGG
T. timopheevi var. *araraticum*	(野生種)	28	AAGG
T. aestivum var. *aestivum*	(パンコムギ)	42	AABBDD
T. aestivum var. *compactum*	(栽培種)	42	AABBDD
T. aestivum var. *sphaerococcum*	(栽培種)	42	AABBDD
T. aestivum var. *spelta*	(栽培種)	42	AABBDD
T. aestivum var. *spelta*	(栽培種)	42	AABBDD
T. aestivum var. *macha*	(栽培種)	42	AABBDD
T. aestivum var. *vavilovii*	(栽培種)	42	AABBDD

ちらの用法によるかを明示しなければならない．本書では木原の定義にしたがうこととし，Winklerによるゲノムは全ゲノム(whole genome)とよぶ．

ゲノムは英語の大文字で表される．たとえばイネ(*Oryza sativa*)ではAA，パンコムギではAABBDDである．異なるゲノムは異なる文字で表される．ゲノムの異同は減数分裂第一中期における染色体の**対合**の有無によって判定される．すなわち2つの種を交配したF_1の減数分裂で染色体の対合が完全ならばゲノムが同じ，あるいは**相同**(homologous)といい，対合が不完全ならば異なるとする．イネ（表9.3a）とコムギ（表9.3b）を例として栽培種とその近縁種のゲノム表記をしめす．

同じ属内で染色体数の異なる種が系列をなすことがある．たとえばキク属(*Chrysanthemum*)では，ハマギクの$n=9$，シマカンギクの$n=18$，ノジギクの$n=27$，シホギクの$n=36$，コハマギクの$n=45$など，また表9.3bのコムギ属(*Triticum*)ではヒトツブコムギの$n=7$，マカロニコムギの$n=14$，パンコムギの$n=21$などが系列をなしている．これらの系列をもつ種の染色体数は基本となる最小数の整数倍となっている．これを**基本数**(basic number)といいxで表す．キク属では$x=9$，コムギ属では$x=7$となる．基本数とは，配偶子の染色体構成が形態的にも機能的にもそれ以上群分けできないときの染色体数であり，系列におけるゲノムあたりの染色体数に相当する．またその属の進化において出現した最小の染色体数ともいえる．

9.2.2 倍数性とは

細胞が3ゲノム以上の染色体をセットでもつ状態を**倍数性**(polyploidy)，倍数性の細胞からなる個体を**倍数体**(polyploid)とよぶ．Polyploidの語は1910年にStrasbugerによって定義された．ゲノムの数が3, 4, 5, 6の場合をそれぞれ**3倍体**(triploid)，**4倍体**(tetraploid)，**5倍体**(pentaploid)，**6倍体**(hexaploid)という（図9.2, 図9.3）．3倍体以上をまとめて倍数体という．基本数をつかって表すと，これらの染色体数は$3x, 4x, 5x, 6x$となる．染色体数がこれらのように基本数の整数倍である個体を**正倍数体**(euploid)という．なお通常のゲノム数が2個の個体は**2倍体**(diploid)という．倍数体の進化的意義についてはStebbins(1971)やGottschalk(1976)の労作を，また広く動植物界全体の倍数性の問題についてはLewis(1980)編の書を参照

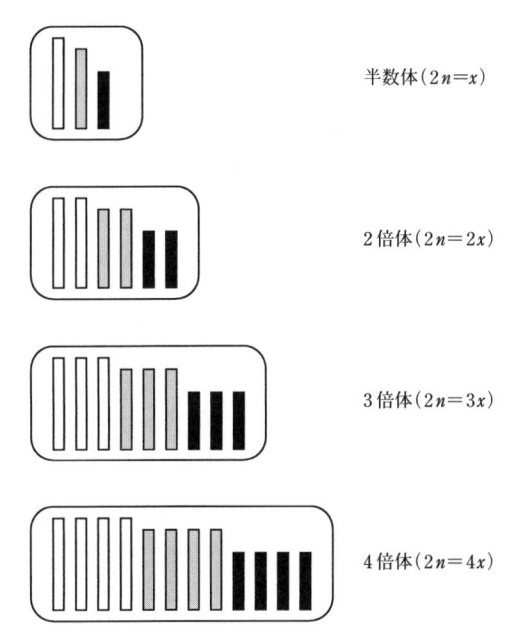

図 9.2 半数体から 4 倍体までの倍数性の系列をしめす模式図．染色体基本数が 3（$x=3$）の場合．

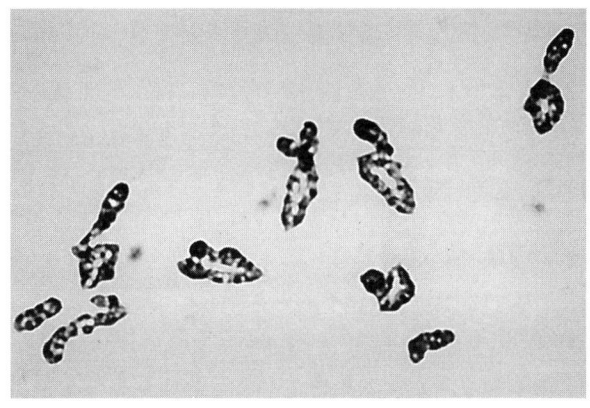

図 9.3 オオムギの 3 倍性個体の減数分裂第一中期における染色体対合．7 つの 3 価染色体（7 III）が観察される．

9.2 植物進化と倍数性

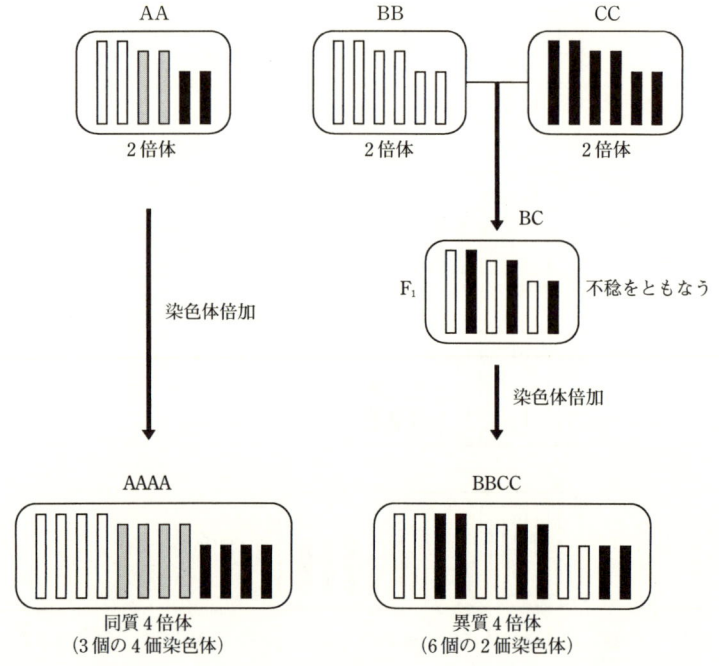

```
        AA              BB        CC
      ┌────┐         ┌────┐    ┌────┐
      │    │         │    │    │    │
      └────┘         └────┘    └────┘
      2倍体            2倍体     2倍体
        │                └────┬────┘
        │                     │
        │                    BC
        │                  ┌────┐
        │               F₁ │    │ 不稔をともなう
        │                  └────┘
   染色体倍加                  │
        │                 染色体倍加
        │                     │
        ▼                     ▼
      AAAA                  BBCC
    ┌──────┐              ┌──────┐
    │      │              │      │
    └──────┘              └──────┘
    同質4倍体               異質4倍体
  (3個の4価染色体)        (6個の2価染色体)
```

図9.4 同質倍数体と異質倍数体の成立過程をしめす模式図．染色体基本数を3 ($x=3$) とする．

されたい．

　植物の染色体数を表すには，体細胞染色体数($2n$)と基本数(x)を併記することが望ましい．2倍性種では基本数と配偶子染色体数は一致する．たとえば栽培イネでは，$2n=2x=24$ となる．しかし倍数性種では異なり，たとえばパンコムギの染色体数は $2n=6x=42$ としめされる．これは体細胞で42本，配偶子で21本の染色体をもち，42本の内訳は基本数7からなる6つの染色体セットからなることを意味する．

　重複したすべての染色体がたがいに相同で完全に対合する倍数体を**同質倍数体**(autopolyploid)，非相同の染色体が含まれる倍数体を**異質倍数体**(allopolyploid)という(図9.4)．この分類はKiharaとOno(1926)によって提唱された．ここでギリシャ語の接頭語 auto は「自ら」(self)，allo は「異なる」(other)を意味する．なお転座などの染色体の構造変異については異なるが，染色体の大部分の領域では相同である2倍性種間の雑種を倍加した

倍数体をとくに Stebbins(1950)は**部分異質倍数体**(segmental allopolyploid)と名づけた.

たとえば,イネ(*Oryza sativa*)は体細胞の染色体数が24本の2倍体で,12の相同染色体対をもつ.そのゲノム構成はふつうAAでしめされるが,それを人為的に倍数化すると同質4倍体でAAAAのゲノムをもつ.1つのAが12本の染色体のセットを表す.それに対してパンコムギは体細胞染色体数が42本の6倍体で,そのゲノム構成はAABBDDと表され,異質倍数体である.A, B, Dゲノムはそれぞれ別の2倍性種に由来し,たがいに相同でない.

倍数体が同質倍数性と異質倍数性のどちらであるかを識別するには,つぎの方法による.

(1) 減数分裂期における染色体の対合から

同質倍数体ではふつう染色体が3本以上対合した**多価染色体**(multivalent)が形成されるのに対して,異質倍数体では2本の染色体が対合した**2価染色体**(bivalent)が主である.ただしバーズフットトレフォイルのように同質倍数体であっても多価染色体がほとんどできない種もある(Soltis and Riesberg 1986, Fjellstrom *et al.* 2001).またコムギにおける*Ph*1遺伝子の作用のような遺伝的な制御で多価染色体の形成が抑えられている場合もある.

(2) 遺伝的分離から

異質倍数性ではふつう2倍性(disomic)の遺伝様式がみられるのに対し,同質倍数性では形質が倍数性の遺伝をする(後述).主働遺伝子性の形質,アイソザイム,分子マーカーなどを利用して,その遺伝様式をしらべる.

9.2.3 自然倍数性

倍数化は植物の進化で重要な要因となった.染色体の倍数化により生じた4倍体は,もとの2倍体と交雑するといちじるしく不稔の3倍体となり後代が生じにくくなるため,生殖的な隔離が急激におこる.このようにして倍数化は新しい属や種の形成に寄与した.ただし科や目という大きな分類単位を生みだすほどの力とはなっていない.進化上での倍数化は非可逆的過程で,いったん倍加して4倍体になった植物種からもとの2倍性種が生じることは

ほとんどない．

　植物では自然に生じた倍数体がひじょうに多く，種子植物の 30-35％，イネ科植物にかぎると 75％ が倍数体に分類される．さらに Stebbins(1971) によれば，現在は 2 倍体とみなされている種でも，その基本数 x が 12 以上である種はすべて，また $x=10, 11$ の種のほとんどは進化の過程でかつて倍数化を受けた**古倍数体**(ancient polyploid)である．倍数体の判定には，染色体数や減数分裂期における染色体の対合様式がつかわれてきたが，最近では DNA マーカー利用の連鎖地図での**遺伝的重複度**(genetic redundancy)(Rieseberg 1998)ももちいられる．これによれば，たとえばアラビドプシス($n=10$)も塩基配列の重複度から 1.12×10^8 年前に 4 倍性の祖先から分化したと推定されている．また現存しない化石植物でも，気孔の孔辺細胞の大きさによって判定される(Masterson 1994)．それによれば種子植物では $x=7-9$ が古代種の基本数で，現存の種子植物のじつに 8 割までが倍数性と推定されることになる．現在倍数体であることが知られている植物でも，その基本数が比較的大きいものは，基本数の植物自体がより古い時代の倍数化をへていると推定される．

　自然における倍数性植物の多くは 4 倍体であり，またほとんどが異質倍数体または部分異質倍数体で，真に同質倍数体といえるものはまれである．自然の草本植物では，一年生より永年生，他殖性より自殖性および栄養繁殖性の種に倍数体が多い．裸子植物では倍数性種が少ない．

　自然における染色体倍加には 2 通りある．1 つは減数分裂期における**非還元配偶子**(unreduced gamete)の生成である．減数分裂において染色体が両極に分配されずに 1 つの核となったものを**復旧核**(restitution nucleus)という．復旧核の形成により倍数性の配偶子が生じる．復旧核の形成が第一分裂中期でおこる**第一分裂復旧**(first division restitution; FDR)と，第二分裂でおこる**第二分裂復旧**(second division restitution; SDR)とがある(Veilleux 1985)．FDR のほうが SDR より多く観察される．倍数性配偶子の形成は，このほか第二分裂後の核の融合，双子葉植物での紡錘糸の形成方向の並行などによる場合がある．非還元配偶の卵($2x$)に正常花粉(x)が受精して 3 倍体がまずできる．その 3 倍体植物上でふたたび非還元の卵($3x$)が生じ，それが正常花粉で受精されると 4 倍体($4x$)が生まれると考えられている(Harlan and de Wet 1975, de Wet 1980). このような非還元配偶子が生成される種はジャガイモの近縁野生種をはじめ数多い. 倍数性花粉の形成が遺伝的に制御されている場合があり, オオムギの *tri* (Finch and Bennett 1979), アルファルファの *jp* (McCoy and Smith 1983), ジャガイモの *sy* (Iwanaga and Peloquin 1979), トウモロコシの *el* (Rhoades and Dempsey 1966)などの遺伝子が報告されている.

もう1つの仕方は体細胞分裂での姉妹染色体の非分離による. 姉妹染色体が分離したのに細胞分裂がおこらないと, 倍数性細胞ができる. このような倍数化細胞が芽の成長点にできて, 減数分裂をへて配偶子にいたれば卵も花粉も $2x$ となり, 受精によりただちに倍数体が生まれる. 倍加の頻度としては非還元配偶子による方法が多いと考えられている.

9.2.4 倍数性の栽培植物

栽培植物でも, 染色体数が小さい種は真正の2倍体とみられる(表9.4)が, 染色体数が多いヒマワリやダイズなどが古倍数体の例としてあげられる(Solits *et al*. 1991)(表9.5). 栽培植物でも自然に生じた倍数性種が多いが, やはり同質倍数体や部分異質倍数体(表9.6)より異質倍数体(表9.7)が多い. アルファルファ$(4x)$, オーチャードグラス$(4x)$, チモシー$(6x)$, 生食用バナナ$(3x)$が同質倍数性またはそれに近いゲノム構成をもつ. ジャガイモ$(4x)$, キャッサバ$(4x)$は部分異質倍数性である. 異質倍数性の作物には, コムギ$(6x)$, エンバク$(6x)$, タバコ$(4x)$, ラッカセイ$(4x)$, 陸地棉$(4x)$, 海島棉$(4x)$, イチゴ$(8x)$, トールフェスク$(6x)$などがある. カンショは6倍性の同質倍数性と考えられているが, 減数分裂期に多価染色体が少ないので, 異質倍数性という意見もある.

チャ, クワ, リンゴのように, 同じ栽培植物中に2倍性品種と倍数性品種がともに含まれている場合がある. オニユリ, ヒガンバナ, ノカンゾウ, シャガなどでは, 3倍性種が山野に自生している.

自然の異質倍数性では近縁種が同じ基本数をもつ場合と異なる場合とがある. 前者にはコムギ属$(x=7)$やワタ属$(x=13)$, 後者にはアブラナ属$(x=8, 9, 10)$やタバコ属$(x=8, 9, 10, 12)$がある.

表9.4 栽培植物における真正2倍体

作物名	学名	基本数	$2n$
ソラマメ	Vicia faba	6	12
ホウレンソウ	Spinacia oleracea	6	12
オオムギ	Hordeum vulgare	7	14
ライムギ	Secale cereale	7	14
イタリアンライグラス	Lolium multiflorum	7	14
ペレニアルライグラス	Lolium perenne	7	14
アカクローバ	Trifolium pratense	7	14
エンドウ	Pisum sativum	7	14
キュウリ	Cucumis sativus	7	14
ソバ	Fagopyrum esculentum	8	16
タマネギ	Allium cepa	8	16
ネギ	Allium fistulosum	8	16
クロガラシ	Brassica nigra	8	16
モモ	Prunus persica	8	16
アンズ	Prunus armeniaca	8	16
アワ	Setaria italica	9	18
テンサイ	Beta vulgaris	9	18
ダイコン	Raphanus sativus	9	18
ニンジン	Daucus carota	9	18
ホップ	Humulus lupulus	10	20
スイカ	Citrullus vulgaris	11	22
インゲン	Phaseolus vulgaris	11	22
アズキ	Phaseolus angularis	11	22
トマト	Lycopersicon esculentum	12	24
メロン	Cucumis melo	12	24
トウガラシ	Capsicum annuum	12	24
ナス	Solanum melongena	12	24

注) 現在真正2倍体と考えられている栽培植物でも, 染色体数が比較的多いものは, 今後研究の進展にしたがい古倍数性であることがあきらかにされると予想される.

表9.5 栽培植物における古倍数性の2倍体

作物名	学名	基本数	$2n$
キャベツ	Brassica oleracea	9	18
和種ナタネ	Brassica campestris	10	20
カブ	Brassica rapa	10	20
ハクサイ	Brassica pekinensis	10	20
トウモロコシ	Zea mays	10	20
ソルガム	Sorghum bicolor	10	20
イネ	Oryza sativa	12	24
ヒマワリ	Helianthus annuus	17	34
ダイズ	Glycine max	20	40
西洋カボチャ	Cucurbita maxima	20	40

表9.6 栽培植物における同質倍数体または部分異質倍数体

作物名	学名	基本数	倍数性	$2n$
バーズフットトレフォイル	Lotus corniculatus	6	$4x$	24
オーチャードグラス	Dactylis glomerata	7	$4x$	28
チモシー	Phleum pratense	7	$6x$	42
アルファルファ	Medicago sativa	8	$4x$	32
キャッサバ	Manihot esculenta	9	$4x$	36
コーヒー	Coffea arabica	11	$4x$	44
生食用バナナ	Musa acuinata 由来	11	$3x$	33
ジャガイモ	Solanum tuberosum	12	$4x$	48
サツマイモ	Ipomoea batatas	15	$6x$	90

表9.7 栽培植物における異質倍数体

作物名	学名	基本数	倍数性	$2n$
コムギ	Triticum aestivum	7	$6x$	42
エンバク	Avena sativa	7	$6x$	42
トールフェスク	Festuca arundinacea	7	$6x$	42
イチゴ	Fragaria ananassa	7	$8x$	56
シロクローバ	Trifolium repens	8	$4x$	32
セイヨウスモモ	Prunus domestica	8	$6x$	48
アビシニアカラシ	Brassica carinata	8, 9	$2n=2(8+9)$	34
タカナ	Brassica juncea	8, 10	$2n=2(8+10)$	36
ミツマタ	Edgeworthia chrysantha	9	$4x$	36
洋種ナタネ	Brassica napus	9, 10	$2n=2(9+10)$	38
ラッカセイ	Arachis hypogaea	10	$4x$	40
サトウキビ[1]	Saccharum officinarum	10	$8x$	80
タバコ	Nicotiana tabacum	12	$4x$	48
陸地棉	Gossypium hirstum	13	$4x$	52
海島棉	Gossypium barbadense	13	$4x$	52

1) サトウキビの市販品種中には，$2n=100\text{-}125$ のものもある．

9.2.5 栽培植物におけるゲノム内部分倍数性

自然の倍数性種では，倍数化後に遺伝子の分化が進み，しだいに2倍性化する．倍数性が部分的にしか残っていない古倍数性種では，減数分裂期に多価染色体を生じることも少なく，これまで2倍性とみなされるか，倍数性の次数が過小評価されてきた．しかしDNAマーカー利用の連鎖地図の構築が進展し，同じクローン塩基配列がゲノム内の複数の座に重複してハイブリダイズすることにもとづいて，同じゲノム内で部分的にだけ重複した倍数性でも検出できるようになった．このような**ゲノム内部分倍数性**の例を以下にしめす．

9.2 植物進化と倍数性

① トウモロコシ：$2n=20$ で，かつては真正の 2 倍体とされていたが，近縁種の基本数が $x=5$ であること，半数体で非相同染色体間に対合がみられること，生存可能なモノソミックが得られること(Khush 1973)，欠失をもつ染色体も減数分裂期に淘汰されずに次代に伝達されること，など細胞遺伝学的にふつうの 2 倍性種の植物にはない特徴がみられることから，部分的な倍数性があると推測されていた．実際にアイソザイムの遺伝子座に重複が認められ，さらに DNA マーカーをもちいて Helentjaris(1987) および Helentjaris ら(1988)は第 2 と第 7 染色体間で，および第 3，第 6，第 8 染色体間で重複があることを証明した．

② ソルガム：トウモロコシ同様に $2n=20$ で，$2n=10$ の祖先種から倍加したことが認められた．トウモロコシと共通のプローブ中で重複した座の割合がトウモロコシより低い(Whitkus *et al.* 1992)ので，倍加時期が早く，倍加後の 2 倍性化が進んでいると考えられる．

③ ヒマワリ：$2n=34$ で，多くの重複座があり，それらが異なる染色体に散在しているので，倍数性起源でかつ多くの染色体の構造変異をもつと推測される(Jan *et al.* 1998)．

④ イネ：染色体の二次接合が古くから細胞学的に観察されていたが，DNA マーカーによる実験でも第 11 と第 12 染色体の間で短腕の末端部に高い相同性が認められた(Nagamura *et al.* 1995, Wu *et al.* 1998)．

⑤ ダイズ：$2n=40$ で，非反復配列のうちの 9 割以上が重複していて，4 倍性化が進化の初期およびその後何回も生じたと考えられている．重複の程度は最高 4 重までありトウモロコシよりずっと高く，多数の連鎖群にわたっていて，重複部分は長短さまざまである(Shoemaker *et al.* 1996)．

⑥ アブラナ科：カブ(Song *et al.* 1991)やキャベツでは，連鎖群内および異なる連鎖群間で重複があり(Slocum *et al.* 1990)，進化の過程で近縁種間の自然交雑を受けたことをしめしている．

⑦ ワタ：$2n=52$ の異質 4 倍性とみられてきたが，DNA マーカーによるゲノムのマッピングにより古 8 倍性であり，その倍数化は 1.1-1.9×10^6 年前に生じたと推定された(Reinisch *et al.* 1994)．

9.3 倍数体における遺伝分離

9.3.1 同質倍数体における遺伝分離

(1) 遺伝子型

同質4倍体であ座で2つの対立遺伝子 A, a があるとき，とりうる遺伝子型は $AAAA, AAAa, AAaa, Aaaa, aaaa$ の5種類である．これらをそれぞれ **4重式型**(quadruplex)，**3重式型**(triplex)，**複式型**(duplex)，**単式型**(simplex)，**零式型**(nulliplex) という．2倍性とちがいヘテロ接合の遺伝子型が3種類ある．

(2) 配偶子の遺伝的分離

同質4倍体では，遺伝子座と動原体との間の地図距離の大小によって遺伝的分離の様式が異なる．

いま遺伝子座Aにおける遺伝子型 $AAAa$ の個体の減数分裂での分離様式を考える．遺伝子 A をもつ動原体をC，a をもつ動原体をcとする．第一分裂後期で4本の相同染色体が2本ずつランダムに両極に分かれるとすると，配偶子のもつ動原体の比は3CC:3Ccとなる．遺伝子座Aが動原体にごく近く動原体との間で乗換えがおこらない場合には，遺伝子座も動原体とまったく同じように分離する．すなわち分離は染色体単位となり，これを**染色体分離**(choromosome segregation)という．配偶子の比は $3AA:3Aa$ となる．第二分裂でもこの比は変わらないので，配偶子の比は $3AA:3Aa$ となる．同様に $AAaa$ 個体では配偶子の比は $1AA:4Aa:1aa$ となる．$Aaaa$ 個体では配偶子の比は $3Aa:3aa$ となる．もちろん $AAAA$ 個体からは AA のみ，$aaaa$ 個体からは aa のみが生じる．

いっぽう動原体から遠い遺伝子座では動原体との間で自由に**染色分体**(chromatid)単位で乗換えが生じる結果，動原体がCかcに関係なく，$AAAa$ 個体の第一分裂での分離は相同染色体の8本の染色分体 $AAAAAAaa$ からランダムに4本ずつ選ぶのと同じになる．すなわち $15AAAA:40AAAa:15AAaa:0Aaaa:0aaaa$ となる．第二分裂では，$AAAA$ からは AA のみ，$AAAa$ からは $AA:Aa$ が3:3の比で分離し，$AAaa$ からは $AA:Aa:aa$ が $1:4:1$ の比で分離する．結局配偶子の比は，$15AA:12Aa:1aa$ となる．これを**染色分体分離**(chromatid segrega-

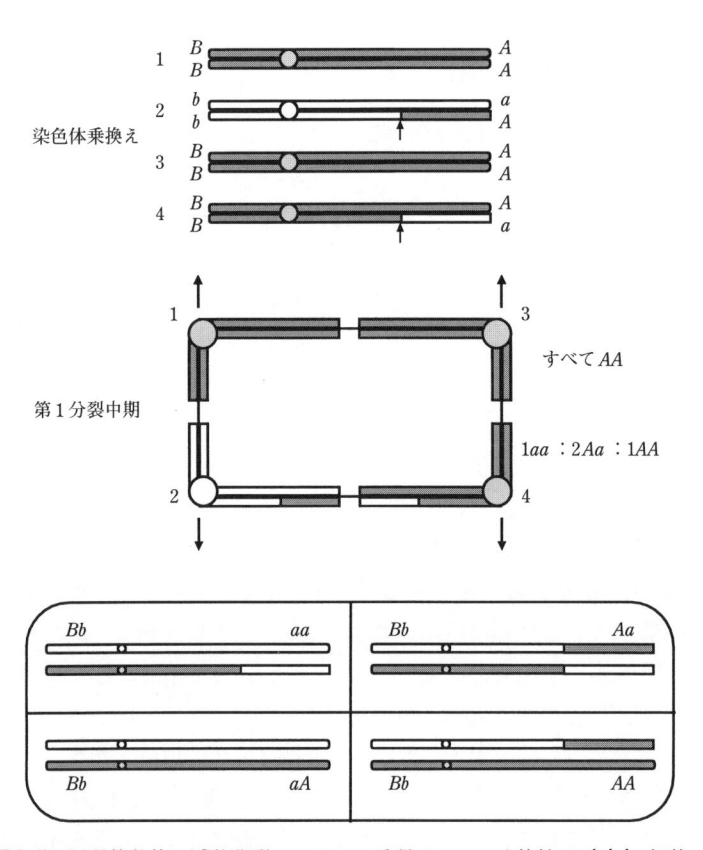

図 9.5 同質倍数体の減数分裂における二重還元．いま 4 倍性の $AAAa$ 個体において第 2 染色体と第 4 染色体の間で乗換えが生じたとする．第一分裂中期では，1+3：2+4, 1+2：3+4, 1+4：2+3 のどれかの分離が生じる．ここでは 1+3：2+4 の分離となる場合をしめす．1+3 の側ではすべて AA 配偶子が生じるが，2+4 側では AA, Aa, aa 配偶子が 1：2：1 の比で生じる．その結果 1+3：2+4 の分離では全体として AA, Aa, aa 配偶子が 5：2：1 の比で生じることになる．$AAAa$ 個体から aa 配偶子が生まれることに注目．乗換えが生じない部分にある遺伝子座 B では，bb 遺伝子型の配偶子は生じない．

tion)という．染色体分離ではありえない遺伝子型 aa も生じることに注意されたい(Schulz-Schaeffer 1980)．動原体と遺伝子座との間の乗換えにより分離が変化するこの現象を**二重還元**(double reduction)という(図 9.5)．同様にして $AAaa$ 個体では第一分裂で $1AAAA：16AAAa：36AAaa：16Aaaa：1aaaa$ の比となり，配偶子の比は $3AA：8Aa：3aa$ となる．

表9.8 4倍体植物間の交雑 $AAAA \times aaaa$ における F_1 $AAaa$ の自殖後代での5種の遺伝子型の分離比とヘテロ接合性

(a) 染色体分離

	$AAAA$	$AAAa$	$AAaa$	$Aaaa$	$aaaa$	ヘテロ接合性 $4x$	$2x$
F_1	.000	.000	1.000	.000	.000	1.000	1.000
F_2	.027	.222	.500	.222	.027	.944	.500
F_3	.097	.222	.361	.222	.097	.805	.250
F_5	.218	.160	.241	.160	.218	.562	.062
F_7	.304	.111	.167	.111	.304	.390	.015
F_{10}	.386	.064	.096	.064	.386	.226	.001
F_{15}	.454	.025	.038	.025	.454	.090	.000
F_{20}	.481	.010	.015	.010	.481	.036	.000
F_∞	.500	.000	.000	.000	.500	.000	.000

注) 参考のため最右欄に2倍体の場合のヘテロ接合性をしめした.

(b) 染色分体分離

	$AAAA$	$AAAa$	$AAaa$	$Aaaa$	$aaaa$	ヘテロ接合性
F_1	.000	.000	1.000	.000	.000	1.000
F_2	.045	.244	.418	.244	.045	.908
F_3	.135	.222	.283	.222	.135	.728
F_5	.274	.140	.170	.140	.274	.451
F_7	.360	.086	.104	.086	.360	.278
F_{10}	.432	.042	.050	.042	.432	.135
F_{15}	.479	.012	.015	.012	.479	.040
F_{20}	.493	.003	.004	.003	.493	.012
F_∞	.500	.000	.000	.000	.500	.000

$Aaaa$ 個体では第一分裂で $0AAAA : 0AAAa : 15AAaa : 40Aaaa : 15aaaa$ となり，配偶子の比は $1AA : 12Aa : 15aa$ となる．$aaaa$ 個体からは aa のみが生まれる．なお2倍体でも染色体分離と染色分体分離がおこるが，分離比はどちらの場合でも変わらない．動原体からの距離がごく遠くもごく近くもない遺伝子座では，染色体分離と染色分体分離の中間的な分離をしめす．

(3) 世代と分離頻度

いま2つの親 $AAAA$ と $aaaa$ を交配した後代での分離を考える．F_1 では全個体が $AAaa$ となる．F_2 では自殖でも無作為交雑でも変わらない．染色体分離では

表9.9 4倍体植物間の交雑 $AAAA \times aaaa$ における $F_1\ AAaa$ の無作為交雑後代での5種の遺伝子型の分離比とヘテロ接合性

(a) 染色体分離

	$AAAA$	$AAAa$	$AAaa$	$Aaaa$	$aaaa$	ヘテロ接合性 $4x$	$2x$
F_1	.000	.000	1.000	.000	.000	1.000	1.000
F_2	.027	.222	.500	.222	.027	.944	.500
F_3	.049	.246	.407	.246	.049	.901	.500
F_5	.060	.249	.378	.249	.060	.878	.500
F_7	.062	.250	.375	.250	.062	.875	.500
F_{10}	.062	.250	.375	.250	.062	.875	.500
F_{15}	.062	.250	.375	.250	.062	.875	.500
F_{20}	.062	.250	.375	.250	.062	.875	.500
F_∞	.0625	.2500	.3750	.2500	.06250	.8750	.5000

注) 参考のため最右欄に2倍体の場合のヘテロ接合性をしめした．

(b) 染色分体分離

	$AAAA$	$AAAa$	$AAaa$	$Aaaa$	$aaaa$	ヘテロ接合性
F_1	.000	.000	1.000	.000	.000	1.000
F_2	.045	.244	.418	.244	.045	.908
F_3	.075	.247	.353	.247	.075	.848
F_5	.088	.240	.340	.240	.088	.822
F_7	.089	.240	.340	.240	.089	.820
F_{10}	.090	.240	.340	.240	.090	.820
F_{15}	.090	.240	.340	.240	.090	.820
F_{20}	.090	.240	.340	.240	.090	.820
F_∞	.0900	.2400	.3400	.2400	.0900	.8200

$$(1AA+4Aa+1aa)^2 = 1AAAA+8AAAa+18AAaa+8Aaaa+1aaaa$$

となり，ヘテロ接合体の頻度は 34/36＝0.944 となる．染色分体分離では

$$(3AA+8Aa+3aa)^2 = 9AAAA+48AAAa+82AAaa+48Aaaa+9aaaa$$

となる．ヘテロ接合体の頻度は 178/196＝0.908 である．染色体分離でも染色分体分離でも，4倍体では2倍体よりずっと F_2 でのヘテロ接合性が高い．また自殖世代をつづけたときのヘテロ接合体の減少程度も2倍体よりずっと遅い(表9.8)．2倍体とちがって，4倍体では無作為交配でも Hardy-Weinberg の法則が成り立たない．平衡時の遺伝子型頻度は，2倍体では

$1AA+2Aa+1aa$ であるが，4倍体の染色体分離では $1AAAA+4AAAa+6AAaa+4Aaaa+1aaaa$ となる．このときヘテロ接合体の割合は，2倍体では50%であるが，4倍体では87.5%となる（表9.9）．染色分体分離では平衡時の遺伝子型頻度は染色体分離の場合とやや異なる．

9.3.2 異質倍数体における遺伝分離

異質倍数体では，2倍体と同じ2倍性(disomic)の遺伝をする．ただ同祖的遺伝子座間での交互作用がしばしば認められる．以下に自然が生んだ異質倍数体としてもっとも重要な栽培植物であるパンコムギを例に述べる．パンコムギは($2n=6x=42$)のAABBDDというゲノム構成である．つまり，それぞれ7対14本の染色体からなる3種のゲノムA, B, Dからなる6倍体である．A, B, Dゲノムはそれぞれ異なる2倍性種($2n=2x=14$)を祖先にもつ．Aゲノムは野生ヒトツブコムギ *Triticum urartu* から，Dゲノムはフタツブコムギの畑雑草であったタルホコムギ *Aegilops squarrosa* に由来する．Bゲノムの由来は不確かであるが，Feldmanら(1995)は *Aegilops speltoides* のゲノムSが4倍体レベルのときに変化したと考えている．これらの祖先種はたがいに近縁である．いいかえると，コムギ類の進化上，ある同一の原初の祖先種に由来する．パンコムギのもつ各ゲノムの1-7番の染色体はたがいに祖先が共通であり，**同祖染色体**(homoeologous chromosome)とよばれる．英名の名づけ親はE. R. Searsであり，同祖染色体の訳は木原による．

祖先種が近縁であるので，パンコムギは典型的な異質倍数性というよりも部分異質倍数性である．遺伝的に近縁のゲノムから構成される倍数性種では，減数分裂期の第一分裂中期でふつう多価染色体が観察される．多価染色体があると同質倍数体と同様に減数分裂での染色体分離が不規則になりがちで，花粉や種子の不稔をもたらす．しかし，実際にはパンコムギの第一分裂中期で観察される対合は相同染色体間だけで，同祖染色体間にはみられない．多価染色体は1個もなく，21個の2価染色体だけが生じ，染色体分離は正常である．遺伝分離は2倍性の遺伝をしめす．これはBゲノムの第5染色体（5B染色体）長腕上の動原体近くにある，***Ph*1遺伝子**(pairing homoeologous 1 gene)の作用によることが知られている(Okamoto 1957, Sears and Okamoto 1958, Riley 1960, Sears 1976)．電子顕微鏡観察によ

れば，パンコムギでも対合がはじまるザイゴテン期ではいくつかの多価染色体が存在するが，パキテン期までには数が減り，同祖染色体間で乗換えがおこることもなく，中期には二価染色体だけが観察されるようになる(Holm 1986)．

Ph1遺伝子のように倍数体において同祖染色体間の対合を制御する遺伝子は，エンバク *Avena sativa*(Rajhathy and Thomas 1972, Jones *et al.* 1989)，トールフェスク *Festuca arundinacea*(Jauhar 1975, Thomas and Thomas 1993)など他の倍数性植物でもみいだされている．またワタでも同じ機構が働いていると考えられている(Kimber 1961)．

9.3.3 倍数体における遺伝子作用

同質または異質の倍数性化にともない重複した遺伝子の転写産物が失われることが，アラビドプシスで最近報告されている(Scheid *et al.* 1996, Comai *et al.* 2000, Lee and Chen 2001)．またコムギ属の2倍性種間の交雑で合成した4倍性種では3,072の転写産物中，48が失われ，12が活性化されていた．前者はジーンサイレンシング（12.6.4項参照）または遺伝子の欠失によるもので，rRNA遺伝子，病害抵抗性，細胞分裂などに関与する遺伝子で認められた(Kashkuch *et al.* 2002)．

9.4 倍数性育種

9.4.1 倍数性育種とは

倍数体の育種的利用には，同質倍数体のもつ巨大性などの望ましい形質を利用する，種属間交雑F_1の不稔性を染色体倍加により解消して新しい種を作成する，そして交雑がむずかしい種や属の異なる植物間で遺伝子の橋渡しをはかる，の3つの面がある．**倍数性育種**(polyploidy breeding)は広義にはこれら3つのすべてを含むが，狭義には，コルヒチン処理などの人為的方法で染色体数を倍加させ，同質倍数体を作成して品種とする方法をいう．

9.4.2 染色体の人為的倍化

倍数体の作出には，1937年にBlakesleeとAveryが発見した**コルヒチン**

(colchicine)による処理がもっとも操作が簡単で効果的である（第1章参照）．コルヒチンはユリ科のコルチカム（*Colchicum autumnale*）（別名イヌサフラン）の球根に含まれ，分子式 $C_{22}H_{25}NO_6$ のアルカロイドである．処理法には，種子処理と芽処理とがある．種子処理では発芽前まで溶液に浸漬する．芽処理では，芽に溶液を滴下または噴霧するか，ラノリンまたは寒天にコルヒチンを混ぜたものをぬりつける．倍数体の発生率は，コルヒチン濃度，処理時間，温度などに依存する．適正濃度は植物により異なるが，いっぱんに 0.05-0.5％ の範囲にある．処理時間は 2-10 日である．濃度が高すぎると，目的の倍数性以外にも種々の染色体数の細胞をもつ**混数性**(mixoploidy)の個体が増え，また芽生の枯死率が高くなる．

コルヒチンのほかにはアセナフテン，笑気ガス(N_2O)などの薬剤も倍数化に有効であるが，処理がコルヒチンほど簡便でない．アセナフテンは非水溶性であり，クロロホルムかエーテルに溶かして，蒸気として植物体に作用させる．笑気ガスの場合は，ガラス瓶中に植物体をいれガスを充満させて処理する．クロロホルム，エーテル，抱水クロラールなどでも倍数体が得られるが，効率が低い．最近では除草剤オリザリンも倍数化に有効であることが報告されている．ただしこれは内分泌攪乱物質であるので使用上注意する．

コルヒチンは分裂中の細胞に作用して紡錘糸の形成を阻害する．その結果体細胞分裂中期で分離した姉妹染色体は，細胞の両極にむかって移行しない．これをCミトーシス(C-mitosis)という．各対をなした相同染色体は，スキー板のようにならんで中央の核板付近にとどまる．コルヒチン濃度を下げると，$4x$ の染色体をもった4倍性細胞として分裂をつづける．

高温処理や低温処理などの物理的刺激，通常の開花期よりも遅い段階の受粉（遅延受粉），器官の切断部からの不定芽利用などでも倍数体が得られたという報告があるが，効率は低く実用的でない．

9.4.3 同質倍数体の育種的利用
(1) 同質倍数体の利点
1) 2倍体の染色体数が倍加すると，まず細胞容積の増大と表面積/容積比の減少がまず生じる．細胞容積が増大した結果として，植物体の器官や組織の巨大化がおこる．茎や根が太く，葉や花弁が厚くなり，気孔，

花粉，種子が大きくなる．このような巨大化の利用が倍数性育種がおこなわれるきっかけとなった．また倍数化による気孔の大きさの変化は2倍体と倍数体の簡易識別にもちいられる．
2) 形態の変化だけでなく，サトウキビの糖，トウモロコシのビタミンA，トマトやリンゴのビタミンCなど成分含量が高くなることもある．また美濃早生ダイコンのように，病害抵抗性やストレス耐性が増すこともある．花木では香りが高くなることもある．
3) 他殖性集団でのヘテロ性が高く維持されやすいので，ヘテロシスを利用しやすい．
4) 同質倍数体では2倍体と繁殖性が異なることがある．たとえば自家不和合性の2倍性種の同質倍数体は自家和合性となる．

(2) 同質倍数体の難点
1) 同質倍数体では細胞分裂周期が長くなることがある．その結果，生育遅延と晩生化がもたらされることがある．
2) 最大の難点は，稔性が低いことである．そのため種子を栽培目的とする植物では，利用価値が少ない．

(3) 同質倍数体の染色体分離と不稔性

2倍体では相同染色体が2本ずつあり，減数分裂期に**2価染色体**(bivalent)を形成し，1本ずつ分かれて両極に移行する．同質倍数体では相同染色体が4本になる結果，減数分裂のパキテン期で4本の相同染色体が対合した**4価染色体**(quadrivalent)を生じる．ただし同じ点で対合するのはふつう4本のうちの2本だけで，染色体部分により対合のパートナーが変わる．第一分裂中期では4価染色体だけからなる像のほかに，2つの2価染色体，**3価染色体**(trivalent)と**1価染色体**(univalent)，などの像もしばしば観察される．作出された同質4倍体での4価染色体の頻度は30-60%にすぎない．像のちがいは染色体乗換えの有無による．乗換えがおこらなかった染色体間の対合は中期まで維持されることなく，染色体が離れてしまう．もし第一分裂後期で1対2本の染色体が片方の極に，ほかの対の2本の染色体が他方の極に移行すれば，配偶子は同数の染色体をもつことになり，稔性は正常である．しかし相同染色体がすべて正確に2本ずつ両極へ分かれて移行するとはかぎらない．とくに3価染色体と1価染色体の組合せの場合にはそうである．

その結果娘細胞では,相同染色体が2本ではなく,3本と1本,まれには4本と0本のように過不足が生じる.正常なセットの染色体を完備しない配偶子は受精能力をもたないので,種子が不稔となる.作出された135の同質倍数性種中で2倍性種程度の高い稔性をしめしたのは32%にすぎなかったという報告がある(Gottschalk 1978).

(4) 同質倍数体による育種の成功の条件

同質倍数体が植物改良に役立つかどうかは,植物器官の巨大化などの利と,生育遅延や不稔による不利とのバランスによってきまる.Dewey(1980)によれば,Levan(1945)は同質倍数体の育種が成功する栽培植物は,

1) もとの植物の染色体数が小さいこと
2) 他殖性種であること
3) 栽培の目的が栄養器官の生産であること

の3条件のすべてをみたすことが必要であるとしている.高次の同質倍数体は実用上の価値がほとんどない.細胞の大きさは8倍体から12倍体まで増加するが,4倍体にみられる植物の巨大化は認められず,むしろ種々の器官が小さくなる.また,不稔もいちじるしい.したがって倍加するもとの植物は2倍性であることが望ましい.染色体数が小さければ古倍数性であるおそれも少ない.他殖性であれば花粉稔性がいくぶん低くても正常花粉によって受粉される確率が高い.野菜の葉菜類や放牧用の牧草,根菜類やテンサイ,観賞用の花卉,林木など,栄養器官が栽培目的となる植物であれば種子不稔があってもかまわない.

(5) 同質倍数体による品種育成の実例

多くの牧草はLevanの3条件をみたしており,イタリアンライグラス,ペレニアルライグラス,アカクローバ,ベッチなどで,人為的に作出された同質4倍体が品種として栽培されている.オランダではペレニアルライグラスやイタリアンライグラスの4倍性の品種がいくつも育成された.4倍体は2倍体にくらべて千粒重が8割大きく,生草重が8-18%高い.家畜の嗜好性もすぐれている(Borojević 1990).ただし乾物重はほぼ同じで,踏圧に弱い欠点がある.スウェーデンでは4倍体のアカクローバは2倍体にくらべて栽培初年度は117%,2年度で165%の収量が得られる.ただ個体あたり種子数が低いことが欠点である.これは倍数性による減数分裂期での染色体分

離の異常に加えて，花が大きいためにミツバチやマルハナバチの口吻が花粉にとどかず授粉しにくいことによる．

残念ながら，イネ，オオムギなど，種子を目的とする2倍性種の穀類では同質倍数体が直接に品種としてつかわれるのぞみは少ない．ただしライムギは例外で，4倍体品種が飼料用として東欧やソ連で利用されている．4倍性ライムギは，2倍体とくらべて茎が太く，葉が広く，穂が長く，種子が2倍重く，タンパク質含量が2%高く，また製パン特性もすぐれている．しかし難点として，不稔が2倍体より20%高く収量が劣ることと，2倍性品種が近くに植えられていると交雑して3倍体となり，さらに不稔がはなはだしくなる．このことから，広く普及していない．ドイツでは4倍性で多年生のライムギ品種Permontraおよびそれに由来するSopertraが育成された(Reimann-Philipp 1995)．

花卉では，倍数性は，茎が太く，葉が厚く，花が大輪になり，花弁が重厚になるなどの特徴から鑑賞価値が高く，ペチュニア，キンギョソウ，オオハンゴンソウ，アゲラータム，キバナコスモス，フロックス，ジニアなどですぐれた品種がある．

永年生木本植物では，ブドウ，リンゴ，アンズ，ポプラ，クワなどで自然のまたは人為的に作出された同質倍数体の利用が試みられている．ブドウの4倍体は2倍体より果実が大きく，種子数が少ないという利点をもつ．日本では巨峰やピオーネをはじめとする4倍性品種の栽培が普及し，栽培面積の35%以上を占めている．巨峰は枝変わりで得られた4倍性系統間の交雑から1945年に大井上康により育成された(平川 1997)．

同質倍数体のなかでもっともよく利用されるのは4倍体であるが，3倍体もつかわれることがある．3倍体は，2倍体，ときには4倍体より植物体が巨大で強勢になる．3倍体はふつう4倍体を母親に，2倍体を父親にして交雑した次代の雑種として得られる．またオオムギでは，3倍体誘導遺伝子 *tri* がみいだされている．

3倍体では減数分裂期で3価染色体，2価染色体と1価染色体などをもつ細胞が生じ，また配偶子が完全なゲノムの染色体をもつことは期待できず，完全不稔となる．

テンサイは3倍体の育種的利用が成功した例である．テンサイの糖含量は

18世紀には5-7%にすぎなかったが，現在は17%に達している．その改良には集団選抜，系統選抜，そして倍数性などさまざまな育種技術が時代に応じて寄与した．3倍性テンサイは2倍性にくらべて葉面積が大きく，それにともない根の発育がすぐれ，根収量が20-32%，糖含量が1-2%高い．この長所を生かしてヨーロッパでは3倍体が大規模に栽培されるようになった．ただし米国では2倍体が多い．3倍体は完全不稔なので，採種には2倍体と4倍体を交互に植えるか，種子を混播する．さらに細胞質性雄性不稔が1942年に発見されて，採種効率がいちだんと高められた．

栽培バナナや種子なしスイカのように，3倍体のもつ完全不稔性が利用されることもある．バナナのほとんどの品種は自然に生じた3倍体($2n=3x=33$)である．3倍体バナナは2倍体より成育旺盛で果実の成長が速い．Kihara(1951)はスイカの4倍体に2倍体を交配して，完全不稔の同質3倍体をつくり，種子なしスイカとして世に紹介した．種子なしスイカは当時話題になったが，採種のために毎年4倍体と2倍体の交配が必要であり，また消費者の好みにかならずしもあわず，日本では普及しなかった．ブドウの3倍性品種であるハニーシードレスは無核化のためのジベレリン処理の回数が少なくてすむ．

リンゴ，チャ，クワの品種には自然の3倍性品種が少なくない．また3倍体のしめす巨大化を目的に，花卉ではチューリップ，フリージア，カンナで3倍性品種がつくられている．

染色体倍加剤として有効なコルヒチンがみいだされてから60年以上がすぎ，多くの栽培植物で同質倍数体の作出と利用が試みられたが，成功例は当初の期待にくらべると小さい．しかし染色体の倍加は植物にとって急激な変化であり，生化学的な，あるいは遺伝的なバランスをふたたび保つにいたるには長い選抜の世代が必要であろう．また種々の遺伝子型をもつ2倍体を材料として，できるだけ数多くの倍数体を作出して，選抜のための遺伝資源を広く準備することも必要である．

9.4.4　異質倍数体の育種的利用

(1)　種属間交雑と異質倍数体の作出

種属間交雑では，親どうしが遠縁であるほど，受粉，受精，胚発育，種子

の登熟，発芽までのさまざまな段階で交雑を妨げる障害がおこり，雑種を得ることがむずかしい（第8章参照）．この交雑障壁は進化の過程で植物種が分化するうえでたがいに隔離されるための機構として役立ってきたと考えられるが，植物を交雑によって改良しようとする場合には大きな妨げとなる．

遠縁の親間の雑種では，雑種第一代の減数分裂第一分裂前期で，母親からの染色体と父親からの染色体が対合しない．そのため第一分裂中期で2価染色体ができず，対合の相手のない1価染色体が多数生じる．各1価染色体が分裂時に細胞の両極のどちらへむかうかはランダムなので，配偶子は染色体の完全なゲノムを受けとることがなく，遺伝的不均衡のためいちじるしい不稔となる．

不稔を解消するために雑種を人為的に倍数化して異質倍数体とする．その方法には，

1) 雑種F_1のコルヒチンによる倍数化
2) あらかじめ両親を同質4倍体にしてから交雑
3) 雑種の減数分裂期に生じる非還元配偶子の利用
4) 高次倍数体を反復親とする戻し交雑

などがある．

なお異質倍数体と同義につかわれる語として**複2倍体**(amphidiploid)がある．複2倍体は，人為的に作出された異質倍数体や，ゲノムの起源があきらかな場合におもにつかわれる(渡辺 1982)．

AAゲノムの母親と，BBゲノムの父親を交配したF_1雑種のゲノムはABとなり，その複2倍体はAABBゲノムをもつ．複2倍体ではAゲノムとAゲノム，BゲノムとBゲノムの同じ染色体は対合して2価染色体をつくる．AゲノムとBゲノムの間に相同性がなければ，同質4倍体とちがって多価染色体はほとんどできない．このような原理により，遠縁の植物間の交雑から，稔性の高い複2倍体を人為的につくることができる．ただし実際には，さまざまな程度の相同性があり，異質倍数体でも多価染色体が形成され，稔性が低い場合も少なくない．

(2) 異質倍数体による育種

コムギ，エンバクなど自然が生んだすぐれた複2倍体の栽培植物は多い．この自然の賜物にならってコルヒチンの発見以来，種属間交雑のF_1を倍加

して複2倍体を作出する試みがさまざまな植物をもちいて無数におこなわれてきたが，育種的には期待されたほどの成果はなく，多くは実験例に終わっている．最大の成功例はライコムギである．そのほか飼料ナタネ，ハクサイとキャベツの種間交雑であるハクラン，雑種ライグラスなどがある（8.5節参照）．

9.5 半数体

9.5.1 半数体の定義

ある植物種の半数のゲノム，つまり半数の染色体をもつ植物体を，もとの植物種の**半数体**(haploid)という．たとえばイネはゲノム AA をもつ2倍体であるから，その半数体はゲノム A をもつ．半数体の体細胞は，もとの植物の配偶子染色体数(n)と同数の染色体をもつことになる．2倍体から生じる半数体を**単数性半数体**(monohaploid)，倍数体から生じる半数体を**倍数性半数体**(polyhaploid)という．倍数体の定義と異なり，半数体の定義は植物がもつゲノム数に直接関係ない．単数性半数体は単ゲノムであるが，倍数性半数体は複数のゲノムをもつ．さらに同質倍数体の半数体は**同質倍数性半数体**(autopolyhaploid)，異質倍数体の半数体は**異質倍数性半数体**(allopolyhaploid)という．また同質4倍体の半数体は同質2半数体(autodihaploid)($2n=2x$)，同質6倍体の半数体は同質3半数体(autotrihaploid)($2n=3x$)とよばれる．同様に異質4倍体の半数体は異質2半数体(allodihaploid)($2n=2x$)，異質6倍体の半数体は異質3半数体(allotrihaploid)($2n=3x$)とよばれる．奇数倍数性の倍数体，たとえば同質3倍体からは半数体は得られない．なお倍数性系列をもつ植物では，基本数の染色体をもつ植物を半数体とよぶことがある．

9.5.2 自然の半数体

半数体は Blakeslee ら(1923)によりシロバナヨウシュチョウセンアサガオ *Datura stramonium* ではじめて発見された．その後タバコ，トマト，ワタ，トウモロコシ，コムギ，オオムギなど多くの栽培植物でも得られた．イネでは1931年に九州大学付属農場の泉によって半数体が発見され，また MorinagaとFukushima(1934)により研究結果が報告された．KimberとRiley(1963)は，26属36種で半数体がみいだされたと述べている．

自然の半数体は，胚の発生が未受精の卵からの**雌性発生**(gynogenesis)，配偶体の卵以外の助細胞や反足細胞などからの**無配生殖**(apogamy)，雄性配偶子からの**童貞生殖**(androgenesis)，あるいは1個の種子中に複数の胚が生じる**多胚**(polyembryony)などの現象としてみいだされる．自然における半数体の発生頻度は低く，雌性発生では0.1%，童貞生殖では0.01%程度である．

半数体はいっぱんに植物体や器官が小さく生育も劣る．イネではもとの2倍体にくらべて，草丈が低く，穂長が短く，葉が細く，種子が小さい．稔性については，単数性半数体は完全不稔である．ただし，倍数性半数体にはジャガイモ，アルファルファのように胚珠やときには花粉が稔性をもつ場合もある．自然界では栄養繁殖性植物をのぞくすべての植物で，半数体はそのままでは次代に伝わらない．減数分裂期に雌性および雄性の非還元配偶子が生じて稔性の2倍体が得られることがまれにある．

9.5.3 半数体の作出

倍数体は体細胞分裂時の染色体の倍加処理でつくられるのに対して，半数体は植物が半数相になる時期，つまり減数分裂時の処理によって得られる．体細胞から半数体を人為的に得る方法はまだない．ただし，培養カルスの細胞中には半数性とみられる細胞が集合して観察されることがある．半数体の作出法には，以下のいくつかの方法がつかわれる．どの用法が最適かは栽培植物によってちがう．植物別の方法は，NitzscheとWenzel(1977)にくわしい．

(1) 種属間交雑

Solanum, Medicago, Trifolium, Raphanus, Brassica などの属では種間交雑により子房から単為生殖で胚が発育する．Jørgensen(1928)は *Solanum nigrum* を母親にして *S. luteum* を交雑し，*S. nigrum* の半数体を20%という高い頻度で得た．これが半数体を実験的に得た最初である．この場合，花粉は胚乳の形成に必要であるが受精にはあずからず，胚は未受精の卵からじかに発育する．ジャガイモの栽培種 *S. tuberosum* と2倍性野生種 *S. phure-*

ja の交雑ではさらに高率で半数体が得られる(Hougas *et al.* 1964). アルファルファ *Medicago sativa* と2倍性の *M. falcata* との交雑でも半数体が得られる. 種属間交雑による半数体の作出は, ほかの栽培植物でも広くおこなわれている.

(2) 放射線照射および薬品処理

タバコ, コムギ, キンギョソウ, ポプラなどでは, 大線量のX線またはγ線を照射して受精能力をなくした花粉を交配することにより, 未受精卵の単為生殖を促し, 半数体を得ることができる. トルイジン・ブルーという色素を受粉直後で未受精の雌しべに処理することも有効である.

(3) 多胚

トウガラシでは多胚種子を形成する系統があり, その頻度は母親の遺伝子型で制御されている. 多胚種子からは半数体—半数体や半数体—2倍体, 2倍体—2倍体の双子苗が形成される. 同様の事象はコムギでもみいだされているが, 頻度は低い.

(4) 異質細胞質

Kihara と Tsunewaki(1962) は *Aegilops caudata*× *Triticum aestivum* の F_1 をコムギに戻し交雑して, 細胞質を置換した結果, 53% の高率で半数体を得た.

(5) 葯培養

葯を人工培地上で無菌的に培養する**葯培養**によって半数体が得られることが, Guha と Maheshwari(1964) により *Datura innoxia* で報告された. これがきっかけとなって, 葯または花粉の培養により, イネ, タバコ, イタリアンライグラス, ライムギ, アスパラガスをはじめ, さまざまな栽培植物で半数体がつくりだされた. 葯培養では, 花粉から胚様体が直接形成される場合と, カルスの形成をへて幼植物が再分化してくる場合とがある. 葯培養法は, タバコなどの植物では効率がきわめて高く, 1本の葯から 1,000 個体以上の半数体が得られる. 効率は遺伝子型により異なる. なお子房または胚珠培養により雌性配偶子から半数体を得る方法は, テンサイやガーベラで成功しているが, いっぱんに半数体の頻度が低く, 労力もかかるので, 実用的でない.

(6) 染色体除去

オオムギの栽培種 *H. vulgare* を母親として球根をもつ野生種 *Hordeum bulbosum* の花粉をかけるか，その逆交配をおこなうと，胚の細胞中で**染色体除去**(chromosome elimination)がおこり栽培種の半数体が得られる(Kasha and Kao 1970)．交配により栽培種はいったん重複受精をするが，その後の胚と胚乳の細胞分裂過程で急速に *bulbosum* の染色体が細胞からのぞかれていき，11日めくらいまでには栽培種の染色体だけが残り，最終的に半数体の種子が得られる．染色体がのぞかれる速さは，栽培種の遺伝子型により異なる．胚乳の発育は途中でとまるので，半数性の種子を得るには培養が必要である．同様にコムギに *bulbosum* の花粉を受粉して得られる不完全胚を培養するとコムギの半数体が得られる．この場合に優性の2遺伝子 *Kr* 1(5B染色体)と *Kr* 2(5A染色体)があると *bulbosum* との交雑が妨げられ半数体が得られない．

(7) 半数体誘導遺伝子

HagbergとHagberg(1981)がオオムギ種子に化学変異剤のEMSを処理して得た葉緑素変異体の子孫から発見した遺伝子 *hap* は効率が高く，ヘテロ接合個体 *hap*/+ では3-6％，ホモ接合個体 *hap*/*hap* では15-40％の次代種子が半数体となる．このような遺伝子を**半数性誘導遺伝子**(haploidy initiator gene)という．海島棉(Turcotte and Feaster 1963)や洋種ナタネ(Stringham and Downey 1973)，トウモロコシ(Eder and Chalyk 2002)などでも遺伝的な半数体誘導が報告されている．

9.5.4 半数体における染色体対合

(1) 単数性半数体

単数性半数体では減数分裂期の第一分裂中期の染色体は，対合の相手をもたないのでふつう1価染色体となる．しかし一部の染色体で対合が生じて2価染色体となる例が，トウモロコシ，トマト，イネ，オオムギなどで報告されている．これを**ゲノム内対合**(intragenomic pairing)という．ゲノム内対合は染色体部分の重複があるためと考えられる．とくにトウモロコシでは半数以上の細胞で1個以上の2価染色体が認められた例(Ting 1966)や4価染色体が観察された例がある．これはトウモロコシが古倍数性であることによる (9.2.5項参照)．

(2) 倍数性半数体

倍数性半数体の減数分裂期の染色体が対合をしめすかどうかで，同質か異質かを判定することがよくおこなわれている．同質倍数性半数体では相同染色体が複数存在するので，2価染色体や多価染色体が観察されるが，異質倍数性半数体では相同染色体がないのですべてが1価染色体となるはずである．しかし，染色体の対合は遺伝子型により異なることがあり，少数の材料では結論がつけにくい．ジャガイモやアルファルファは，かつて半数体で高い対合が観察され，稔性も高いという観察結果から同質倍数体と判定されていたが，系統によっては対合が不完全であることがわかり，現在では部分異質倍数体とされている．またコムギの $Ph1$ 遺伝子のように，たった1個の遺伝子の存在で染色体間の対合程度が大きく左右される例もある．

9.5.5　半数体の育種的意義

(1) 品種としての直接利用

半数体，とくに単数性半数体は，各部器官が小さく，しかも完全不稔であるため，直接品種になることはほとんどない．ただし，花卉では半数体の花が小さく，不稔のために開花期間が長い点が長所となる．実際にペラルゴニウムなどで品種となった例がある．

(2) 倍加半数体の育種的利用

半数体を倍数化した植物を**倍加半数体**(doubled haploid)という．単数性半数体や異質倍数性半数体の倍数化では，全遺伝子座でホモ接合となった，つまり遺伝的に完全固定した個体が得られる．同質倍数性半数体の倍数化では，完全ホモ接合になるとはかぎらない．半数体の倍加にはコルヒチンが多くもちいられるが，イネ，コムギ，タバコなどでは葯培養の過程で半数体の自然の倍数化が生じて直接に倍加半数体が得られる．

倍加半数体の方法は自殖性植物の交雑育種で遺伝的固定を促進するために利用できる．倍加半数体にもとづいた選抜により育種年限を短縮する育種を**半数体育種**(haploid breeding)という（5.8節参照）．また他殖性のトウモロコシなどで完全ホモ接合の近交系を作出するためや，自家不和合性植物や雌雄異株の植物でホモ接合個体を得るのにももちいられる．永年性木本植物でヘテロシス育種のための近交系を得る手段としても有効である．

さらに倍加半数体は増殖しても分離しないので同じ遺伝子型の個体を大量に増やすことができる．このことからDNAマーカー利用による量的遺伝子座(QTL)解析の材料としても好適である．

(3) 倍数性半数体による育種

ジャガイモなどの倍数体では，通常の4倍体品種間交雑にくらべて，半数体($2x$)レベルでの交雑のほうが遺伝子の組合せが簡単で選抜も容易になるので，$2x$どうしの交雑による育種がおこなわれている．またDNAマーカー利用による連鎖地図作成やQTL解析にも倍数性半数体がもちいられている．

(4) 突然変異育種での利用

人為突然変異はほとんどすべて劣性であるので，2倍体では突然変異が生じても，新形質が当代の個体の表現型には現れない．選抜には次代での遺伝的分離まで待たなければならない．半数性種子に突然変異処理するか，2倍性植物体の減数分裂期に処理した後に葯培養などで半数体を得ることにより，ただちに突然変異形質の選抜が可能となる．

(5) 遺伝研究での利用

半数体は次節で述べるモノソミックを作出するための素材として有用である．種属間交雑後の童貞生殖によって得られた半数体の利用により，細胞質を置換した個体が得られる．倍数性半数体と2倍体とを交配することにより，遺伝子を倍数体から2倍体へ橋渡しすることができる．

9.6 異数体

9.6.1 異数体の定義

体細胞染色体数が，通常の$2n$より1ないし数本多いか少ない状態を**異数性**(aneuploidy)，異数性をもつ生物を**異数体**(aneuploid)という．おもな異数体には，染色体が1本欠けた状態($2n-1$)の**モノソミック**(monosomic)，相同染色体が1対2本欠けた状態($2n-2$)の**ナリソミック**(nullisomic)，染色体が1本余分にある状態($2n+1$)の**トリソミック**(trosomic)，染色体が1対余剰にある状態($2n+2$)の**テトラソミック**(tetrasomic)などがある(図9.6)．トリソミックでは1対だけ相同染色体が3本，テトラソミックでは4本

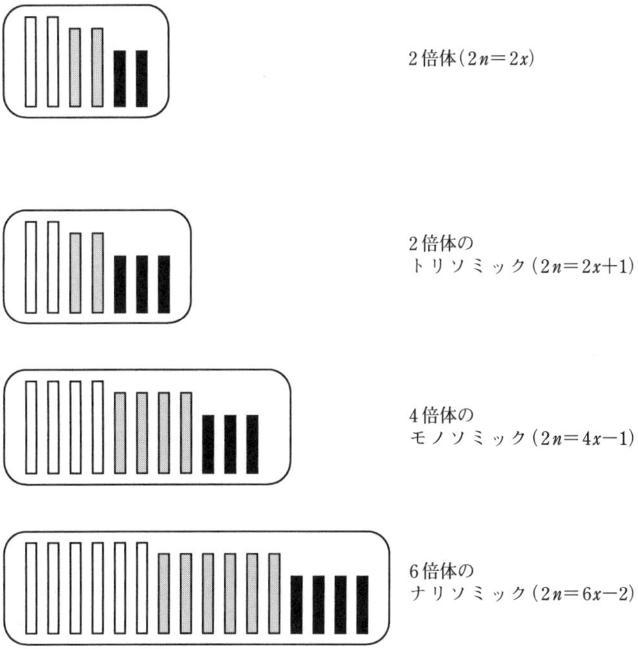

図9.6 染色体の異数性．原則としてモノソミックは4倍性種および6倍性種で，ナリソミックは6倍性種で作出できる．2倍性種ではトリソミックが遺伝研究に利用される．

あることになる．ナリソミック，モノソミック，トリソミック，テトラソミックは，日本語で零染色体，一染色体，三染色体，四染色体と訳されている．日本の遺伝育種の教科書ではしばしばモノソミックやトリソミックをそれぞれモノソミックス(monosomics)，トリソミックス(trisomics)としるしているが，これらは複数形であり，本来単数形で表すべきである．

トリソミックのもつ余分の染色体がその植物のもつあるゲノムのある染色体と同じであるとき**1次トリソミック**(primary trisomic)という．余分の染色体の両腕がある染色体の同一腕に由来する（このような染色体を等腕染色体，isochromosome という）とき**2次トリソミック**(secondary trisomic)，2種類の染色体の一部ずつからなるとき**3次トリソミック**(tertiary trisomic)という．ふつう，単にトリソミックというときは1次トリソミックである．異数体の詳細については，Khush(1973)の名著を参照されたい．

9.6 異数体　　257

なお同種ではなく異種由来の染色体を余分にもつ植物を**染色体添加系統**(chromosome addition line)，ある染色体が異種からの染色体で置換された植物を**染色体置換系統**(chromosome substitution line)という．染色体添加系統はおもにコムギで作出されていて，コムギの完全なゲノムに1本の染色体を添加したモノソミック添加系統と1対2本の染色体が添加されたダイソミック添加系統とがある．添加される異種の染色体としては，ライムギ，*Aegilops* 属などがもちいられる．Haider Ali ら(2001)はジャガイモとトマトの細胞融合後代からの選抜で，ジャガイモの染色体にトマトの染色体を添加した系統のセットを作成した．添加染色体の確認には，DNAマーカーのRFLPと染色体染色のGISH法がもちいられた．

9.6.2　自然における異数体

異数体は自然にもみられるが，いっぱんには頻度は低い．エンバクでは幼苗の根端細胞を顕微鏡観察すると1/10から1/200の頻度でモノソミック個体がみつかる．またエンバクではナリソミックを9対1の頻度で分離する遺伝子が知られている．スムーズブロームグラスなどの牧草，キク，ベゴニアなどの宿根草，ヒヤシンス，チューリップ，クロッカスなどの球根類の花では，異数体が偶発する．チョウセンアサガオのグローブ系統，エンバクのfatuoidのように，はじめ自然突然変異と考えられていたものが，じつは異数体であった例も少なくない．

9.6.3　異数体の生存力と形質表現

真正の2倍性植物では，染色体を1本欠いたモノソミックでもふつう致死となる．トウモロコシではモノソミックが得られているが(Weber 1991)，これは古倍数性によりゲノム内重複があるためである（9.2.5項参照）．2倍性植物のモノソミックでは，相同染色体の相手を欠いた染色体上にある遺伝子は，1個しかないことになる．この状態を**半接合**(hemizygous)という．2倍性植物では染色体が増えた場合でも3本が限界で，1本増えたトリソミックでも形態や生理的特性がひじょうに変化する．どの染色体が余分であるかによって形態に固有の特徴が生じるので，外観からトリソミックかどうか，さらにどの染色体のトリソミックかが推測できる場合もある．

倍数性植物ではもともと重複，つまり**遺伝的冗長性**(genetic redundancy)があるので，染色体の増減があっても生存力はあまり影響されない．4倍体よりも6倍体のほうがさらに影響が少ない．4倍性種であるタバコ属ではモノソミックが生存可能であるがナリソミックは致死となる．それに対し，6倍性種であるコムギでは，ナリソミックから，染色体が7本欠けた$2n=35$の多重モノソミックまである．ナリソミックが生存可能であるということは，失われた染色体上にある全遺伝子のかわりが，残りの染色体のどこかにあることを意味する．いっぱんに，失われた染色体の遺伝子の代替は，同祖染色体上の対応した位置にある．モノソミックとトリソミックとは形質が対照的になることが多い．たとえばタバコのモノソミック mono-F と mono-N は花が小型であるが，トリソミックの triplo-F と triplo-N は花が大きい．反対に mono-C は大花であるが，triplo-C は小花である．

9.6.4 異数体の作出

(1) トリソミック

1次トリソミックは，3倍体に2倍体を交雑した次代で選抜できる．また3倍体，テトラソミック，転座ヘテロの次代に分離する．また放射線照射した花粉をつかった交配やコルヒチンの種子処理などによっても得られる．体細胞染色体数が$2n$である植物では，n種類の1次トリソミックスがありうる．たとえばオオムギには7対14本の染色体があるが，7対のうちのどれ

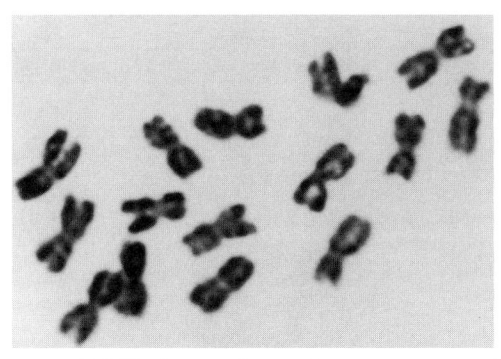

図 9.7 オオムギ野生種 *Hordeum vulgare* subsp. *spontaneum* の第1染色体についてのトリソミックの体細胞分裂中期における染色体像．15本の染色体がみられる．幼穂形成期で伸長中の芒の細胞で観察された．

表 9.10　異数体シリーズの作出例

(a) トリソミック

植　物	学　名	n	文　献
ト マ ト	*Lycopersion esculentum*	12	Lesley 1928
トウモロコシ	*Zea mays*	10	McClintock and Hill 1931
キンギョソウ	*Antirrhinum majus*	8	Stubbe 1934, Rudorf-Lauritzen 1958
チョウセンアサガオ	*Datura stramonium*	12	Blakeslee and Avery 1938
タ バ コ 属	*Nicotiana sylvestris*	12	Goodspeed and Avery 1939, 1941
コ ム ギ	*Triticum aestivum*	21	Sears 1954
ホウレンソウ	*Spinacea oleracea*	6	Tabushi 1958, Janick *et al*. 1959
野生二条オオムギ	*Hordeum sponatneum*	7	Tsuchiya 1960
ライムギ	*Secale cereale*	7	Kamanoi and Jenkins 1962
パールミレット	*Pennisetum typhoides*	7	Virmani 1969
アラビドプシス	*Arabidopsis thaliana*	5	Sears and Lee-Chen 1970
イ ネ	*Oryza sativa*	12	Cheng *et al*. 1996
ダ イ ズ	*Glycine max*	20	Xu *et al*. 2000
イ ネ (テロトリソミック)	*Oryza sativa*	12	Cheng *et al*. 2001

(b) モノソミック

植　物	学　名	n	文　献
コ ム ギ	*Triticum aestivum*	21	Sears 1954
エ ン バ ク	*Avena sativa*	21	複数の研究者の協力による
タ バ コ	*Nicotiana tabacum*	24	Clausen and Cameron 1944
フタツブコムギ	*Triticum dicoccum*	14	

(c) ナリソミック

植　物	学　名	n	文　献
コ ム ギ	*Triticum aestivum*	21	Sears 1954

かについて1本余分の染色体をもつ植物体がつくれる（図9.7）．トリソミック・シリーズについては，チョウセンアサガオ，オオムギ，ライムギ，イネ，トマト，パールミレットなどで完成している（表9.10 a）．

(2) モノソミック

モノソミックをつくるには半数体の利用がもっとも効率よいが，放射線照射やコルヒチン，ミレラン，EMSなどの化学物質処理でも得られる．また種間交雑や転座ヘテロの後代からも選抜できる．なお染色体数の減った個体を得るには，パラフルオロフェニルアラニンの処理が有効である．

ClausenとCameron(1944)はタバコで24本の染色体すべてについてのモノソミックを作成した．米国のSears(1954)はコムギ品種Chinese Springにライムギを交雑して得た半数体に，さらにコムギ品種の花粉を交配し，次代で染色体数41本の植物体を選び，21対の染色体に対応した完全なモノソミック・シリーズ（表9.10 b）をつくりあげた．また同じコムギ品種をつかって，モノソミックの自殖後代から21種全部のナリソミック・シリーズ（表9.10 c）を完成させた．

9.6.5 異数体の遺伝と遺伝解析

(1) トリソミック

2倍性植物のトリソミックでは，nと$n+1$の配偶子が生じる．$n+1$花粉はいっぱんに受精にあずからないが，$n+1$卵は高い頻度で受精され，それにより自殖次代にトリソミック個体が分離する．トリソミックの世代間の伝達性は余剰染色体の種類によって異なる．イネではトリソミック(♀)×2倍性(♂)の交配での余剰染色体の伝達率は24–43%，平均33%（渡辺と古賀 1975），ダイズでは27.3–58.5%，平均41.6%である(Xu $et\ al.$ 2000)．

優性遺伝子をホモ接合(たとえばAAA)でもつトリソミックを母親にして，劣性ホモ接合(aa)の2倍体を交配($AAA \times aa$)すると，そのF_1は卵($n+1$)が受精したトリソミックのAAa個体と卵(n)が受精した2倍体のAaが分離する．そこで顕微鏡下で染色体数の検査をしてAAa個体を選抜する．AAa個体の次代F_2個体中の2倍体では，もしA座が余剰染色体上に乗っているならば，表現型の優性個体と劣性個体が8：1の比で分離することが期待される．F_2個体中のトリソミックでは，遺伝子座が動原体に近く染色体分離をする場合には，すべて優性個体となり，遺伝子座が染色分体分離をする場合には，44：1の比となる．A座が余剰染色体上にない場合には，通常の3：1の分離比となる．トリソミック・シリーズのすべてについて交配をおこなえば，そのなかにかならず1つのトリソミックで分離比が3：1より有意に低くなるはずである．このようにしてA座がどの染色体上にあるかを同定できる．逆交配($aaa \times AA$)の場合でも同様の検定ができる（表9.11）．

(2) モノソミック

表 9.11 トリソミック系統と 2 倍体の交雑に由来する F_2 におけるトリソミック個体群 ($2x+1$) および 2 倍体個体群 ($2x$) における表現型の分離比

(a) トリソミックの遺伝子が優性の場合

	$AAA \times aa$	
	$2x$	$2x+1$
	$AA+Aa:aa$	$AAA+AAa+Aaa:aaa$
染色体分離	8:1	1:0
染色分体分離	8:1	44:1

(b) トリソミックの遺伝子が劣性の場合

	$aaa \times AA$	
	$2x$	$2x+1$
	$AA+Aa:aa$	$AAA+AAa+Aaa:aaa$
染色体分離	5:4	7:2
染色分体分離	5:4	11:4

遺伝子座 A-a が余剰染色体上にない場合には,F_2 で $2x, 2x+1$ ともに通常の 3:1 の分離をしめす.

モノソミックでは減数分裂後に n と $n-1$ の配偶子が生じる.両者の生存率と受精率が等しければ,次代に $2n, 2n-1, 2n-2$ の染色体数をもつ個体が 1:2:1 の比で生じるはずである.しかし実際はまったくちがう.2 倍体のモノソミックでは,雌性側も雄性側も $n-1$ 配偶子は生存不能であるので,次代にモノソミックが伝達することはない.タバコなどの 4 倍体のモノソミックでは,欠失染色体の種類によって胚珠の生存率が 2.7% から 86.9% まで異なる.雄性側での $n-1$ 配偶子の伝達率は低く,最大でも数%にすぎない.6 倍体のモノソミックでは $n-1$ の雌性配偶子の伝達率は高く,コムギで平均 72%,エンバクでは 90% 近い.雄性側での $n-1$ 配偶子の伝達率は,コムギではひじょうに低く,エンバクでは系統により高低がある.

モノソミックについてもトリソミックと同様に,モノソミック系統と正常個体との交配 F_2 での質的形質の分離比から,形質に関与する主働遺伝子座がどの染色体上にあるかをきめることができる.

9.6.6 異数体の利用

(1) 育種的利用

異数体が直接育種に利用されることはまれである.切り花用ストックでは,

余剰の染色体に八重咲性遺伝子を乗せたトリソミックが，八重咲の率が高い系統として市販されたことがある．

異種の染色体をとりこんだ染色体添加系統や置換系統を作成することにより，種間を超える遺伝子の橋渡しがおこなえる．Sears(1956)は，コムギに *Aegilops umbellulata* の染色体を1本添加したコムギの系統に放射線を照射して，さび病抵抗性の遺伝子を含む *Aegilops* の染色体部分を転座によりコムギのゲノムに移すことに成功した．同様に百足ら(1975)は，ライムギ染色体が1本添加されたコムギ系統にX線を照射して，転座によりライムギのもつ赤さび病抵抗性遺伝子をコムギ染色体へ導入できた．Shigyoら(1996)はネギにシャロット(別名エシャロット，タマネギの変種)の染色体を1本ずつ添加した染色体添加系統シリーズをつくりだした．これはシャロットのもつさび病抵抗性をネギに導入する素材となる．

(2) 遺伝学的利用

モノソミックにおける欠けた染色体，トリソミックにおける余剰染色体上にある遺伝子座は，F_1 の自殖次代で正常の分離比をしめさない．これを利用して連鎖群がきめられていない遺伝子座でもその染色体を同定できる．また異数体を利用して，遺伝学的に構築した連鎖群と，顕微鏡下で観察される染色体とを対応づけることができる．

9.7 染色体の構造変異

染色体変異には，染色体の数の変化のほかに染色体の構造の変化がある．構造変異には転座，逆位，重複，欠失（これらをまとめて染色体再配置，chromosome rearrangement という）など（図9.8）がある．染色体の長さを変えることはほとんどない．

9.7.1 転座

染色体の部分が位置を変えた変異を**転座**(translocation)という．転座は，単純転座，相互転座，シフト型転座，複合転座に分類される．単純転座とは染色体腕に1回の切断が生じ，切断された動原体をもたない染色体部分がほかの染色体の末端に付着したものをいう．しかし，染色体末端はテロメア構

| A B ◯ C D E F G H I J | 正常染色体

| A B ◯ C D T U V W X Y | 転　座

| D C ◯ B A E F G H I J | 挟動原体逆位

| A B ◯ C D H G F E I J | 偏動原体逆位

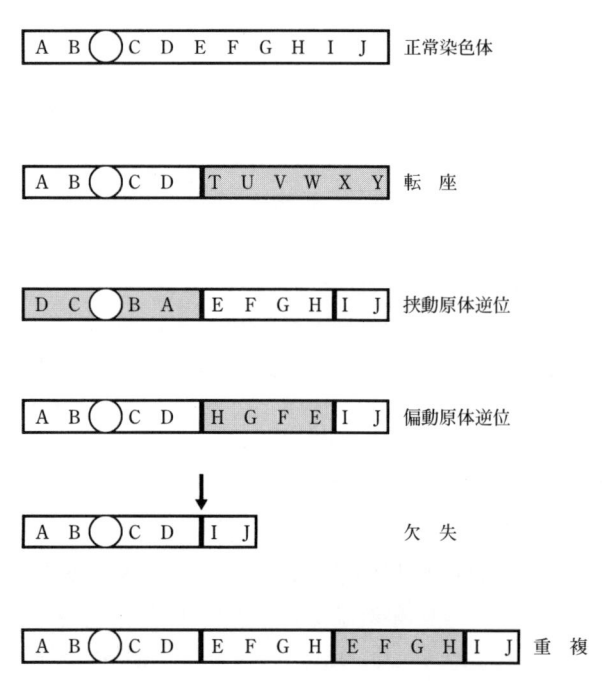

↓
| A B ◯ C D I J | 欠　失

| A B ◯ C D E F G H E F G H I J | 重　複

図9.8　染色体の構造変異．◯は動原体を表す．網かけは染色体異常が生じた部分を表す．矢印は欠失の位置をしめす．転座でのTUVWXYは非相同染色体の部分を表す．

造をもち，切断端がつくことはありえないとして，単純転座の存在は現在では否定されている(Schulz-Schaeffer 1980)．**相互転座**(reciprocal translocation)とは，ある染色体の切断された部分がそれと**非相同**(non-homologous)の染色体の切断部分と位置を入れかわった変異をいう．ほとんどすべての転座は相互転座である．**シフト型転座**とは染色体腕上の2個の切断で生じた断片が，同じ腕，他方の腕，ほかの染色体などの切断点に挿入されたもので，3個の切断が関与する．3切断以上が関与した転座を**複合転座**という．

相互転座では遺伝子の過不足が生じないので，相同染色体の両方が転座染色体となった転座ホモ個体は体細胞分裂が正常で，減数分裂期でも2価染色体をつくり稔性も正常である．しかし，相同染色体の片方だけ転座をもつ**転座ヘテロ個体**(translocation heterozygote)は，体細胞分裂は正常であるが，

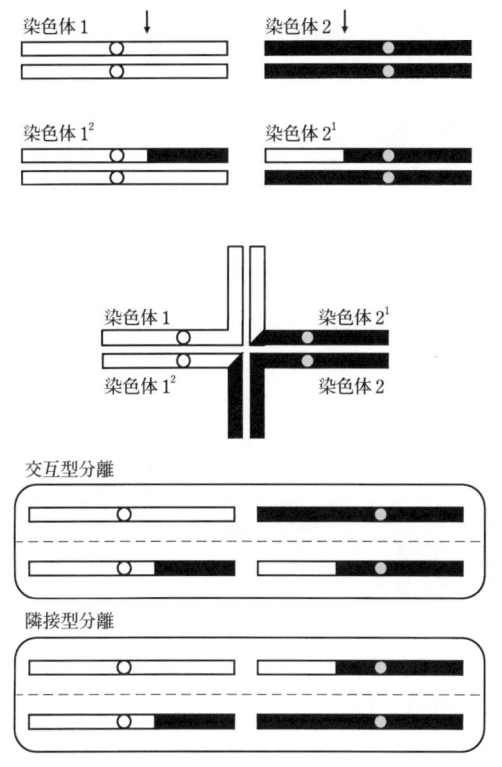

図 9.9 相互転座ヘテロ個体の減数分裂における染色体の分離様式．交互型分離 ($1+2 : 1^2+2^1$) では配偶子の半数は正常染色体をもち，ほかの半数は相互転座をもつが染色体に過不足はなくすべて可稔となる．しかし，隣接型分離 ($1+1^2 : 2^1+2$ および $1+2^1 : 1^2+2$) ではすべての配偶子で染色体の欠失 + 重複が生じて不稔となる．ただしこの図では転座切断点と動原体の間で乗換えが生じないとする．

減数分裂は異なる．転座ヘテロ個体では，減数分裂期に通常の2本の相同染色体が対合した**2価染色体**(bivalent)ではなく，4本の染色体が対合した**4価染色体**(quadrivalent)が生じる．4価染色体の両極への分離様式および転座切断点と動原体との間の乗換えの有無によって，配偶子の稔性が正常か異常かがきまる．**交互型分離**(alternate disjunction)では配偶子の半数は正常染色体をもち，ほかの半数は相互転座をもつが染色体に過不足はなくすべて可稔となる．しかし，**隣接型分離**(adjacent disjunction)ではすべての配偶子で染色体の欠失 + 重複が生じて不稔となる（図9.9，図9.10）．ただし転

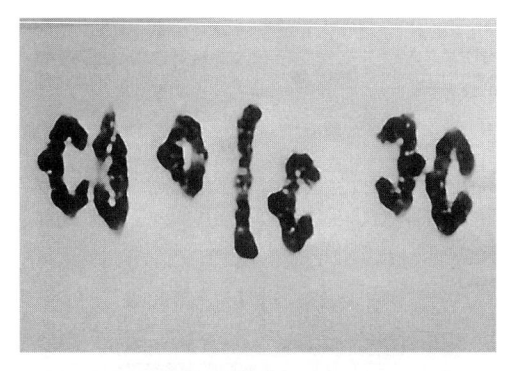

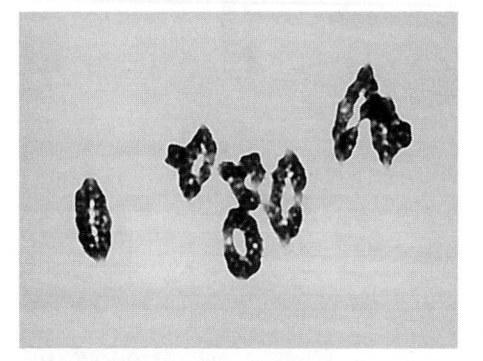

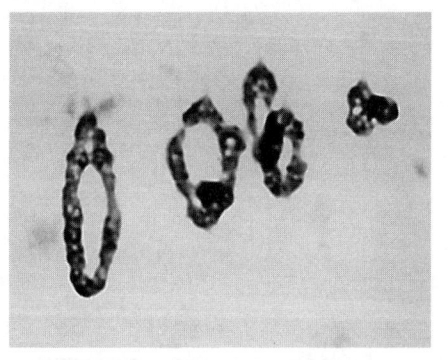

図 9.10 オオムギの減数分裂第1中期における転座染色体の対合像. a: 正常個体. 2価染色体が7個みられる. b: 5個の2価染色体と1個の交互型分離の4価染色体(5 II+1 IV)が観察される. c: 1個の2価染色体と2個の隣接型分離の4価染色体(右の2つ)と1個の交互型分離の4価染色体が観察される(1 II+3 IV).

座切断点と動原体の間で乗換えがおこると,交互型でも隣接型でも配偶子の半数は染色体に欠失 + 重複をもち不稔となる (Ramage 1963). 稔性は転座部分の大きさよりも数できまる. 相互転座が1つあると, 約50%の配偶子が不稔になる. これを**半不稔**(semisterility)という. 転座の数が増えると, 稔性はさらに低くなる.

転座の存在は種分化の要因となる. *Avena* 属の2倍性種や *Secale* 属などでは, 1つの転座だけで種が異なる例がある. 生物進化の過程で転座, 逆位などの染色体再配置が生じ固定される頻度は, ヒトなどでは百万年あたり 0.6個程度とされるが, Brassicaceae ではその5倍である (Lagercrantz 1986).

相互転座は, γ線, X線, 熱中性子などの放射線照射やエチルメタンスルフォネイト (EMS) などの化学変異剤の処理によりたやすく得られる. オオムギでは γ線の種子照射により最高 40% (鵜飼 1981), 熱中性子照射 (Caldecott *et al*. 1953) により 80% 以上の頻度の転座が照射当代の穂の減数分裂期で観察されている. また転座点の解明された転座系統がオオムギ (Hagberg and Hagberg 1986) やトウモロコシで多数つくりだされている. 誘発された転座の切断点はランダムで, その頻度は染色体長に比例する (Hagberg *et al*. 1975).

種属間交雑で得られる異種染色体添加系統で有用遺伝子が乗っている染色体部分を転座させて遺伝子を移すことがおこなわれる. ライコムギの改良ではコムギとライムギの望ましい染色体部分を結合させるために転座が利用されている (Gupta and Reddy 1991). なお相互転座は遺伝的に作成された連鎖地図と顕微鏡下で観察される染色体部分とを対応させるのにも役立つ.

9.7.2 逆位

染色体の一部分が2個の切断で逆転した配置となる現象を**逆位**(inversion)という. 逆位には逆位部分が動原体を含む**挟動原体逆位**(pericentric inversion)と, 含まない**偏動原体逆位**(paracentric inversion)とがある.

逆位も放射線照射により得られるが, 転座にくらべればずっと頻度が低い. ショウジョウバエの集団では自然にも高頻度で観察される. しかし植物集団ではペレニアルライグラスやメドーフェスクの集団で報告されているが, い

っぱんに例は少ない．自然界では偏動原体逆位のほうが挟動原体逆位より多く生じる．

　逆位も遺伝子の過不足をともなわないので，逆位ホモ個体は体細胞分裂も減数分裂も正常である．逆位ヘテロ個体では体細胞分裂は正常であるが，減数分裂はそうではない．逆位部分では染色体部分の方向が逆転しているので，対合が正常にならない．逆位部分が短い場合には乗換えがおこることがまれになるが，しばしば対合が十分でなくなる．逆位部分がある程度長いと，**逆位ループ**(inversion loop)を形成して対合する．さらに逆位部分が染色体の大部分を占めるほど長いと，逆位部分だけがループなしで対合して，非逆位部分はその外側で対合しないままになる．

　転座ヘテロ個体とちがって，逆位ヘテロ個体では逆位部分に乗換えが1回おこらないかぎり，減数分裂で生じる配偶子は正常である．逆位部分に乗換えがおこると，偏動原体逆位では無動原体断片と2動原体断片ができ，挟動原体逆位では動原体の数は正常の1個であるが欠失と重複をもつ染色体が生じる．いずれにしても乗換わった染色体では遺伝子の過不足が生じるため次代に伝わらない．したがって逆位部分に乗っている遺伝子群は，結果的に乗換えを受けずに1つのブロックとして世代から世代へそのまま伝えられる．

9.7.3　重複

　染色体の同じ部分が過剰に存在した状態を**重複**(duplication)という．前述の倍数性は染色体単位の重複といえるが，これは別にあつかわれる．重複には染色体内重複と染色体間重複とがある．前者はさらに，**縦列重複**(tandem duplication)と**逆縦列重複**(reverse tandem duplication)に分けられる．染色体レベルの重複のおこり方には，染色体切断によってできた無動原体断片が相同染色体に挿入される場合，染色分体の**不等交叉**(unequal crossover)，切断点がすこし異なる逆位間の交配，同じ対の非相同染色体間転座の交配(Gopinath and Burnham 1956)，の4通りがあげられる．DNAレベルの重複には，このほかトランスポゾンによって生じるものが重要である．

　重複は生物の進化に大きな役割を果たしてきた．とくに不等交叉によって生じる重複は，たがいに機能的関連の深い**多重遺伝子族**(multigene family)

とよばれる遺伝子群を生みだした.

タマネギは体細胞染色体数16本の2倍性で,染色体が大きく,核DNA量がいちじるしく多い(15,290 Mbp).JonesとRees(1968)は,この染色体の巨大化は重複によると考え,これを**染色体内倍数化**(cryptopolyploidy)とよんだ.最近のDNA多型解析の結果では,タマネギではマーカーが実際に重複していて,その重複程度はトウモロコシやダイズより低いが2倍性植物より高く,また重複領域の4割は同じ染色体上にあった(King *et al.* 1998).

重複は種々の遺伝的な研究材料としても貴重である.オオムギでは2次狭窄をもつ第6および第7染色体間の転座系統どうしを交配して,2つの2次狭窄を直列に重複した形でもつ染色体が得られた(Hagberg and Hagberg 1991).これをもちいて仁形成域の間の交互作用がしらべられた.またB染色体とA染色体の転座個体をもちいれば,異数体の利用がむずかしい2倍性植物でも,A染色体の特定部分についての重複の効果をしらべることができる(Beckett 1991).

9.7.4 欠失

染色体部分が欠けた状態を**欠失**(deletion)という.欠失には,切断点より端の染色体部分がすべて失われる場合と,染色体の中間部に2つの切断ができて切断点間の部分が失われる場合とがある.英語では前者をdeficiency (Bridges 1917),後者をdeletionとよび区別した時代があったが,現在ではともにdeletionで表し,それぞれ**末端欠失**(terminal deletion),**介在欠失**(intercalary deletion)という.どちらの欠失が生じる場合でも,1個の無動原体断片と1個の動原体断片とが生じる.無動原体断片は細胞から失われる.欠失部分が大きいと細胞は死ぬが,小さい場合には,動原体断片が細胞分裂世代をへて伝わる.2倍性植物では,欠失はふつう種々の程度の不稔をもたらす.

放射線の照射により種々の長さの欠失が得られる.トウモロコシのX線照射では介在欠失が,紫外線照射では末端欠失が多く生じる(Stadler 1941).また欠失は転座,逆位などの染色体変異の子孫からも生じる.

9.7.5 進化と染色体の構造変異

　DNAマーカー利用の連鎖地図を近縁種間でくらべた多くの実験から，染色体上構造は長い進化の過程でも比較的よく保存されてきたことが認められている．この保存性を利用すると進化中に生じた転座や逆位などの構造変異を検出できる．それによると，パンコムギとライムギの間では，分岐後のライムギで6L/3L, 4L/7S, 7L/2Sの転座が生じた(Loarce et al. 1996)．ここで6Lは6番めの染色体の長腕，7Sは7番めの染色体の短腕を表す．パンコムギの進化において4AL/5ALの転座が2倍性レベルで，また4AL/7BSの転座と逆位が4倍性レベルで生じた(Devos et al. 1995, Kojima et al. 1998)．ここで4ALはAゲノムの4番めの染色体の長腕を表す．トウモロコシとソルガムの間では9つの逆位(Whitkus et al. 1992)が，トマトとジャガイモでは偏動原体的逆位が第5, 第9, 第10染色体に認められた(Bonierbale et al. 1988)．キャベツ *Brassica oleracea* とアラビドプシスは少なくとも1千万年前に分岐したとされるが，連鎖地図の比較からその間に17の転座と9の逆位が生じたと推定され(Kowalski et al. 1994)，その数は5千万年前に分岐したイネとトウモロコシ間での構造変異の数に匹敵した．

第10章　突然変異育種

> 照射が畸形をしばしば伴なう理由でこの方法を排斥する人々がある．併し鉱石中に不必要な物質が多少混じってゐても冶金家は之を捨てる事はない．
>
> 木原均(1942)

10.1　突然変異育種の特徴

　人為的処理によって誘発された突然変異を品種改良に利用する方法を**突然変異育種**(mutation breeding)という．突然変異育種は交雑育種にくらべてつぎの長所がある．
(1)　交雑育種では，両親のもつ形質を組み合せて新品種を作出する．親のどちらにも目的の形質がなければ，交雑育種は適用できない．それに対し突然変異育種では，目的形質が既存の品種や系統中にみつからない場合に，優良品種を材料として人為的に突然変異を誘発し，それを直接に新品種としたり，または間接的に交雑育種における交配親として利用できる．
(2)　交雑育種では，両親のもつすべての分離遺伝子座で遺伝子型が分離するので，親のもつ優良な遺伝子型も育種操作の過程でいったんは崩されてしまう．優良な品種について，その遺伝子型の優良性を残しつつ特定形質だけを改良したい場合には連続戻し交雑がおこなわれるが，いっぱんに長い年月を必要とする．それに対して突然変異育種では，原品種の遺伝子型を全体として大きく変えずに特定形質だけを短い世代で改良できる．遺伝子あたりの突然変異率はふつう 10^{-6} レベル以下で低いので，ある突然変異形質について選抜した突然変異体は，ほかのほとんどの遺伝子については変化していないと考えてよい．
(3)　突然変異は**遺伝資源**の人為的な拡大に役立つ．突然変異をもつ品種や

系統が，現状ではすぐに役立たない場合でも，将来遺伝資源として利用される可能性がある．また分子生物学や遺伝学研究の貴重な材料となる．微生物や動物では，突然変異体が遺伝資源の主要部分となっているが，植物でもすこしずつ遺伝資源としての役割が認められつつある．

いっぽう突然変異育種の短所として，つぎのことがあげられる．
(1) 農業上の有用形質についての突然変異率は低いので，突然変異処理後の世代で目的の突然変異体を選抜するには，大量の個体の栽培と調査が必要となる．
(2) 突然変異育種で改良が期待されるのは，現状では主働遺伝子性の形質にかぎられる．微働遺伝子ないしポリジーン性の突然変異は誘発されても選抜されにくいので，実際の突然変異育種で目標とされることはほとんどない．
(3) 種子や植物体の処理によって得られる突然変異は，遺伝的に優性から劣性の方向がほとんどで，劣性から優性への突然変異はほとんど得られない．これは人為突然変異が，植物がもつ遺伝子のコード領域や調節領域における遺伝的活性の消失または抑制，つまり**機能損失**(loss-of-function)に由来する変化であることによる．この点では新しい外来遺伝子を導入することにより新機能を付加して変異を作出する遺伝子組換え育種と異なる．
(4) 突然変異遺伝子がもとの対立遺伝子に対して劣性であるので，倍数性植物では突然変異遺伝子についてホモ接合の個体でも，遺伝的重複のため突然変異形質が表現型に現れにくく，選抜がむずかしい．

10.2 突然変異誘発の機構

突然変異(mutation)とは偶発的にまたは人為的に生じるDNA塩基配列の変化である．偶発的に生じる突然変異を自然突然変異，人為的な処理で生じる突然変異を人為突然変異という．

10.2.1 人為突然変異

人為突然変異(induced mutation)は，突然変異原で処理された生物体にお

いて，DNA上に生じた傷が原因で，塩基の対合の誤りによる塩基対置換や，塩基対の**挿入**(insertion)や欠失(deletion)による**フレームシフト**(frameshift)によって生成する．フレームシフトとは，遺伝子領域のDNA上で3の倍数でない少数の塩基が挿入されるかまたは欠失することにより，アミノ酸への翻訳の際に読み枠のずれが生じることである．

　放射線による突然変異誘発の機構，とくに植物のそれはあまりあきらかでない．放射線照射された細胞では，放射線による直接作用と間接作用が生じる．直接作用は生体内の重要分子が直接イオン化されることによる．間接作用としては，最初の化学的変化としてフリーラジカル（・OH，・H）と水和電子が生じる．フリーラジカルとは共有結合における対をなした電子の1つが失われた分子をいい，きわめて反応性が高い．細胞核内に生じたOHラジカルがタンパク質やDNAに移り，分子構造を変化させる(山本 1982)．OHラジカルはDNAと反応して水素原子をうばうか二重結合を付加する．生物体ヘテロシスの放射線効果は，約1/3が直接作用，2/3がOHラジカルによる間接作用にもとづく(Ahnström 1989)．

　紫外線照射の生物効果は特異的で，DNA塩基の二重結合がやぶられ，ピリミジンダイマーが形成されることによる．つまり，DNAにチミン―チミンの架橋が生じ，そのためDNA複製の際に正常ならせんの解離が妨げられて突然変異が誘発される．その作用は2,800Åの紫外線で最大である．

　生物は，種々のDNA損傷を**修復**(repair)するためのさまざまな機構をもつ．修復機構などで修復しきれなかったDNA損傷が突然変異となる．紫外線による損傷に対しては，SOS修復，光回復酵素修復，除去修復，組換え修復が働く．EMSなどのアルキル化合物によるDNA損傷に対しては，アルキル化塩基の除去修復，アルキル基の転移などの機構が働くことが大腸菌で報告されている(太田と並木 1988)．

10.2.2　自然突然変異

　突然変異は人為的な処理がなくても生じる．これを**自然突然変異**(spontaneous mutation)という．自然突然変異率は，ヒトについてのDNA塩基配列にもとづく進化系統樹の解析から塩基対あたり約10^{-9}/年であるとされている(Nachman and Crowell 2000)．またDrakeら(1998)によれば，線虫，

ショウジョウバエ，マウス，ヒトで，世代あたり塩基あたりの自然突然変異率は，それぞれ 20.9×10^{-9}, 8.5×10^{-9}, 11.2×10^{-9}, 20×10^{-9} である．植物では確かなデータが少ない．Stadler が1930年に報告したトウモロコシの胚乳形質の自然突然変異では，遺伝子座あたり配偶子あたりの率は形質により大きく異なり，0.1×10^{-5} から 49.2×10^{-5} までの値が得られている．Chin ら(2001)によれば，レタスの病害抵抗性遺伝子の自然突然変異率は世代あたり 10^{-3} から 10^{-4} であった．しかしイネやオオムギの葉緑素突然変異ではこのように高い自然突然変異率は得られていない．

　自然突然変異率はいっぱんにきわめて低いが，生物がもつゲノム全体の塩基で考えると，影響はけっして小さくない．たとえば自然突然変異率を 10^{-9}/年/塩基対とすると，全ゲノムで 10^9 bp の塩基配列をもつ生物では，毎年平均1個の突然変異が期待されることになる．長い生物進化の過程で，自然突然変異は遺伝変異の究極の素材となってきた．

　自然突然変異が何によって生じるかは，1世紀も前から議論されている．当初は宇宙線などの自然放射能によるといわれたが，その後放射線だけでは1割も説明できないことがわかった(Muller and Mott-Smith 1930)．大腸菌では自然突然変異は DNA の塩基対置換，フレームシフト，長い塩基対の欠失または挿入によるもので，ほとんどは1または2塩基対の置換であると報告されている(Sargentini and Smith 1985)．ショウジョウバエでは自然突然変異の大部分は**トランスポゾン**(transposon)の DNA への挿入によって生じると考えられている．Chin ら(2001)のレタスでの解析では，不等交叉や遺伝子変換などさまざまな変異が含まれていた．

10.3　突然変異原の選択

　突然変異育種の成否は，突然変異率と突然変異体の選抜効率の2要因に依存する．前者は突然変異の処理法によってきまり，後者は照射後における照射集団のあつかい方に依存する．突然変異率は，利用した突然変異原とその処理方法によって変わる．

　突然変異原(mutagen)としては多くの物理的および化学的変異原があるが，育種のために利用されるものは，放射線と化学変異原に大別される．

10.3.1 放射線

放射線(radiations)とは，空間を伝わるエネルギーの流れで，電磁放射線と粒子線に大別される．電磁放射線は電気的で磁気的な攪乱が自力で空間を伝わるもので，波長が短いものから長いものの順に，X線およびγ線，紫外線，赤外線，可視光線，電波などがある．このうちX線とγ線にだけ電離作用があり，**電離放射線**(ionizing radiations)という．粒子線には荷電した軽い粒子の陰電子，陽電子，荷電した重い粒子の陽子，荷電していない中性子などがある．なお放射線の吸収線量などの単位が1977年以降に変更となったので，その対象表を表10.1にしめす．

突然変異誘発に利用できる放射線には，以下のものがある．放射線照射において放射線の飛跡にそって付与されるエネルギーを**LET**(linear energy transfer，直線エネルギー付与)という．熱中性子，速中性子，α線はLETが高く，γ線やX線はLETが低い．

γ線や中性子の照射のように外部線源からの放射線を生物体に照射する場合を**外部照射**という．これに対して，β線照射のように，線源を生物体にと

表10.1 放射線に関する新旧単位

	新 単 位[5]	旧 単 位	換 算 比
放射能強度[1]	Bq（ベクレル） 1秒間に1個の原子が壊変するときの放射能	Ci（キュリー） ラジウム1gのしめす放射能	1 Ci=3.7×10^{10} Bq
吸収線量[2]	Gy（グレイ） 物質1kgが吸収したエネルギーが1J (0.239 cal)であるときの線量	rad（ラド） 物質1kgに0.01Jのエネルギーを与えるときの線量	1 rad=0.01 Gy
照射線量[3]		R（レントゲン） 空気中の線量．X線やγ線に用いられる．	
線量当量[4]	Sv（シーベルト）	rem（レム）	1 rem=0.01 Sv

1) 放射能強度：放射性元素の量を表す．
2) 吸収線量：放射線により物質に与えられるエネルギー．
3) 照射線量R：原則として空気以外の物質にはもちいられないが，突然変異育種の論文ではよくつかわれた．植物では，1R=1radがほぼ成り立つ．
4) 線量当量：生体に対する放射線の影響を表す量．吸収線量が同じでも放射線の種類やエネルギーによって生体に与える影響が異なるので，その違いを考慮して，吸収線量に補正係数である線質係数をかけた値で表す．
5) 新単位：国際放射線防護委員会(ICRP)の1977年勧告により，以後もちいられるようになった．

りこませて内部から照射する場合を**内部照射**という．

(1) **γ線**(γ-rays)

原子番号が同じで質量数が異なる元素を同位元素という．このうち放射線をだすものを**放射性同位元素**(radioisotpe)という．植物照射用のγ線の線源としては，^{60}Co, ^{137}Cs などの放射性同位元素をもちいる．これらの線源の原子はγ線を放出しながら壊変し，ほかの原子に変わる．したがってある特定の線源からでる放射線の強度は時間とともに減衰する．強度がもとの値の1/2になる時間を**半減期**という．たとえば ^{60}Co は 5.27 年，^{137}Cs は 30 年の半減期をもつ．あまり短い半減期の放射性同位元素では線源としてつかいにくい．γ線の照射は，農業生物資源研究所の放射線育種場に依頼できる．

(2) **X線**(X-rays)

X線は電子が物質により急停止させられたときの制動輻射や，電子により励起またはイオン化された原子（おもに内核電子）から発生するのに対し，γ線は励起された原子核から発生する．X線とγ線は発生方法が異なるだけで，放射線としての種類は同じで生物効果も変わらない．突然変異育種の初期には放射性同位元素が入手しにくかったので，もっぱらX線が突然変異原としてもちいられた．しかしX線照射装置は管球の寿命が短く長日間の照射に適さないこと，管電圧の変動により照射線量率の制御がやや不正確であることなどから，現在では突然変異育種でのX線の使用は少ない．X線には相対的に波長の短い(0.1–0.05 Å)硬X線と波長の長い(10–1 Å)軟X線とがある．X線照射にはふつう医療用と同じ硬X線の照射装置がもちいられる．

軟X線(soft X-rays)は硬X線よりも組織内への透過力が小さいが，イオン密度は高い．軟X線発生装置はもともと生物体の内部構造検査のためのX線写真用に開発されたものであるが，放射線管理が容易で通常の実験室内に設置できるという利点があり，照射用に最近ふたたび利用されるようになった．軟X線照射では 100 kVp 程度の管電圧が適する．60 kVp 以下の管電圧では透過力がごく低くなり，照射管に対して胚が種子の表側と裏側のどちらにあるかでも受ける線量が異なる．

(3) **熱中性子**(thermal neutrons)

中性子は高 LET 放射線として，低 LET のγ線やX線とは異なる生物効

果をもつ．細胞学的にも中性子によって生じる染色体切断端はほかの切断端と融合しにくく，修復の程度も低い．

突然変異誘発に利用される中性子には，熱中性子と速中性子がある．中性子はほとんど原子核にしか作用しない点で，荷電粒子やγ線，X線と作用が異なる．熱中性子とは，物質中の原子核と弾性衝突をくりかえしてエネルギーを失い，ついに物質中の原子の熱運動エネルギーと等しい運動エネルギーをもち平衡状態となった中性子をいう．熱中性子の物質へのエネルギー付与はおもに中性子捕獲によっておこなわれる．つまり熱中性子の生物作用は，熱中性子が生体中のボロン10(^{10}B)，窒素(^{14}N)，水素(^{1}H)に吸収され，それぞれα線，陽子，γ線を放出する3種の核反応を媒介として生じる．この3反応を^{10}B(n, α)^{7}Li，^{14}N(n, p)^{14}C，H(n, γ)^{2}Hと書く．これら3反応の吸収エネルギー比は，オオムギでは1.2:3.8:1.0である．熱中性子照射による生物効果は実質的には，γ線，陽子，α線の効果が混在したものといえる．熱中性子照射には京都大学の研究用原子炉に設置された重水設備が利用されてきた．中性子照射では中性子のほかにγ線が混じるので，混在γ線の量ができるだけ少ない照射場を選ぶことが重要である．

(4) **速中性子**(fast neutrons)

速中性子とは，10 KeVから10 MeVのエネルギーをもつ中性子で，その作用はほとんど原子核との弾性衝突によって生じる．生物照射では，おもに生体内の水素原子の陽子と反応する．速中性子照射は，気送管により原子炉照射孔に一定時間材料を送りこむか，加速器をもちいておこなわれる．

(5) ***α 線***(α-rays)

^{10}Bを高濃度に含むホウ酸($H_3{}^{10}BO_3$)の水溶液にオオムギ種子を浸して急速に再乾すると種子胚中の^{10}Bの含量が通常の2 μg/gから200 μg/gに増加する．このような種子に熱中性子を照射すると，通常の熱中性子照射にくらべて単位線束あたりの照射効果が最高62倍まで高まる．これを熱中性子照射における**^{10}B添加再乾法**という．ただしこの増感作用は突然変異率だけでなく当代障害についても同程度に認められるので，最高突然変異率を上げるには有効でない．この方法により1回あたりの中性子照射時間をいちじるしく短縮でき，原子炉重水設備の照射孔の使用許可時間内に育種に必要なだけの大量の種子を照射することが可能になった．また照射時間の短縮により照

射材料の残留放射能が激減する．種子胚中の ^{10}B の含量を高めることにより，熱中性子の3反応のうち ^{10}B(n, α)^{7}Li による α 線の作用が全中性子効果の 90% 以上に達し，熱中性子照射が事実上 α 線の内部照射に変換される (Ukai 1986).

(6) **β 線**(β-rays)

β 線はエネルギーが低く，生体組織への透過性が低いので，細胞内にとりこませて作用させる．β 線照射の同位元素としては，元素中の放射性同位体の純度が高く，半減期が処理に適するほど十分に長く，しかし処理後に放射能がいつまでも残るほどは半減期が長くなく，植物体に容易に吸収されて体内の移動性もよく，成長点細胞に集まりやすい，などの諸条件をみたすものが望ましい．通常は ^{32}P または ^{35}S が硫酸塩やリン酸塩水溶液の形でつかわれる．^{32}P は 14.2 日，^{35}S は 87.2 日の半減期をもつ．組織中の飛程距離はそれぞれ 2,600 μm および 55 μm である．処理は溶液中での種子の発芽，溶液への幼植物の浸漬，維管束への注射，成長点への点滴などの方法によっておこなわれる．

β 線照射は，①植物体に吸収された ^{32}P が分裂組織に集中するなど，選択的吸収により作用に局所性が生じる，②日単位で内部照射されるので，緩照射になる，③遺伝物質の構成分としてとりこまれた放射性同位元素の元素変換による効果がある，などの特徴をもつ．とくに β 崩壊自体により ^{32}P が ^{32}S へ，また ^{35}S が ^{35}Cl に変換するときに生体分子へ与える効果は，外部照射では得られない効果である．この効果を**原子変換**(transmutation)とよぶ．たとえば DNA 鎖にとりこまれた ^{32}P が β 線を出して ^{32}S に変換すると，その位置で DNA 鎖が切断されて，致死または突然変異が生じる．

(7) **イオンビーム**(ion-beams)

^{12}C^{5+}，^{4}He^{2+}，^{1}H^{+} などのイオンビーム照射は，LET がきわめて高く，粒子の飛跡が直線状で飛程のバラツキが少なく，局所的で高密度なイオン化が生じる．また原子核反応もおこす．残留放射能は中性子のようには高くない (Tanaka *et al*. 1997)．照射は日本原子力研究所高崎研究所のイオン照射研究施設(TIARA)や理化学研究所加速器施設(RARF)でおこなわれている．

(8) **紫外線**(ultraviolet rays; UV)

紫外線は上記の放射線と異なり電離作用がないが，大腸菌などの微生物で

は早くから突然変異原として利用されている．紫外線は透過性が低いので種子や植物体の照射にはむかず，花粉や培養細胞の照射につかわれる．殺菌用の紫外線灯をもちいて，1層にならべた花粉(Brewbaker and Emery 1961)や培養細胞に照射する．紫外線ではDNAの吸収度が最大となる波長で突然変異率も最高となる．

10.3.2 化学変異原

突然変異誘発性をもつ化学物質を**化学変異原**(chemical mutagen)という．ほとんどすべての化学変異原はガン原性をもつので，使用と管理に厳重な注意が必要である．使用にあたっては，マスクと手術用手袋をつけ，処理はドラフト内でおこなう(小田嶋と橋本 1978)．また処理後の材料のあつかいや廃液の処理にも十分注意する．代表的な化学変異原には，以下のものがある．(1)-(3)はアルキル化合物である．アルキル化合物の処理では，生体内でおきた塩基対の転位型変異 $G:C \rightarrow A:T$ が突然変異の原因となる．

化学変異原についても，種子処理が一般的である．

(1) ethyl methanesulphonate(EMS)

無色透明な液体で，水溶性である．イネ種子処理では25°Cの0.1M溶液で5時間程度処理する．突然変異誘発性が高く，化学変異原としてもっとも多くつかわれている．

(2) diethyl sulphate(DES)

使用時に，pH 6 に調整することが重要である．

(3) N-methyl-N-nitrosourea(MNU, MNH, MNC)

光によって分解されるので外光の入らない室内で処理する．種子処理も可能であるが，イネでは受精直後の卵細胞に処理する方法が九州大学でおこなわれている．その場合には，開花6時間後に1.0 mM溶液に45-60分間穂を浸漬する(Satoh and Omura 1979)．

(4) sodium azide(NaN$_3$)

呼吸阻害剤として古くから知られている物質で，白色の結晶である．毒性は低いが酸と混じると有毒の HN$_3$ が発生する．Nilan ら(1973)により低い pH で高い突然変異性があることが発見された．イネ種子処理では，25°Cの1 mM溶液で6時間程度処理する．

なお ethyleneimine (EI) は，突然変異の誘発率が高いので1960年代までよくもちいられていたが，癌原性がとくに高く危険であるため，現在は使用禁止となっている．

10.3.3　突然変異原として何を選ぶか

突然変異原の選択基準としては，つぎの4つがあげられる．結論的にいえば，育種目的ならば γ 線（または X 線）がすすめられる．遺伝実験などの材料としての突然変異体を得たい場合ならば化学変異原がよいであろう．熱中性子，速中性子，α 線，β 線，イオンビームなどの照射は，γ 線や化学変異原では誘発できない突然変異を得たい場合に試みるとよいであろう．

(1)　突然変異率

突然変異原を選ぶ基準としてよくあげられるのは突然変異率である．ただしこれには2通りの見方がある．1つは単位吸収線量あたりの突然変異率でこれを突然変異処理の**効果** (effectiveness) という．もう1つは不稔や致死などの障害に対する特定の望ましい突然変異の誘発頻度で，これを突然変異処理の**効率** (efficiency) という．異なる突然変異原の比較は効率でおこなうべきである．いっぱんに効率は，化学変異原 $>\alpha$ 線，熱中性子，速中性子 $>\gamma$ 線，X 線の順である．これより，目的の突然変異体を得るだけならば効率の高い変異原，たとえば化学変異原を採用すればよい．

(2)　最適突然変異率

高い突然変異率をもたらす処理では，せっかく目的の突然変異体を選抜できても，その突然変異体にほかの望ましくない突然変異が併発する確率も高くなりすぎる．育種的見地からは，突然変異率が高いほど有益なのではなく，むしろやや低い突然変異率の処理をおこない，有害突然変異を随伴しないで有望突然変異体を選抜できる確率を最大にすることが得策である．Hänsel (1966) はこの考えにそって**最適突然変異率** (optimum mutation rate) という概念を提案している．

(3)　処理のしやすさ

大量の種子，球根，塊茎，接ぎ穂などを処理するには，γ 線照射が適する．化学変異原の溶液を大量に準備するのは，健康上の危険があるだけでなく，作業上もむずかしい．永年生木本植物などの大きな材料や生育中の植物体の

処理にもγ線が最適である．大きな材料では化学変異原処理は薬剤の浸透が不均質になり効果にムラが生じやすい．中性子照射は，原子炉で1回に処理できる量がかぎられ，たとえばイネ種子では200粒程度にすぎない．

(4) 残留放射能

熱中性子，速中性子，α線などの高LET放射線の照射では，材料に含まれる原子が放射化され，**残留放射能**が生じる．残留放射能をともなう線源によって照射された生物試料は「**放射線障害防止法**」上で放射性汚染物質とみなされ，これを一般環境であつかうことは法的に禁じられている．したがって処理後の初期世代(M_1, M_2)の栽培や選抜を一般圃場から隔離した場所でおこなわなければならず，大規模な選抜実験がおこなえない．

β線の内部照射でも処理済みの試料は，そのなかに含まれるβ線源により放射性汚染物質としてあつかわれる．^{32}Pでは半減期が比較的短く，半年後にはふつう物理的に検出できない程度にまで放射線量が減衰するが，それでも法的には同じあつかいを受ける．

10.4　γ線の照射法の決定

使用する突然変異原がきまったら，つぎはその処理方法である．とくに植物の生育段階，処理の強度，処理の回数などをまずきめることが重要である．以下では突然変異原として広くつかわれるγ線照射の場合を基準にして説明する．照射法としてよくもちいられるのは，種子繁殖性植物では常湿の種子への照射，草本性の栄養繁殖性植物では球根，塊根，塊茎などへの照射，永年生木本の栄養繁殖性植物では全生育期間の生育中照射である．

10.4.1　種子照射と生育中照射

γ線を植物体のどの生育時期に照射すべきかの選択がまず重要である．イネ，オオムギ，ダイズ，トマトなどの種子繁殖性植物では，ふつう種子に照射する．これを**種子照射**(seed irradiation)という．種子照射は**ガンマルーム**(gamma-room)(図10.1)でおこなわれる．ジャガイモの塊茎，サツマイモの塊根，チューリップの球根などもガンマルームで照射される．いっぽう，生育中の植物体に照射する場合があり，これを**生育中照射**(growing plant

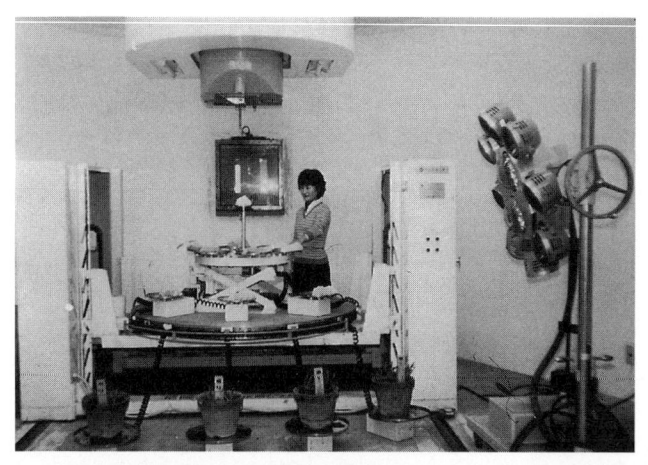

図 10.1 農業生物資源研究所・放射線育種場のガンマルーム．線源は ^{60}Co で天井部にある．照射材料はいっぱんに線源直下のターンテーブル上の金属製小皿において照射される．テーブルが公転するとともに，小皿が自転することにより，材料間での照射線量のムラを少なくするようにしている．線源の駆動は 1 m 厚のコンクリート壁を隔てた隣室からおこなわれる．

irradiation) という．生育中照射は**ガンマフィールド** (gamma-field) (図 10.2) でおこなわれる．果樹，チャ，クワ，林木などの栄養繁殖性の木本作物では，ガンマフィールドを利用した生育中照射が有効である．この場合，低線量率での長期緩照射のほうが高線量率での急照射よりも望ましくない染色体異常の誘発や集積が少ない．このことから永年生木本作物は，幼樹をガンマフィールドに定植して成木に達してからも数年から 10 年以上にわたり照射される．

　生育中照射では線量あたりの突然変異率が種子照射の数倍高いことが認められている．たとえば，タバコでは 2.8 倍，イネでは 4.0 倍，オオムギでは 6.2 倍である．しかし多くの種では生育中照射で障害もいちじるしく照射可能な最高線量は種子照射の数分の 1 にすぎない．その結果，得られる最高の突然変異率は生育中照射でも種子照射でもほとんど変わらない場合が多い．アカマツ，エンドウ，キュウリ，ニンジンがその例である．しかしイネとアワでは照射可能な最高線量が生育中照射と種子照射で大きな差がなく，生育中照射では単位線量あたり突然変異率が高いぶんだけ種子照射より数倍高い突然変異率が得られる (Yamashita 1981)．反対にオオムギ，タマネギ，ナ

図 10.2　農業生物資源研究所・放射線育種場のガンマフィールド．半径 100 m の円形圃場の中央にある鉄塔上に ^{60}Co 線源が設置され，日曜祭日以外の毎日，定まった時間 γ 線が照射される．周囲は高さ 8 m の土堤でかこまれ，第一次散乱線の外部への漏出を防いでいる．線源の駆動は左上の堤上にある制御室から遠隔操作でおこなわれる．

タネでは種子照射のほうが有効である(図 10.3)．ただし生育中照射と種子照射の効率は，たんに最高突然変異率という量だけでは十分に比較できない．照射方法が異なると，得られる突然変異体の遺伝的または生理的特性が異なる(10.7.3 項参照)．

なお種々の生育ステージに γ 線の急照射をおこなうと，ステージにより感受性の差が認められる．オオムギでは減数分裂期前後，受精直後から 5 日めまでは感受性が高い (Yamashita 1967)．

10.4.2　超高線量照射

γ 線照射では，同じ線量を照射しても個体間で生育抑制や不稔性などの障害程度がいちじるしく異なる．したがって超高線量を大量の種子に照射して頻度はごく低いが生き残った個体から種子をとって次代に供試することにより，線量に対応した高い頻度で突然変異を得ることができる．たとえばオオ

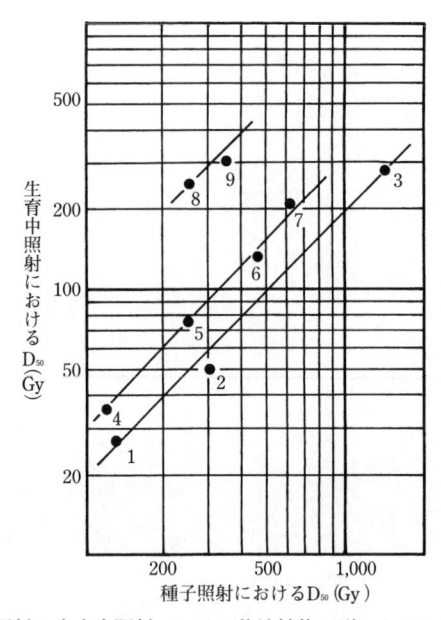

図 10.3 種子照射と生育中照射における栽培植物が耐えられる最大線量.
1. タマネギ, 2. オオムギ, 3. 洋種ナタネ, 4. アカマツ, 5. エンドウ, 6. キュウリ, 7. ニンジン, 8. イネ, 9. アワ (Yamashita 1981).

ムギでは通常は 300 Gy 程度が照射可能な最高線量であるが,種子に 600 Gy を照射して通常の 8 倍程度の密度で播くと,照射当代では穂数が無照射区の約 1/10 に,種子稔性は 20% 程度に下がるが,次代で 300 Gy の場合にくらべて 2 倍強の突然変異率が得られる.この方法は超高線量照射とよばれ,ひじょうに稀な突然変異を得たい場合に有効な方法である (Ukai 1986).しかしそうして得られた突然変異体は転座や逆位などの伝達性染色体異常や有害突然変異をともなうことが多いという欠点がある.

なお中性子照射では生育障害が個体間で比較的均一であるので,超高線量照射は有効でない.

10.4.3 累代照射

照射を何代かにわたって続けておこなうことを**累代照射**(recurrent exposure)という.この照射法により,不稔性などの障害をあまり増加させずに

突然変異率を世代数の倍率だけ高めることができる．累代照射中は突然変異体の選抜はふつうおこなわない．また個体植えでなく密植してもよい．なお累代照射において，たとえば γ 線—EMS—γ 線—EMS のように異なる突然変異原を交互の世代で処理すると変異の幅が広がることが認められている．

10.5　照射条件の決定

照射方法がきまったら，つぎに，線量，線量率，照射時間などの照射条件を適正に選ぶ．これらの処理条件が同じでも，生物効果は材料の遺伝的または生理的要因によって大きく変わるので，処理に際しては十分注意する必要がある．

10.5.1　放射線感受性の種属間差異

ある一定の照射条件で放射線を照射したときに，照射効果が生物の種属，品種，個体により異なることがある．これを**放射線感受性**(radiosensitivity)という．たとえば種間で放射線感受性をくらべるには，種別に特定の形質（たとえば草丈）の計測値をタテ軸にとり，線量をヨコ軸として**線量反応**(dose response)のグラフを描き，無照射区にくらべてある一定割合（ふつうは50％）の値にまで減少をしめす線量をもとめて，その線量比にもとづいて感受性を評価する（図10.4）．無照射区の50％にまで形質を低下させる線量を**半減線量**(D_{50})とよぶ．ある特定の線量についての形質値をた

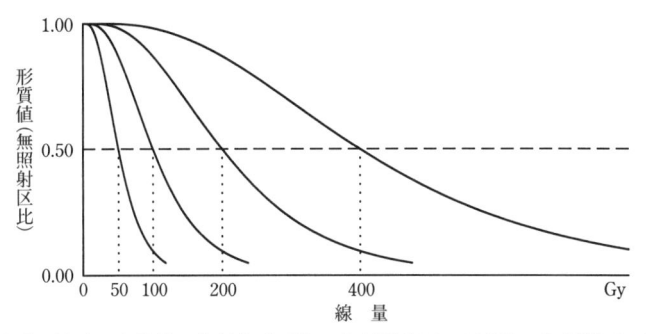

図10.4　線量反応曲線と放射線感受性の品種間差異．形質値が無照射区に対する比が 0.5 になる線量を D_{50} という．放射線感受性は形質値でなく D_{50} にもとづいて比較する．

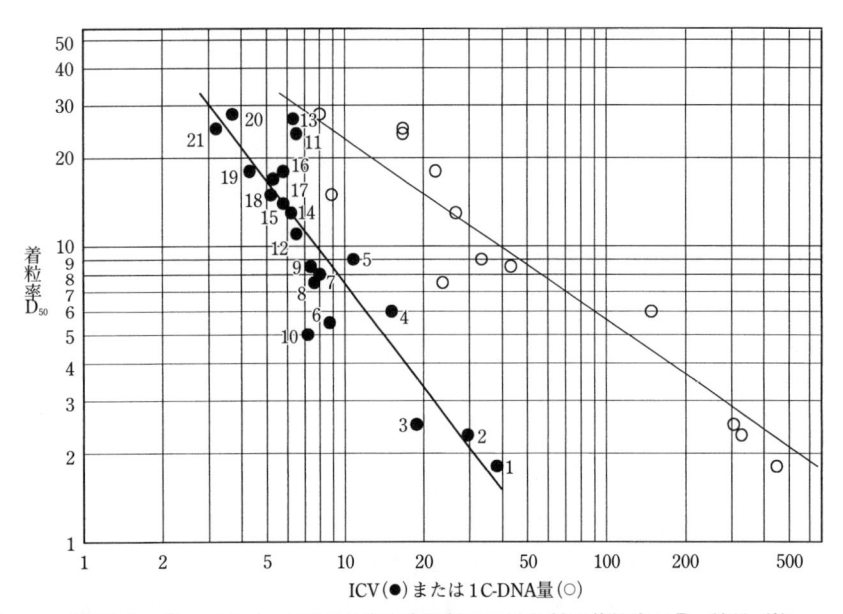

図 10.5 ガンマフィールドでの生育中照射における種子着粒率の D_{50} 線量（放射線感受性）と ICV（●）または染色体あたり DNA 量（○）との関係．DNA 含量は，表 9.2 の 1C 量をもちいた．植物種の ICV または DNA 含量が大きいほど放射線感受性が高い．D_{50} の ICV への回帰は -1.16 で両者はたがいにほぼ反比例している．D_{50} の DNA 量への回帰係数は -0.63 でやや低い．
 1. タマネギ，2. ネギ，3. オオムギ，4. エンドウ，5. ホウレンソウ，6. インゲン a，7. ナス，8. インゲン b，9. トマト，10. セロリ，11. キュウリ，12. トウガラシ，13. メロン，14. テンサイ，15. キャベツ，16. ニンジン，17. スイカ，18. ダイコン，19. ハクサイ，20. セイヨウカボチャ，21. イネ（3, 6, 8, 21 は日本の，それ以外は米国ブルックヘブンのガンマフィールドでの照射実験データ）．タテ軸は 1 日あたり線量（$\times 10^{-1}$Gy），ヨコ軸は ICV（μ^3）または染色体あたり 1C-DNA（pg）（$\times 200$）．なお DNA 量のデータは，No. 6, 7, 10, 12, 13, 15, 17, 19 が欠けている．

んにくらべるのでは感受性を正しく評価できない．

　種子照射または生育中照射における放射線感受性は，生物種間でいちじるしい差がある．米国ではかつて東西冷戦下で核戦争を予想したときの自然生態系に対する放射線の影響をしらべる目的で，ブルックヘブンのガンマフィールド（1944 年設立）をつかって植物の生育中照射における放射線感受性の種間差異がくわしく調査された．その結果供試種中で感受性が最大の *Trillium grandiflorum* ($2n=10$) と最小の *Arabidopsis thaliana* ($2n=10$) の間で D_{50} に 260 倍もの差が認められた（Sparrow and Evans 1961）．作物に

かぎっても感受性の高いソラマメ, ネギ, ライムギ, オオムギと, 低いカボチャ, イネ, アワ, オクラ, イグサなどとで10倍以上のちがいがあった. 生育中照射における着粒率で測った放射線感受性を, 中間期染色体体積 (interphase chromosome volume; ICV) に対してプロットすると, 対数尺度の下で回帰係数は -1.16 で -1 に近く, 両者が反比例することが認められた (図10.5) (Yamakawa and Sparrow 1965). **ICV** とは中間期の芽成長点細胞の体積を染色体数 ($2n$) で割った値で, ICV が大きいということは, 染色体が大きい, または染色体あたり DNA 量が多いことを意味する. ただし放射線感受性を DNA 含量じたいに対しプロットすると, 回帰係数は -0.63 でやや低い. ICV と放射線感受性の関係は, 草本, 木本をとわず, また幼苗期に高い線量率で照射した場合でも, 全生育期間にわたり低い線量率で照射した場合でも認められる. なお高等植物およびシダは, 同じ ICV でくらべたとき両棲類や哺乳類よりずっと抵抗性が高い.

種属間における放射線感受性の差異に応じてガンマフィールド内での栽植位置をきめる必要がある. 1年生で感受性の低いイネなどは線源に近く, 感受性の高いソラマメなどは線源から離れた位置に植える. また果樹, チャ, クワ, 林木などの永年生の木本植物は定植された位置で長年にわたって照射されるので, その位置は線源より遠くに設けられる (図10.6).

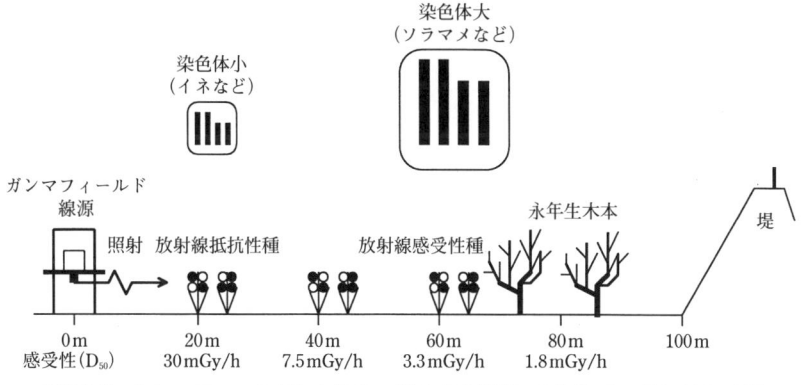

図10.6 ガンマフィールドにおける γ 線の生体照射. 1年生で γ 線に対して抵抗性の植物は線源に近く, 感受性の植物は線源から遠い地点に栽植される. また永年生木本の果樹, 林木, チャ, クワなどは線源から遠い地点に定植され, 低い線量率で長い年数の間, 連続して照射される. 線量率は概算値.

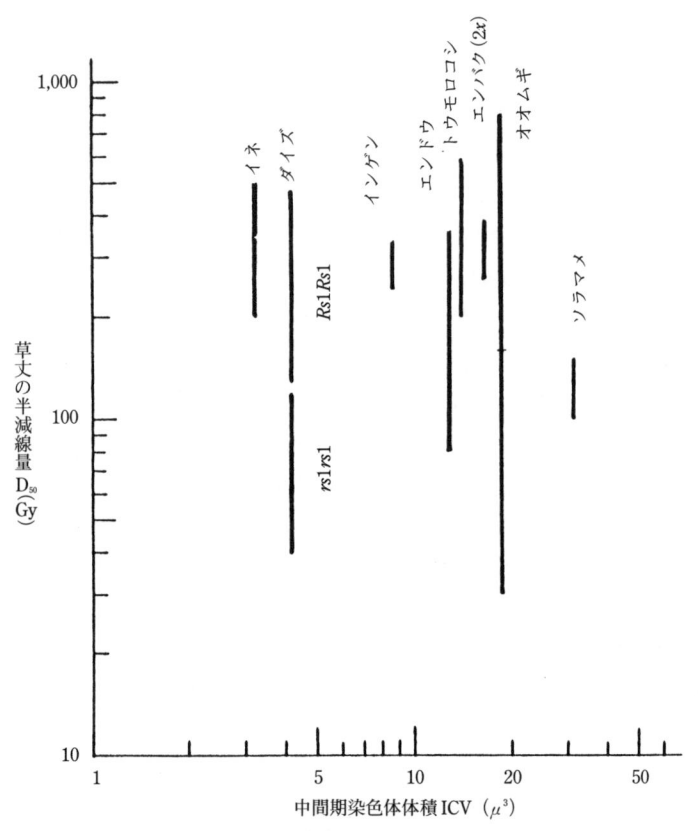

図10.7 各種栽培植物のγ線種子照射における放射線感受性の種間および品種間差異．タテ棒はD_{50}の品種間での最大幅をしめす．ただし最大幅は今後の研究によりさらに広がることがありうる．種子照射では，ICVと種間の感受性の関係ははっきりとは認められない．

　種子照射でもICVの大きい種は，放射線感受性が大きい傾向があるが，生育中照射の場合ほどあきらかではない．とくに種子照射では放射線感受性の品種間差異が大きいのでよけいに不明瞭となる(図10.7)．なお花粉照射では，花粉の大きい種は放射線感受性が高い傾向が認められるが，ユリなど例外的な種もある(Brewbaker and Emery 1961)．
　コムギ，エンバク，キク，セダムなどのように**倍数性**が異なる種の系列を含む属で種間の放射線感受性をくらべた結果では，倍数性が高い種ほど抵抗性であることがみられた．いっぱんに4倍性種は2倍性種の約1.6倍の抵抗

性をしめす．倍数性種の抵抗性は，遺伝的重複により放射線障害が補償されることによる．

10.5.2 放射線感受性の品種間差異

放射線感受性の差異は品種間でも認められ，とくに γ 線の種子照射でいちじるしい．イネの種子照射では，陸稲は水稲より，Indica は Japonica よりも放射線に強い傾向がある．オオムギでは皮麦は裸麦より，六条大麦は二条大麦より抵抗性の品種が多い．しかし一般的には各品種の感受性を予測できるような特徴や分類群はあまりみられない．品種間差異はふつう最大で3-4倍程度であるが，ダイズやオオムギのように20倍以上に達する場合もある．品種間における感受性の差は遺伝的であり，イネのように複数の遺伝子に支配されている場合が多いが，主働遺伝子による場合もある．ダイズでは生育中照射および種子照射で感受性をもたらす劣性遺伝子 $rs1$ と種子照射でだけ感受性を表す劣性遺伝子 $rs2$ が発見されている(高木 1974)．またオオムギでは第1染色体上の裸性遺伝子 (n) の近傍に種子照射における感受性化の主働遺伝子 $rs1$ の存在が認められている(Ukai 1986)．微生物では放射線感受性の系統はいっぱんに減数分裂異常をともなうことが知られている(Zolan et al. 1988)が，植物では感受性化遺伝子をホモにもつ品種でも，種子稔性，減数分裂ともに正常で，ほかの形質についても特徴があるわけではない．このような感受性化遺伝子の染色体上の位置をきめ，その機能を解明することにより，放射線の増感または保護作用の新しい機構がみいだされると期待される．なおオオムギでは放射線感受性が異なる品種間でも単位線量あたりの突然変異率はほぼ一定であるので，感受性が低い品種ほど高い線量を照射でき，その結果得られる最高突然変異率が高くなるので，育種上有利である．

種子照射では種間の感受性と ICV の関係が明瞭でないうえに，感受性の品種間差異が大きいために，品種別の適正線量をきめることがむずかしい．放射線育種において感受性の知られていない品種を材料とする場合には，かならず5-10段階の線量で予備照射をして感受性をよくしらべてから，突然変異誘発のための本照射をすることが肝要である．その際，品種の放射線感受性と突然変異率はいっぱんに関連がないので，できるだけ放射線感受性の

低い品種を照射材料とするのがよい．

10.5.3 線量

(1) 当代障害

種子照射の照射当代では，線量がある程度以上高いと，種々の成育異常などの障害が観察される．たとえばイネやオオムギでは，発芽率，草丈，根長，穂数，花粉稔性，種子稔性などの低下が観察される．当代障害はいっぱんに線量が高くなると急激に増加する．ただし発芽率，草丈，根長，穂数などの低下は当代かぎりで，次代以降にはほとんど伝わらない．花粉不稔と種子不稔は次代にまで多かれ少なかれ伝わる．細胞レベルでは芽端および根端成長点における種々の染色体異常や**細胞分裂**の停止や遅延が生じる．照射は種子全体におよぶが，照射の影響はおもに分裂活性の高い細胞，つまり成長点細胞に現れる．発芽率，草丈，根長，穂数などに現れる照射当代かぎりの異常は，おもに成長点細胞の分裂停止による．それはさらに染色体の欠失などの染色体異常に起因すると考えられる．同じ**染色体異常**(chromosome aberration)でも相互転座や逆位などは，遺伝的には過不足がないので，成長点での体細胞分裂で減数分裂期まで淘汰されることなく伝わる．しかし，減数分裂における染色体の対合や分離に異常が生じ，その結果，花粉稔性や種子稔性を低下させる．転座や逆位の一部は次代にも伝達され，ふたたび花粉不稔や種子不稔をもたらす．

(2) 適正線量の指標

細胞あたりまたは遺伝子あたりの突然変異率は照射された線量にほぼ比例して増加するので，生物体が耐えられるかぎり高い線量を与えるのが得策のように思われる．この点だけからすると，次代に伝わらない生育抑制がどれほどいちじるしくても，突然変異体の選抜には結果的に次代用の種子さえ採れればよい，つまりそれだけの種子稔性があればよいということになる．実際にそのような考えからおこなう照射法が上述の超高線量照射である．しかし，稔性がいちじるしく低下した照射区から得た次代個体ではふたたび稔性の低い個体が多くなる．伝達性の染色体異常を照射次代以降の世代で完全に淘汰することはむずかしい．そこで照射当代の種子稔性があまり低下しない範囲でできるだけ高い線量を選ぶのがよく，種子稔性が無照射区の約60–

表10.2 栽培植物の種子，塊根，塊茎の急照射における適正線量 (Gy)

	100未満	100	200	300	400	500以上
穀 類		ライムギ オオムギ(裸)	水稲(感受性) オオムギ(二条) コムギ ライコムギ	水稲 陸稲 オオムギ(六条皮) エンバク ソルガム トウモロコシ キビ ハトムギ	ソバ アワ	ヒエ
マメ類	ダイズ(感受性)	アズキ エンドウ	ダイズ インゲン ナタマメ ラッカセイ			
工芸作物	チャ(種子)	エゴマ 大陸棉		テンサイ タバコ		アマ 洋種ナタネ
イモ類		ジャガイモ サトイモ	サツマイモ	キャッサバ	サツマイモ (種子)	
野 菜	ネギ タマネギ ゴボウ	ホウレンソウ ピーマン	ハクサイ カブ ナス	トマト キャベツ スイカ	キュウリ ダイコン カボチャ マクワウリ チシャ	ニンジン
飼料作物	ケンタッキー フェスク	ヘアリーベッチ ザートウイッケン チモシー ケンタッキー ブルーグラス オーチャードグラス レッドフェスク	ルーピン ベントグラス ペレニアルラ イグラス ダリスグラス ヘアリーベッチ 白花ルーピン カウピー	アルファルファ レッドトップ スーダングラス イタリアンラ イグラス	シロクローバ	アカクローバ ラジノクローバ レンゲ 4倍性イタリ アンライグ ラス
花 卉	スターチス	リアトリス アスター ガーベラ ルリタマアザミ	ストック ムラサキハナナ フロックス	デージー ハマギク カスミソウ フクロナデシコ	シャスタデージー ガザニア ナデシコ	ハボタン ビオラ テンニンギク ローダンゼ キンセンカ

1) 種子稔性半減線量にもとづく．品種により大きな差があるので，この表にしめされている適正線量は目安である．
2) 鵜飼(1983)，Yamaguchi(1988)による．

50%になる線量が実用上の適正線量としてすすめられる．

(3) 適正線量

種々の栽培植物の種子，塊根，塊茎などのγ線急照射における適正線量は，経験的に表10.2のようにしめされる．ただし上述のように同じ栽培植

10.5 照射条件の決定　　*291*

図 10.8 ソルガムの種子照射における照射線量にともなう幼苗の草丈の減少．最右が無照射の対照区で，以下左に 50, 100, 150, 200, 250, 300, 350, 400 Gy を照射した区．300 Gy 以上では草丈がいちじるしく減少している．この品種では突然変異育種上の適正線量は 200 ないし 250 Gy と判断される．

物でも品種間で大きな感受性の差がある．したがって材料とする品種の放射線感受性について既存のデータがない場合には，かならず予備照射をおこなって，当代障害の程度から適正線量をそのつどきめる必要がある．本照射は，予備照射においてきめた適正線量のほかにその 2/3 または 1/2 の線量の区を加えた 2 照射区でおこなうとよい．

なお種子稔性を測るには 1 世代近くの時間を必要とするので，突然変異育種における多くの実験では，簡便さから照射後 1-2 週間での幼苗の草丈の減少程度にもとづいて適正線量をきめることが多い(図 10.8)．草丈の場合には，無照射区の 70-60% になる線量が適正である．ただし草丈減少と種子不稔の相対的関係は，突然変異原が異なると変化するので注意が必要である．

10.5.4 線量率

γ線照射における生物効果は，線量が同じでも単位時間あたりに与える線量つまり**線量率**(dose rate)(Gy/h)によっても変化する．高い線量率でごく短時間照射する方法を**急照射**(acute irradiation)，低い線量率で長期間照射する方法を**緩照射**(chronic irradiation)という．生育中照射では，総線量が同じでも線量率が高いほど当代障害に現れる照射効果が大きい．したがって

生育中照射ではふつう緩照射がすすめられる．種子照射では線量率の影響は少ない．DNA の放射線障害は DNA 増幅期に修復されるので，照射効果は線量が同じでも成長点細胞が 1 回の分裂周期中に受ける線量，すなわち分裂周期あたりの線量率によってきまることになる．生育中の低温は分裂周期を長くすることにより，やはり照射効果を増大させることになる．

10.5.5 放射線効果の変更要因

放射線の生物効果は線量率や材料の遺伝的な要因だけでなく，照射中または照射直後における材料のもつ種々の生理的条件や環境によっても変化する．γ線の生育中照射では気温，リンなどの栄養素欠乏などが，種子照射では水分，低酸素，照射後貯蔵，極低温，化学物質処理などが放射線効果に影響する．これを放射線における生物効果の**変更要因**(modifying factor)という．とくに種子の場合には照射中やその前後における生理条件をいちじるしく変えてもその後の生育への影響は少なく，また種々の生理的条件を与えることが技術的に容易なので，変更要因の研究事例が多い．なお中性子照射では，変更要因の影響は小さい．

変更要因中で，当代障害の程度は変えずに線量あたりの突然変異率を増加させたり，あるいは突然変異率の低下をともなわないで障害を軽減させるものがあれば，突然変異育種の効率向上に役立つ．しかし，実際に広く応用された変更要因にはまだそのようなものは存在しない．以下にしめす変更要因中には，低水分含量のように線量あたりの突然変異率を数倍以上も高める要因もあるが，残念ながらそれにほぼ比例して放射線障害も増大するので，照射可能な最高線量は低くなり，突然変異率の最大値そのものを高めることはできない．いっぽう低酸素濃度のように障害を低くする要因では，線量あたり突然変異率が下がり，照射できる最高線量は増加しても，その線量下での突然変異率は高くできないことが多い．

(1) 温度

生育中植物の照射では気温による影響が大きく，低温ほど照射効果が大きい．種子照射では気温の影響は通常の領域ではほとんど認められないが，液体窒素などによる極低温条件下では障害が軽減される．山縣と谷坂(1977)はイネ種子を $-70°C$ の極低温下で γ 線または X 線を照射したのち，0, 30, 60°

Cの水に短時間浸したところ，単位線量あたり突然変異率は変わらずに，生存率，草丈，種子稔性のD_{50}からみた感受性が1/2.5に軽減されることを認めた．この方法は有望であるが，実用化されていない．

(2) 水分含量

イネやオオムギの種子を常湿状態におくと水分含量が12-15%程度で平衡に保たれるが，この状態の種子がもっとも低い放射線感受性をしめす．それより水分が高くても低くても感受性が増す．種子を乾燥剤とともに密封して水分含量を低下させると，最大10倍程度まで感受性が高くなる．イネでは水分含量を5%程度に下げると7.5倍感受性が高まったが，品種の感受性の順位は常湿の場合と変わらなかった(鵜飼 1969)．また照射前に蒸留水に一定時間浸して水分含量を上げてゆくと，感受性が高まるとともに品種間差異が解消する．

(3) 照射後貯蔵

照射ずみの種子を播かずにそのまま貯蔵しておくと，当代障害が増大する．これを放射線照射における**貯蔵効果**とよぶ．障害は照射終了後24時間以内に急増し，そのあと3週間程度まですこしずつ増してゆく．貯蔵効果は種子の水分含量が低いほど，また酸素濃度が高いほど顕著である．また貯蔵期間中の高温は貯蔵効果を高める．

(4) 低酸素濃度

あらかじめ水分含量を下げてから密封可能な容器に種子を入れ，容器中の空気の酸素を窒素ガスとおきかえることにより種子中の酸素濃度を下げると，感受性が7倍以上低下する．また照射した種子を酸素濃度の低い水をもちいて吸水させると，同様に放射線効果が減少する．なお空気中の酸素濃度を高めて100%にまで変えても，照射効果への影響は少ない．

(5) 化学物質

γ線やX線の照射後にコルヒチン，システイン，次亜硫酸ソーダなどで処理すると，放射線障害が軽減される．

10.6 突然変異体の選抜法

突然変異育種は放射線や化学物質の処理をする段階が重要で，処理した後

は交雑育種に準じて選抜を進めればよいと考えられがちである．しかし，処理方法が適切でも，処理後の集団のあつかい方や選抜方法が誤っていれば，目的の突然変異体を得ることはできない．目標形質に関与する遺伝子座にどれだけの率で突然変異が生じるかは，突然変異原の選択とその処理方法により決まる．しかし生じた突然変異遺伝子の作用が表現型に現れ，処理集団で突然変異体として識別され選抜されるにいたるかどうかは，選抜方式によって左右される．

10.6.1 自殖性作物における突然変異体の選抜

自殖性の種子繁殖作物では種子処理が多いので，種子処理における突然変異体の選抜方式についてイネ科作物を中心に説明する．種子繁殖性作物の突然変異処理では，処理当代を M_1，次代を M_2，以下世代を追って $M_3, M_4, \cdots$ とよぶ．

突然変異体の選抜方式は交雑育種とは大きく異なるので十分注意する．

(1) 2純系間の交配にはじまる交雑育種では，F_1 はどの個体も同じ遺伝子型をもつ均質な集団となる．したがって F_2 の各個体がどの F_1 個体に由来したかは関係なく，少数の F_1 個体から大量の種子を採って次代に利用できる．しかし突然変異育種における M_1 は，どれが目的の突然変異遺伝子を含むかはわからない不均質な集団である．同じ M_1 個体から多数の次代をつくることは選抜効率を低くしてしまう．

(2) F_2 は多くの遺伝子座でさまざまに分離した個体で構成される．それに対し M_2 では，原品種とほとんど変わらない個体が大部分を占めるなかに，突然変異体が低頻度で分離する．交雑の雑種集団を見慣れた目には，突然変異育種の M_2 集団は遺伝変異が非常に少ないようにみえるかもしれない．

(3) 交雑育種では複数の遺伝子座に支配される量的形質が目標となることが多く，選抜は集団が遺伝的に固定が進んだ後期世代でおこなわれる．しかし突然変異育種では，ふつう1個の主働遺伝子の変異が目標となり，初期世代の M_2 または M_3 ですでに選抜の成否がきまってしまう．M_2 で目的の突然変異体を発見できなかったときに，次代の M_3 でさらに選抜をおこなう方法は二番煎じ法とよばれ，効率がよくない．

以下に世代の順に選抜方式を説明する．

(1) M_1代

種子に放射線や化学変異原を処理したとき，種子胚の細胞内の遺伝子に突然変異が生じる．ある処理のもとにある特定の遺伝子について突然変異が生じる率を**遺伝子あたり突然変異率**という．

芽端生長点の細胞中，穂の形成にいたる細胞を**始原細胞**(initial cell)という．後代で突然変異体として選抜されるにいたるのは，ふつうこの始原細胞に生じた突然変異だけである．たとえば葉の分化した細胞や胚乳の遺伝子に突然変異が生じても次代には伝わらない．純系の自殖性植物ではどの遺伝子座もホモ接合(AA)になっているので，対立遺伝子の一方に$A \to a$の突然変異が生じたとき，A座の遺伝子型はヘテロ接合となる．人為突然変異においても遺伝子あたりの突然変異率は小さい（ふつう10^{-4}以下）ので，対立遺伝子の両方が同時に変わり，ホモ接合(aa)となることは確率的にひじょうに少ない．人為突然変異はほとんどが優性から劣性の方向に生じるので，突然変異遺伝子の効果は，ヘテロ体では表現型に現れない．したがって，突然変異体の選抜はM_1ではできず，突然変異遺伝子が分離によりホモ接合となるM_2以降まで待たなければならない．

穂の始原細胞はふつう複数である．これらの始原細胞のうち処理によって突然変異が生じるのは確率的にたかだか１細胞である．そのため，M_1穂は突然変異細胞由来の組織と突然変異していない組織とが混ざった状態になっている．これを**キメラ**(chimera)という．キメラとはギリシャ神話におけるライオンの頭，ヤギの体，竜の尾をもち火を吐く女怪の名である．生長点の始原細胞数は，植物により，また分げつにより異なる．トウモロコシでは5-6個，イネでは主稈の穂で5-6個，下位１次分げつの穂で2-6個，上位１次分げつの穂で1-2個である．主稈と上位１次分げつの間，主稈の同じ側の１次分げつ間，２次分げつと親の１次分げつの間には，それぞれおたがいの穂の一部に同じ始原細胞に由来する突然変異が関連して現れることが多い(Osone 1963)．イネ科作物では，採種はM_1代の穂別におこない個体間の区別はしない．したがって，ムギ類などではM_1代の密植により穂数を少なくして，同じ始原細胞に由来する穂はできるだけとらないようにする．

穂別の種子不稔性は同じ処理でも個体により穂により異なる．上述のとおり種子不稔は少なくとも一部は次代に伝達するので，なるべく稔性の高い穂

を選ぶ．

(2) M_2 代

　M_2 代ではじめて突然変異ホモ接合の個体が**突然変異体**(mutant)として集団中に出現する．目的の突然変異体が広い集団中のどこに出現しても個体単位で容易に非突然変異体と区別がつく場合には M_2 で選抜する．突然変異体を発見したときには，ラベルをつけ目印として脇に棒をたてる．その突然変異体の特性はもちろん，同じ系統内でのほかの突然変異体や種子稔性の分離状態も調査し記録しておくのがよい．

　突然変異体が集団中に分離したとき，それが観察者により発見される確率が 1 のとき，**完全確認**(complete ascertainment)という．葉緑素突然変異体および極早生，矮性，雄性不稔などの突然変異体は完全確認に近い．短稈，病害抵抗性などの突然変異体はふつう不完全確認である．

　イネ，オオムギなどの自殖性植物における M_2 代集団の養成には 2 通りの方法がある．

① **穂別系統法**：これは M_1 で穂別に採った種子を M_2 で系統として播く方法である(図 10.9)．マメ類などでは，穂別のかわりに分枝別にとればよい．穂別系統法は Stadler (1928) により採用され，スウェーデンで標準的にもちいられた．系統内個体数は 10 個体程度とし，あまり多くしない．突然変異率が 10^{-3} 程度の突然変異を選抜したいときには，M_2 系統数は 1,000，総個体数は $1,000 \times 10 = 10,000$ 個体とする．突然変異率が低い場合には，それに応じて系統数を増やす．系統内個体数を増やしても効果は小さい．

　M_1 代の穂が 1 個の始原細胞から由来しているならば，突然変異細胞由来の M_2 系統ではふつうメンデルの法則どおり非変異体と突然変異体が 3：1 の比で分離する．すなわち系統内の突然変異体頻度の期待値は 0.25 となる．したがって系統内個体数が 10 個体であれば，突然変異体がたまたま分離しない確率は，$(1-0.25)^{10} = 0.056$ となる．ただし突然変異体の頻度が 0.25 より低いと，この確率は 0.056 より大きくなる．

　突然変異遺伝子をもつ細胞が非突然変異細胞との増殖または受精の競争に負ける場合には，分離比が 0.25 より低くなる．競争が生育過程の体細胞で生じる場合を**複相選択**(diplontic selection)，減数分裂や受精

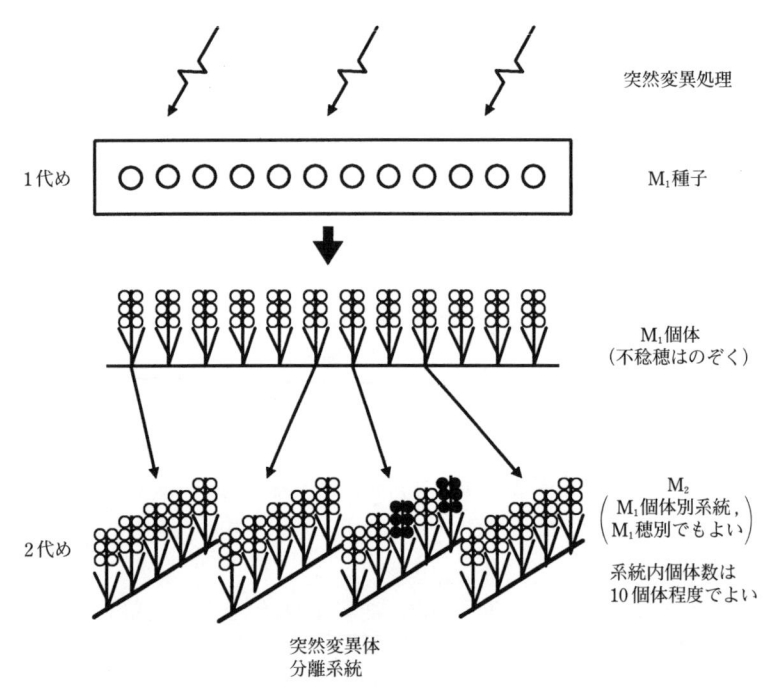

図10.9 自殖性植物における突然変異体の選抜方法の1つ「穂別系統法」．M_1代の穂別または個体別に採取した種子を次代に系統に展開して，突然変異体を選抜する．

時の配偶子レベルで生じる場合を**単相選択**(haplontic selection)という．また穂内キメラがあると突然変異体の系統内頻度は 0.25 より低くなる．始原細胞数が k 個なら近似的に $0.25/k$ となる．系統あたりの突然変異体分離割合を**分離頻度**(segregation frequency)とよび，通常の**分離比**(segregation ratio)と区別する．分離頻度は突然変異細胞の選択やキメラの存在で変わるだけでなく，系統内個体数にも依存する．突然変異処理により始原細胞のいくつかが致死となることがあるので，処理が強いほど分離頻度は高くなる(図 10.10)．

② 1株少粒法：突然変異育種では目的の突然変異体が1個体得られれば，あとはそれを増殖すればよい．この原則から，目的の突然変異体が少なくとも1個体得られる確率が高いほど，突然変異育種として効率がよいことになる．穂別系統法において，労力や経費は M_2 代の総個体数に比

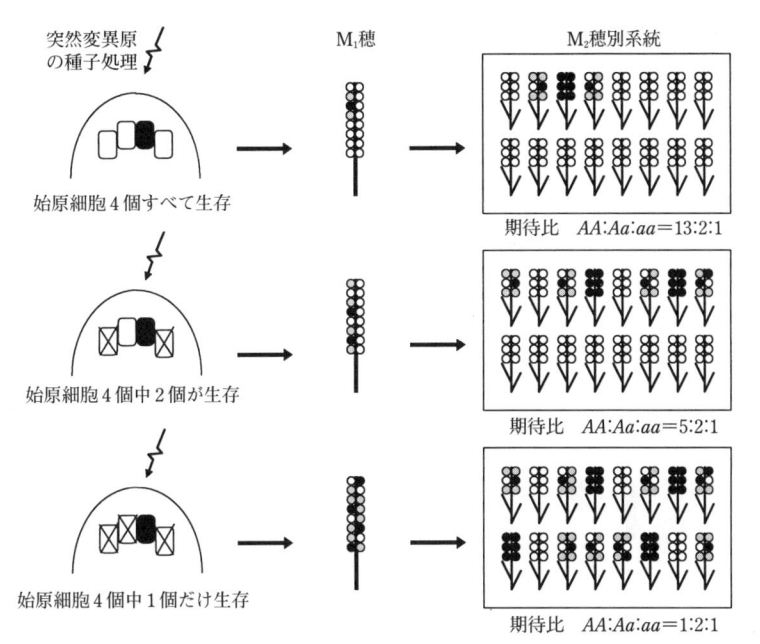

図 10.10 突然変異源を種子に処理した場合の M_1 穂内のキメラ構造．芽成長点の穂始原細胞数を 4 個とした場合．

黒地の細胞は突然変異細胞（$AA \rightarrow Aa$），白地の細胞は非突然変異細胞（AA），×のついた細胞は処理により致死となった細胞を表す．M_1 穂内の黒丸は突然変異遺伝子ホモの種子（aa），灰色丸は突然変異遺伝子ヘテロの種子（Aa），白丸は非突然変異遺伝子ホモの種子（AA）を表す．M_2 穂別系統内の全種子が黒丸の M_2 個体は突然変異遺伝子ホモ（aa），黒丸，灰色丸，白丸が分離した個体は突然変異遺伝子ヘテロ（Aa），全種子が白丸の個体は非突然変異遺伝子ホモ（AA）であることを表す．いっぱんにヘテロ個体（Aa）は非突然変異遺伝子ホモ個体（AA）と表現型では区別できない．

例すると考えられる．そこで系統数 m と系統内個体数 n をどのようにきめれば，ある確率で少なくとも 1 個体の突然変異体を得るのに必要な総個体数 mn を最小にできるかが，理論的に検討された．その結果，所要個体数は，n が小さいほど小さく，$n=1$ のとき最高となることが判明した（10.6.2 項参照）（Yoshida 1962）．そこで M_1 の各個体から 1 粒の次代用種子をとって栽培する方式が提案され，**1 株 1 粒法**（one-plant-one-grain method）と名づけられた．イネやオオムギでは M_1 の個体別でなく，穂別に採種することが多いので，その場合には **1 穂 1 粒法**という．さらに 1 穂から 1 粒とる方法だけでなく，2 粒ないし 3 粒を

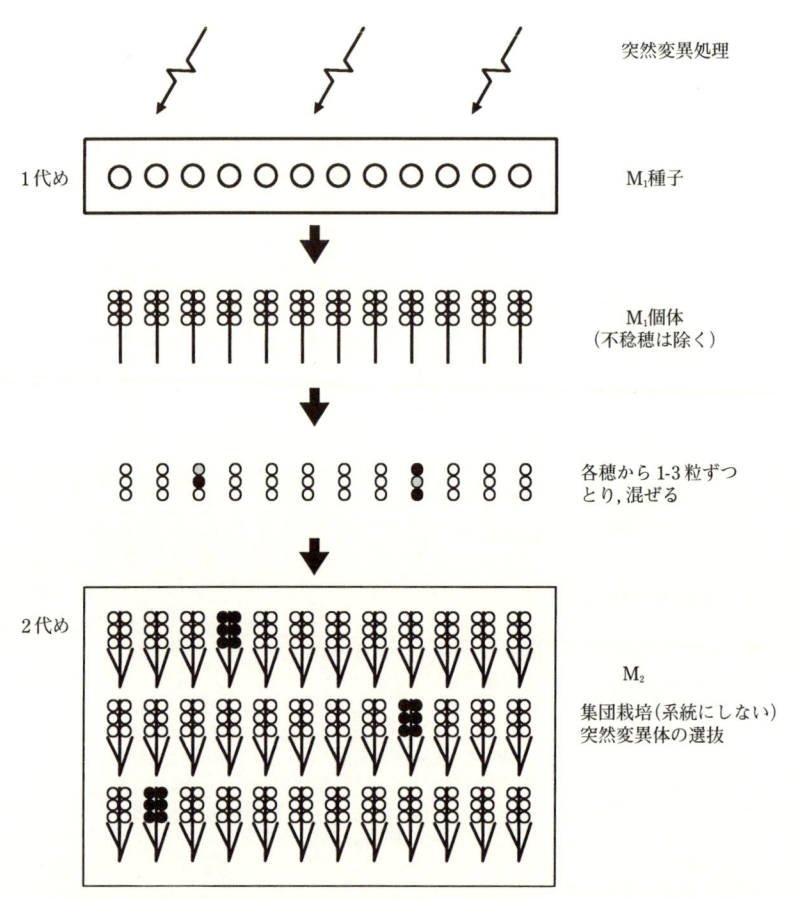

図 10.11 自殖性植物における突然変異体の選抜方法の1つ「1穂少粒法」。M_1 代の各穂から 1-3 粒ずつとった種子を混合して，次代に集団で栽培し，突然変異体を選抜する．個体単位で識別しやすい突然変異の選抜には，穂別系統法よりも1穂少粒法のほうが効率が高い．

とる方法も含めて **1 穂少粒法** という（図 10.11）．

　1穂少粒法は目標の突然変異がとくに識別しやすい形質である場合に適する．この方式では突然変異体を 95% の確率で得るために必要な M_2 総個体数はおよそ $12/p_1$ と計算される．たとえば $p_1 = 0.001$ ならば 12,000 個体となる．ただしこの方法には，M_1 個体を大量に必要とする，系統内に複数個の突然変異体が分離することによる見つけやすさが期待

できない，ほかの望ましくない突然変異や種子不稔を M_3 以降の選抜によりのぞきにくい，などの問題がある．

(3) M_3 以降

M_2 で選抜した突然変異体を M_3 代で系統として栽培し，目標形質について遺伝的に固定しているか，発現が安定しているかをしらべる．なお，ほかの望ましくない突然変異や種子不稔を随伴していて選抜だけではのぞけない場合には，突然変異体と原品種を交雑して，その後代でそれらをともなわない個体を選抜する．

目標の突然変異形質が個体単位では識別できない場合には，M_2 個体別に M_3 代で系統をつくり，M_2 での突然変異体に由来する固定系統を選抜する．

全生育期間にわたる生体照射では，花粉や卵など配偶子が分化する前に生じた突然変異は種子照射と同様に M_2 代で分離する．ただし穂内のキメラ数は大きい．いっぽう分化後に生じた突然変異は，M_1 穂上の種子ですべてヘテロ接合となるので，突然変異体の分離は1代遅く M_3 からとなる．

10.6.2　自殖性植物における突然変異体選抜の理論

突然変異体の分離と選抜に関連した理論を簡単に以下に述べる．以下の理論は突然変異処理の効率を考えるうえで重要である．いま M_2 の穂別系統法において，系統数を m，系統内個体数を n とする．処理時の始原細胞あたり突然変異率を p_1，突然変異ヘテロ個体 (Aa) の次代における突然変異ホモ個体 (aa) の分離する期待頻度を p_2 とする．ある系統が突然変異系統と認められるのは，少なくとも1個体の突然変異体が分離した系統である．このような系統を突然変異体分離系統という．始原細胞に突然変異細胞を含む個体から由来した系統でも，突然変異体がたまたま M_2 で分離しなければ，非突然変異系統と区別がつかない．突然変異体分離系統数を M_{mut}，突然変異体分離系統における突然変異体の分離数を N_{mut}，分離する全突然変異体数を T_{mut} とする．

(1) 突然変異体分離系統における突然変異体の分離頻度

系統が突然変異細胞由来でも，系統内個体数が少ないと系統内に突然変異体がたまたま分離しないことがある．突然変異体分離系統における分離頻度の期待値は，

$$\frac{E(N_{\text{mut}})}{n}=\frac{p_2}{1-(1-p_2)^n} \tag{10.1}$$

となる.ここで $(1-p_2)^n$ は,Aa 個体由来系統において,n 個体のどれも突然変異体でない確率である.これより分離頻度は分離比 p_2 より大きい.また n が小さいほど大きくなり,とくに $n=1$ では 1 となる.

(2) 系統あたり突然変異頻度

遺伝子あたり突然変異率を u とすると,遺伝子型 AA の始原細胞が処理後に AA, Aa, aa である確率はそれぞれ,$(1-u)^2, 2u(1-u), u^2$ となる.u はふつうごく小さいので,$AA \to aa$ となる変化は無視できる.そこで**細胞あたり突然変異率** p_1 は,

$$p_1=2u(1-u)+u^2=2u-u^2 \approx 2u \tag{10.2}$$

となる.突然変異体分離系統数の期待値は,

$$E(M_{\text{mut}})=mp_1[1-(1-p_2)^n]$$

となる.したがって,観察された総系統あたり突然変異体分離系統の頻度(これを**系統あたり突然変異頻度**という)θ_1 は,

$$\theta_1=E(M_{\text{mut}})/m=p_1[1-(1-p_2)^n] \tag{10.3}$$

となる.これは p_1 よりつねに小さい.n が小さいほど p_1 との差が大きく,$n=1$ では $\theta_1=p_1p_2$ となり,$p_2=0.25$ のとき,突然変異体を分離するはずの系統中の 3/4 が見落とされる.

(3) 観察総個体あたり突然変異体の頻度

観察される突然変異体の総数 T_{mut} は,

$$T_{\text{mut}}=E(M_{\text{mut}})E(N_{\text{mut}})=mp_1[1-(1-p_2)^n]\cdot\frac{np_2}{1-(1-p_2)^n}=mnp_1p_2 \tag{10.4}$$

これより M_2 での観察総個体数($T=mn$)あたりの突然変異体の頻度(**個体あたり突然変異頻度**)θ_2 は,

$$\theta_2 = E(T_{\text{mut}})/mn = p_1 p_2 \tag{10.5}$$

となる．つまり個体あたり突然変異頻度は，系統内個体数に関係なく，細胞あたり突然変異率と突然変異体の分離比の積 p_1p_2 に等しい．ふつう分離比は $p_2=0.25$ であるので，自殖性植物では個体あたり突然変異率を4倍すれば，細胞あたり突然変異率が推定できることになる．複相または単相選択で分離比が低く p_2' となる場合には，個体あたり突然変異率に4倍でなく $1/p_2'$ をかければよい．

穂あたりでキメラが k 個あるときには，穂別系統内の突然変異体の分離頻度は $1/k$ 倍，突然変異系統の頻度は k 倍となる．したがって，M_2 での観察総個体数あたりの突然変異体の割合はキメラがあっても変わらず，式(10.5)はそのまま成り立つ．

以上から，突然変異率は個体あたり突然変異頻度で表すのが最適である．しかし，突然変異率を系統あたり突然変異で表している例も多い．系統あたり突然変異率は，式(10.3)のしめすとおり系統内個体数が小さいほど低くなる．またキメラが多いほど高くなり，突然変異細胞の選択によって分離頻度が下がれば低くなる．このように，細胞あたり突然変異率 p_1 が同じでもいろいろな条件で変化するので，突然変異処理間での効率比較などにもちいる尺度としては適当でない．

(4) 突然変異体の選抜効率

突然変異育種では，目的の突然変異体が1個体得られれば，あとはそれを増殖して目的を達成できると考えてよい．したがって突然変異体の選抜効率は，目的の突然変異体を少なくとも1個体ある一定の確率（たとえば0.95）で得られるのに必要な M_2 総個体数によって測れる．

総個体数 mn 中で少なくとも1個体の突然変異体を得る確率 P は，

$$P = 1 - (q_1 + p_1 q_2^n)^m \tag{10.6}$$

となる．ここで $q_1=1-p_1$, $q_2=1-p_2$ である．これより，

$$m = \frac{\log(1-P)}{\log(q_1 + p_1 q_2^n)} \tag{10.7}$$

表10.3 M_1 穂内キメラの数と少なくとも1個体の突然変異体を95%の確率で得るために必要な M_2 総個体数 T（表の数字を 10^4 倍する）．ただし始原細胞あたり突然変異率を 10^{-4}，突然変異体の分離比を0.25とする．

系統内個体数	穂 内 キ メ ラ 数				
	1	2	3	4	6
1	**11.96**	**11.96**	**11.96**	**11.96**	**11.96**
2	13.66	12.74	12.46	12.32	12.19
3	15.50	13.55	12.97	12.69	12.42
4	17.46	14.39	13.49	13.06	12.65
5	19.56	15.26	14.03	13.44	12.89
6	21.77	16.17	14.58	13.84	13.13
7	24.09	17.10	15.14	14.23	13.37
8	26.51	18.07	15.73	14.64	13.62
9	29.01	19.07	16.32	15.06	13.87
10	31.59	20.10	16.93	15.48	14.12
15	45.31	25.67	20.19	17.72	15.45
20	59.80	31.84	23.78	20.16	16.87

(Ukai and Yamashita 1974)
注) 太字は各キメラ数のもとで所要個体数が最小となる場合．

となる．したがって，総個体数中で少なくとも1個体の突然変異体を確率 P で得るのに必要な M_2 個体数 T は，

$$T = mn = \frac{n \log(1-P)}{\log(q_1 + p_1 q_2^n)} \tag{10.8}$$

となる．p_1 と p_2 が一定のとき T は n だけの関数となり，$n=1$ のとき最小になる．すなわち M_1 個体あたり1粒をとって M_2 代とするのが，所要個体数が最小で，もっとも効率の高い選抜方式となる．これが1穂1粒法の原理である．なお表10.3にしめすとおり，穂内キメラがあっても $n=1$ のとき T が最小となることは変わらない(Ukai and Yamashita 1974)．キメラがあると，系統内の突然変異体分離頻度が低くなるので選抜上不利であると考えられがちであるが，識別しやすい突然変異の選抜ではそのようなことはない．

なお M_2 個体数だけでなく，M_1 個体数も考慮してその和を必要個体数 (T') とすると，

表 10.4 M_1 穂内キメラの数と少なくとも1個体の突然変異体を 95% の確率で得るために必要な (M_1+M_2) 総個体数 T' (表の数字を 10^4 倍する). ただし始原細胞あたり突然変異率を 10^{-4}, 突然変異体の分離比を 0.25 とする.

系統内個体数	穂 内 キ メ ラ 数				
	1	2	3	4	6
1	23.93	23.93	23.93	23.93	23.93
2	**20.49**	19.11	18.69	18.48	18.29
3	20.66	18.06	17.29	16.92	16.56
4	21.83	**17.98**	16.86	16.33	15.81
5	23.47	18.31	**16.83**	**16.13**	15.46
6	25.40	18.86	17.01	16.14	15.31
7	27.53	19.55	17.31	16.27	**15.28**
8	29.82	20.33	17.69	16.47	15.32
9	32.23	21.19	18.14	16.73	15.41
10	34.75	22.12	18.62	17.03	15.53
15	48.34	27.39	21.54	18.90	16.48
20	62.79	33.43	24.97	21.17	17.71

(Ukai and Yamashita 1974)
注) 太字は各キメラ数のもとで所要個体数が最小となる場合.

$$T' = m + mn = \frac{(n+1)\log(1-P)}{\log(q_1 + p_1 q_2^n)} \qquad (10.9)$$

となる. この場合には所要個体数が最小になる系統内個体数はキメラ数によって異なる. すなわち, キメラ数が 1, 2, 3, 4, 6 の場合に対して, それぞれ $n=2, 4, 5, 5, 7$ で最小となる (表 10.4). たとえば, イネでは主稈のキメラ数は 5-6 個であるので, $n=7$ が最適となる. ただしイネでは M_1 世代の密植により栽培面積を節約できること, M_1 代では調査の労力がないことを考えると, T と T' での評価の中間をとり, $n=3$ 程度とする 1 穂少粒法がすすめられる. なお 1 穂少粒法では, 面倒でも各 M_1 穂から一定数の種子をとることが重要である. たとえば $n=3$ の場合に, M_1 穂からの種子をまとめてそこから $3m$ 粒の種子をとったのでは, 選抜効率が 3 割以上低下する.

得られる突然変異体数の期待値は, 穂別系統法でも 1 穂少粒法でも変わりはないが, 前者では突然変異体がいちどに多数得られたり, その反対にまったく突然変異体が得られない確率が高い. 後者では, 突然変異体がいちどに多数得られることは少ないかわりに, 突然変異体が 1 個体も得られないことも少ない. 目的の突然変異体が集団全体で 1 個体得られればよいので, 1 穂

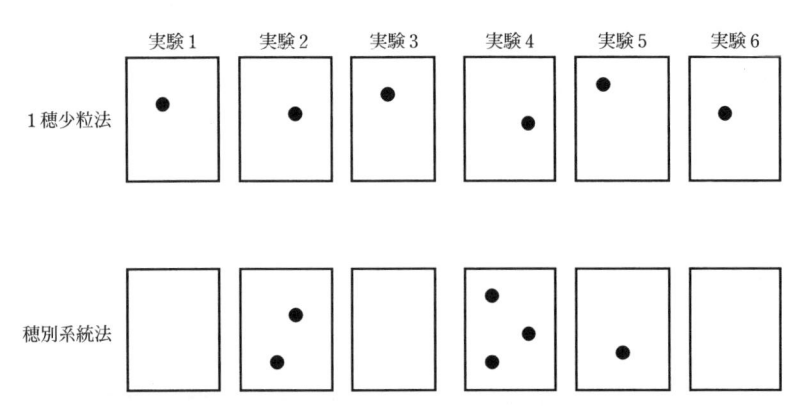

図10.12 1穂少粒法と穂別系統法の突然変異体選抜効率の比較．どちらの選抜法でも，M_2 で出現する突然変異体数は平均して等しい．しかし，穂別系統法では，実験間で突然変異体の出現数のバラツキが大きく，たまたま1個体も得られない危険が高い．突然変異育種では，目的の突然変異体が1個体でも得られれば成功であるので，「少なくとも1個体以上の目的の突然変異体が得られる確率」の高い選抜法がすぐれている．

少粒法のほうが高い選抜効率をもつことになる（図10.12）．

(5) 量的形質の突然変異の選抜効率

観察によって識別しやすい突然変異ではなく，計測によって選抜しなければならない量的形質を目的とする場合でも，それが主働遺伝子によるかぎり，M_2 では1穂少粒法が望ましい．しかし選抜自体には以下のような考慮が必要となる．量的形質では，環境変動により同じ遺伝子型でも表現型が変動する．それはもとの品種についてだけでなく突然変異体についても同様である．そのため集団中に突然変異体が分離していても，非突然変異と区別しにくく，確認が不完全となりがちである．

いま，M_2 で低タンパク質含量の個体を選抜する場合を例とする．もとの品種も突然変異個体も環境変動の程度はふつう同じと考えてよい．もとの品種の分布で上側のある点に閾値をおいて，それ以上の値をしめす個体を選抜することにする．閾値をあまり低くすると，選抜した後の個体数が絞れず，選抜個体の大部分は非突然変異体となってしまう．また閾値を必要以上に大きくとれば，変異程度は比較的小さいがそれでも育種目的にかなう突然変異体をとりにがすことになる．図10.13において，Th は選抜の閾値，N はもとの品種の分布平均，M は突然変異体の分布平均とする．突然変異体の分

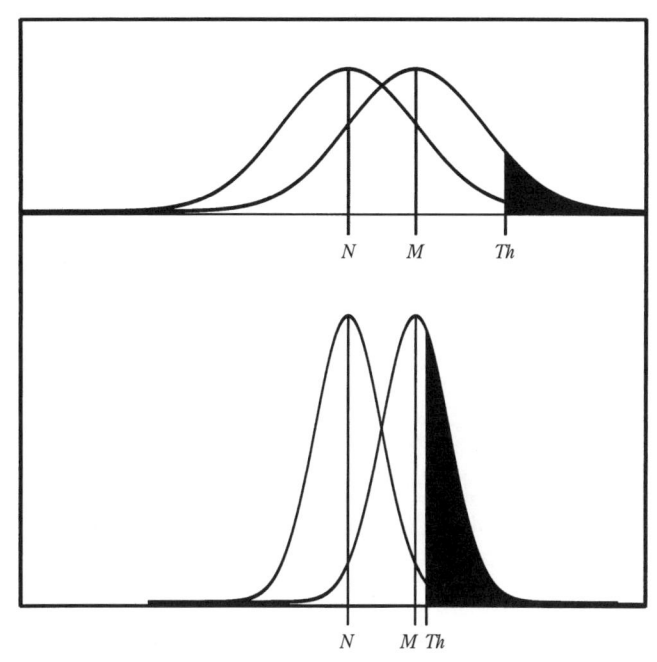

図 10.13 量的形質の突然変異の選抜における突然変異体が選抜される割合をしめす模式図．形質値が大きい方向に変わった突然変異体を選抜するとする．N は原集団の平均，M は突然変異体集団の平均，Th は選抜割合（原集団の上側 1%）に対応した選抜閾値をしめす．原品種，突然変異体ともに環境変動の分布は，標準偏差 σ をもつ正規分布にしたがうとする．

　量的形質の環境分散が大きい場合には，閾値を大きく設定しないと，選抜個体の大部分が非突然変異体となり選抜の効果がほとんどない．しかし閾値をあまり大きくしすぎると，出現しているはずの突然変異体の大部分を選抜しそこなうことになる．量的形質の選抜では少なくとも環境変動の標準偏差を $M-N$ の 1/2 程度になるように選抜法を工夫して，閾値を $M-N$ と同じかそれより高めに設定するのがよい．

離数は非突然変異体にくらべてきわめて小さいが，理解のために分布曲線の下の面積は同じにしてある．ぬりつぶし部分が選抜される突然変異体の割合を表す．集団中に分離している突然変異体がとりこぼされずに選抜される確率が高いことと，選抜された個体中の不必要な非突然変異個体の割合ができるかぎり低いことが肝要である．

　環境変動が大きい上図では，環境変動が小さい下図の場合にくらべて，突然変異体のとりこぼしが多くなることがみられる．表 10.5 に 4 段階の標準偏差（$(1/1)\,d$, $(1/2)\,d$, $(1/3)\,d$, $(1/4)\,d$）と 2 段階の選抜割合（上側 1%，0.1%）

表10.5 量的形質の突然変異の選抜効率

選抜割合	標準偏差	選抜個体数	分離した突然変異体(100個体)中の選抜される割合(%)	選抜集団中の突然変異個体割合(%)
上側 1%	SD=(1/1)d	1,008.1	9.1	0.90
	SD=(1/2)d	1,036.1	37.1	3.58
	SD=(1/3)d	1,073.8	74.8	6.97
	SD=(1/4)d	1,094.2	95.2	8.70
上側 0.1%	SD=(1/1)d	101.7	1.8	1.77
	SD=(1/2)d	113.6	13.7	12.06
	SD=(1/3)d	146.3	46.4	31.72
	SD=(1/4)d	181.7	81.8	45.02

注) M_2個体あたり突然変異率を10^{-3},検定総個体数を100,000とする.

の場合における計算結果をしめす.分離した突然変異体中の選抜割合を高くするには,突然変異体の形質値の変化量($d=M-N$)に対して,標準偏差がその1/2,できれば1/3以下になるように形質の測定精度をあげることが望ましい.測定精度がどうしても高められない場合には,選抜をゆるく,つまり選抜割合を比較的大きくするとよい.ただしその場合には選抜個体中の突然変異体の割合がひじょうに低くなるので,最選抜が必要となる.選抜個体中の突然変異体の割合を高くするには,閾値を高く,たとえば上側0.1%点にする.

量的形質であっても,得られる突然変異はほとんどすべて単遺伝子座での変異である.したがって,なるべく異なる遺伝子座の突然変異体を多数選抜して,系統に展開して突然変異形質を確認したうえで,それらを相互に交配してさらに形質値が目標に近い有望系統を選ぶことが望ましい.

10.6.3 他殖性植物における突然変異体の選抜

牧草類や野菜には他殖性植物が多い.他殖性植物における突然変異体の選抜は,イネやオオムギなどの自殖性植物と同じ方式ではおこなえない.遺伝子あたり突然変異率をuとすると,他殖性植のM_1でのAA, Aa, aa個体の期待頻度は,自殖性植物と同様に,$(1-u)^2, 2u(1-u), u^2$となる.配偶子の遺伝子型頻度は,

$$A \cdot a = (1-u)^2 + u(1-u) : u(1-u) + u^2 - 1 - u : u$$

となる．したがって放任受粉による無作為交雑をおこなわせると，M_2 集団の AA, Aa, aa 個体の期待頻度は，

$$[(1-u)A+ua]^2=(1-u)^2AA+2u(1-u)Aa+u^2aa$$

となる．つまり HW 平衡になり，無作為交雑をつづけるかぎり，3 種の遺伝子型の頻度は変わらない．ほとんどの突然変異遺伝子はもとの対立遺伝子に対して完全劣性であるので，ヘテロ接合体は AA と区別がつかない．いっぽう，u は小さく実用形質ではたかだか 10^{-4} 程度であるので，突然変異体 (aa) の頻度 u^2 は 10^{-8} 程度でしかない．つまり，ほとんどの突然変異遺伝子は集団中にヘテロ接合の状態で潜在しているだけで，何代たっても突然変異体として選抜できないことになる．

そこで他殖性植物で突然変異体を得るには，集団中個体の近交度を高めるような交雑をおこなわせることが不可欠である．もっとも近交度を高める生殖様式は自殖であるが，多くの他殖性作物は自家不和合性をもち自殖させることができない．そこで近交度を高める効果が高く，比較的手間がかからない生殖様式である半きょうだい交配を利用したつぎの方式が考案された (Ukai 1990)．

M_1 を放任受粉させたあと穂別に採種し，M_2 で穂別系統をヒルプロットとしてまとめて播く．開花期前にヒルごとに袋かけをしてヒル間を隔離し，袋内では無作為交配させる．各ヒル別に採種して系統に展開して M_3 系統中に分離する突然変異体を選抜する．この方法を**穂別系統内交雑法**とよぶ (図 10.14)．穂内キメラがあってもなくても，袋内では半きょうだい交配となる．

突然変異は誘発された種子 (Aa) から生じた穂では，卵細胞の遺伝子型頻度は $A:a=1:1$ となる．放任受粉ではこの穂に他個体からの花粉がかかるが，そのほとんどは遺伝子型 A をもつ花粉である．したがって穂上に実った種子は，AA と Aa が 1:1 で生じる．穂別にとった種子をヒルに播き，開花期前に袋かけをして袋内で交雑させると，3 種の遺伝子型 AA, Aa, aa が 9:6:1 で生じる．したがって，M_3 でヒル別系統を展開すると，突然変異体が 1/16 の分離比で出現することになる．M_3 代の総個体数中に出現した突然変異体の割合を 16 倍した値が，細胞あたり突然変異率となる．なおヒル内個体数は 4 以上，M_3 系統内個体数は 5-15 が適当である．

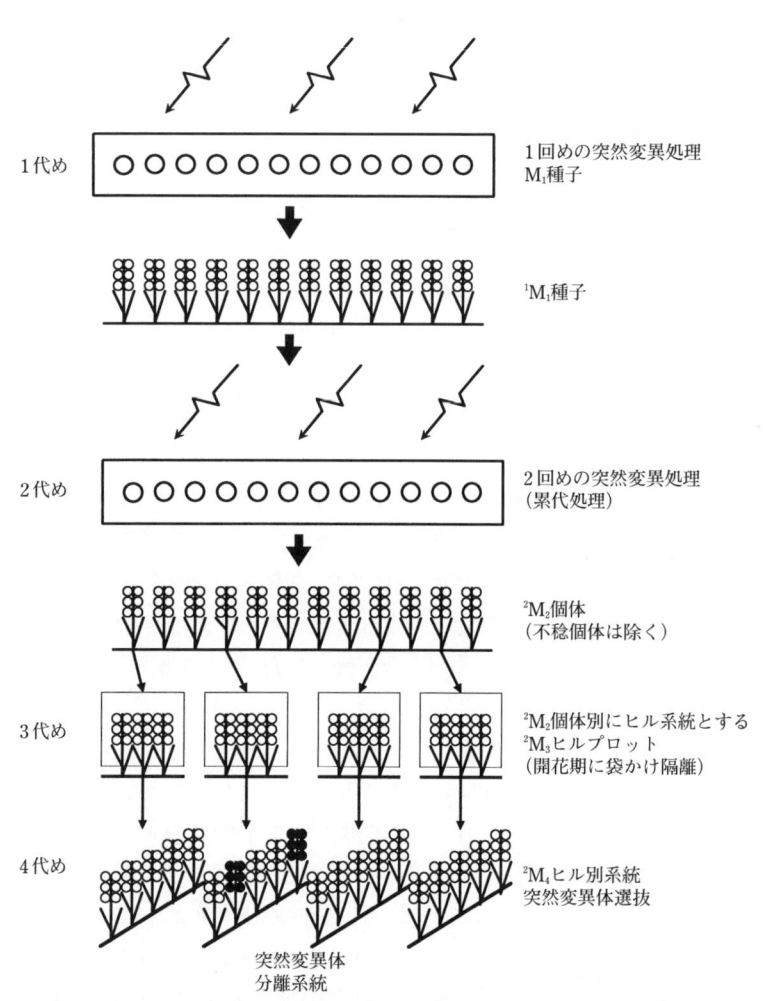

図 10.14 他殖性植物における突然変異体の選抜方法．累代照射を併用した「穂別系統内交雑法」．$^2M_3$ は累代照射を 2 世代おこなった 3 代めの世代を表す．累代照射世代は，3 代以上おこなってもよい．累代照射の最終世代で，穂別または個体別に採種して，それを次代にヒル系統として栽植し開花期前に袋かけして，ヒル系統内で交雑させる．これは遺伝的には半きょうだい交雑に相当する．さらにヒル別に採取した種子を次代に系統に展開して，突然変異体を選抜する．

なおこの方法は袋かけなどの隔離作業に労力を要するので，隔離する前の代での集団中の突然変異遺伝子の頻度をできるかぎり高くしておくことが望ましい．それには累代処理 (10.4.3項参照) が適する．実際にこの方法はライムギ，イタリアンライグラス，ソバで応用され，その有効性が確かめられた．

10.6.4 栄養繁殖性植物における突然変異体の選抜

栄養繁殖性植物の突然変異育種については，Broertjes と van Harten (1978) にくわしい．

(1) 体細胞突然変異の特徴

栄養繁殖性植物は，栄養系によって増殖され，種子繁殖性植物のように減数分裂をへることがない．そのため突然変異体の選抜法には，以下の大きな特徴がある．

① 将来生殖細胞になる細胞ではなく，それ以外の体細胞に生じた突然変異を利用する．これを**体細胞突然変異**(somatic mutation)という．ただし，すでに分化した細胞ではなく，成長点分裂組織の細胞に生じた突然変異だけが選抜され利用される．

② ($AA \rightarrow Aa$) のタイプの突然変異が細胞に生じても，それが遺伝的分離によってホモ接合 (aa) になることがない．体細胞突然変異も優性から劣性方向へ生じることが多いので，選抜できるのはもともとヘテロ接合であった遺伝子座に誘発された突然変異 ($Aa \rightarrow aa$) にかぎられる．逆にいうと，遺伝分析から目標形質が劣性で，しかも改良の対象となっている品種がその遺伝子に関してヘテロであることがわかっている場合には，突然変異育種による成功の可能性が高い．その好例はニホンナシにおける黒斑病抵抗性の突然変異である．

③ 突然変異は細胞単位で生じるが，いっぱんに処理時の複数の細胞から組織が形成されるので，栄養系後代では突然変異した細胞由来の部分と非突然変異部分とが混在しキメラとなる．キメラの状態では利用できないので，栄養繁殖性植物の突然変異育種ではこのようなキメラを解消することが最大の課題となる．

④ 遺伝的分離がないので，植物の増殖方法にしたがって栄養世代を進め

て，キメラを含まない栄養系が得られれば，そのまま増殖して利用できる．種子繁殖性植物の場合とちがって突然変異体選抜のための理論はとくにない．なお処理当代を vM_1，以後栄養世代をへるごとに vM_2, vM_3, … とよぶ．
⑤　栄養系による増殖時に，体細胞突然変異は減数分裂というふるいにかけられることがなく伝達されるので，体細胞の分裂や増殖を妨げない程度であれば，異数性や転座などの染色体異常が共存していても実用上支障がないことが多い．

(2) キメラ

最初の処理世代では，体細胞突然変異はふつう植物体の一部にしか現れない．その部分の大きさは処理時に成長点組織がいくつの細胞から構成されていたかできまる．突然変異率は低いので，芽端成長点の分裂細胞が何個あっても突然変異がおきるのは確率的にそのなかの1個だけである．したがって，処理時の芽や原基の細胞数が多いほど変異部分の小さいキメラとなる．

また体細胞突然変異では，生長点のどの層に誘発されたかが重要である．被子植物の生長点はたがいに独立な層状構造をしており，外側から LI, LII, LIII 層とよばれる（図 10.15）．LI 層は表皮，LII 層は生殖細胞，LIII 層は髄や根を形成するにいたる．たとえば LI 層に生じた突然変異は，表皮の性質に変化を与えるが，生殖細胞には影響がない．またその突然変異は栄養繁殖でしか伝わらない．交雑により子孫に伝えることのできる突然変異は LII 層に生じたものにかぎられる．このように突然変異細胞由来の組織が一部の層にしかない現象を**周縁キメラ**(periclinal chimera) という．それに対してすべての層にわたって一部の組織が突然変異細胞由来になっているとき，これを**区分キメラ**(sectorial chimera) という．さらにある特定の層の一部組織が突然変異細胞由来であるものを**不完全周縁キメラ**(mericlinal chimera) という．

イモ類では突然変異が組織のある特定の層だけに生じた結果，層間で遺伝子型が異なるキメラになっていることが多い．このような場合には突然変異形質の伝達に注意が必要である．たとえば，サツマイモで皮色が白色から紅色に変化した突然変異がみつかったとしても，その変化がイモの最外部の上皮細胞だけで，次代の萌芽が生じる皮層柔組織におよんでいなければ，突然

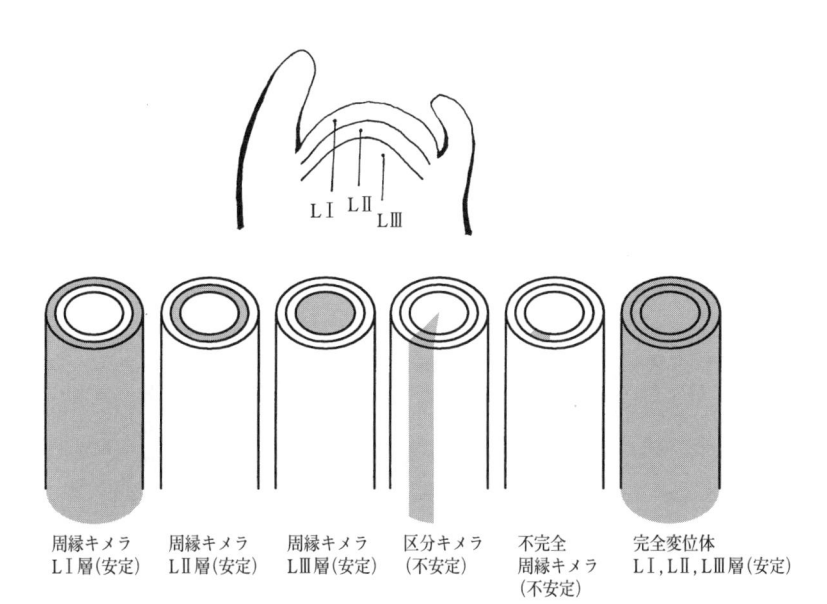

図 10.15 栄養繁殖性植物における突然変異細胞由来の組織についてのキメラの種類.

変異による紅色は次代のイモに伝わらない．なおバレイショでは，自然の突然変異により安定した周縁キメラをもつ品種が多い．このような品種では放射線などの処理でたんに層状構造が入れ替わっただけで原品種と異なる型になることがある．ただしこれは体細胞突然変異とはいえない．

チューリップの球根では，仔球は母球の鱗片の間にあり，仔球自体にも鱗片が形成されている．さらに秋に植えつけして翌春にその鱗片間に仔球成長点が分化する．植えつけ時の球根に照射すると，母球の頂芽の変化は翌春に，仔球の主芽の変化は2年めに，さらに主芽中の仔球成長点の変化は3年めの花に現れることになる．したがって，少なくとも最初の2年間は選抜してもむだとなる．

(3) キメラの解消法

果樹では照射等の突然変異処理をした休眠枝の芽を，春先に台木に接ぎ木をし，芽が伸長した接ぎ木苗で第1次の選抜をおこなう．つぎに切り戻しをおこない，新しく伸びた枝でふたたび選抜をおこなう．以下キメラを含まない枝が得られるまで切り戻しをおこないながら栄養世代を進める．**切り戻し**

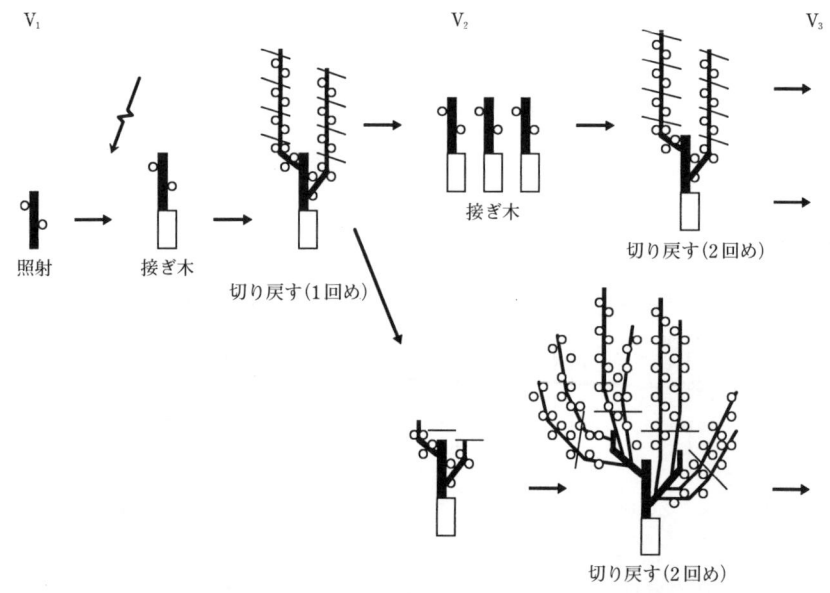

図 10.16 木本の栄養繁殖性植物の突然変異育種における,キメラ解消のための切り戻し法.

(cutting-back)とは,突然変異処理後に伸長してくる枝をすべて切り払って,通常はそこから枝が出てこない副芽や下位芽から枝を出させる方法である(Kaplan 1953,中島 1977).これらの芽は,通常の芽より細胞数が少ないので,それらより伸びてくる枝では突然変異の部分が大きく,突然変異の発見のチャンスが増す(図 10.16).切り戻しは,クワ,チャ,バラなどほかの木本性植物での突然変異選抜にも有効である.キメラのない突然変異体を**完全変異体**(solid mutant)という.

キメラの解消法には,ほかに不定芽法や内部摘芽法などがある.細胞組織培養により,突然変異した細胞や組織から個体を再生させる方法も有効であり,花卉などでおこなわれている.

10.7 突然変異の誘発頻度

突然変異育種において改良目標となる形質はさまざまである.これまでの世界の育成品種でみると,多収性,短稈,早熟性,病害抵抗性,耐寒性,種

子の形態，品質などが多い．誘発頻度は形質によりいちじるしく異なる．目的形質の突然変異がどのくらいの率で得られるかを知っておくことは，選抜世代の集団の規模をきめるうえで重要である．

10.7.1 葉緑素突然変異

突然変異処理によりもっとも高い頻度で得られるのが，**葉緑素突然変異** (chlorophyll mutation)である．そのため Stadler(1930)以来，誘発原間の突然変異誘発効率の比較に，葉緑素突然変異の誘発率と種類がよく指標としてつかわれてきた．M_2 個体あたり頻度の最高値は，γ 線で 2%，熱中性子で 6%，化学変異原で 5-9% に達する．葉緑素突然変異はその外観から，**アルビナ**(albina)，**キサンタ**(xantha)，**ビリディス**(viridis)，**ビレッセンス**(virescence)，**チグリナ**(tigrina)などに分類される．これらの種類別の割合を**突然変異スペクトラム**(mutation spectrum)とよび，異なる処理間で突然変異誘発効果の質的なちがいをくらべるときの指標とされる．葉緑素突然変異のほとんどは幼苗期をすぎると枯死するが，ビレッセンスの一部など生存可能で外観も正常になるものもある．

10.7.2 実用形質の突然変異

形質にはイネのモチ・ウルチ性やオオムギの無葉舌性のように遺伝子座が1つしか知られていない形質もあれば，矮性や雄性不稔のように数多くの主働遺伝子が関与する形質もある．オオムギの *eceriferum* (ロウ質欠)についてはこれまで 56 の遺伝子座が知られている．形質単位でみれば遺伝子数の多い形質は突然変異率が高いと予想される．事実イネやオオムギでは短稈や雄性不稔は 10^{-3} の大きさの突然変異率で得られるのに対して，モチ性や無葉舌性はそれより 1 桁低い．表 10.6 に，種々の実用形質についての突然変異の誘発頻度をしめす．

γ 線種子照射における遺伝子座あたりでみた突然変異率についてはオオムギの *eceriferum* が 100 Gy あたり遺伝子あたり 0.5×10^{-4}，*erectoides* (密穂直立型)が 1.4×10^{-4} という値が報告されている．オオムギの早熟性遺伝子 ea_k 座についてもこれらに近い値が得られている．しかしそれよりいちじるしく突然変異率が低い形質も多い．いっぱんに，病虫害抵抗性の突然変異は

表10.6 突然変異の誘発頻度

突然変異形質	栽培植物	突然変異原	M_2観察個体数	M_2個体あたり頻度 $(\times 10^{-3})$	文献
短稈	イネ	γ線	80,000	3.73	佐本と金井 1975
	イネ	^{32}P	12,403	8.86	Kawai et al. 1961
早熟性	イネ	γ線	80,000	3.90	佐本と金井 1975
	オオムギ	γ線	8,224	0.55	Ukai 1983
		熱中性子	4,640	1.51	Ukai 1983
		EMS	10,748	0.37	Ukai 1983
雄性不稔	オオムギ	γ線	10,000	8.6	山下と鵜飼 1979
		EI	28,000	37.8	山下と鵜飼 1979
ヒドロキシ-L-プロリン耐性	イネ	EI	11,290	1.6	Hasegawa and Inoue 1983
耐寒性	バミューダグラス	γ線	400,000	0.01	Burton 1974
白葉枯病抵抗性	イネ	熱中性子	約24,000	0.11	Nakai et al. 1985
赤さび病抵抗性	コムギ	γ線	275,000	0.0138	Abdel-Hak and Kamel 1977
Stem rust 抵抗性	コムギ	X線	25,000	0.12	Bhatia et al. 1961
Puccinia 抵抗性	コムギ	γ線	708,000	0.0011	Hanis 1974
		熱中性子	20,000	0.0050	Hanis 1974
Helminthosporium 抵抗性	エンバク	γ線	(4734系統)	0.42	Wallace 1965
		γ線+DS	30,000以上	0.52	Wallace 1965
うどんこ病抵抗性	オオムギ	X線	?	0.089	Hanis 1974
		EMS	?	0.048	Hanis 1974
	オオムギ	EMS	13,598	0.22	Hentrich 1977
	オオムギ	EI	1,244,417	0.011	Yamaguchi et al. 1988
赤色斑点病抵抗性	ソラマメ	γ線	203,520	0.135	Abdel-Hak and Kamel 1977
ゴールデンモザイク病抵抗性	インゲン	EMS	20,000	1.35	Tulmann Neto et al. 1977
耐塩性	アラビドプシス	EMS	100,000	0.050	Quesada et al. 2000
		速中性子	363,000	0.094	Quesada et al. 2000

注) 品種や処理区が複数の場合には,もっとも高い場合の値を採用した.

誘発頻度が低い.オオムギのうどんこ病については,EIで処理したM_2代124万個体から,*ml-o* 座の抵抗性突然変異が4系統8個体(6.4×10^{-6})しか得られなかった.またエンバクでは700万個体についてさび病および冠さび病を検定したが,さび病抵抗性を1個体得たのみであった(Harder et al. 1977).なお同じ形質に関与する遺伝子座間でも突然変異のおこりやすさに差があることが,早熟性,病害抵抗性,*erectoides* などで知られている.

Abrahamsonら(1973)は，半数染色体(n)あたりDNA量が大きい生物ほどX線照射による遺伝子座あたりの突然変異率がいっぱんに高いことをしめした．それによればX線のGyあたり突然変異率は，大腸菌では約10^{-7}であるが，ショウジョウバエでは10^{-6}のオーダー，オオムギでは10^{-4}程度としめされている．生物間におけるDNA量と突然変異率の関係は，EMS処理でも認められている(Heddle and Athanasiou 1975)．ただし，高等植物の種間では，DNAないしICVと突然変異との間に相関があるという報告はどの突然変異原についてもない．

10.7.3　突然変異原間の誘発効率の比較

　異なる種類の放射線の誘発効率を，同じ程度の生物効果を得るために必要なエネルギーで比較することが多い．これを**生物効果比**(relative biological effectiveness)または**RBE**という．RBEは放射線遺伝学でよくもちいられるが，突然変異育種の観点では有用な概念ではない．

　突然変異育種においては，目的の遺伝子座の突然変異率が高いことと，目的外の突然変異および伝達性染色体異常を随伴しないことが必要である．RBEには突然変異原の効果についてのこのような区別がない．またRBEは放射線と化学変異原との効率比較にはつかえない．

　数多くの突然変異原のうちどれを選べばよいかは目的の突然変異形質によっても異なる．以下にしめすように，早熟性突然変異や染色体転座を得るには放射線が，雄性不稔には化学変異原がよい．X線をのぞき，ほかの誘発原はγ線とは異なる作用特性をもち，得られる突然変異も遺伝的または生理的な特性が異なることが多い．したがってγ線の代替としてではなく，補完として利用することがすすめられる．

(1) 化学変異原

　同程度の種子不稔をもたらす処理条件において，化学変異原はγ線の2倍以上の葉緑素突然変異を誘発する．得られる最高の葉緑素突然変異率も化学変異原のほうがγ線より数倍高い．化学変異原処理ではγ線照射にくらべて染色体異常がいちじるしく少なく，種子不稔は染色体異常ではなく致死遺伝子に起因する．ただし，葉緑素突然変異の誘発頻度が高い誘発原が実用形質についてもつねに高い変異率をしめすとはかぎらない．図10.17にしめ

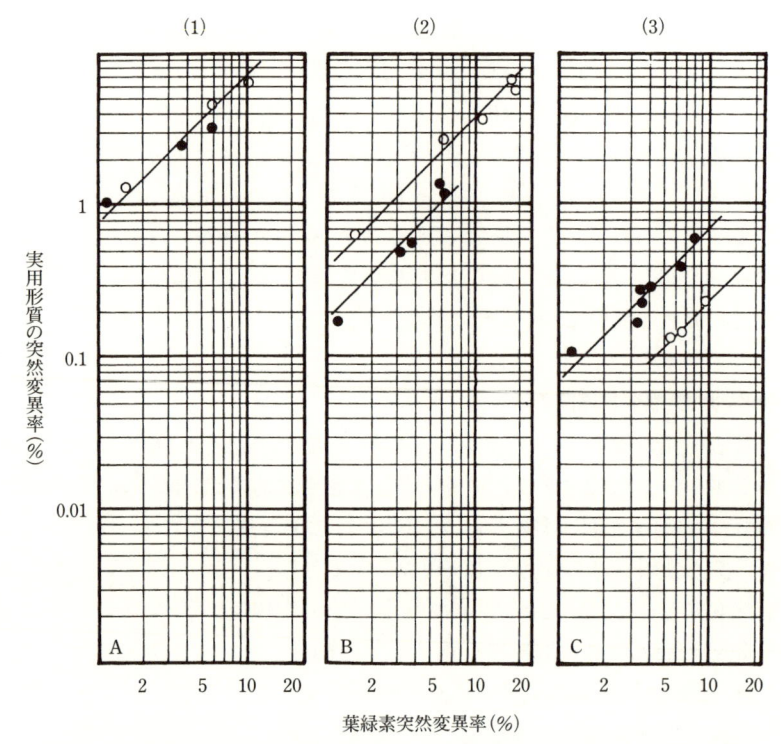

図10.17 放射線(●)および化学変異原(○)の処理における農業上の実用形質の突然変異率と葉緑素突然変異率の関係．(1) 半矮性突然変異，(2) 不稔突然変異，(3) 早熟性突然変異．Yamashitaら(1972)，山下と鵜飼(1979)，鵜飼と山下(1979)よりまとめ．

すとおり，オオムギでの実用突然変異/葉緑素突然変異の誘発率比をγ線と化学変異原とでくらべると，半矮性変異では差がなく，雄性不稔突然変異では化学変異原が2倍以上高く，いっぽう早熟性変異では反対にγ線のほうが2.6倍高かった(Yamashita 1981)．

さらに化学変異原で誘発された突然変異はγ線で得られたものと葉緑素突然変異のスペクトラムが異なる．葉緑素突然変異中のアルビナの割合は，γ線やX線では46%であるのに対して，化学変異原では30%程度であった．

(2) 中性子

種子不稔が同程度の処理でくらべたときの葉緑素突然変異率は，熱中性子

とγ線で同じである．しかし最高突然変異率については熱中性子はγ線の 300 Gy 区の 3.7 倍，超高線量照射での 600 Gy 区とくらべても 1.8 倍となる．中性子照射で生じた染色体異常は，γ線によるものと異なり，切断端が融合しにくい．葉緑素突然変異のスペクトラムは，γ線とやや異なり，キサンタの頻度が低く，ビリディスの頻度が高い．

10.7.4 遺伝子座間の誘発率の差

ある変異原によって突然変異しやすい遺伝子座が，ほかの変異原でも同じように変わりやすいとはかぎらない．また同じ変異原でも処理方法によって得られる突然変異の種類がちがう．

(1) 放射線と化学変異原

オオムギの *eceriferum* 突然変異では遺伝子座 *cer-i* と *cer-t* の突然変異の半数以上は中性子照射によって得られたが，*cer-j* の突然変異の大多数は化学変異原由来であった（表 10.7）．また 142 の短芒変異 *breviaristatum* 中 42 例が放射線由来，100 例が化学変異原由来であったが，*art-b* 座の 9 突然変異は 1 例をのぞいてすべてが放射線由来であった．さらにオオムギの早熟性突然変異についても，γ線や熱中性子照射では極早生型が多いのに対して，化学変異原処理では早生型が多かった（表 10.8）．

(2) γ線と中性子

オオムギで 700 以上の直立性穂変異 *erectoides* の遺伝解析から 26 の遺伝子座がみいだされているが，そのうち *ert-a* 座は 32 例中 14 が X 線またはγ線由来で 1 例のみが中性子由来であったのに対して，*ert-c* 座では 34 例中 11 が X 線またはγ線由来で，16 例が中性子由来であった(Persson and

表 10.7 オオムギにおける種々の突然変異原によって誘発された *erectoides* 突然変異の遺伝子座

突然変異原	ert-a	ert-b	ert-c	ert-d	ert-g	ert-m	計
X線，γ線	14	5	11	9	3	7	49
中性子，陽子	1	0	16	6	5	5	33
E I	9	3	5	7	1	5	30
E M S	3	0	0	2	0	1	6
その他	5	0	2	2	1	1	11
計	32	8	34	26	10	19	129

(Persson and Hagberg 1969)

表 10.8 オオムギにおける種々の突然変異原と処理法によって誘発された早熟性突然変異系統の遺伝子と突然変異源処理

	日長反応の突然変異				春化程度の突然変異				計
日 長 反 応[1]	P_1	P_2	P_3	P_4	P	P	P	P	
低温反応(春化程度)[2]	V	V_4	V_4	V	V_1	V_2	V_3	V_4	
早 生 化 日 数[3]	10	7	4	2	3	3	2	2	
γ 線 生 体 照 射		3	1		2	1	1		8
γ 線 種 子 照 射	9		2	2	2	1		2	18
中 性 子 種 子 照 射	1	2			3				6
化学物質種子処理	4	1	6	2	3			2	18
計	14	6	9	4	10	2	1	4	50

(Ukai 1983)
1) P_1：8時間日長で出穂し遅延もほとんどない，P_2：8時間日長で出穂するが遅延，P_3：8時間日長では不出穂で出穂限界日長が15分以上短縮，P_4：出穂限界日長が原品種より増加，P：日長反応が原品種の竹林茨城1号と同程度．
2) V_1：完全春播性，V_2：春播性であるが春化処理なしでは出穂遅延，V_3：秋播性で春化処理必要日数（低温要求度）が短縮，V_4：秋播性で低温要求度が原品種より増大，V：秋播性で低温要求度が原品種と同程度．
3) 早生化日数は，年次によって相対的順序は不変であるが，程度（日数）は変動する．原品種の出穂日は4月30日．

Hagberg 1969)．また葉や稈のロウ質変異 *eceriferum* についても，59の遺伝子座中で中性子由来の突然変異はとくに *cer-i*, *cer-n*, *cer-t* 座で生じやすいことが認められた．

(3) γ線の照射方法間

同じγ線照射でも，照射方法によって得られる突然変異体の遺伝的および生理的特性が異なる．たとえばいくつかのγ線種子照射実験で独立に得られたオオムギの8つの極早生型はすべて既存の遺伝子 ea_k（第5染色体）と同じ座にあったのに対して，生育中照射で得られた3つの極早生型はすべて ea_7（第6染色体）と同一座にあった(Ukai 1983)．ea_k 型変異と ea_7 型変異とはともに8時間日長でも出穂し，日長に対して完全不感応性であるが，ea_k 型のほうがつねに出穂期が早い．

10.7.5 突然変異体の分子的基礎

放射線により得られた突然変異が，DNA塩基配列上でどのような変異をもっているかは，解明がはじまったばかりであるが，少数の塩基配列置換による点突然変異ではなく，kbp単位のDNAの欠失，逆位，挿入，転座などが認められている(Shirley *et al*. 1992, Shikazono *et al*. 2001)．

同じ遺伝子座の突然変異でも，由来によって塩基配列上の変異点が異なる．イネの短稈突然変異である日本のレイメイおよび米国で育成されたCalrose 76，台湾の在来品種低脚烏尖，日本の在来品種である十石，コクマサリなどはすべて第1染色体長腕上のsd1遺伝子をもつが(菊池ら1985)，それぞれは異なる塩基配列領域に変異をもつことがあきらかになった(Sasaki et al. 2002).

10.8 遺伝子資源の拡大と育成品種

10.8.1 遺伝的に有用な突然変異系統

人為突然変異は既存の遺伝子資源の拡大に役立つ．オオムギではγ線，X線，中性子，化学変異原など種々の突然変異原により，直立穂 erectoides (Persson and Hagberg 1969)，ロウ質欠 eceriferum (Lundqvist 1975)，短芒 breviaristatum (Kucera et al. 1975)，早熟性(Ukai 1983)，雄性不稔などの形質の突然変異や染色体転座(Hagberg and Hagberg 1986)が多数，選抜収集されている．たとえば，遺伝子性雄性不稔は人為突然変異によって高頻度に誘発され，37以上の植物種でみいだされている．イネでは ms 1-ms 17，オオムギでは ms 1-ms 31 など多数の遺伝子が得られている．

突然変異は核内遺伝子だけでなく，細胞質内遺伝子にも誘発される．細胞質雄性不稔性が放射線や化学変異原の処理により，テンサイ(Kinoshita and Takahashi 1969)，ソルガム(Erichsen and Ross 1963)，トウジンビエ(Burton and Hanna 1976)，ワタ(Negmatov et al. 1975)，トマト(Hosticka and Hanson 1984)など種々の植物で得られている．また人為突然変異はほとんどすべてが劣性であるが，まれに優性突然変異が得られる．イネでは優性の背地性突然変異(Ramiah and Parthasarathi 1936)や長稈突然変異(Okuno and Kawai 1978)が報告されている．

同じ形質の突然変異でも，その変異遺伝子座や生理的形質はさまざまに異なることが多い．とくに同一品種由来の突然変異では，その変異遺伝子座以外の遺伝的背景はほとんど均一であるので，品種間比較の場合より高い精度で突然変異遺伝子の作用を解析できる．そのためこれらの突然変異体のコレクションは，花器形成，稈の伸長，開花生理，不稔発現，穀粒デンプン形成

などさまざまな形質の形態学的，生理学的，分子遺伝学的研究の貴重な材料として利用されている．また生化学的形質の突然変異体をもちいてジベレリン，アブサイシン酸，硝酸還元酵素，アルコール脱水素酵素，ホルデイン，プロアントシアニジンなどの生合成経路や光合成機構，葉緑体の形態形成，根瘤菌窒素固定，背地性などの解明がおこなわれている(Blonstein and King 1986, Thomas and Grierson 1987)．なおある特定の発育現象に関与するすべての遺伝子について突然変異を得ることを**飽和突然変異誘発**(saturation mutagenesis)という(Berná *et al.* 1999)．

10.8.2 突然変異の新規性

既存品種中にはない新しい遺伝子が人為突然変異によって得られるかという課題は古くから議論されている．オオムギの突然変異 Mari のもつ極早生遺伝子は，既存の ea_k 遺伝子と同一座であった．病害抵抗性の突然変異として最初の例であったオオムギのうどんこ病抵抗性遺伝子 *ml-o* は，既存の抵抗性遺伝子が優性であるのに対して劣性であり，座乗する染色体も既存の抵抗性遺伝子と異なるので，新遺伝子創出と報じられた(Freisleben and Lein 1942)．しかし29年後に同じ遺伝子がエチオピアの在来系統にみいだされた．同様にオオムギの縞萎縮ウイルス抵抗性の突然変異遺伝子 *ym* 3 は，既存の抵抗性遺伝子が優性であるのに対して劣性であるので，当初は新遺伝子と考えられたが，日本在来の品種に同じ遺伝子が存在した．イネ品種レイメイや米国カリフォルニアで育成された突然変異品種 Calrose 76 のもつ半矮性多収遺伝子 *sd*1 は，日本の十石，コクマサリ，台湾の低脚烏尖(Dee-Geo-Woo-Gen)などの既存品種ももっていることがわかった．

しかしいっぽうでは，オオムギの数多くの *erectoides* 遺伝子，春播性遺伝子，雄性不稔遺伝子などでみられるように，既存品種中には未発見の突然変異遺伝子も少なくない．さらにオオムギの半数体誘導遺伝子 *hap* やダイズの根粒超多量着生突然変異(Carroll *et al.* 1985, Akao *et al.* 1992)のように全作物を通じて既存品種中にはみつかっていない突然変異遺伝子もある．

突然変異体は突然変異遺伝子座以外では原品種とほとんど同じ遺伝的背景をもつので，突然変異遺伝子を簡単な交配実験で同定しやすい．それにくらべて品種間交配では複数の遺伝子座での分離が同時に生じるため，形質とく

に量的形質に関与する遺伝子座を同定することがむずかしい．突然変異遺伝子が発見されてからはじめて既存品種中に同じ遺伝子が発見される事例が多いのはそのためである．突然変異遺伝子はしばしば既存遺伝子発見の契機となった．たとえ世界の品種のどれかに目的の遺伝子がみいだされたとしても，それが遠縁の品種であれば交配親として利用しにくいので，突然変異によって対象とする品種に目的形質を直接付与できることの意義は大きい．

10.8.3　育成品種

突然変異体の育種的利用の仕方には，そのまま品種として登録される場合（**直接利用**）と，他品種と交雑されて交雑育種を通して新品種の親となる場合（**間接利用**）とがある．突然変異体間の交雑で品種が育成された例はまれである．突然変異育種の初期には直接利用が多かったが，穀類を中心にしだいに突然変異遺伝子を遺伝子源として間接的に利用する例が増加した．

IAEA（国際原子力機関）およびFAOがまとめた世界における突然変異育種のデータベースによれば，2002年7月現在で突然変異育種による育成品種数は2,253に達している．Amano（2003）による1999年までの集計では，直接利用1,872，間接利用564，計2,436である（表10.9）．作物別ではイネ，コムギ，オオムギなどの穀類が47％，観賞植物が26％を占める．国別では中国が最多で17％を占め，ついでインド，ロシア，オランダ，ドイツ，日本，米国，フランスの順である．ただしインドでは4割，ドイツでは5割強，オランダではほとんどの品種がキクをはじめとする花卉である．なおつかわれた突然変異原は，9割以上が放射線であり，さらにその9割以上はγ線または硬X線である．

これまでの突然変異育種で育成されたおもな品種を以下に紹介する．

(1)　オオムギのMari

スウェーデンで種子のX線照射により1960年に育成された日長不感応性で極早生の品種である．スウェーデンだけでなくデンマーク，英国，スペイン，コロンビアなど広く各国で栽培され，アイスランドでは寒冷年でも栽培できる唯一の品種となった（Gottschalk and Wolff 1983, 33頁）．

(2)　オオムギのDiamant

チェコスロヴァキアでX線照射により1965年に育成された短稈多収品種

表 10.9 世界の突然変異育種による育成品種 (1999.4.現在)

	穀類	マメ類	果樹	観賞植物	その他	直接利用計	間接利用[1]
中　　国	226	49	5	7	30	317	73
インド	58	38	10	103	44	253	42
ロシア	94	43	13	25	34	209	72
オランダ	1	0	0	173	2	176	1
ドイツ	50	4	1	79	6	140	48
日　　本	57	7	8	31	17	120	43
米　　国	48	7	2	29	19	105	51
フランス	21	0	7	14	0	42	14
イタリア	16	8	9	0	2	35	9
チェコ	30	3	0	1	0	34	25
世界計	875	238	75	496	188	1872[2]	564

(Amano, 2003)
1) 間接利用の品種はかならずしもすべてが IAEA に報告されていないので，実数はこれより多い．
2) 2002 年 7 月現在，IAEA/FAO の世界の突然変異育種による育成品種についてのデータベースに登録された品種数は 2,253 である(Maluszynski 2002)．

である．同国の 65% の面積に普及し，さらにドイツをはじめ欧州各国で交配親にもちいられた(Sigurbjornsson 1975)．

(3) イネの Calrose 76

米国カリフォルニア州で Calrose の γ 線照射により 1976 年に育成された．原品種にくらべて 30 cM 以上短稈となっている．これを親または姉妹品種として 6 品種が生まれた．その短稈性は日本のレイメイと同じ $sd1$ 遺伝子による．

(4) イネの原手早(Yuang Feng Zao)

中国で 1971 年に育成された，原品種より 45 日早熟で，倒伏に強い品種．同じ熟期の他品種より 10% 以上も多収で揚子江下流域の 100 万 ha 以上に普及した(Xianyu et al. 1985)．

(5) ハッカの Todd's Mitcham, Murray Mitcham

米国では 1890 年来 1 品種 Mitcham だけが栽培されつづけていたが 1940 年頃から立枯病の被害が目立つようになった．この病害の抵抗性をもつ系統は存在せず種間交雑による育成も不首尾であった．そこで突然変異育種が考えられたが，ハッカは 6 倍性の栄養繁殖性で，しかも抵抗性は罹病性に対して優性で，成功する可能性は低かった．そこで 10 万の匍匐茎から得た 600 万以上の個体に熱中性子を照射し，それを 4 年間立枯病汚染圃場で栽培した

結果，6万個体が生き残り，さらに選抜したところ7個体の高度抵抗性個体が得られ，これより1972年および1976年に品種が育成された．これらの品種はあわせて米国のハッカ栽培面積の50%(2万ha)に普及した．

日本では1999年4月現在で，突然変異体の直接利用で125品種，間接利用で60品種が育成されている(放射線育種場資料 1999)．代表的な例をしめすと，

(1) イネ品種レイメイ

東北の品種フジミノリがすぐれた耐冷性をもちながら長稈のため成熟期に倒れやすい欠点をもつので，原品種の耐冷性に加えて短強稈で耐倒伏性をもつ品種として，γ線種子照射により1966年に育成された(Futsuhara 1968)．日本における突然変異育種による実用品種の第1号であり，その名は突然変異育種の黎明を意味する．レイメイの耐倒伏性は幼穂形成期以降の伸長が抑制された結果，成熟期に下位節間のいちじるしい短縮が生じ，稈長が原品種より15cMほど短くなることによる（図10.18）．また極端な多肥条件でも容易に倒伏しないため安定した多収性をしめす．その遺伝子は $sd1$ と名づけられた．レイメイは最高時には14万haまで普及し，米作日本一の品種にもつかわれた．レイメイは食味不良の欠点をもっていたためその後栽培が減ったが，数多くの交配組合せで親としてつかわれアキヒカリなど10品種が育成された．また中国で日本型一代雑種の黎優57の雄性不稔維持系統としても利用された．

(2) ダイズのライデン，ライコウ

秋田県の在来品種下田不知（ゲデンシラズ）はダイズシストセンチュウに対する高度の抵抗性をもち，その系統分離から抵抗性品種ネマシラズが育成された．しかしネマシラズは晩生で，秋冷が早くくる東北北部では登熟しにくいので，その種子にγ線を照射して，その後代から選抜された極早生品種がライデン(1966年育成)とライコウ(1969年)である．前者は25日，後者は15日ほど原品種より早熟性である．

(3) ナシのゴールド二十世紀

ガンマフィールド内に1962年から定植され長年にわたり生体照射されてきた品種二十世紀の樹から1981年に枝変わりとして得られた黒斑病抵抗性の品種で，1990年に命名登録された．その名は「金のように価値が高い二

図 10.18 日本における突然変異育種による品種として代表的なレイメイとその原品種フジミノリ．レイメイは原品種より約 15 cm 稈が短く，登熟期に倒伏しにくいうえに，短稈性に関与する突然変異遺伝子が多収性をも与える(写真は志村英二氏協力による)．

十世紀」を意味する(Sanada 1986)．LII と LIII 層が抵抗性ヘテロとなった周縁キメラ構造をもつ体細胞突然変異体である．防除のための薬剤散布回数がずっと少なくてすみ，減農薬栽培や農家の防除費や袋かけ費の節減に役立ち，日本のナシの最大産地である鳥取県で奨励されている(内田 1991)．

(4) キクの色変わり品種

(有)精興園により精興の紅やセイローザなどを原品種として，また放射線育種場と沖縄県農業試験場の共同研究では品種の大平をもちいて，γ線照射により同一品種由来でさまざまな花弁色をもつ突然変異品種群が育成された．

(5) その他

コシヒカリの突然変異として得られた品種ミルキークイーン（農業研究センター）は，アミロース含量が低いのでご飯の粘りが強く，冷めても固くな

りにくいという特徴をもつ．突然変異体の間接利用としては，オオムギ縞萎縮ウイルス(BYMV)抵抗性の突然変異遺伝子 $ym3$ をもつ系統を交配親として生まれた麦茶用品種マサカドムギ，*dull*（曇り胚乳）遺伝子をもつ低アミロース突然変異を親として育成された北海道産米品種の彩などがある．

第11章　組織培養の育種的利用

> 近代科学におけるもっとも興味深い謎の1つは，多細胞真核生物を構成するさまざまなタイプの分化細胞集団がたった1つの細胞の接合体から生みだされることである．
>
> R. S. Chaleff (1981)

　植物の組織培養はけっして新しい研究分野ではない．すでに1934年にはP. R. Whiteがトマトの根をはじめて液体培地中で成長させることに成功している．組織培養技術は培地の改良を中心にその後も進展した．しかし，もともと組織培養は，組織を植物体から切りはなしてその生理学的性質をしらべるためにはじめられたものであり，当初の研究は，発生，生理，栄養繁殖，ウイルスフリー組織の増殖などに焦点がむけられていた．組織培養が育種の道具の1つとなったのは1970年代以降である．組織培養には，表11.1にしめされるように種々の育種的な利用面がある．

11.1　培養

11.1.1　培養の定義

　多細胞生物の個体から組織の一部を無菌的にとりだして，栄養，光，温度などの環境を人為的に調節した条件下で生かしつづける技術を**組織培養**(tissue culture)という．培養はふつうガラス容器やプラスチック容器でおこなわれ，これを**ガラス器内培養**(*in vitro* culture)という．vitroはラテン語のvitrum（ガラス）の奪格である．植物体から切りとった組織片を**外植体**(explant)または外植片という．また組織ではなく細胞群をとりだして培養する場合には**細胞培養**(cell culture)，器官を培養する場合には**器官培養**(organ culture)という．

表 11.1 植物育種における組織培養の利用

育種の課題	培養法	目的
遺伝資源の導入・保存	茎頂培養	① 遺伝資源の輸送の簡易化 ② 遺伝資源の保存面積の節減 ③ 遺伝資源の長期保存
遺伝変異の固定	葯培養	① 倍加半数体の利用による交雑育種における遺伝子型の早期世代での固定
遺伝変異の拡大	胚培養, 子房培養, 胚珠培養, 組織培養	① 遠縁交雑における雑種胚救助 ② 遠縁交雑における交雑不和合性の回避
	プロトプラスト培養と融合	① 融合細胞の作出と遺伝変異の選抜
	プロトプラスト培養, カルス培養, 細胞培養	① 遺伝子組換えのためのプロトプラストやカルスなどの素材作出 ② 組換え後の細胞や組織の培養
遺伝変異の作出	細胞培養, 組織培養	① 培養自体による変異の生成と選抜 ② 細胞レベルにおける突然変異処理と選抜 ③ 突然変異キメラ組織からの完全変異体の作出
有用系統の維持と増殖	細胞培養	① 大量迅速培養
	茎頂培養	① 採種困難な系統の維持

11.1.2 培地

外植体の培養に必要なさまざまな養分を含んだ溶液または溶液を含むものを**培地**(culture medium)という．培地には，溶液を寒天などで固めた**固形培地**(solid medium)と，液状の**液体培地**(liquid medium)がある．材料を固形培地に置床して培養する方法は，植物器官の保存，カルスからの再分化，花粉や葯の培養などに広くもちいられる．また液体培地は少量で組織を浮遊させたり，大量で細胞を懸濁させて培養するのにつかわれる．とくに後者は**懸濁培養**(suspension culture)という．

培地に養分としてどのような成分を加えればよいかについて，1 世紀にわたる試行錯誤がおこなわれた．植物は生存や成育に水分のほかに生体の構成分である H, O, C, N, P, K, Ca, Mg, S, Mn, Fe などの元素を必要とする．こ

のうち H_2O は組織による呼吸と水分吸収によってとりこまれるが，そのほかの成分は無機化合物または有機化合物として培地に加える必要がある．基本となる培地の組成は，多量無機物質，微量無機物質，糖，アミノ酸，ビタミンなどの有機物質，オーキシン，サイトカイニンなどの植物ホルモンから構成される．

多量無機物質としては必須元素の N, P, K, Ca, Mg, S の6種，微量の無機物質としては Mn, Fe, Cu, Mo, Zn, B がある．高等植物としては必須でない I, Ni, Co, Al を加えることもある．糖はエネルギー源としてもちいられる．ふつうはシュクロースをつかうが，グルコースやフルクトースの場合もある．アミノ酸やビタミンは細胞レベルでの成長を助ける．オーキシン(auxin)は，インドール-3-酢酸(IAA)と同じ生理作用を与える天然または合成の物質の総称であり，培養細胞の分裂を促進し，カルス誘導，カルスからの再分化，培養細胞の増殖に欠かせない．ほかに 2,4-D，1-ナフタレン酢酸(NAA)などがつかわれる．カイネチン，ゼアチン，ベンジルアデニンなどのサイトカイニン(cytokinin)類は，葉緑素形成を促進し，オーキシンと共存すると細胞分裂を促進するので，細胞増殖，緑化，植物体再生に必要である．カルスでは，器官分化がオーキシンとサイトカイニンの濃度比で制御され，オーキシン濃度が高いと根が，サイトカイニン濃度が高いと葉が再生される．栄養源が無機塩や既知の有機化合物から構成されている培地を**合成培地**(synthetic medium)という．

既知の物質だけでは培養が成功しない場合には，生物体から抽出した栄養源を培地に加えることがある．これを**天然培地**(natural medium)という．天然培地は含まれているすべての成分がかならずしもあきらかでないのが欠点である．天然培地には，酵母の抽出物やココナツウオータ，カゼイン加水分解物，野菜（キュウリ，トマト，ジャガイモなど）の抽出物などがある．さらに成育のよい組織を培養していた培地(**調整培地**，conditioned mediumという)をひきついでもちいる方法や，成育旺盛な組織と同時に同じ培地で培養してその助けをかりる**保護培養**(nurse culture)などもある．

表11.2にもっともよくつかわれる基本培地の組成をしめす．実際にはこれらを参考にして，もちいる材料の生物種，器官の種類，成育段階などに応じて培地の組成を修正するのがよい．

表11.2 基本培地の組成(mg/l)

成分	MS[1]	B 5[2]	N 6[3]
NH_4NO_3	1,650	—	—
KNO_3	1,900	2,500	2,830
$(NH_4)_2SO_4$	—	134	463
$CaCl_2 \cdot 2 H_2O$	440	150	166
$MgSO_4 \cdot 7 H_2O$	370	250	185
KH_2PO_4	170	—	400
NaH_2PO_4	—	150	—
$FeSO_4 \cdot 7 H_2O$	27.8	—	27.8
Na_2-EDTA	37.3	—	37.3
$MnSO_4 \cdot H_2O$	—	10	4.4
$MnSO_4 \cdot 4 H_2O$	22.3	—	—
$ZnSO_4 \cdot 7 H_2O$	8.6	2	1.5
$CuSO_4 \cdot 5 H_2O$	0.025	0.025	—
$CoCl_2 \cdot 6 H_2O$	0.025	0.025	—
$Na_2 MoO_4 \cdot 2 H_2O$	0.25	0.25	—
KI	0.83	0.75	0.8
H_3BO_3	6.2	3	1.6
ミオ・イノシトール	100	100	—
ニコチン酸	0.5	1	0.5
ピリドキシン塩酸	0.5	1	0.5
チアミン塩酸	0.1	10	0.5
グリシン	2.0	—	2.0

1) MS 培地：Murashige and Skoog (1962).
2) B 5 培地：Gamborg et al. (1968).
3) N 6 培地：Chu (1978).

11.1.3 滅菌と無菌操作

植物組織を養うための培地は，微生物の繁殖にとっても格好の栄養源となる．培養には，実験室内に浮遊する微生物による汚染を防ぐことがもっとも重要である．培地がいったん汚染されれば，繁殖した微生物に急速に覆われ，植物組織の成長は阻まれる．培地，植物組織，使用器具などは滅菌し，すべての操作は無菌的におこなわなければならない．

培地は**オートクレーブ**であらかじめ高圧蒸気滅菌する．ただしジベレリンやゼアチンなどは熱に不安定なので，ろ過滅菌する．またガラス容器，ピペットもよく洗浄してから高圧蒸気滅菌する．ピンセットやメスは，バーナーの火にかざして炎熱滅菌する．培養組織は，70％アルコールや次亜塩素酸溶液などで，表面殺菌する．

外植体の切り出し，組織の置床，カルスの植継ぎなどの作業は，**クリーン**

ベンチか無菌箱内でおこなう．培養中はガラス器の口を滅菌したアルミ箔などで栓をする．培養は恒温器または恒温室でおこなわれ，温度はふつう25-30℃とする．無菌操作の詳細は山田(1984)などを参照されたい．

固形培地では，フラスコや試験管などのガラス器内の培地上に組織をおき，培養室内に静置して培養される．各ガラス器が培養室内で受ける光や温度の条件ができるだけ均一になるように注意する．

液体培地では酸素を供給し，栄養分との接触をよくし，ガラス器内の培養条件を均一にするために，振盪，回転，通気などがおこなわれる．**振盪培養**(shake culture)には，培養フラスコを左右に往復させる，水平に旋回させる，細長い培養管の両端を上下に往復させるなどの方法がある．

長期間にわたって培養をすると，培地中の栄養分が消費されて足りなくなる．またガラス器内が狭くなるくらいまで組織が成長することがある．そのような場合には，組織を分割して，それぞれを新しい培地に移して培養をつづける．これを**継代培養**(subculture)という．

11.1.4 カルス化と再分化

植物体を構成している細胞は，それぞれの位置に応じて葉，茎，根，花などに形態や機能が特殊化している．このような細胞の特殊性が進む過程を細胞の**分化**(differentiation)という．植物体の分化した組織や器官を切りとってオーキシンやサイトカイニンなどの植物ホルモンを含む培地で培養すると，不定形で未分化の細胞塊が形成される．これを**カルス**(callus)という．callusの語はラテン語に由来し，ドイツの植物生理学者 G. Haberlandt が植物を傷つけたときにできる不定形の細胞塊に対して名づけた．すでに分化していた細胞が，その特殊性を失うことを**脱分化**(dedifferentiation)という．脱分化した細胞は，培養により増殖してふたたび分化できる．これを**再分化**(redifferentiation)という．植物では，再分化した細胞の特徴はもとの特徴だけをもつのでなく，主として植物ホルモンの働きにより，植物体がもっていたどの種類の細胞にも分化できる．植物組織の培養では体細胞からの不定胚が形成される．これを**体細胞不定胚形成**(somatic embryogenesis)という．体細胞不定胚は，カルス化とその増殖をへて形成される場合と，直接に組織から発生する場合とがある．

植物体の再分化には，①不定芽形成→不定根形成→植物個体，②不定胚形成→植物個体，③側芽形成→不定根形成→植物個体の3様式がある．これらはおもにオーキシンとサイトカイニンの濃度バランスによってきまる．このようなルートで完全な植物体となることを植物体の**再生**(regeneration)という．培養した体細胞から再生した植物体を**ソマクローン**(somaclone)という．再生した植物体自体をソマクローン第1代(R_1)，その自殖で得られる次代をソマクローン第2代(R_2)とよぶ．

11.1.5 全形成能

Haberlandtは植物ではたとえ1個の細胞でも分裂し増殖する能力があると考えて，1902年にムラサキツユクサの雄ずい毛などから得た単細胞の培養を試みたが失敗に終わった．培養の基盤となる培地が未完成であったためである (1.14.1項参照)．半世紀のちStewardら(1958)およびReinert(1958)は，分化したニンジンの体細胞組織由来の細胞塊を培養して，受精卵の胚発生に似た過程をへてもとの完全な植物体が得られることをしめした．この過程はのちに体細胞不定胚形成と名づけられた．さらにVasilとHildebrandt(1965)はタバコで遊離した単細胞から稔性のある完全な植物体を得た．このように，適切な条件が与えられれば，1個の細胞が完全な個体にまで発育できる能力，いいかえると細胞が個体の組織や器官を構成するあらゆる種類の細胞に分化できる能力を**全形成能**(totipotency)という．なお全形成能の同義語として培養の世界では全能性という語がつかわれているが，ふつう「全能性」は英語のomnipotenceに対する語で神に固有の属性を表すものであり，適切な表現とは思われない．

11.2 細胞融合

11.2.1 細胞融合とは

生殖細胞が受精するときには，雌と雄の生殖細胞が合着し核が融合する．自然の植物ではそれ以外の時期に細胞ないし核が融合することはない．受精による融合は同種の品種間や近縁種間にかぎられる．しかし，植物細胞を細胞膜の外側にある**細胞壁**(cell wall)をのぞいた状態にすると，生殖細胞間だ

けでなく体細胞間でも融合することがみいだされた．この現象を**細胞融合**(cell fusion)，2種の異なる細胞の融合で人工的に作出された細胞を**雑種細胞**(hybrid cell)という．通常の受精では，半数性の配偶子核が融合し，細胞質は，例外もあるがふつう母親側からだけ伝達される．それに対して体細胞雑種では，2個の2倍性核が融合し，細胞質も両親からのものがいったんは共存することになる．

細胞の融合じたいは植物細胞と動物細胞の間でも可能である．ただしあまりに遠縁の親間では雑種細胞のその後の細胞分裂，カルス化，植物体への再生が進まず，雑種個体が得られない場合が多い．植物体が再生できるのは連(tribe)間雑種までである．

細胞融合は通常の交雑における受精前障壁を回避するのに有効である．細胞融合技術の開発により，ふつうの方法では交雑ができない種属間でも雑種個体が得られるようになった．このような**偽生殖**(parasexual)の雑種形成を**体細胞交雑**(somatic hybridization)といい，作出された個体を**体細胞雑種**(somatic hybrid)という．なお通常の交雑は × 記号で表すが，体細胞交雑には（＋）記号をもちいる．たとえばトマトとジャガイモの体細胞交雑は *Lycopersicon esculentum* （＋） *Solanum tuberosum* と表す．通常の交雑とちがって体細胞交雑では正逆の区別はない．

細胞融合の基本的操作は，まず植物体から材料（おもに葉片）を採り，表面殺菌し，これを細かくきざんで酵素液に入れ，プロトプラストの調整をおこなう．2種のプロトプラストを混合し，PEG処理や電気的処理をおこなうことにより両方のプロトプラストが融合にいたる．融合した雑種細胞を培養し，形成された雑種細胞由来のカルスを選抜し，さらにそれらを培養し，カルスからの不定芽形成を促し，ついで発根をさせ，とりだして鉢に移植し，通常の栽培管理により雑種植物個体を得るという過程をふむ．なお培養細胞を材料とする場合の操作は，プロトプラストの調整からはじまる．以下に各ステップについて順を追って述べる．

11.2.2 プロトプラストの単離

細胞壁をのぞいた植物細胞を**プロトプラスト**(protoplast)または原形質体という．プロトプラストはタマネギの表皮細胞をショ糖液中で切りきざむと

いうような機械的な方法でも得られるが，収率が低く，得られたプロトプラストの生存力も高くない．

Cocking (1960)は菌類でセルラーゼをもちいると大量のプロトプラストが得られることをみいだした．植物については，1968年になって建部到がタバコの葉肉細胞から酵素処理により生物活性の高いプロトプラストを大量に作出することに成功した．これが契機となって種々の植物でプロトプラストが容易に作出できるようになった．高等植物で細胞伸長をおこなっている細胞の細胞壁は，セルロース，ヘミセルロース，ペクチン質などの多糖類からなる．セルロースは細胞壁の主成分である．ペクチン質は細胞どうしの接着の役をなし，双子葉植物に多く，単子葉植物で少ない．0.3-0.5マニトールによる高張液中でこれらの多糖に作用する酵素によって細胞壁を処理すると，プロトプラストが得られる．

プロトプラストは葉，茎，根，花弁，花粉など種々の植物組織から得ることができるが，ふつうは葉肉組織，胚軸組織，培養細胞が材料としてもちいられる．葉肉組織や培養細胞では大量のプロトプラストがたやすく得られるという利点がある．葉肉組織は得られるプロトプラストが倍数性について均質であることも好都合である．つまり2倍体の葉肉組織からのプロトプラストはすべて2倍性であり，半数体の葉肉組織からのプロトプラストはすべて半数性である(Gleba and Sytnik 1984)．また胚軸組織では，分裂活性やカルスからの再分化率が高い．細胞壁の消化酵素としてはセルラーゼとペクチナーゼが併用される．

葉肉細胞でのプロトプラスト単離の操作は，生育がさかんな若い葉をとり，60%エタノールで表面殺菌し，滅菌水で洗い，滅菌ろ紙上で細かく刻み，浸透圧を与えたセルラーゼとペクチナーゼの酵素液で処理する．単離の効率には酵素の組成，浸透圧，培養条件などが重要な要因となる．これらの条件が適していれば，どのような種のどのような組織でもほとんどすべての細胞が球形のプロトプラストとなって現れる．材料とする植物の生育状態(生育温度，湿度，日長，光強度，栄養条件など)と生育段階もプロトプラストの収率に影響する．

単離後にプロトプラストを精製する．つまりプロトプラストを含む液をフィルターにかけて未消化の多細胞組織から分け，つぎに遠心分離をくりかえ

しかけて細胞片をのぞく．こわれやすいプロトプラストでは，フィルター処理をおこなわず，高濃度のショ糖液で遠心分離する浮遊法がもちいられる．

プロトプラストにも全形成能があり，プロトプラストから確実に植物体を再生できることが，Takebeら(1971)によってタバコで報告された．融合したプロトプラストに全形成能があることが細胞融合による育種を可能にした．

雑種カルスからの植物体の再生には，高濃度のサイトカイニン（ゼアチン，カイネチンなど）と低濃度のオーキシン（IAA, NAAなど）の組合せが有効である．

11.2.3 プロトプラストの融合

プロトプラストの融合じたいは，両親が生物進化の系統樹上でどれほど遠い類縁関係にあっても関係なくおこなわれる．植物細胞と動物細胞の間でも可能である．ただし両親が遠縁であると，雑種細胞の分裂が途中でとまったり，カルスはできても植物体が再生しない．

酵素処理によって細胞壁をのぞいただけで，細胞どうしがしぜんに融合することが多い．しかし収率は低いので，いっぱんに細胞融合には融合剤が必要である．

KaoとMichayluk(1974)は，親水性の界面活性剤ポリエチレングリコール(**PEG**)中でプロトプラストの接着と融合が高頻度に生じることを発見した．PEG法の操作は，まず両親のプロトプラストを等量混合し，その混合液を数滴シャーレまたはスライドグラス上にのせ，数分後そのまわりにPEG液を1滴ずつゆっくり落とす．これにともないおもにリン酸基によりマイナスに荷電したプロトプラスト表面が電気的に中和されてすぐにプロトプラストが凝集するが，融合はわずかしかおこらない．5-30分間室温で静置後に希釈液でPEGを洗い落とすと，その過程で融合が生じる．融合には細胞膜の糖タンパク質や糖脂質の配位の変化が関係していると考えられている．

PEG法では，PEGの分子量と濃度，それに処理時間が重要である．分子量が1,540か4,000で，濃度が30%(w/w)前後のPEGがよくもちいられる．処理時間が短いと凝集するだけで終わり，融合の率が低い．反対に長すぎると多数のプロトプラストが融合した巨大細胞が多く生じ，数日で死滅する．

条件しだいで100%の融合率も得られるが，あまりに高率では3個以上の細胞が融合してしまう確率も高くなるので，ふつう10-20%程度の融合率になるようにする．Ca^{++}溶液，concanavalin A，DMSOなどをPEG溶液に加えると融合率が高まる．なお親水性の高分子であるポリビニールアルコールやデキストランにもPEGと同様の効果がある．

近時はSendaら(1979)やZimmermannとScheurich(1980)による**電気融合法**(electrofusion)がPEG法にならぶほどよくもちいられるようになった．プロトプラストの懸濁液を電極間におき電場をかけると，プロトプラストが双極子になる．電極のサイズが同じでないと電場が不均質になって双極子が移動するような力を受ける．200 V/cmの電場を0.5 MHzの頻度で反転させると，プロトプラストは小さいほうの電極にむかって移動をはじめ，たがいにひかれあって接着し，ちょうど真珠の鎖のようになって電極にくっつく．そこに高電圧(1000 V/cm程度)を50 μ秒くらいのパルスで加えると，プロトプラストの接着点で絶縁破壊がおこり，接した細胞膜が破壊される．それが修復される過程でプロトプラストが融合する(Zimmermann and Vienken 1982)．電気融合法での融合は，すべてのプロトプラストで生じ，短時間ですみ，再現性が高い．化学物質をもちいないのでその毒性などの影響がない(Bates and Hasenkampf 1985)という利点がある．

融合したのちの細胞は，MS培地やB5培地で光を与えながら培養すると，分裂増殖を開始する．

11.2.4 雑種細胞における核と細胞質の構成
(1) 核

細胞融合でつくられた雑種細胞では，融合当初は1個の細胞に由来の異なる2種の核が共存した状態になっている．このような状態の雑種細胞を**ヘテロカリオン**(heterocaryon)という．それに対して，細胞内の2核が同じ種類のものに由来する細胞を**ホモカリオン**(homocaryon)という（図11.1）．融合細胞ではいったん両親の核が共存するが，やがて同調的な核分裂によってそれら2核も融合して1つの核となる．核内染色体の構成は両親のもつ染色体の和になる．その後の成りゆきには2通りある．

① 両親の核が融合したまま植物体にまで再生すれば倍数体が得られる．

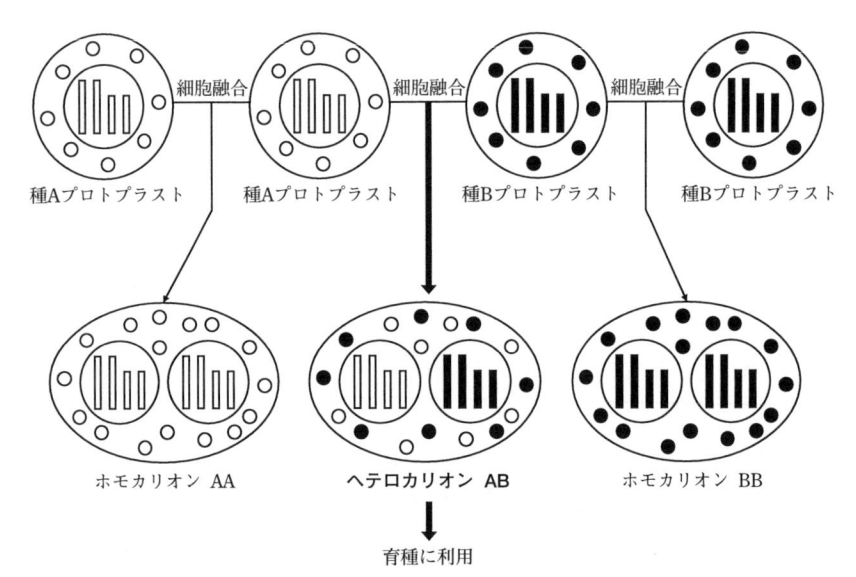

図 11.1 細胞融合におけるホモカリオンとヘテロカリオン．異なる核が融合したものをヘテロカリオン，同じ核が融合したものをホモカリオンという．細胞質中の小丸は，葉緑体またはミトコンドリアを表す．

ふつう細胞融合実験では両親はたがいに異なるゲノムをもつので，この倍数体は異質倍数体（複2倍体）となる．

② 融合親間が遠縁の場合には細胞分裂の過程で染色体の脱落が生じ，けっきょく片方の親の染色体だけが残るか，片方の親の完全なゲノムに他方の親の一部染色体が添加された状態になることが多い．ただし染色体が脱落する場合でも，脱落前に両親のゲノム間で染色体の乗換えや転座が生じることがある（図11.2）．

(2) 細胞質

高等植物の細胞小器官，つまり光合成をおこなう**葉緑体**(chloroplast)と呼吸に関与する**ミトコンドリア**(mitochondria)は，通常の交雑では片方の親（ふつうは母親，スギ，ポプラ，アルファルファなどでは父親）からしか次代に伝わらず，他方の親から伝達されたものは受精後にのぞかれる．それに対して，細胞融合で得られる雑種細胞では，当初は両親の細胞質が混在して存在する．この状態を**ヘテロプラズモン**(heteroplazmon)という．雑種細胞の細胞分裂が進むうちにほとんどの場合にどちらかの細胞質がのぞかれて

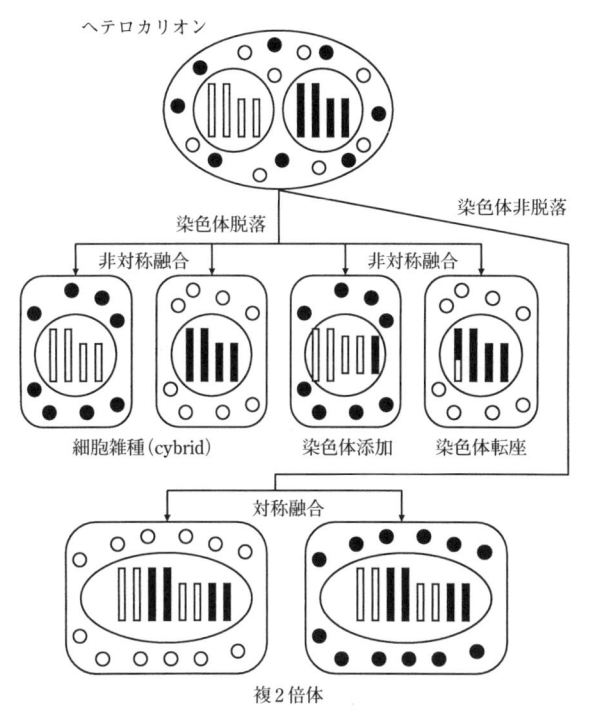

図11.2 融合細胞のなりゆき．細胞質中の小丸は，葉緑体またはミトコンドリアを表す．染色体が脱落して片方の親のゲノムだけをもつ個体，片方の親のゲノムに他方の親の染色体が添加された個体，染色体脱落の過程で親間の染色体転座など構造異常が生じた個体，などさまざまなものが生じる．染色体が脱落しない場合には倍数体となる．とくに親間でゲノムが異なる場合には，異質倍数体（複2倍体）となる．細胞質の葉緑体はふつうどちらか片方の親に由来するものだけが残る．ミトコンドリアの場合には，両親間の組換えが生じることもある．

いく．どちらの細胞質が残るかがランダムにきまる場合と，どちらか片方の細胞質だけがつねに残る場合とがある．ランダムになるかどうかは，プロトプラストの由来と核細胞質間交互作用による．また葉緑体とミトコンドリアの間でも両親のどちらの型が残るかは関連がない(Clark *et al.* 1986)．ミトコンドリアについては，両親間の組換え型が得られる(Belliard *et al.* 1979, Boeshore *et al.* 1983)のがふつうである．葉緑体でも両親型の混合(Glimelius *et al.* 1981, Fluhr *et al.* 1984, Thomzik and Hain 1988)や組換え(Medgyesy *et al.* 1985)の報告があるが，これらは例外的である．ただし比較的近縁の種間の細胞融合では葉緑体が混在したままで植物体が再生し，

斑入りをしめすことがみられる(Gleba et al. 1984).

(3) 核と細胞質の関係

通常の交雑では,品種Aの核と品種Bの細胞質をもつ**細胞質置換系統**を作出するには,品種Bを母親として,これに品種Aを何世代も連続戻し交配してつくりあげなければならない.細胞融合ではこのような個体が1回の処理で得られる.さらに葉緑体は品種Aから,ミトコンドリアと核は品種Bから由来するような個体や両親のミトコンドリアDNAが組換えられた個体などは,通常の交雑では得られない.ただし,通常の交雑でも,マツでは例外的に葉緑体は母親から,ミトコンドリアは父親から伝達される.

11.2.5 体細胞雑種カルス

選択培養液に植物ホルモン(サイトカイニンとオーキシンの組合せ)の入った寒天培地または液体培地に融合したプロトプラストを移して培養すると,球形のままのプロトプラストに細胞壁が再生され,やがて核が融合し,細胞分裂が開始される.分裂がつづくとおよそ2週間から1カ月で細胞の集まりである**コロニー**(colony)が形成される.これを寒天培地に移すと,1カ月くらいで**カルス**に成長する.カルスの一部を切りとってサイトカイニン濃度を高めたMS培地(**分化培地**)に移すと,カルスからまず茎葉が分化してくる.分化した幼芽をとりだして低濃度のオーキシンを含む培地に移して光照射下で培養すると,発根して幼植物となる(図11.3).あとはこれをバーミキュライトなどに植えて乾かないようにビニールなどをかけ,遮光して3-4週間生育させる.根が十分張ったら温室に移して通常の栽培方法で育てる.

カルスの培養には,MS培地,GamborgのB5培地,長田と建部によるNT培地,KaoとMichayluk(1975)による8P培地などがもちいられる.

11.2.6 雑種細胞または雑種カルスの選抜

細胞融合は細胞間でランダムに生じるので,植物種AとBのプロトプラストを融合させたとき,目的とするヘテロカリオン(AB)だけでなく,ホモカリオン(AA, BB),3個以上融合した複合融合細胞(AAB, ABBなど)も生じる.またすべての細胞が融合するわけではなく,融合しなかったプロトプラスト(A, B)も混在する.そこで細胞レベルでヘテロカリオンまたはそれ

種A　　　　　　　種B

　　　　　　　　　　　　　　　葉片を採種する
　　　　　　　　　　　　　　　(ほかの材料でもよい)

　　　　　　　　　　　　　　　酵素処理により
　　　　　　　　　　　　　　　プロトプラスト作製

　　　　　　　　　　　　　　　PEG法または電気融合法
　　　　　　　　　　　　　　　により細胞融合

↓ 2週間から1カ月

　　　　　　　　　　　　　　　コロニー形成

↓ 植物ホルモンの
　入った培地に移す

　　　　　　　　　　　　　　　カルス形成

↓ 分化培地に移す

　　　　　　　　　　　　　　　茎葉が分化する

↓ 発根培地に移す

　　　　　　　　　　　　　　　発根する

　　　　　　　　　　　　　　　植物体をバーミキュライトなどに植える.
　　　　　　　　　　　　　　　乾燥しないようにビニールをかけ，また遮
　　　　　　　　　　　　　　　光する．3-4週間後に根が十分張ったら温室
　　　　　　　　　　　　　　　などで普通栽培する.

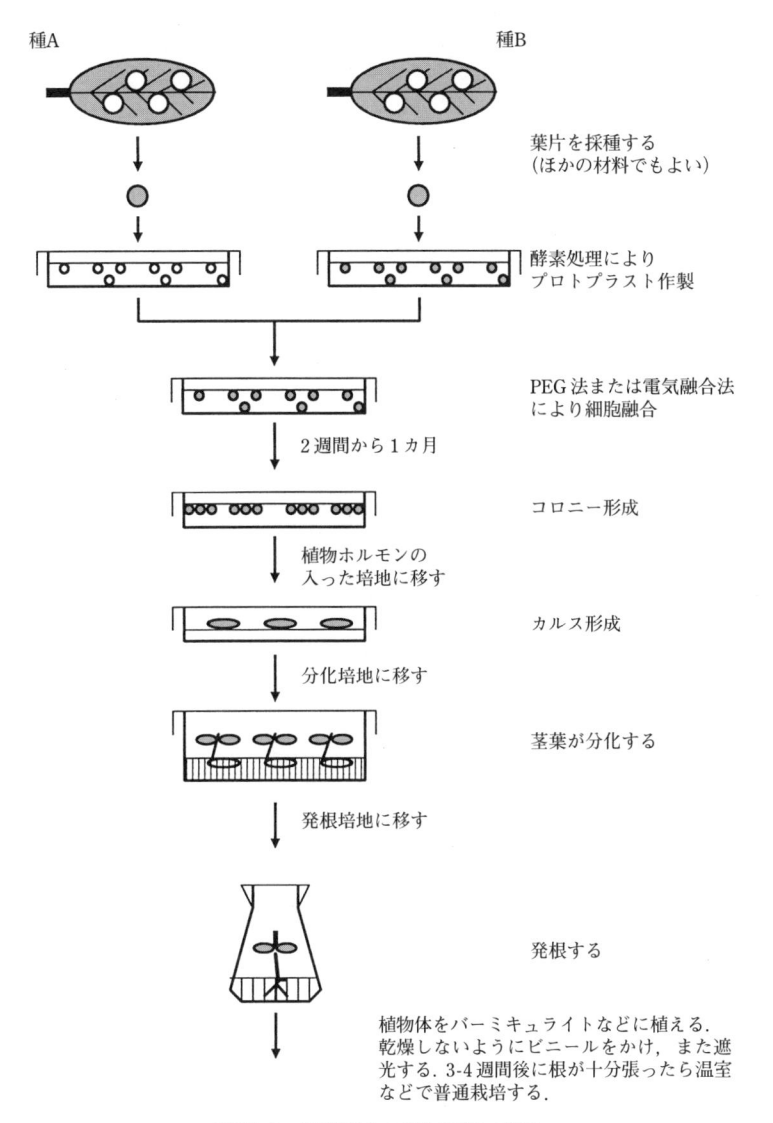

図11.3　細胞融合の操作手順の概略.

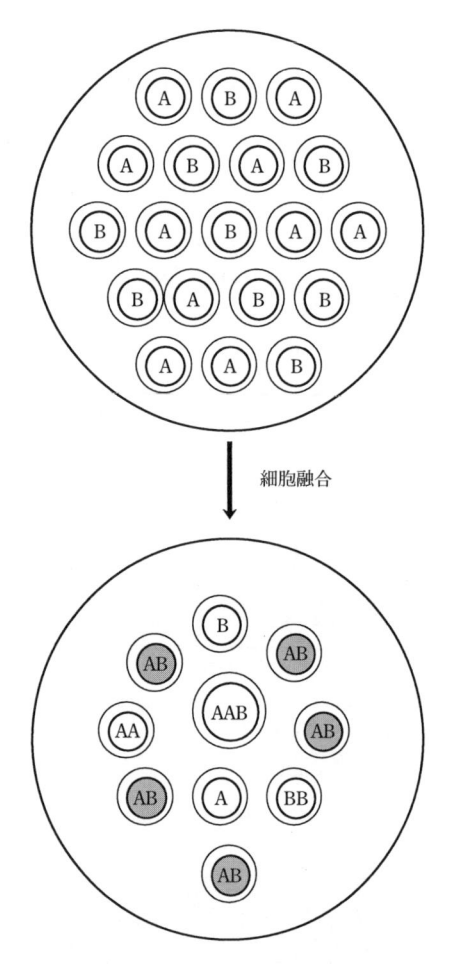

図 11.4 細胞融合はランダムにおこなわれる．種々のヘテロカリオン(AB, AAB)やホモカリオン(AA, BB)が生じ，また融合せずに残るプロトプラストもある．これらのなかから目的のヘテロカリオンの AB 型細胞を選抜する．

に由来するカルスだけを選抜することが必要となる（図 11.4）．

(1) 相補的な突然変異の利用による選抜

相補的な突然変異としてとくに**葉緑素突然変異**（たとえばアルビナ，ビリディスなど）がもっともよくつかわれる．遺伝子座 A は葉緑素突然変異ホモ接合で遺伝子座 B では正常遺伝子ホモ接合である細胞($aaBB$)と遺伝子座 A は正常遺伝子ホモ接合で遺伝子座 B では葉緑素突然変異ホモ接合

($AAbb$)である細胞が融合すると，ヘテロカリオンは A, B 両座で正常遺伝子を 1 対ずつもつので，表現型が正常な緑色となる．これを遺伝子型でしめせば $aaBB(+)AAbb \rightarrow AAaaBBbb$ となる．このような**遺伝的相補性**(genetic complementation)の関係にある突然変異を利用してヘテロカリオンを選抜できる(Melchers and Labib 1974)．ホモカリオンや融合しなかったプロトプラストは葉緑素突然変異の表現型をしめす．

同様に，たがいに遺伝子座の異なる**栄養要求性突然変異体**(auxotrophic mutant)を利用することがある．たとえばタバコでみいだされた硝酸塩還元酵素欠損突然変異体は，還元された窒素化合物，たとえばアミノ酸を含む培地では成長するが，窒素源として硝酸塩しか含まない培地では成長できない．このような突然変異体で遺伝子座の異なる系統の細胞を融合させて，窒素源として硝酸塩だけを含む培地で培養すると，雑種カルスだけが芽を形成する(Glimelius et al. 1978)．

(2) 遺伝子組換えによる抗生物質耐性の利用による選抜

抗生物質 A に耐性の細胞と抗生物質 B に耐性の細胞を融合させて，両方の抗生物質を含む培地で培養するか(Ishige 1995)，植物体再生ができない細胞に遺伝子組換えにより抗生物質耐性を与え，これに再生はできるが抗生物質感受性の細胞を融合させ，抗生物質を含む培地で培養すると雑種細胞由来の植物体が得られる．

(3) カルス形成能と突然変異などの組合せによる選抜

カルス形成能をもつアルビナ突然変異細胞と形成能を欠くが正常な葉緑素をもつ細胞の融合から，緑色のカルスを選抜することによりヘテロカリオンを得る方法もある(Cocking et al. 1977)．また，薬剤(アクチノマイシン D)に抵抗性であるがカルス形成能がない種の細胞と薬剤に感受性であるがカルス形成能をもつ種の細胞の融合をおこない，薬剤を添加した培地で培養して分裂成長するカルスを選抜する方法もある(Power et al. 1976 a)．正常な葉緑素をもつがコロニー形成以上には増殖できない細胞と葉緑素突然変異であるが芽の再分化能をもつ細胞とを融合して，カルスの色や再分化した芽の色で識別する方法もある(Power et al. 1976 b, Schieder 1978)．

劣性突然変異と優性突然変異をあわせもつ**二重突然変異体**(double mutant)があれば，これと正常な系統と細胞融合をおこなったときに，両方

表11.3 ユニバーサルハイブリダイザーの例

栽培植物	負選択マーカー	正選択マーカー	文献
ニンジン	8-azaguanine耐性	α-amanitin耐性	LoSchiavo et al. 1983
タバコ	硝酸還元酵素欠損	ストレプトマイシン耐性(葉緑体突然変異)	Pental et al. 1984
Sinapis turgia	硝酸還元酵素欠損	5-methyl-tryptophan(5 MT)耐性	Toriyama et al. 1987

の優性形質だけをしめす細胞やカルスを選べば，雑種が得られる．このような系統は雑種の選抜上で融合相手を選ばないですむので，**ユニバーサルハイブリダイザー**(universal hybridizer)とよばれる．劣性突然変異を負選択マーカー，優性突然変異を正選択マーカーという．Pentalら(1984)はタバコで，2個の核内遺伝子の劣性突然変異による硝酸還元酵素欠損と葉緑体突然変異によるストレプトマイシン耐性をもつ二重突然変異体をもちいた（表11.3）．

(4) 物理的選抜

形態や色にもとづいて融合細胞やカルスを識別して，物理的に分ける方法もある．たとえばプロトプラストが白い培養細胞に葉緑素を含む葉肉由来の細胞を融合させ，プロトプラスト中に白色と緑色の葉緑体をともに含む細胞を顕微鏡下で識別して選抜する(Kao 1977, Gleba and Hoffmann 1980)．また融合前に両親の細胞を別々の蛍光色素で生体染色しておき，融合後に両方の蛍光をしめすプロトプラストだけをレーザ付きのフローサイトメータで選抜する方法がある(Waara et al. 1998)．予備選抜として，融合しなかった細胞をのぞくためにプロトプラストの混合液をそのまま遠心分離にかけて質量だけで選別する方法もある．タバコ Nicotiana tabacum は，周辺部が白くてコンパクトなカルスを形成するのに対し，N. rustica は帯緑色で柔らかな感じのカルスをつくる．融合した細胞から生じる雑種カルスは帯緑白色でコンパクトとなるので，外観により選抜ができる(長尾 1978)．

11.2.7 雑種細胞由来個体の確認

雑種細胞由来の植物体の候補が得られたとき，それらがほんとうに体細胞雑種個体かどうかを確認する必要がある．

(1) 染色体の数と形態

融合後に染色体の脱落がなければ，雑種個体の染色体数は両親の染色体数の和に等しくなるはずであるが，植物体の再生までの過程で染色体の脱落が生じることが多いので，雑種個体で観察される染色体数もさまざまである．親間で染色体の形態が異なる場合には，形態によって雑種性を判定できる．しかし，両親の染色体がたがいに数が同じで形態も似ているときには，染色体調査だけではわからない．未融合のプロトプラスト由来で再分化の過程で倍数化した個体やホモカリオン由来の個体も倍加した染色体数をしめすからである．最近ではFISH法による染色体の蛍光染色が雑種個体の識別に利用されるようになっている(Yan et al. 1999)．なお3つ以上の細胞が融合して，複2倍体の場合よりもいちじるしく多い染色体数をもつ雑種個体が得られる場合も少なくない(Smith et al. 1976)．

(2) 形態形質

両親のもつ葉形，花形，花色などの質的な形態形質が伝達されているかどうかも雑種個体の識別につかえる．ただし，プロトプラスト由来や融合細胞由来の個体では，形態の変異がいちじるしいことが認められているので，決定的な判定基準にはつかえない．

(3) アイソザイム

親間で異なるバンドをしめすアイソザイムがあれば，雑種個体は両親のバンドを併有することにより識別できる．雑種個体の確認には形態によるよりも確実な方法である．

(4) DNAマーカー

最近ではアイソザイムのかわりに，RFLP(Harding and Millam 1999)，RAPD(de Filippis et al. 1996), SSR, AFLP(Brewer et al. 1999)など種々のDNAマーカーが雑種個体の確認につかわれるようになっている．ただし，染色体脱落の生じている融合個体では，染色体上で目的遺伝子の近傍に位置するマーカーをもちいて検証することが重要である．

11.2.8 非対称融合

栽培種に近縁野生種の有用遺伝子をとりいれるために細胞融合しても，科間の雑種は遺伝的に不安定で，形態的にも異常であり，属間雑種の多くは不

稔となる．また融合雑種植物から品種を育成するには，ゲノム構成が栽培種と同じで，稔性も高いことが必要であるだけでなく，野生種のもつ望ましくない形質を含むことを避けなければならない．

　そこで野生種（親A）のゲノム中の目的遺伝子が乗っている染色体の一部だけを栽培種（親B）に移したいという狙いから，親A(供与親，donor)由来のプロトプラストの核にあらかじめ高線量の放射線（γ線，X線）や紫外線を照射して染色体を断片化してから，親B(受容親，recipient)のプロトプラストと融合させることにより，親Aの染色体が減少した不均等な核をもつ融合細胞を得る方法が考案された．これを**非対称融合**(asymmetric fusion)という(Negrutiu et al. 1989)．現在では育種のための体細胞雑種は，対称融合よりも非対称融合のほうが多い．Duditsら(1980)は，パセリ($2n=22$)のプロトプラストにX線照射をして，ニンジン($2n=18$)のプロトプラストと融合させた結果，ほとんどすべての例で$2n=40$以下で，半数以上が$2n=19$であった．Menczelら(1982)は *Nicotiana tabacum* のプロトプラストに50, 120, 210, 300 Gyのγ線を照射して *N. plumbaginifolia* のプロトプラストと融合させた結果，両親ゲノムを完全にもつ雑種個体の頻度は，無照射の対照区では98％以上であったのに対し，照射区ではそれぞれの線量区について56％，43％，17％，30％にまで低下した．なおこの程度の線量では照射によって細胞質が不活性化することはない．トールフェスクとイタリアンライグラスの細胞融合では，後者のプロトプラストにX線を照射した場合に，500 Gyの線量がもっとも効率よく，80％以上の染色体が融合細胞からのぞかれた(Spangenberg et al. 1995)．同じ両親の組合せでも，非対称融合のほうが対称融合よりも稔性の高い雑種個体が得られる(Bates 1990)．

　どちらの親の染色体をのぞくかは照射によって制御できるが，線量の高低によってのぞく程度を加減することはできない(Gleba et al. 1988)．また照射効果は染色体に対してランダムであり，どの染色体がのぞかれるかも定まらない．そのため目的の遺伝子を含む染色体または染色体部分だけが雑種個体にかならず導入されるという保障はない．むしろ期待に反して野生種の染色体が必要以上に残ってしまうことも少なくない(Trick et al. 1994, Rasmussen et al. 1997)．したがって，多数の非対称融合雑種を得て，そこからさらに目的にかなった個体を選抜していく必要がある．

11.2.9 細胞質雑種

非対称融合で供与親の核が完全に脱落し，供与親の細胞質と受容親の核をもつようになった個体を**細胞質雑種**(cytoplasmic hybrid)または**サイブリッド**(cybrid)という(Rieger *et al.* 1991)(図11.5)．細胞質雑種の作成は細胞質置換に有効な手段となる．たとえばミトコンドリアの**細胞質雄性不稔**(CMS)遺伝子をもつ親のプロトプラストに放射線照射して核を不活性化してから別の親のプロトプラストと融合することにより，新しいCMS系統を1回の実験操作でつくりだすことができる(Aviv *et al.* 1980)．細胞質を供与する親のプロトプラストは染色体の除去を促進するために高線量の放射線で照射し，核を供与する親の細胞質は未融合プロトプラストが分裂

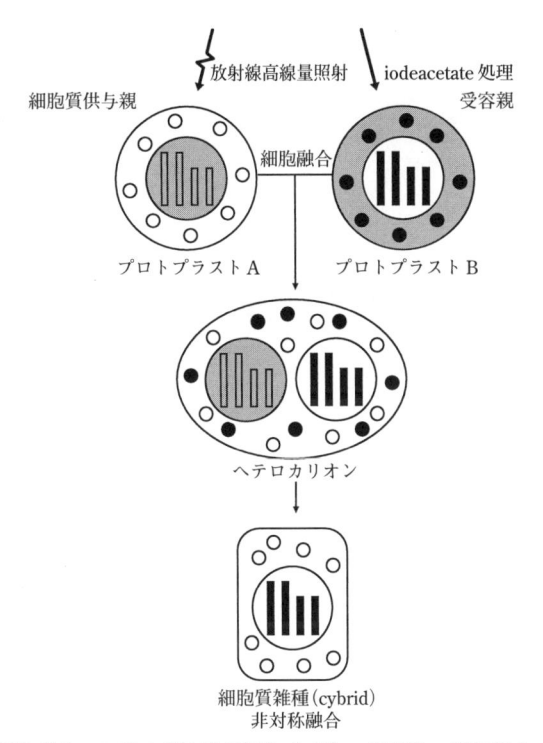

図 11.5 細胞融合における細胞質雑種(cybrid)の作製法．細胞質中の小丸は，葉緑体またはミトコンドリアを表す．細胞質供与親に高線量の放射線を照射して染色体を切断する．また受容親にはiodoacetate処理などをおこない，未融合プロトプラストが分裂しないようにする．

しないように iodoacetate(IOA)で処理されることが多い(Sidorov *et al.* 1981)．なお細胞質雑種またはサイブリッドの語は，かつて細胞融合によって生じた個体一般をさす語としてもちいられていたので混同しないよう注意されたい．英語でも cybrid の語が同様につかわれていた(Chaleff 1981, p. 98)．

11.2.10　育種的利用からみた体細胞雑種個体の問題点

細胞融合は，種属間交雑の間にある交雑障壁をとりはらい，品種改良の世界に広い遺伝変異の利用を約束すると予想されたが，当初の期待ほどにはその後の育種的利用が進んでいない．それにはいくつかの理由がある．

(1) 遺伝変異の発生

細胞雑種では，細胞融合と再分化の過程で，いちじるしい遺伝変異が発生する．これらの遺伝変異は，体細胞突然変異，体細胞組換え，細胞質の分離などさまざまな原因に由来する．

(2) 染色体の不安定性

融合した雑種細胞では，両親のゲノムの染色体がそのまま共存するのではなく，融合後の細胞分裂や植物体再生の過程で片方の親の染色体が脱落しやすい．ダイズと *Nicotiana glauca* の融合細胞では，最初の数回の細胞分裂ですでに両親間で染色体が同調しなくなり，培養を開始してから数カ月でタバコの染色体どうしがくっついて断片化し，ほとんどすべて脱落した(Kao 1977)．残っている *glauca* 染色体は大きさも形も変化していた．アラビドプシスとナタネの雑種細胞では両親の染色体が7カ月間共存していたが，カルスからの植物体再生の際にナタネの染色体が脱落し，植物体ではわずかしか残らなかった(Gleba and Hoffmann 1978, 1980)．染色体脱落は親間が遠縁なほどおこりやすい．共存していた親の種間で細胞分裂速度が異なると，雑種細胞で分裂が遅いほうの染色体が脱落していくと考えられている．脱落していく染色体の順番はかならずしもランダムではない(Pijnacker *et al.* 1987)．

染色体脱落が完全でないと，さまざまな染色体数をもつ異数性細胞が生じる．これらの異数性細胞は再分化能が低い．多くは植物体の再生の際にふるいにかけられ失われてしまうが，一部は植物体にまで伝達される．異数性の

雑種個体は得られても不稔がいちじるしく，また形態異常をともないやすい．

(3) 不稔性

細胞融合から再生した雑種個体は，両親間の染色体の非相同性や核細胞質間不親和性に起因する不稔性をともなうことが多い．そのため雑種個体自体が直接品種として利用される可能性はほとんどなく，どちらかの親に戻し交雑をして，有用な遺伝子を片方の親から他方の親に橋渡しするのに利用されることになる．戻し交雑が可能であるためには，雑種個体が完全不稔であってはならない．ただし花粉稔性が低く自殖ができなくても，母親としてもちいれば戻し交雑が可能なことが多い (Waara and Glimelius 1995)．

11.2.11 細胞融合の育種的利用

体細胞雑種には育種的にみて以下の利用性がある．

(1) 複2倍体の作出

両親の組合せによっては，融合した両親のゲノムの染色体が脱落せずにそのまま保有された**複2倍体**の植物体が得られる場合がある (Evans *et al.* 1980)．これを**対称融合** (symmetrical fusion) という．ただし近縁種間の雑種でないと，対称融合では育種に直接役立つものは得られにくい．複2倍体のままではなくどちらかの親の種の品種にしたい場合には，その種のほうに複2倍体を何回か戻し交雑して，染色体数がその種と同じになるまで減らす．戻し交雑の間に両親のゲノム間で染色体の転座，置換，乗換えなどがおこなわれて，系統間の変異が得られる (Bohman *et al.* 1999)．

(2) 種属間における遺伝子交換

雑種細胞の分裂過程で片方の親の染色体が結局すべて脱落してしまう場合が多いが，それでもヘテロカリオンとして2核が共存している間に**体細胞組換え** (somatic recombination) が生じて，両親の染色体間で遺伝子の交換がおこなわれることが認められている (Power *et al.* 1975, Dudits *et al.* 1979, Evans *et al.* 1983)．それにより通常の交雑では不可能なほど遠縁の種属間でも遺伝子の移行ができる．

(3) 細胞質雑種の利用

前述のとおり，細胞融合では，通常の交雑で不可能な核と細胞質の組合せを作出できる．

(4) 染色体置換系統の作出

細胞融合をもちいると，通常の遠縁交雑では作出できない植物間でも，ある特定の染色体が他方の染色体でおきかえられた系統をつくれることがある．Haiderら(2001)は，ジャガイモ（＋）トマトの融合雑種をジャガイモに戻し交雑して，ジャガイモのもつ2本の染色体のかわりに1本のトマト染色体が入ったモノソミック添加系統のシリーズを作出した．

11.2.12 細胞融合による品種育成

米国の Carlson ら(1972)は *Nicotinana glauca* と *N. langsdorffi* の葉肉細胞からとったプロトプラストを融合し，通常の交雑でつくった F_1 雑種のカルスをつかってあらかじめしらべておいた最適培養条件で融合細胞を培養して，カルス経由で雑種個体を得た．これが細胞融合により雑種個体を得た最初の実験である．ただし当初の細胞融合は，交雑でも雑種が得られるような種間でおこなわれていた．

Melchers ら(1978)は，トマトの葉肉細胞から得た緑色のプロトプラストとジャガイモの懸濁培養細胞から分離した無色のプロトプラストを PEG 中で融合させて，20以上の雑種個体を得た．これは交雑不可能な属間で体細胞雑種が得られた最初の例であり，**ポマト**(pomato)とよばれた．Gleba と Hoffman(1980)はアラビドプシスと *Brassica campestris* の細胞融合から雑種植物を得て，Arabidobrassica と名づけた．これは類(tribe)間で得られた最初の細胞雑種である．ポマト以降では，もっぱら通常の交雑ではまったく不可能な属間での細胞融合が多い．そのため，得られた細胞雑種は完全不稔で，通常の品種育成にすぐには組みこめなかった．

細胞融合による市販品種としての最初の成功例は，カナダで1991年に *Nicotiana tabacum* と *N. rustica* の体細胞雑種個体から得られたタバコ品種 Delfield である．しかしその後の10年間における細胞融合による品種育成の例は少ない．むしろ通常の交雑では不可能な遺伝子が異種異属の植物からとりこまれた新しい育種材料としての利用が期待される．

11.3 ソマクローナル変異

11.3.1 ソマクローナル変異の発見

細胞培養により遺伝的変異が生じることは，かなりまえから認められていた．最初の報告は Murashige and Nakano(1967)によるタバコの実験である．サトウキビでも同様のことが発見された(Heinz and Mee 1969, 1971)．またそのような変異を育種における新しい突然変異原としてもちいようとするアイデアも提案された．

しかし当時は多くの育種家はそのような変異に関心を払わなかった．培養は特定の遺伝子型を増殖し**栄養系**(clone)とする栄養繁殖技術の1つとみなされていたので，培養実験で再生した植物中に変異体が認められると，損害を与えるトラブルとして嫌われた．実際に観賞植物の培養による増殖を大量におこなっているオランダでは，培養中に発生する変異による年間の損害は1億円を超えていた．また培養で生じる変異は種子繁殖でも栄養繁殖でも後代に伝わらないことが多いので，発育中に遺伝子の表現が変化する**エピジェネシス**(epigenesis) (Meins 1983)によるもので，突然変異ではないとされた．

1980年代にバイオテクノロジーの時代がくると，ふたたび培養中の変異に注目が集まりだした．培養をへて再生した植物体に認められる変異を**ソマクローナル変異**(somaclonal variation)，または**体細胞変異**という．Somaclonal variation の名づけ親は Larkin と Scowcroft(1981)である．日本語の体細胞変異は，突然変異育種でもちいる体細胞突然変異とまぎらわしいので，本書では前者の語をもちいる．培養で生じる変異には，遺伝子の変異，染色体変異，エピジェネシス，非遺伝的変異，はじめから培養材料に含まれていた変異などさまざまな変異が含まれる．これらすべてをソマクローナル変異と名づける場合もあるが，育種学的にはもっと狭義に定義して，遺伝的変異，つまり遺伝子および染色体の変異に限定するのが適切である．また，突然変異原を培養前または培養中に加えて得られる突然変異も含まない(van Harten 1998, p. 171)．また培養による変異は，いっぱんに変異体(variant)とよぶべきで，遺伝的変異であることが証明されるまでは突然変異体(mutant)とよんではいけない．

ソマクローナル変異は植物の細胞培養において例外的な事象ではなく，ソ

マクローンではごくふつうに認められ，また生物種や器官に関係なく普遍的に生じる．ソマクローナル変異は，培養中に生じるなんらかの化学変異原によっておこる突然変異とみなすには変異率が高すぎる．ソマクローナル変異の発生頻度は，材料の遺伝子型，培養様式，培養期間によって異なる．高濃度の成長ホルモンにより脱分化したカルスの培養では変異が多い．また培養期間が長くなると変異の頻度が増す．ソマクローナル変異は再生植物体でヘテロ接合の状態でみいだされることが多いが，ホモ接合の場合もある(Larkin et al. 1984).

なお培養で観察される変異が，培養前の植物片に最初から存在していた変異，つまり，内在的倍数化，体細胞突然変異，DNAのメチル化状態などによることもありうる．

11.3.2 ソマクローナル変異の種類

ソマクローナル変異には，以下の遺伝的変化が含まれる．
(1) 染色体変異

MurashigeとNakano(1967)によりタバコの髄のカルスからの細胞培養で，高頻度に異数性が生じることがみいだされた．またNishiとMitsuoka(1969)やKasperbauerとCollins(1972)により葯培養でも倍数性がおこることが観察された．染色体の数の変異だけでなく，染色体のさまざまな構造変異が生じることも報告された．Sacristán(1971)は染色体数の少ない種として知られている植物 *Crepis capillaris* ($2n=6$)をもちいて，培養細胞では異数性のほかに転座，欠失など種々の染色体変異が生じることをしめした．このような染色体異常は，培養細胞から再生した植物体にも伝達される．Ahloowalia(1976)はライグラスで，再生した植物体の減数分裂期における染色体対合をしらべ，転座，逆位，欠失などの染色体異常が観察されたと報告した．Orton(1980)はオオムギのカルスおよび懸濁培養細胞で倍数性，異数性，染色体再配置などの染色体異常をみいだした．しかしこのような染色体異常の多くは再生植物体には伝達されなかった．培養で生じた染色体異常はその特性が明確でなく，育種的にはほとんど利用性がない．

(2) 遺伝子数の変化

細胞培養によりゲノム内の特定塩基配列のコピー数が変化することがある．

反復配列の減少がトマト(Landsmann and Uhrig 1985)やコムギ(Breiman et al. 1987a)で,また反復配列の増加がニンジン(Nafziger et al. 1984)やライコムギ(Lapitan 1988)で観察された.

(3) DNA のメチル化

DNA のメチルトランスフェラーゼによって DNA 塩基にメチル基がつくことを **DNA メチル化**(DNA methylation)という.メチル化はアデニンやウラシルでも認められるが,植物ではメチル化はもっぱらシトシンでおこり,5-methylcytocine が生じる(Brown 1989).メチル化された遺伝子はふつう不活性となる.DNA メチル化は培養によって生じるソマクローナル変異とエピジェネシス変異の原因になりうる.Müller ら(1990)は 6-メチルアデニンの存在下でのみ DNA を切断する制限酵素 *DpnI* でイネのカルスから再生した植物体の DNA を処理した結果,いくつかの切断がみいだされ,培養中に DNA のメチル化が生じたと結論した.

(4) トランスポゾンの活性化

DNA 間を転移して挿入変異を生じる動く遺伝物質である**トランスポゾン**(transposon)は,トウモロコシの粒色形質の詳細な遺伝から米国の McClintock(1956)によりその存在を予測されていたが,のちにバクテリアで発見され,さらに動物界も含め広く生物界全体に存在することが知られるにいたった.広義のトランスポゾンは,トウモロコシの *Ac/Ds*, *Spm*, *Mu* やキンギョソウの *Tam* などの DNA 型トランスポゾン(Nelson 1988)と,**レトロトランスポゾン**(retrotransposon)に分けられる.前者は植物の斑入りなどの易変性の自然突然変異の原因とされる.後者はゲノム中の DNA 情報が,はじめ RNA に写され,この RNA から逆転写酵素により相補的 DNA(cDNA)に写されることにより,ほかの DNA 位置に再挿入される.

Peschke ら(1987)はトウモロコシで DNA 型トランスポゾンの *Ac* と相同であるが不活性の塩基配列をもつ系統で,培養後の再生個体でソマクローンの約 3% が *Ac* 活性をもつことを検出した.レトロトランスポゾンは生物進化の過程では染色体間を動きゲノムにみられる散在型の反復配列の原因となったとされるが,現時点では不活性である.しかし培養によりレトロトランスポゾンが活性化することがあり,これが培養中の突然変異誘発の大きな原因になっている(Hirochika 1993).

(5) ほかの原因による突然変異

培養変異には DNA のメチル化やレトロトランスポゾン以外の原因による DNA の変化としての突然変異も考えられる．RFLP, RAPD, AFLP などの DNA マーカーについて，培養細胞や再生植物体のバンドがもとの植物材料と異なるバンドをしめすことによって，DNA の変化を検出できる．Roth ら(1989)は，ダイズの根由来で長期間懸濁培養した細胞で，親と異なる RFLP バンドが生じることを観察した．同様に Brown ら(1991)はトウモロコシで，Godwin ら(1997)はイネで，カルスから再生した植物体に DNA マーカーのバンドの変異をみいだした．ただし DNA マーカーの変異はかならずしも DNA のコード領域の変異ではないので，表現型の変異をともなうとはかぎらない．

点突然変異の例としてトウモロコシでアルコール脱水素酵素1の遺伝子座で1塩基だけ変化した突然変異が報告されている (Brettell et al. 1986, Dennis et al. 1987)．

ゲノム内に反復して存在する同じ種類の遺伝子の群を**多重遺伝子族** (multigene family) という．ソマクローナル変異として多重遺伝子族の変化した例が，グリアジン貯蔵タンパク質 (Larkin et al. 1984)，野生オオムギ Hordeum spontaneum のホルデイン (Breiman et al. 1987 b)，コムギのベータアミラーゼ (Ryan and Scowcroft 1987)，ジャガイモのエステラーゼ (Alicchio et al. 1987) で報告された．これらの変異体では，もとの植物がもたないタンパク質が認められた．

11.3.3 ソマクローナル変異と通常の突然変異の比較

(1) ソマクローナル変異のほうがすぐれている点

① 突然変異頻度：ソマクローナル変異は，放射線や化学変異源の処理により誘発される通常の突然変異にくらべて，発生頻度がずっと高い．Gavazzi ら(1987)はトマトで同種類の複数形質について，ソマクローンと EMS の種子または花粉処理とで突然変異の発生頻度を比較した．その結果，後者が M_2 系統あたり 3% であったのに対し，前者は 37% と 10 倍以上の高頻度をしめした．Novak ら(1988)は，トウモロコシで γ 線照射と培養による変異とをくらべた結果，後者が 2-70 倍高いことを

認めた.

② 突然変異スペクトラム：Evans(1986)は，トマトでソマクローナル変異と通常の突然変異とではスペクトラムが異なると報告した.

③ 優性突然変異：培養によって生じる突然変異では，劣性突然変異だけでなく**優性突然変異**(dominant mutation)も生じる．これは，放射線や化学物質により誘発された突然変異のほとんどは劣性突然変異であるということと大きく異なる．Chaleff(1981, 表4.1)がまとめた培養によって生じたタバコまたはトウモロコシにおける19例の突然変異中，6例は優性，5例が部分優性，6例が劣性，2例が細胞質性の突然変異であった．優性突然変異には除草剤耐性やアミノ酸代謝に関する突然変異などが含まれていた．同様にNegrutiuら(1984)もソマクローナル変異では優性または共優性突然変異が1割以上含まれると述べている．優性突然変異の誘発もレトロトランスポゾンの作用から説明できるとされている.

④ ホモ接合突然変異：再生した植物体でただちにホモ接合突然変異体が得られた例が，イネ(Oono 1981)，コムギ(Larkin *et al*. 1984)，トマト(Evans and Sharp 1983)などで知られている．これを利用すれば，近交弱勢の強く表れる植物でも劣性突然変異を選抜できる.

(2) ソマクローナル変異が劣る点

① 突然変異生成機構：遺伝資源の試験管内での保存や増殖では，培養中にソマクローナル変異ができるだけ生じないほうがよい．またソマクローナル変異中でとくに染色体異常は，いっぱんに発生しないほうがよい．反対に特定の突然変異を選抜したい場合には，さらに突然変異頻度を高くすることが望ましい．ソマクローナル変異では，遺伝的変化の内容についての理解は進んだが，それをひきおこす細胞内の生化学的な原因自体については不明である．したがって突然変異の頻度を高低いずれの方向でも人為的に精度高く制御することがむずかしい.

② 選択培地依存：突然変異細胞の選抜が選択培地によるので，逆にいえば選択培地が利用できない形質については，選抜がむずかしい．ただしソマクローンを多数圃場に栽培して，農業上重要な形質について選抜する試みはいくつかなされている.

③ 有害突然変異や染色体異常の随伴：ソマクローナル変異では，突然変異頻度が非常に高いため，ある目的の突然変異を選抜した場合に，ほかの遺伝子座でも突然変異が生じていることが多い．それらは多くの場合に有害な変異であり，品種育成の材料とする際には淘汰しなければならない．それが不稔性や生育不良の形質であると，かならずしも有効にのぞけない．また染色体異常も発生しやすく，複雑な染色体異常については淘汰がむずかしい．

11.3.4 ソマクローナル変異の例

ソマクローナル変異としては選択培地が得られやすい点から，除草剤耐性，病毒素耐性，アルミニウム耐性，耐塩性などに選抜の成功例が多い．しかし圃場で発現する形質や農業上重要な量的形質の突然変異も発現することが知られている．以下にいくつかの例をあげる．

(1) サトウキビ

ソマクローナル変異が育種に役立つ可能性があることが最初にしめされたのは，サトウキビである．ソマクローナル変異により，ウイルス病やべと病などの抵抗性をはじめ，茎径，茎長，糖収量，繊維率など種々の形質のソマクローナル変異が得られた．

(2) ジャガイモ

Shepardら(1980)は米国の育種家Burbankによって育成された品種Russet Burbankの葉肉細胞由来のプロトプラストを培養して10,000以上のソマクローンを得た．彼らはそのなかに草型，成熟期，イモの形や大きさの均質性，イモの皮色，長日要求性の減少，さらに疫病などの病害抵抗性などの変異体をみいだした．これらの変異形質は栄養世代を何代へても変化しなかった．

(3) イネ

Oono(1978)は農林8号の自然半数体を倍加し自殖して得た種子を材料として，カルスから再生した1,121の植物体を得て，当代，次代，次々代で変異を解析した．その結果，再生次代での正常個体はわずか28.1%にすぎず，1.6%は倍数体で，35.8%は稔性が低下し，残りの34.5%は葉緑色，出穂期，草丈，形態のうち1つ以上で変異をしめした．出穂期については，14

日早生や 14 日以上の晩生など大きな変異が認められた．

(4) トウモロコシ

ソマクローナル変異は核内遺伝子だけでなくミトコンドリアや葉緑体のDNA にも生じる．Gegenbach ら(1977)はトウモロコシでごま葉枯れ病に感受性の T 型雄性不稔細胞質をもつ細胞を T 毒素を含む培地で培養することにより可稔で抵抗性の個体の選抜に成功した．毒素をもちいない培地でも変異率は 50% 以上できわめて高かった．抵抗性と可稔性は細胞質性の遺伝をした．

11.3.5 ソマクローナル変異による品種育成

Veilleux と Johnson(1998)は彼らの総説で，ソマクローナル変異を利用して育成された変異体または品種として 12 例をあげている．表中でもっとも早く発表されたのは，Skirvin と Janick(1976)によるゼラニウムの品種 Velvet Rose である．そのほかセロリやイネの病害抵抗性，サツマイモの皮色，ブラックベリーの刺なしなどの変異がみられる．これらはどれも多様なソマクローナル変異のなかから有用として選ばれたもので，実験当初から目的をしぼって in vitro 選抜をおこなって得たものではない．日本の品種としては，Arihara ら(1995)によるジャガイモの品種男爵から得た変異体 White Baron が載っている．

日本ではほかに，イネでプロトプラスト培養により，はつあかね(三井東圧化学，1990 年)，夢かおり(三菱化成・三菱商事，1993 年)，はれやか，夢ごこち(三菱化成・三菱商事，1995 年)が育成された．

11.4　細胞レベルにおける突然変異処理

上述のように，突然変異処理なしでも培養だけで再生した植物体に高い頻度で突然変異が観察され，その累積は数十％におよぶ．しかし，栄養要求性変異などある特定の突然変異については，かならずしも培養だけでは高い突然変異率は望めない．そこで培養細胞に突然変異処理をすることが必要となる．

11.4.1 細胞レベルの突然変異処理の得失

第10章で述べたように，種子繁殖性植物の突然変異育種では，種子や植物体に処理をおこない，M_2やM_3世代で突然変異体を選抜する．選抜には数千から数万個体の栽培と調査を必要とし，その労力や経費は小さくない．また栄養繁殖性植物では，突然変異細胞由来の組織がキメラ状になるため，それが完全変異体になるまで何年か栄養繁殖させてから選抜をおこなわなければならない．

もし培養中の単細胞に突然変異処理をして，選択培地で選抜することが可能であれば，実験室で季節や気候に関係なくいつでも突然変異体の選抜が可能となる．広い圃場も必要でなく，労力や経費も少なくてすみそうである．また単細胞由来なので突然変異由来の組織がキメラ状になるための問題点も解消できる．

しかし実際にはいくつかの問題もある．

(1) 選択培地

個体レベルの突然変異において，M_2や栄養繁殖世代で個体や器官の調査によって突然変異体を選抜するのと異なり，細胞レベルの突然変異では，個々の細胞を調査して突然変異細胞だけを直接選ぶことはできない．突然変異体だけが増殖できる培地を調整して，その培地で処理後の細胞集団を培養することにより，生存した細胞として突然変異細胞を選択する方法がとられる．このように細胞集団からある特定の表現型をしめす細胞だけを選択的に増殖させる培地を**選択培地**(selective medium)という．細胞レベルの突然変異処理では，選択培地がつくれる形質だけが改良の対象となる．

(2) 細胞の増殖と密度依存性

植物細胞の培養ではバクテリアとちがって，ある一定密度(10^4/ml)以下になると，細胞分裂が急激に低下して，成長しなくなる．また植物細胞は単細胞状態より10細胞以上集まったコロニーのほうが増殖しやすいが，密度が低すぎるとコロニーが形成されなくなる．したがって突然変異処理後の生存細胞の密度が低すぎてはいけない．しかしそのために処理前の細胞密度を高くして10^7/ml以上にして突然変異処理をすると，処理で死んだ多量の細胞の分解物で生き残った細胞までも死ぬという現象がおきる．このことは細胞レベルの突然変異の処理方式に大きな影響を与える(西村 1993)．目的形質

の種類，形質あたりの突然変異率，培養方法によって，処理前の最適な細胞密度がきまる．細胞あたりの突然変異率は 10^{-7}-10^{-4} のオーダーである．細胞選抜によって 10^4/ml 以下の低密度になる場合には，保護培養や調整培地による培養をおこなうことがすすめられる．

(3) 目標形質

細胞レベルの突然変異育種では，抗生物質，除草剤，塩基類似体などに対する抵抗性，アミノ酸代謝に関連した抵抗性，栄養要求性，病害抵抗性などが選抜目標とされる．これらの形質ではそれぞれ適切な選択培地を調整することが可能である．しかし細胞レベルで発現しない形質は選抜できない．通常の突然変異育種で比較的高い頻度で得られる早生，短稈，雄性不稔などの形質が選抜目標とされることはない．種々の形態突然変異や収量なども対象外である．これらの形質は細胞レベルで発現する事象との関連があきらかになるまで，細胞選抜による改良は望めない．

11.4.2 突然変異処理法

(1) 突然変異原

通常の突然変異育種と同様に，突然変異原としては，γ 線，X 線などの放射線や，EMS(ethyl methanesulfonate)，ENU(N-ethyl-N-nitrosourea)，MNNG(N-methyl-N'-N-nitrosoguanidine)，MMS(methyl methanesulfonate)などのアルキル化剤，NaN_3(sodium azide)などがもちいられる．なお細胞レベルの処理には紫外線照射も有効である(Nelshoppen and Widholm 1990)．

(2) 材料と感受性

多くの栄養要求性突然変異のように劣性突然変異が目標の場合には，半数性細胞を材料としなければならない．半数性細胞は2倍性細胞よりも放射線に対して感受性が高い．いっぽう5メチルトリプトファン抵抗性のような優性突然変異を目標とするときには，半数性細胞だけでなく2倍性または倍数性細胞でもよい．突然変異処理の終わった段階で処理が強すぎて生存している細胞数が激減することがないようにする．少なくとも50％以上の生存率が望ましい．線量など，処理の強度を上げれば目的の突然変異の率が上がるが，望ましくない突然変異の率も高くなる．また染色体異常も増え，細胞分

裂，カルスの増殖，植物体の再生などが防げられる．γ線やX線照射では，培養中のカルスは乾燥種子よりも放射線に対する感受性が高い．

(3) 処理上の注意点

細胞レベルの突然変異育種で処理の対象となるのは，プロトプラスト，懸濁培養中の細胞，カルスなどである．まず材料の感受性をきめるために広い範囲にわたるいく段階かの線量（または供与量）について予備実験をおこない，細胞致死または分裂抑制がはなはだしくない範囲でできるだけ高い線量を供試線量とする．育種の目的のためにはカルスからの植物体の再生が必要であり，再生率があまり低下しない範囲の処理強度とする．予備実験での適正線量は，時間や労力の制約から細胞やカルスへの処理効果できめることが多いが，再生が阻害される線量はカルスの増殖が抑えられる線量よりも小さいので注意する．カルスなどの褐変，成長抑制，致死率，植物体再生率などを調査しておく．

化学変異原処理では，処理後に細胞の洗浄をおこなわなければならない．また紫外線照射では，照射後の光回復を防ぐために暗黒下で培養する．紫外線はγ線やX線とちがって透過力が低いので，細胞やカルスを薄い層にしてペトリ皿のふたを開けて照射する．

11.4.3 細胞レベルの突然変異率

Nielsenら(1985)は *Nicotiana plumbaginifolia* の半数体および倍加半数体の葉から作出したプロトプラストにγ線を照射してバリン耐性の突然変異を選抜した．耐性コロニーの頻度は，無照射区ではそれぞれ 4.4×10^{-5}, 3.1×10^{-5} であったが，照射区では線量とともに直線的に増加し，500 rad で無照射区のほぼ10倍となった．半数性細胞と倍加半数性細胞とで誘発率に差はみられなかった．

11.4.4 再生個体での突然変異体選抜

突然変異処理した細胞集団を選択培地で培養することなしに，カルスをへて植物体を再生してから，植物体レベルで突然変異体を選抜することも考えられる．この場合には，通常の個体レベルの突然変異育種における生育中照射と本質的なちがいはない．ただ再生個体が処理時の単細胞に由来するなら

ば，処理当代(M_1)の個体に突然変異キメラが生じない．これにより栄養繁殖性植物では再生した最初の世代で完全変異体が得られ，ただちに選抜できるので有利である．細胞レベルでは選抜できない 2 倍性細胞における劣性突然変異でも，植物体レベルではソマクローン自殖次代には分離することが期待されるので，その段階で選抜できる．

11.5 葯培養と半数体作出

交雑 F_1 の個体から葯をとり培養することにより，葯中の花粉から半数性の植物体が再生する．その染色体を倍加すると全遺伝子座でホモ接合となった完全固定個体が一代で得られる．これにより交雑育種における交配から品種育成までの年数をいちじるしく短縮できる．これを**葯培養**利用による半数体育種法という（5.8 節参照）．

11.5.1 葯培養の技術

葯を採取するための母植物の生育状態が葯培養の成否に大きな影響をもつ．葯培養の材料には，一核期後期の花粉をもつ葯が適する．花粉の発育段階を正確に知るには，葯を固定し染色して検鏡する．実際の培養に際しては，検鏡の結果を参考として葯の大きさや外観から花粉の発育段階を推定して適期の材料を選定する．

イネ，オオムギ，ライムギ，タバコ，ジャガイモでは培養前に低温処理をおこなうとカルス形成率と再分化率が高くなる．しかし *Brassica campestris* では低温処理は有害である．基本培地はイネ，ライムギ，トウモロコシ，タバコでは N 6，*Brassica* では B 5，オオムギでは MS か N 6，ジャガイモでは MS, LS などがすすめられている．寒天培地，液体培地のどちらもつかわれている．

植物体の再生は，カルス化なしに**不定胚発生**がおこなわれる場合と，カルスから不定芽形成をへておこなわれる場合とがある．

(1) 不定胚発生型

Atropa, Datura, Nicotiana 属の植物では，培養中の葯内で花粉が分裂を開始して培養後約 2 週間で白黄色の胚が認められ，球状胚，心臓型胚，魚雷型

胚と胚発生の過程を通って不定胚に分化する．不定胚が発芽して半数性植物体が直接得られる．

(2) カルス経由型

多くの植物では，カルス経由で半数体が得られる．イネではカルスを継代培養しない1次成苗法がおこなわれている．葯を培養すると花粉が分裂して葯内にまずカルスが形成される．最初に葯を置床した培地上でカルスを誘導し，そのまま継代せずに植物体を再生させる．葯を置床してから約3週間でカルス形成がはじまる．さらに2週間で不定芽が出て，培養をつづけると植物体に生長する．得られた植物体を培養瓶から無菌的にとりだしてホルモンを含まない培地に移して培養すると，根が生じ伸長する（杉本 1993）．

根が十分伸長したら植物体を植木鉢に移す．新葉が展開するまでは，遮光と乾燥を防ぐために寒冷紗などをかけておく．葯培養法の操作は植物により異なる点も多いので，詳細は Vasil(1984) などを参照されたい．

不定胚発生型の葯培養で得られる植物はほとんど半数体である．いっぽうカルス経由で得られる植物は，半数体や2倍体のほかに倍数体や異数体が混じることが多い．また培養中に不要な突然変異を生じやすい．カルス形成率は品種によっていちじるしく異なる．いっぱんにインド型品種は低いが，日本型品種間でも差がある．形成率の差は遺伝的である（蘭牟田ら 1991）．半数体育種法としては不定胚発生型のほうが望ましい．

11.5.2 染色体倍加

葯培養により完全固定した2倍体を得るには，再生した半数体の**倍数化**が必要である．ただし培養中または植物体の再生時に染色体の自然倍加がおこり2倍体が得られることも多い．半数体か2倍体かの確認は，イネでは再分化個体が出穂した時期に不稔で穎花が小さい個体を半数体と判定する．気孔の孔辺細胞がもつ葉緑体の数や，染色した細胞の仁の数で判定することもおこなわれる．自然倍加の率が低い場合には，半数体と確認された個体をコルヒチンで倍加する．コルヒチンは，イネでは根部，ジャガイモでは腋芽に処理する．イネ，コムギ，オオムギ，倍数性半数体のジャガイモでは倍加は容易である．ただしジャガイモの単数性半数体では倍加がむずかしい．またトウモロコシやライムギでも倍加の成功率が低い（Wenzel 1984）．

第12章　遺伝子組換え育種

> 公衆の懸念はグループ間の価値観のちがいからくるということを認めることが，公衆の支持を得る第一歩である．以前には，公衆は無知であるとみなされ，革新的技術の背景にある科学が理解できるようになりさえすれば，すべての人が新技術を支持するようになるというのが，新技術を推進する多くの産業界の見方であった．この仮定は公衆のなかには産業界とは異なる目標をもつ人びとがいることを無視している．
>
> D. D. Parker and D. Hueth (1993)

　従来の育種技術は，もっぱら個体のしめす表現型という遺伝子作用の最終的発現にもとづく選抜によっておこなわれた．それは分離育種，交雑育種などの古くからの育種法だけでなく，倍数性育種，突然変異育種，細胞融合などその後に生まれた育種法でも同じである．これらはひとまとめに「選抜育種」ということができる．そこではDNAの塩基配列や生体内の代謝過程などは直接問題にされずブラックボックスとしてあつかわれてきた．それに対して，20世紀後半からの分子生物学の画期的な進歩により，DNAを直接あつかって品種を改良する技術が生まれた．それが遺伝子組換え育種である．遺伝子組換え育種は，DNAレベルで設計された遺伝子の導入による技術であり，いわば「設計育種」と名づけられよう．ただし現状では，DNAの転写と翻訳から生体内代謝反応をへて表現型発現までの一連の過程についての知見がまったく不完全であり，設計どおりにDNAを構築することもむずかしい．

　遺伝子組換えは育種技術として革新的であり，期待感も大きい．しかしいっぽうでは，遺伝子組換え体が，食品として，栽培植物として世にでたときのリスクも無視できない．安定した信頼のおける技術となるには，まだまだ十分な研究と議論が必要である．

12.1 遺伝子組換えの基本操作

12.1.1 遺伝子組換え

外来遺伝子(foreign gene)を人為的に細胞に入れる操作をいっぱんに**遺伝子導入**(gene transfer)という．その方法はいくつかあるが，なかでもクローン化した遺伝子をもちいた遺伝子導入法を**遺伝子組換え**(genetic recombination)という．受容した生物体のゲノムに導入遺伝子が組みこまれたとき，そのDNAを**組換えDNA**(recombinant DNA)，組換えDNAをもつ生物を**遺伝子組換え体**(genetically modified organism; GMO)またはたんに（遺伝子工学的意味での）組換え体とよぶ．遺伝子組換えによって得られた新植物を**遺伝子組換え植物**(transgenic plants)またはたんに組換え植物という．

植物における遺伝子組換え育種技術は，つぎの基本的操作からなる．⑥と⑦はとくに，遺伝子組換え育種にだけ要求されている事項である．
① 導入すべき外来遺伝子またはDNA断片を大量に増殖する．
② 外来遺伝子を細胞に導入する．
③ 遺伝子が導入された細胞を選抜する．
④ 細胞または組織を培養して植物体を再生させる．
⑤ 植物体における導入遺伝子の遺伝的安定性と形質発現を調査し，選抜する．
⑥ 組換え体の環境への影響を調査する．
⑦ 組換え体が食品の場合には，その食品安全性を検査する．

12.1.2 育種技術としての遺伝子組換えの得失

(1) 遺伝子組換え育種の利点

遺伝子組換え育種は変異作出の最新方法であり，利点として以下のことがあげられる．ただし現状ではこれらの利点が完全には生かされていない．
1) 従来は交雑不可能であった遠縁の植物や，さらに植物とは界を隔てた動物，昆虫，微生物がもつ遺伝子でさえも，変異作出のための遺伝資源として利用できるようになった．それにより遺伝的改良の可能性はかぎりなく広がった．

2) 目的遺伝子のDNA領域だけをドナーから植物のゲノムへ導入できる．それにより遺伝的背景を変えることなく改良ができる．このことは近代品種のようにすでに優良な遺伝子型をもち，少数の遺伝子の改良だけを目標とする場合にはとくに有利である．
3) 遺伝的改良がDNA塩基配列にもとづいて規定できるので，遺伝子導入という原因と形質の改良という結果の因果関係が明確である．このため育種結果の再現性がほかの育種法にくらべて高い．

(2) 遺伝子組換え育種の問題点
1) 複数の遺伝子を同時に導入することが比較的むずかしい．そのため多数の質的形質を同時に改良したり，多くの遺伝子座に支配される量的形質を改良するには適さない．
2) 導入された遺伝子の効果が，表現型に期待どおりに発現するとはかぎらない．場合によっては，まったく発現しないことがある．
3) 品種利用に先立ち，自然生態系や耕地生態系に対する影響および食品としての安全上のための検査をし，その栽培と利用に関する承認を所管の省から受ける必要がある．
4) 現状では安全性とくに食品安全性について，かならずしも一般社会の容認が広く得られない．そのため品種登録され，安全性の承認も受けられても，なお普及しないことが多い．

12.2 DNAの切断と選抜

遺伝子組換えの実験操作の第一段階として，まず導入したい遺伝子を含むDNA領域を生物の全ゲノムDNAから選びとらなければならない．それには，まず遺伝子を損なわないようにDNA分子をできるだけ小さく切断することが必要である．

12.2.1 制限酵素

細菌はウイルスの増殖を制限する機能をもつ．これは外部から異種DNAが侵入したとき，そのDNAの特定の塩基配列を認識して結合し，結合点またはその近傍でDNAを切断して機能を失わせる酵素を細菌が体内にもって

表 12.1 制限酵素による切断様式

制限酵素	認識配列	切断端の型	切断端の配列
AluI	5′-AGCT-3′ 3′-TCGA-5′	平滑末端	5′-AG CT-3′ 3′-TC GA-5′
HinfI	5′-GANTC-3′ 3′-CTNAG-5′	粘着末端	5′-G ANTC-3′ 3′-CTNA G-5′
BamHI	5′-GGATCC-3′ 3′-CCTAGG-5′	粘着末端	5′-G GATCC-3′ 3′-CCTAG G-5′
EcoRI	5′-GAATTC-3′ 3′-CTTAAG-5′	粘着末端	5′-G AATTC-3′ 3′-CTTAA G-5′
NotI	5′-GCGGCCGC-3′ 3′-CGCCGGCG-5′	粘着末端	5′-GC GGCCGC-3′ 3′-CGCCGG CG-5′

1) A：アデニン，G：グアニン，T：チミン，C：シトシン．
2) N：A, G, T, C のどれでもよいことをしめす．
3) 表の認識配列は回文(palindrome)になっている．つまり 3′→5′ と読むと，2本鎖間で同じ配列となる．認識配列が回文でない制限酵素もある．
4) 記号 ′ はプライム(prime)と読む．ダッシュ(dash)ではない．

いて，自らを守っているためである．このような酵素を**制限酵素**(restriction enzyme)または**制限エンドヌクレアーゼ**(restriction endonuclease)という．制限酵素にはI, II, IIIの3種類がある．IとIIIでは酵素が認識する配列と切断点が異なり，また切断点が一定でない．しかしIIではつねに各制限酵素に固有の塩基配列の点でDNAが切断される．たとえばEcoRIは6塩基からなる配列 5′-GAATTC-3′ を認識し，DNAを切断する（表12.1）．

制限酵素によるDNA切断には2通りある．1つは2重鎖DNAを同じ塩基の点で切る．この様式で生じるDNA端を**平滑末端**(blunt end)という．たとえばAluIでは，5′-AGCT-3′ が認識され，DNA鎖の片方は 5′-AG と CT-3′ に，他方は 3′-TC と GA-5′ に切断され，平滑末端が形成される．もう1つは，異なる塩基の点で切断する．たとえばEcoRIでは，DNA鎖の1本が 5′-G と AATTC-3′ に，他方の1本が 5′-CTTAA と G-5′ に切断される．その結果 AATTC-3′ の AATT と 5′-CTTAA の TTAA 部分は1本鎖となる．この2つの1本鎖はたがいに相補的であるので，連結しやすい．このような末端を**粘着末端**(cohesive end または sticky end)という．

制限酵素の認識配列の長さはEcoRIの場合のように6塩基が多く，これを6塩基カッター(6-cutter)という．それより短い4塩基カッターや，長い

8塩基カッターもある．認識配列が短いほど全 DNA 中に存在する頻度が高く，長いほど低くなると予想される．A, T, G, C がランダムに並んでいるとすると，6 塩基カッターの認識配列が現れる頻度は $1/4^6=1/4096$ となる．全ゲノムの塩基配列の長さが 3×10^9 bp とすると，約 73 万個の切断点があることになる．8 塩基カッターでは約 4 万 6 千個となる．認識配列がとくに長い制限酵素ではさらに認識配列の点が少なくなるので，これをレアカッター(rare cutter)という．認識配列の長い制限酵素から短い制限酵素へと順に働かせることにより，目的遺伝子を含む短い DNA 断片を得ることができる．

DNA の塩基配列がわかっていれば，酵素を実際に作用させなくても切断点を予測できる．現在 400 種類以上の II 型制限酵素が利用されている．なお制限酵素は生物種によって特異性が異なるので，生物種の略名をつけてよばれる．たとえば *Eco* RI は大腸菌 *Escherichia coli* の薬剤耐性の R 株から得られた 1 番めの制限酵素を意味する．

12.3 目的遺伝子のクローニング

遺伝子組換えの最初の操作として，目的の遺伝子または遺伝子を含む DNA 領域を大量に増殖する．

12.3.1 プラスミド

微生物では本来の染色体以外に自立的に増殖し，世代を通じて安定して伝達される遺伝因子が存在する．これらを総称して**プラスミド**(plasmid)という．プラスミドはほとんどすべての微生物に存在し，接合，抗生物質耐性，重金属イオン耐性，抗菌物質の合成，腫瘍形成などに関与する遺伝子をもっている．プラスミドは微生物がもつ本体の DNA にくらべれば小さく環状 2 重鎖の DNA である．

12.3.2 ベクター

細胞に DNA 断片を導入するためにもちいられる自己増殖性の小さな DNA 分子を**ベクター**(vector)という．ベクターとは媒介者または運び屋の意味である．ベクターとしては，プラスミド DNA またはウイルス DNA が

もちいられる．ベクターとなる DNA は，①DNA が細胞に効率よく導入され，そのなかで安定して増殖する，②供与 DNA を組みこむための制限酵素切断点をもち，組換え体が試験管中で容易に作成できる，③組換え DNA が入った宿主細胞の検出につかえるマーカーをもつ，などの条件が必要である．さらに単離精製しやすい，宿主細胞中で多量に蓄積される，分子量が小さく余計な遺伝情報をもたない，制限酵素の種類に応じて各種の粘着末端がつくれる，種々の宿主細胞に導入できる，環状 2 本鎖 DNA である，などの条件にかなえばなおよい．

12.3.3 DNA クローニング

(1) ベクター法

制限酵素で切断された粘着末端の 1 本鎖部分はたがいに相補的な塩基配列をもつため対合し，これにより DNA 切断端がくっついて 2 本鎖となる．粘着末端どうしの結合は離れやすいが，ホスホジエステル結合を合成する**リガーゼ**(ligase)を加えることにより，安定化する．このように核酸が連結される反応を**ライゲーション**(ligation)という．

目的部分を含む DNA とプラスミドとを同じ制限酵素で切断して混ぜると，制限酵素により切断された供与 DNA の粘着末端とプラスミドの粘着末端とがくっついて，ふたたび 2 本鎖になる．さらにリガーゼを作用させると結合部が安定化し，供与 DNA が組みこまれたプラスミドができあがる．この組換え DNA となったプラスミドを細菌に戻して細菌を増殖させれば，それに同調してプラスミドも増え，供与 DNA も増幅する．

供与 DNA のプラスミドへの組みこみもプラスミドの細菌へのとりこみも 100％ の確実性がないので，細菌中から目的の DNA 断片をもつ細菌だけを選ぶ必要がある．そこで，ベクター DNA 中に遺伝マーカーをつけておく．いろいろな方法があるが，たとえばマーカーとしてアンピシリン，クロラムフェニコールなどの抗生物質に対する耐性遺伝子をもちい，これらの抗生物質を含む培地で細菌を培養すると，耐性遺伝子をもつ細菌だけが増殖する．

増殖した細菌からプラスミドを回収し，ふたたび同じ制限酵素で切断すれば，組みこんでおいた供与 DNA を大量にとりだすことができる．このようにベクターをもちいて一定の塩基配列の DNA 断片を大量に増幅させること

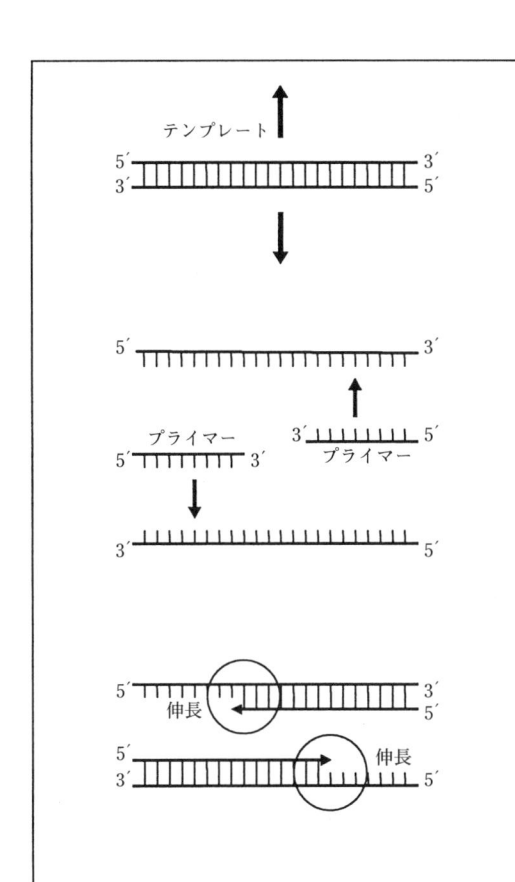

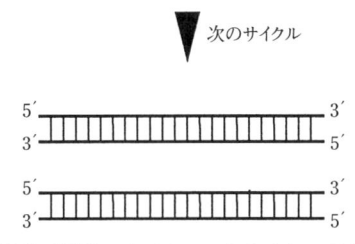

図 12.1 PCR のサイクル．1 サイクルは 3 つのステップからなる．1 回のサイクルで，2 本鎖 DNA の本数が 2 倍になる．n 回のサイクルで 1 コピーの DNA が理論的には 2^n コピーとなる．ただし，そのうちプライマー間だけの DNA 断片は 2^n-2n コピーである．

(ステップ1) 熱変性
93–95°C の高温にすると 2 本鎖のテンプレート DNA (鋳型 DNA) が熱変性によって引きはなされて 1 本鎖となり，プライマーがテンプレート DNA に結合できる状態になる．

(ステップ2) アニーリング
それぞれの 1 本鎖 DNA の相補的部分にプライマーがついて 2 本鎖を形成 (アニールする) できる温度にまで冷却する．

(ステップ3) 伸長反応
プライマーを起点として耐熱性 DNA ポリメラーゼによって 5′ から 3′ の方向に DNA 合成をおこなわせると，2 本鎖 DNA が 2 本合成される．

12.3 目的遺伝子のクローニング

をDNAクローニング(DNA cloning)という．

(2) PCR法

プラスミドをもちいずに無細胞系でDNA断片を増幅することができる．この方法は基本的につぎの3ステップからなる（図12.1）．①熱変性：2本鎖DNAの断片を熱変性によりほどいて1本鎖とする．②アニーリング：温度を下げて，両端の20塩基ほどの短い部分と相補的な塩基配列を加えて再会合させて部分的に2本鎖とする．これを**アニーリング**(annealing)という．またDNA合成を進行させるために鋳型DNAと相補的な1本鎖の短いDNAが必要である．これを**プライマー**(primer)という．③伸長反応：2本鎖部分の塩基配列をプライマーとして**DNAポリメラーゼ**(DNA polymerase)により相補的な鎖を合成させ伸長させる．以下この3ステップをくりかえすことにより，1対のプライマー間のDNAを連鎖反応的に増幅できる．この方法を**PCR**(polymerase chain reaction)という．

12.3.4 遺伝子のクローニング

特定の遺伝子をクローニングするには，以下の方法がある．実験の詳細については，実験書（たとえば東大農編 1999）を参照されたい．

(1) cDNA利用

生体内ではDNAのもつ情報がmRNAに**転写**(transcription)され，さらにアミノ酸へと**翻訳**(translation)される．DNAからmRNAへの転写とは逆に，RNAを鋳型にしてDNAを合成できる酵素がみいだされている．これを，**逆転写酵素**(reverse trancriptase)という．すでにmRNAのサンプルがあるとするとき，逆転写酵素によってmRNAに転写された情報をそのままもつ2本鎖DNAのクローンをつくることができる．逆転写酵素によってRNAを鋳型にして合成されたDNAを，**相補的DNA**(complementary DNA; **cDNA**)とよぶ．

cDNAの作製はつぎの過程をへる(図12.2)．①真核生物のmRNAは，ふつう末端にポリAというアデニル酸(略称AMP)の連続した配列($AAAA_n$)をもつ．このポリA部分に相補的なオリゴdTを加えてプライマーにし，逆転写酵素によりRNAを鋳型にしてDNA合成をおこなわせると，RNAとDNAのハイブリッド鎖が形成される．②逆転写酵素にはDNA依

```
                    mRNA
    ───────────────────── AAAAAAAA
                        ◀─── TTTTTT
                             オリゴdTプライマー

                    ↓ 逆転写酵素による
                      DNAコピーの合成

       5'          mRNA              3'
    ┌───────────────────── AAAAAAAA
    └─────────────────────── TTTTTT
            cDNA (第1DNA鎖)
```

3'末端がループをつく
り，プライマーの働き   アルカリでmRNAを分解
をする

```
    ┌┬┬┬┐
    └┴┴┴┴──────────────────── TTTTTT
```

↓ DNAポリメラーゼによ
  るループ部からの相補
  鎖の伸長

```
    ┌┬┬┬┬┬┬┬┬┬┬┬┬┬┬┬┬┬┬┬┬┬┬┬ AAAAAA
    └┴┴┴┴┴┴┴┴┴┴┴┴┴┴┴┴┴┴┴┴┴┴┴┴ TTTTTT
```

↓ S1ヌクレアーゼによる
  ループ部の開裂

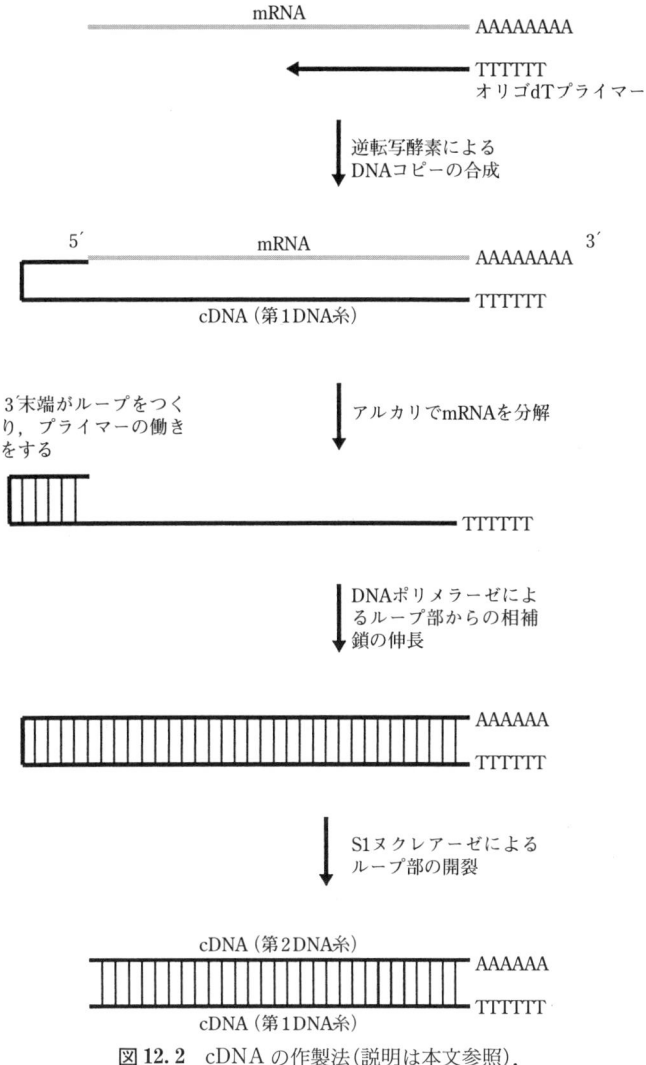

```
         cDNA (第2DNA鎖)
    ┌┬┬┬┬┬┬┬┬┬┬┬┬┬┬┬┬┬┬┬┬┬ AAAAAA
    └┴┴┴┴┴┴┴┴┴┴┴┴┴┴┴┴┴┴┴┴┴ TTTTTT
         cDNA (第1DNA鎖)
```

図 12.2 cDNA の作製法(説明は本文参照).

存性 DNA ポリメラーゼの活性もあるので，mRNA の 5' 末端まで合成が進むと，すでに合成されている cDNA を鋳型にして短い第 2 の DNA 鎖が合成される．この第 2 の DNA 鎖は cDNA とヘアピンに似た構造をつくる．③そこで RNA 鎖のほうをアルカリで分解すると 1 本鎖の cDNA が残る．1

本鎖の cDNA を鋳型にして同じ逆転写酵素により DNA 合成をおこなわせると，2本鎖の DNA となる．このとき好都合なことにヘアピン部分がプライマーとして役立つ．④合成後に不要となったヘアピン部分を酵素 S1 ヌクレアーゼで切り落とすと，2本鎖の cDNA が得られる．このような DNA からクローニングされたものを **cDNA クローン** とよぶ．

(2) ゲノム DNA

まず植物体から抽出したゲノム DNA を制限酵素で切断する．これをアガロースゲルで電気泳動して DNA 分子の大きさにより分離する．分離後にエチジウムブロマイドで染色して紫外線を照射すると，DNA が赤橙色の蛍光を発し検出できる．写真撮影ののちゲルをアルカリ溶液に浸して，ゲル中の分離された2本鎖 DNA を1本鎖 DNA に変性する．つぎにゲルをナイロン膜やニトロセルロース膜のフィルターに密着させて，毛管現象または装置を利用して1本鎖 DNA をゲル上の位置に対応したフィルター上位置に移す．この操作を**サザンブロッティング**(Southern blotting)という．Southern は開発者の名にちなむ．フィルターを乾燥してから紫外線を照射して DNA の位置を固定する．

ラジオアイソトープや非放射性のジゴキシゲニンなどで標識した1本鎖 DNA や RNA を含む緩衝液中にフィルターを保持すると，フィルターの DNA 断片中で相補性のあるものだけが結合し2本鎖となる．これを**サザンハイブリダイゼーション**(Southern hybridization)という．また特定の塩基配列を検出するためにつかわれる核酸を**プローブ**(probe)という．プローブとは探り針の意味である．プローブと結合した DNA はオートラジオグラフィや発色法で検出する．この結果にもとづいて，ゲル電気泳動で分離したサンプルから目的の DNA 断片を精製し，クローニングする．

12.4 外来遺伝子の植物細胞への導入

目的遺伝子を改良したい植物の細胞に導入するには，アグロバクテリウムが自然界で植物に寄生する際におこなっている機能を利用して，プラスミドを外来遺伝子のベクターとしてもちいるアグロバクテリウム法と，外来遺伝子をクローニングした大腸菌由来のベクターまたは外来遺伝子を含む DNA

断片を植物細胞に直接導入する物理的方法または化学的方法がある．

12.4.1 アグロバクテリウム媒介遺伝子導入
(1) アグロバクテリウム

植物が風などでゆすられて地際部にすり傷ができたり，接木のときに傷ができると，そこから Agrobacterium tumefaciens という根粒菌と同じ科に属するグラム陰性の土壌細菌が侵入して根部に腫瘍をつくり，根頭癌腫病 (crown gall) をひきおこす．アグロバクテリウムは自然界に広く分布し，きわめて多犯性で自然生態系または耕地に生育するさまざまな双子葉植物や裸子植物を犯すが，単子葉植物は一部（ユリ目，サトイモ目など）をのぞいて犯さない．栽培植物でもジャガイモ，トマト，テンサイ，ブラシカ，チャ，リンゴ，ブドウ，バラ，サクラ，ポプラなど多数で病害が知られている．腫瘍ができるのはアグロバクテリウムに含まれる **Tiプラスミド** というプラスミドの働きによる．TiプラスミドはベルギーのJ. Schellをリーダーとする研究グループにより発見された (Zaenen et al. 1974, van Larebeke et al. 1974)．Tiとは Tumor inducing の略である．なお病原性のないアグロバクテリウムもあるが，これにはTiプラスミドが含まれていない．Tiプラスミドの大きさは細菌の株により異なるが 146-240 kb で，プラスミド中でも最大級の巨大な分子である．細胞あたりのコピー数は少なく，1ないし数個にすぎない．

(2) T-DNA

自然界では自然交雑により生物間で遺伝子が伝達されるが，交雑は種内または近縁種間にかぎられる．後述の水平伝達をのぞけば，ごく遠縁の種間で遺伝子が伝達されることはない．しかし寄主-寄生者の関係では伝達が生じる．A. tumefacience が植物に感染すると，植物細胞中に寄生するだけでなく，TiプラスミドのDNAの約10%が植物細胞に入り，その核DNA中にとりこまれる (Chilton et al. 1977)．すなわち原核生物から真核生物にDNAが伝達される．この導入されるDNA領域を **T-DNA** (transfer DNA の略) という．T-DNA上の遺伝子はアグロバクテリウム中では転写されず，植物細胞に導入されてはじめて転写され働く．T-DNA以外のTiプラスミドの遺伝子は，細菌中で作用が発現する．

植物細胞に導入される T-DNA の長さは，Ti プラスミドの種類により異なる．T-DNA 領域には，植物細胞につねに移行する部分とそうでない部分とがある．移行するコピー数も T-DNA 領域の部分により異なる．また植物染色体上の移行場所も1カ所とはかぎらず数カ所に導入される．導入されたのち T-DNA は宿主である植物の細胞の DNA と同調して安定して複製される．なお T-DNA はミトコンドリアや葉緑体の DNA には導入されない．

T-DNA にはオーキシンやサイトカイニンなどの植物ホルモン合成酵素の遺伝子と**オパイン**(opine)という特殊なアミノ酸を合成する酵素の遺伝子がのっている．これらの遺伝子は真核生物型のプロモータとターミネータをもっている．植物ホルモン合成遺伝子によって腫瘍が生じる．オパインにはノパリン，オクトピン，アグロピンの3型があり，それぞれ固有のアミノ酸をつくる．たとえばオクトピン型の Ti プラスミドをもつアグロバクテリウムは，オクトピンを合成する腫瘍をつくり，これを栄養源として利用する．宿主である植物はアグロバクテリウムによりのっとられ，遺伝的特性を変えられてオパインを生産させられるが，自分ではそれを利用できない．Shell ら (1979) はこれを遺伝的植民地化とよんだ．

(3) *vir* 領域

Ti プラスミドには T-DNA の外側に，植物細胞への T-DNA の導入に必要な約 35 kbp の長さの ***vir***(virulence)領域がある．*vir* 領域には，A, B, C, D, E, F, G, H の転写単位があり，T-DNA 断片の切断，細胞壁の透過性，DNA の結合などに関与するタンパク質がコードされていて，T-DNA の両端にある配列を認識して T-DNA を切断し，植物細胞への導入に必要な一連の反応をおこなう．ただし腫瘍形成能力はない．

(4) 自然感染と T-DNA 導入の過程

①アグロバクテリウムが植物に感染したときの最初の反応は，植物によりフェノール系化学物質のアセトシリンゴン(ASG)という物質が生産され，アグロバクテリウムが植物細胞の細胞壁に接着することである．②つぎにアグロバクテリウムの内膜上の *vir* A 遺伝子がアセトシリンゴンに反応してリン酸化する．③*vir* A によって，*vir* G がリン酸化される．④リン酸化されたほかの *vir* 遺伝子の転写を活性化する．⑤*vir* D と *vir* E のタンパク質により1本鎖の T-DNA が生じる．⑥*vir* B のタンパク質により，T-DNA の

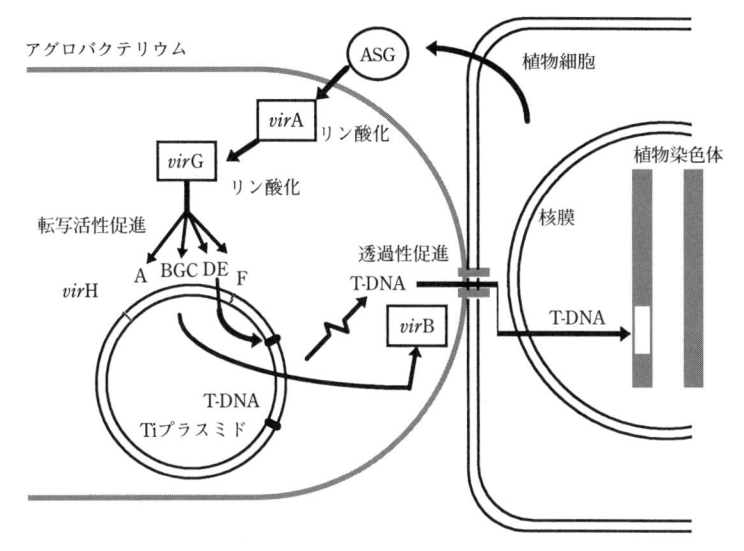

図12.3 植物細胞がアグロバクテリウムに感染した際に生じる一連の反応 (Hughes 1996, 一部改写).

輸送経路ができる. ⑦T-DNAが植物細胞の細胞質に入り, さらに核内染色体にとりこまれる. ⑧とりこまれたT-DNA上のauxA, auxB, cyt遺伝子により, 植物ホルモンが生産されて, 腫瘍が形成される. またアミノ酸合成酵素遺伝子たとえばocsによりオクトピンが生産され, アグロバクテリウムの栄養源となる (図12.3).

(5) 遺伝子導入

アグロバクテリウムが植物を犯す際に自然におこなわれている植物細胞へのT-DNA導入のメカニズムを借用して, T-DNA領域の一部をのぞいて, かわりに外来遺伝子を組みこむことにより, その遺伝子を植物細胞へ導入できる. これを**アグロバクテリウム媒介遺伝子導入**(*Agrobacterium*-mediated transformation)という. Tiプラスミドでは, 遺伝子導入機能と腫瘍状態の維持とを分離でき, 腫瘍をつくらずに遺伝子を導入できるので, ベクターとして利用可能となった. T-DNAが植物体に導入されるために必須なのは, その全長のDNAではなく, 両端にある小さな配列にすぎない. この配列はそれぞれ25 bpの大きさで同じ向きにならんだ不完全反復配列である. T-DNAの導入には, この配列以外のDNA (ホルモン合成遺伝子がのってい

る部分）をほかの DNA ととりかえてもかまわない．そこでここに導入したい外来遺伝子を含む DNA を組みこめばよい．

Ti プラスミドは巨大な DNA で，制限酵素の認識個所が数多くあるので，通常の *in vitro* の組換え DNA 操作によっては，外来遺伝子を直接 T-DNA に導入することはむずかしい．そこでベクターとして，**バイナリーベクター** (binary vector) がつかわれる (Hughes 1996)．

(6) バイナリーベクター法

Ti プラスミドについて，感染を支配する *vir* 領域と導入される部分である T-DNA とを切りはなして，両者を別々にクローニングする．それによりクローニングしなければならない DNA 長を短くできる．*vir* 領域は，T-DNA と同じプラスミド中になくても働く．そこで全 *vir* 遺伝子をもつプラスミド（これを ***vir* プラスミド**または**ヘルパープラスミド**，helper plasmid という）を含むアグロバクテリウムを材料として，外来遺伝子を組みこんだ T-DNA をもつプラスミド（これを **T-DNA プラスミド**または**組換え体プラスミド**，recombinant plasmid という）をいれ，植物体に感染させると，*vir* プラスミドの働きで，T-DNA が植物細胞の核 DNA に導入され，その上にある外来遺伝子も導入される．*vir* プラスミドと T-DNA を含むプラスミドの2要素からなるシステムなので，バイナリーの名がある．

T-DNA については，植物ホルモンが過剰に生産されるのを防ぐため，腫瘍形成遺伝子の *aux*A, *aux*B, *cyt* がとりのぞかれていなければならない．また T-DNA の両端の領域に，種々の制限酵素に対する単独の切断点がありさまざまな遺伝子を挿入できることと，植物細胞用の選択マーカーが含まれていることが必要である．T-DNA プラスミドは，大腸菌とアグロバクテリウムの両方で増殖できなければならない．

バイナリーベクター法の操作の1例を以下にしるす．

① 外来遺伝子を組みこんだ T-DNA プラスミドを *in vitro* で作成する．このプラスミド DNA には，導入したい目的の外来遺伝子のほかに，大腸菌の選抜マーカーとしての抗生物質アンピシリンに対する耐性遺伝子 *amp*R, T-DNA 領域の左側境界配列 LB, **カリフラワーモザイクウイルス** (CaMV) のプロモータ 35 S, 細胞にカナマイシン耐性を与えるネオマイシンリン酸化転移酵素 *Npt*II, オクトパイン遺伝子の非コード領域

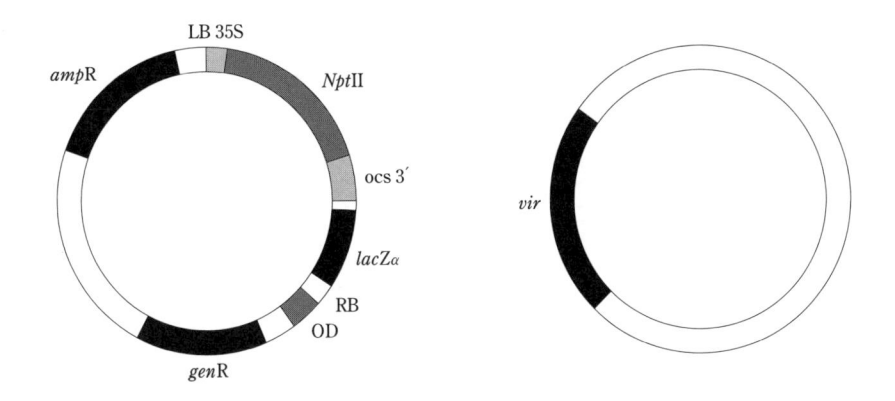

図12.4 植物の形質導入用のバイナリーベクター．左：T-DNA プラスミド，右：*vir* プラスミド (Hughes 1996，一部改写，詳細は本文参照)．

ocs 3′，組換えプラスミドを検出するための遺伝子 *lacZ* のコード領域とプロモータ *lacZα*，T-DNA 領域の右側境界配列 RB，腫瘍形成を促進するオーバードライブ配列，アグロバクテリウムの選抜マーカーとしてのゲンタマイシン耐性遺伝子 *gen*R などをもつ（図12.4）．導入すべき外来遺伝子とマーカー遺伝子とは，境界配列 LB と RB の間にはさむように配置されることが重要である．外来遺伝子の作用を植物細胞内で発現させるには，植物細胞中で機能するプロモータを外来の構造遺伝子の DNA 塩基配列の 5′ 側に，ターミネータを 3′ 側につけた**キメラ遺伝子**(chimera gene)を作製する．プロモータとしてはCaMVの35SRNA遺伝子のプロモータがよくもちいられる．

② T-DNA プラスミドを大腸菌に入れて，外来遺伝子が組みこまれた T-DNA プラスミドを選択する．選択にはアンピシリンをもちいる．

③ 後述のエレクトロポレーション法をもちいて，T-DNA プラスミドをアグロバクテリウムに導入する．このアグロバクテリウムには，あらかじめ *vir* 遺伝子をもち T-DNA はもたない *vir* プラスミドをいれておく．

④ ゲンタマイシンを含む選択培地をもちいて，組換えプラスミドをもつアグロバクテリウムだけを選択する．

⑤ アグロバクテリウム法では，カルス，未熟胚，完熟胚，胚軸，成長点，

幼苗など種々の植物材料がもちいられる．遺伝子導入後の植物体再生が容易である材料をもちいるのがよい．植物材料をアグロバクテリウムの懸濁液中に1-2分間浸してから3日間ほど培養すると，植物細胞がアグロバクテリウムに感染する．遺伝子導入は，植物細胞のDNA合成と分裂が開始される時期におこると考えられている．

⑥ 感染した細胞を，細菌の増殖は抑えるが植物細胞の増殖には影響しないような抗生物質（たとえばセフォタキシム）を含む培地で培養すると，アグロバクテリウムなしの植物細胞が得られる．

⑦ カナマイシン，ハイグロマイシンなど細胞の増殖を抑える抗生物質を含む選択培地に細胞を移して，外来遺伝子とともに抗生物質耐性ももつ細胞だけを選抜する．

⑧ 組換えられた細胞を培養して，植物体を再生させる（図12.5）．

(7) アグロバクテリウム法の特徴

後述の物理的方法とくらべて，①150 kbp以上もの長いDNA断片を導入できる(Miranda et al. 1992)，②遺伝子導入の効率が高い，③T-DNA領域として，区分されたDNAが導入できる，④導入される遺伝子のコピー数が少なく，遺伝様式が単純となる，⑤材料として種々の組織が利用でき，プロトプラストを必要としない，⑥細胞培養過程が省けるので，得られた遺伝子組換え体にソマクローナル変異が少ない，などの利点がある(久保ら 1997)．

アグロバクテリウム法は，当初タバコ，ブラシカなどの双子葉植物で進められてきたが，現在ではイネ(Hiei et al. 1994)，トウモロコシ(Ishida et al. 1996)，サトウキビ(Enríquez et al. 1997)などの単子葉植物でも適用できるようになった．イネではアセトシリンゴンとグルコースを添加することが成功の鍵となった．しかしコムギ，オオムギ，ライグラス類など多くの単子葉植物ではまだ技術的に安定していない．またコムギでは胚をパーティクルガン法で傷をつけてからアグロバクテリウムと共培養する方法や，直接エレクトロポレーション法によって細胞にアグロバクテリウムを導入しようとする試みもある(Loeb et al. 2000)．

Komari(1990)は，アグロバクテリウムの強い病原性をもつ領域 virB と virG を T-DNA をもつプラスミドに配置したベクターをもちいると，遺伝子導入の率が数倍高くなることを認め，このベクターを**スーパーバイナリー**

a-1
組換えプラスミド を作製.

大腸菌に導入.
アンピシリン を含む培地.

a-2
組換え体プラスミ ドをもつ大腸菌を 選抜.

a-3
エレクトロポレー ション法をもちい て，*vir*プラスミ ドを含むアグロバ クテリウムに組換 え体プラスミドを 導入する.

ゲンタマイシン を含む培地.

a-4
組換え体アグロバ クテリウムを選抜 する.

b-0
葉片を採取する.

b-1
葉片をアグロバク テリウムの懸濁液に浸 漬する．アグロバク テリウムは葉片の切 断面の細胞に接着す る．

b-2
組織培養用の基本培 地に移す．植物細胞 がアグロバクテリウ ムに感染し，T-DNAが植物細胞に 導入され核内染色体 にとりこまれる．

カナマイシン を含む

b-3
カナマイシンを含む 培地に移して組換え 体細胞だけを選抜す る．また培地にセフ ォタキシムを加えて アグロバクテリウム をのぞく．植物ホル モンのオーキシン $(0.03\mathrm{mgl}^{-1})$，とサイ トカイニン$(1.0\mathrm{mgl}^{-1})$ を加えると地上部(シ ュート)が葉片の縁 から再生する．

カナマイシン を含む

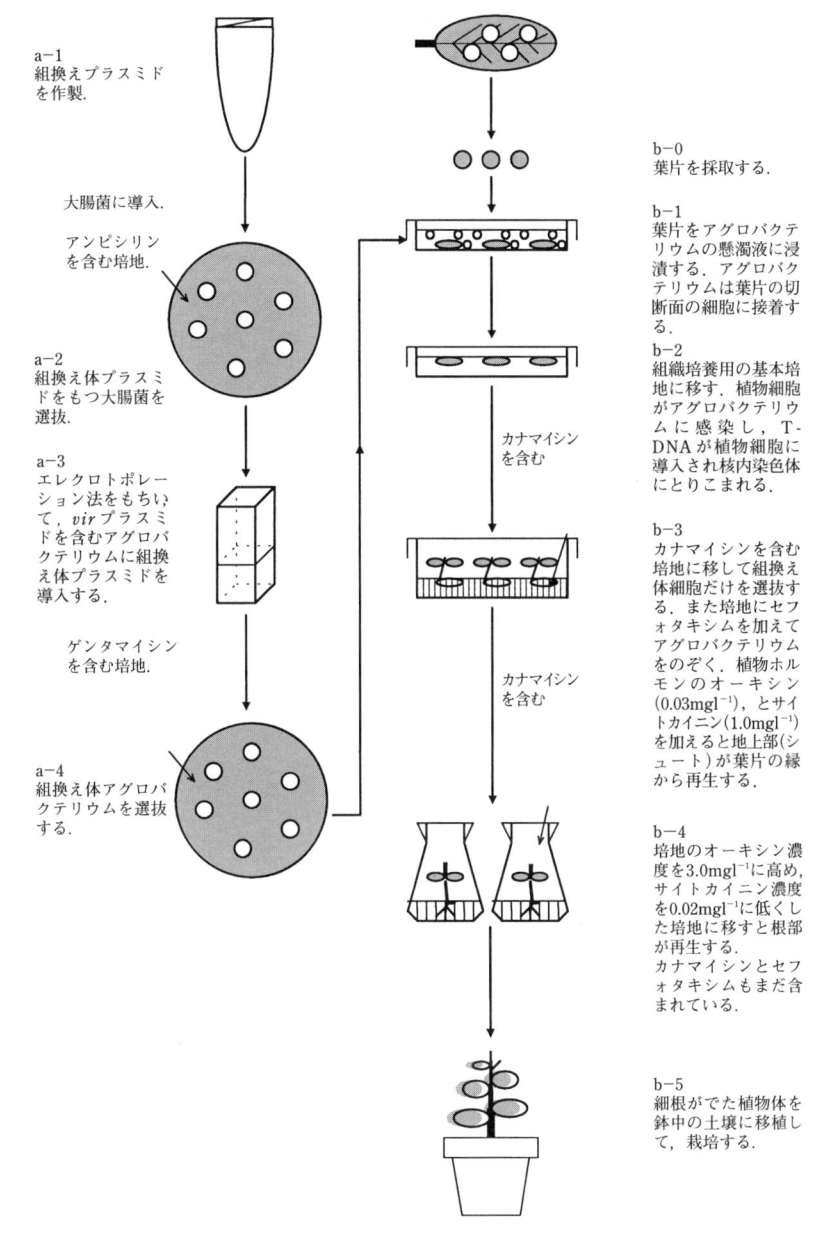

b-4
培地のオーキシン濃 度を$3.0\mathrm{mgl}^{-1}$に高め， サイトカイニン濃度 を$0.02\mathrm{mgl}^{-1}$に低くし た培地に移すと根部 が再生する．
カナマイシンとセフ ォタキシムもまだ含 まれている．

b-5
細根がでた植物体を 鉢中の土壌に移植し て，栽培する．

図12.5 アグロバクテリウム法による植物体への外来遺伝子導入の操作手順の 概略．ただし，詳細は材料植物などによって異なる(Hughes 1996，一部改写)．

ベクターと名づけた.

最近真空中でアグロバクテリウムの懸濁液を植物体中にしみこませて遺伝子導入をおこなう**植物内導入**(*in planta* transformation)が開発されている(Chang *et al.* 1994, Bechtold *et al.* 2000).

なお *A. tumefaciens* と同属で,双子葉植物に根毛病をひきおこす *A. rhizogenes* がもつ **Ri** プラスミドも遺伝子導入にもちいられる(Chilton *et al.* 1982, Trulson *et al.* 1986). Ri とは root inducing の略である. Ri プラスミドは Ti プラスミドとくらべて塩基配列の相同性が 10% 以下しかないが,その遺伝子導入機能は基本的には同じである.

12.4.2 物理的方法

(1) エレクトロポレーション(electroporation)法

プロトプラストを DNA 溶液中に懸濁させて高電圧の直流パルスをかけると,細胞膜に一時的に小さな孔があき,それを通して溶液中の DNA が電気泳動の作用で細胞内に導入される(Fromm *et al.* 1986). 電圧をのぞくと細胞膜の小孔はふさがり,細胞膜はもとの状態にしぜんに修復される. 日本語では電気穿孔法という. 複数の遺伝子の導入も容易である. ただし選択培地と処理後の植物体再生までのプロトプラスト培養が必要で,培養中にソマクローナル変異が生じやすいのが欠点である. 最近はプロトプラストだけでなく,細胞壁をもつ細胞や植物組織でもこの方法が試みられている.

(2) パーティクルガン(particle gun)法

DNA を径約 1 μm の金またはタングステンの金属微粒子に付着させて,ヘリウムガスをもちいて高速で金属微粒子ごと胚様体やカルスに撃ちこむと,細胞壁と細胞膜を貫いて生細胞に DNA が直接導入される(Klein *et al.* 1987). 金属粒子が撃ちこまれても細胞は死なない. microprojectile bombardment または biolistic bombardment ともいわれる. 日本語では粒子銃法または遺伝子銃法という. また組織の表層の細胞だけでなく深層の細胞にも金属粒子が達するので,プロトプラストや培養細胞だけでなく,カルス,未熟胚,分裂組織,花粉,葉組織など広範囲の材料に適用できる. とくに分裂組織や胚形成カルスを材料とすると,植物体が再生しやすいので有利である.

パーティクルガン法には以下の長所がある．①操作が容易である，②生きた細胞や組織に前処理なしに外来遺伝子を導入できる，③プロトプラスト培養系が確立していない植物でも適用できる，④1回の処理で多くの細胞に遺伝子を撃ちこむことができる．いっぽう，装置の価格が高いことと，遺伝子導入される細胞がきまりにくいのが欠点である．また組織を材料にした場合に，再生植物が遺伝子導入された細胞と非導入細胞とが混在したキメラになり，組換え体植物の選抜がむずかしくなったり，増殖の際に導入遺伝子が後代に伝わらない場合が生じる．コムギ，オオムギ，トウモロコシなどアグロバクテリウム法が適用しにくい作物でつかわれている．供試した外植片あたりのDNAが組みこまれた植物体の頻度はいっぱんに低く，高くても3％にすぎない(Brettschneider *et al*. 1997)．

パーティクルガン法では導入した遺伝子が安定して発現するかが問題となる．それには有効なプロモータの導入が必要である．コムギではイネのアクチン1遺伝子(*Act* 1)やトウモロコシのユビキチン遺伝子(*Ubi* 1)のプロモータがよくもちいられている．

(3) **マイクロインジェクション**(microinjection)**法**

プロトプラスト，細胞，組織などを材料として，細胞を顕微鏡下で観察しながら微量のDNAをマイクロマニピュレータをつかって核に直接注射するか，細胞質に注射してそれが核へ移行するのを期待する．日本語では微注入法という．つぎのような長所がある．①組換え効率の高い状態の細胞に選択的に処理できるので，選抜マーカーを必要としない，②注入するDNA量を調節できる．③細胞または細胞核に正確に注入できる，④大量に入手できない材料にむだなく処理できる．しかし1回の注入に1細胞しか処理できず手間がかかるのであまり多くの細胞をあつかえないこと，処理のための培養や注入操作に熟練を要すること，精密な装置が必要なことなどが短所である．

以上の物理的方法で細胞内に入ったDNA断片は，核膜を通過して核内に達する．そこで比較的短時間に転写が開始される．しかしこの核内に入ったDNAの大部分はすぐに分解されてしまうので転写もそれにともなう遺伝子作用の発現も一時的なものにすぎない．これを**一時的発現**(transient expression)という．一時的発現は植物体ゲノムに外来遺伝子が導入されたかどうかには無関係であるが，組織内への外来遺伝子の分配のようすや遺伝

子発現へのベクターの影響などを測るために調査される．いくつかの方法があるが，たとえば目的遺伝子のプロモータまたは5′上流制御領域と**GUS**(β-glucuronidase)遺伝子のコード領域を接続(fusion)して，遺伝子導入実験をおこない，2-24時間かけてカルスや組織を染色して組織化学的にGUS活性をしらべる(Ohta *et al.* 1990)．遺伝子導入された細胞は青色に染まりブルースポットをしめすのではっきりと識別できる．GUS遺伝子のように遺伝子の発現の有無または強度を測るためにもちいる遺伝子を**レポータ遺伝子**(reporter gene)という．

12.4.3 化学的方法

細胞融合にもちいられる**ポリエチレングリコール**(PEG)はまたプロトプラストに外来遺伝子を導入するのにもつかわれる(Krens *et al.* 1982)．導入すべき遺伝子と選抜マーカー遺伝子を含むベクターDNAをプロトプラストに加えて混ぜる．これにPEGを添加すると，DNAがプロトプラストにとりこまれる．その後PEGをすこしずつのぞいてからプロトプラストを培養し，植物体を再分化させる．

12.5 遺伝子組換え細胞の選抜と植物体の獲得

12.5.1 選抜マーカー

細胞への遺伝子導入の率はふつう低いので，遺伝子導入された植物細胞と導入されてない植物細胞とを選別しなければならない．そのためには，外来遺伝子のほかに選抜のためだけにもちいられる遺伝子もいっしょに導入される．選抜マーカーとしては，抗生物質や除草剤に対する耐性遺伝子がつかわれる．たとえば抗生物質を含む培地で遺伝子導入処理をした植物細胞群を培養すると，抗生物質耐性遺伝子をもたないもとの細胞は増殖せず，耐性遺伝子を導入された細胞だけが増殖するので，容易に導入細胞を選抜できる．これまで抗生物質としては植物細胞の増殖を阻害する性質のあるカナマイシン，ハイグロマイシン，メソトレキセートなどの耐性遺伝子，また除草剤としては，グライホセート，スルホニルウレア，ビアラホス，2,4-D，アトラジンに対する耐性遺伝子がもちいられている．ネオマイシンリン酸化転移酵素の

遺伝子 *Npt*II は，カナマイシンの構造にリン酸をつけることでカナマイシンの抗菌作用を失わせる．

12.5.2 植物体の獲得

葉片，胚軸，根などの器官を材料とするアグロバクテリウム法ではソマクローナル変異がほとんどなく，不稔になることも少ない．

物理的な遺伝子導入法では，プロトプラストを材料とすることが多い．プロトプラストやカルスを材料とする場合には，遺伝子導入細胞からの植物体再生までの過程の安定した技術が確立していることが必要となる．培養中に生じるソマクローナル変異により，得られた遺伝子導入植物が不稔になることも少なくない．またカルスの場合には，染色体異常の発生にともない外来DNAが組みこまれた染色体部分が植物体再生のおりに脱落してしまうこともある．

12.5.3 導入遺伝子の伝達とホモ接合化

導入された標的遺伝子が有性生殖を通じて安定して世代から世代へと伝達されることを，遺伝実験によって確かめなければならない．導入される遺伝子のコピー数や染色体上位置は植物体ごとに異なるので，導入遺伝子による発現形質の程度も個体によって異なる．したがって標的形質の調査により，発現程度の高い個体を選抜する必要がある．

遺伝子導入は相同染色体の片方しかおこなわれない．そこでまず自殖をして導入遺伝子ホモ接合の個体をつくり，形質発現を比較して目的にできるだけ近い個体を選択することが重要である．有望な組換え体植物が得られたら，交雑育種でおこなわれる特性調査や生産力検定試験にかけて，目的外形質も含めてくわしく種々の形質を調査する．組換え体の形質が不安定であったり，収量や稔性が低下している場合には，組換え体を栽培品種に戻し交配などして，外来遺伝子を安定な遺伝的背景に移すのがよい (Horvath *et al.* 2001)．

12.6 遺伝子組換え植物の遺伝的安定性

12.6.1 導入遺伝子の数

導入される遺伝子のコピー数は1個とはかぎらず，複数個のコピーが同じ細胞に同時に入ることが多い．Pawlowski and Somers(1998)は1遺伝子座に複数コピーが導入され，またコピー間に宿主DNAが介在していると報告した．Jacksonら(2001)は，パーティクルガン法で遺伝子を導入したコムギDNAを，伸長した状態で *in situ* ハイブリダイゼーションをおこなう**ファイバーFISH**(fiber-FISH)法でしらべて同様のことを認め，コピー数は6-17と推定した．いっぱんにアグロバクテリウム法のほうが物理的導入法よりもコピー数が少ない．後述のジーンサイレンシングがある場合には，導入されるコピー数は1個のほうがよい．

品種改良の目的上，複数の形質を同時に改良したり，同じ形質の複数の遺伝子を導入する必要があることがある．この場合に1回の導入処理で1個ずつ遺伝子を導入していくのは効率が低い．そこで1回の処理で複数の遺伝子を導入する**共導入**(co-transformation)が，パーティクルガン法をつかって多くの植物で試みられている(Spencer *et al.* 1990)．共導入の成功頻度は，1遺伝子でも導入に成功した細胞中の20-80%と報告されている(Aragão *et al.* 1996, Campbell *et al.* 2000)．ベクターに複数の導入したい遺伝子を同時に組みこむ(co-integrate)ことも考えられている．

12.6.2 導入遺伝子の染色体上位置

遺伝子が導入される位置も定まらず，ふつう完全にランダムと考えられている．Svitashevら(2000)が6倍性のエンバクでパーティクルガン法で導入した遺伝子の位置をFISH法でしらべた結果，A, B, Cゲノム間およびゲノム内染色体間で挿入される頻度に差が認められなかった．染色体内でもさまざまな位置に挿入されていたが，染色体の末端または亜末端領域に多い傾向が認められた．これは挿入位置のちがいではなく，ヘテロクロマチン部分に挿入された組換え遺伝子は発現が弱く選択されなかったためと解釈された．なお25中6例で，導入遺伝子の挿入位置が染色体切断および再配置と結合していた．さらに2ないし3個の組換え遺伝子が植物側のDNAをはさんで

クラスターになって組みこまれる場合が多くみいだされた．
　導入された遺伝子の発現は，ふつう植物の個体によって異なる．これは遺伝子が導入された染色体上位置のちがいによる**位置効果**(position effect)が関係すると考えられる．位置効果の影響が大きいので，導入遺伝子のコピー数が多くても形質の発現程度が増すとはかぎらない．

12.6.3　目的外遺伝子やDNA断片の導入

　導入すべき遺伝子以外の遺伝子が組換え植物に入っていることは，組換え植物の安全性に影響をもたらすおそれがある．とくに選択マーカーにもちいられる抗生物質耐性遺伝子は，組換え体植物が食品として利用された場合に，人間に抗生物質耐性をもたらすおそれがあるので，医学的および衛生学的見地から問題になっている．Komariら(1996)はプラスミド中に二種類のT-DNAをもつスーパーバイナリーベクターを開発し，それをつかえば選択マーカーをもたない組換え体が得られることをしめした．
　実験者が予期しないDNA断片が遺伝子導入植物に混入することもある．とくにパーティクルガンによる遺伝子導入でこの危険が高い．アグロバクテリウム法でもT-DNA領域の外にあるDNA(non-T-DNA)が組換え体の33％に認められたという報告がある(Yin and Wang 2000)．除草剤耐性の遺伝子組換えダイズ品種ラウンドアップレディーやワタ品種インガードに，認可申請時には検出されなかったアグロバクテリウム由来のDNA断片がみいだされた例もある．ただしこの場合これによるタンパク質は検出されていない．

12.6.4　導入遺伝子の発現とジーンサイレンシング

　遺伝子組換え育種では，導入された外来遺伝子は，もとの生物で働いていたように変わりなく安定して機能すると期待されている．しかし導入された植物内で，外来遺伝子の発現が抑制されることが珍しくない(Stam *et al.* 1997)．これを**ジーンサイレンシング**(gene silencing) (Matzke *et al.* 1989)，または**共抑制**(co-suppression) (Napoli *et al.* 1990)という．ジーンサイレンシングには遺伝子のメチル化が関与している．遺伝子機能の発現抑制は，導入された遺伝子だけでなく，植物体がもとからもっていた遺伝子についても

認められる．また複数の導入遺伝子間でも生じる．ジーンサイレンシングが2倍性の組換え体ではみられないのに，4倍体と交配して同質3倍体にすると認められるようになった例もある(Mittelsten-Scheid et al. 1996)．

ジーンサイレンシングはいっぱんに相同な塩基配列間で認められ，**転写抑制**(transcriptional gene inactivation)と**転写後抑制**(post-transcriptional gene inactivation)の2つのタイプがある．転写抑制はおもにプロモータ領域の相同性により生じ，いったんジーンサイレンシングの引き金がひかれると，同じ個体のほかの部分に伝わったり，また次代に遺伝する．抑制されていない穂木を抑制されている台木に接いでも伝達される(Palauqui and Vaucheret 1998)．転写後抑制は，タンパク質のコード領域の相同性により，転写後のRNAが分解されるために遺伝子発現が抑えられる．この型では，次代に遺伝子が分離すると抑制が認められなくなる．

ジーンサイレンシングは商業用の組換え体品種でも報告されている．リジン含量を高めるために遺伝子導入がおこなわれた組換え体の高オレイン酸ダイズで，形質が発現しなかった例がある．

12.6.5 導入遺伝子の伝達性

組換え植物を品種として利用するためには，導入された遺伝子が遺伝法則にしたがって安定して世代から世代へ伝達されることが必要である．導入遺伝子が自殖や戻し交雑世代でメンデルの法則にしたがって遺伝することが，多くの作物で確かめられている(Umbeck et al. 1989)．Gahakwaら(2000)は，イネのJaponicaおよびIndica計11品種について，パーティクルガン法で共導入した複数種類の遺伝子が4世代以上安定して伝達されることを認めた．

組換え体細胞から由来した再分化個体の最初の世代(T_1)では，相同染色体の片方にだけ遺伝子が導入されていて，ヘテロ接合の状態にある．T_1世代では，導入遺伝子は相同遺伝子をもたないので優性のようにふるまう．したがって導入された遺伝子が1個ならば，自殖次代(T_2)では組換え形質と非組換え形質が3：1の比で分離することが期待される．しかし導入される遺伝子数が複数の場合も少なくなく，また植物個体間で数が異なる，またとりこまれるDNAの長さも個体により一様でない．パーティクルガン法では

とくにその傾向が強い(Uzé et al. 1999). 導入遺伝子が世代をへて安定して伝えられる場合が多いが, 導入遺伝子が世代の途中で消失したり, 逆に増幅したり, あるいはメチル化やその他の塩基配列の変化をしめすことも少なくない(Srivastava et al. 1996). 遺伝子自体は世代間で伝達されていても, ジーンサイレンシングにより表現型が安定して発現されない場合もある(Demeke et al. 1999).

遺伝子導入の処理を受けるのが植物の器官, 組織, カルスなどの場合には, 遺伝子導入が不完全であると, 再分化個体が導入遺伝子の有無についてキメラ状になる. その結果導入遺伝子が生殖細胞を通して次代に伝わらないことがある.

12.6.6 組換え体にともなう染色体異常と不稔性

長期間の培養過程や植物体再生をへて得られた遺伝子導入植物では, 培養過程で生じた染色体異常をともなうことが多く, また異数性などの染色体異常に起因する不稔性をしめしやすい. 不稔を避けるためには再生過程を短くする工夫が必要である(Becker et al. 1994, Bommineni et al. 1997). イネ科作物のパーティクルガン法では再生能の高い胚盤組織を材料にもちいる. また小胞子(microspore)をもちいる方法も提案されている(Jähne et al. 1994). Choiら(2000)は, オオムギでパーティクルガン法で作出した組換え体では4倍性や4倍性異数性などの染色体数変化が46%も生じたのに対し, 同じような培養操作をへた非組換え体植物では高くても4%にすぎないことを認めた. 彼らは, 細胞培養中に生じた4倍性細胞にとくに遺伝子が組みこまれやすいことが1つの原因であろうと推測している.

12.7 遺伝子組換え体の安全性

12.7.1 遺伝子組換え品種はなぜ安全性を問われるのか

交雑育種, 倍数性育種, 突然変異育種など, 従来の育種法による育成品種の多くは称賛をもって迎えられてきた. しかし遺伝子組換え育種による品種は, その改良形質自体は有用とみられるにもかかわらず, 消費者の信頼など**社会的受容**(public acceptance)がなかなか受けられずにいる. 他の育種法

による品種とちがって，なぜ組換え体だけが，特別にその安全性を問われるのか．その理由はつぎの4点にあると考えられる．

(1) 生物進化の枠を越えた遺伝子利用にともなう違和感

従来の育種法では，品種育成に利用される素材は近縁の植物であった．交雑育種は種内または交雑可能な種間でしか成り立たない．倍数性育種は同質倍数体利用なら同一種に，異質倍数体利用でもたがいに交雑可能な複数の種に由来する．突然変異育種で誘発され利用される突然変異は，遺伝学的には，新しい遺伝子というよりはほとんどすべて既存の遺伝子の不活性化による劣性変異であり，しかも既存の遺伝資源中にみつかるものが少なくない．細胞融合は細胞レベルではどのような生物間でも可能であるが，雑種個体が得られるのはせいぜい同じ科内の植物間にかぎられる．

しかし遺伝子組換えでは，細菌や昆虫や動物など，植物とはきわめて遠縁の生物の遺伝子を植物に導入して品種がつくられる．そこでは，生物分類学上の種や属や科だけでなく，界さえも超えて，生物進化の歴史を破って遺伝子の利用がおこなわれる．従来育種にくらべて，改良形質は新奇で，改良程度もいちじるしい．それは育種法として画期的であるが，いっぽうでは未知の危険をもたらす可能性を否定できない．遺伝子組換えはけっして従来育種の延長線上にある技術とはいえない．不用意な利用をすれば危険性をともなう分野である．

現在食卓にのぼっている食品は，我々の祖先が数千年以上の長い間選びとってきたものである．トマトやジャガイモでも，導入から普及まで100年を超える期間が必要とされた．種々の生物が食品として選別される際には，その背後に中毒など数多くの失敗による犠牲もあった．異種生物の遺伝子をもつ植物がとつぜん食品として登場すれば，無条件には容認できず抵抗感をおぼえるのは自然の感情であろう．

(2) 遺伝子組換え操作自体にともなう不安

遺伝子組換えは「組換え」という名でよばれているが，自然界での有性生殖の減数分裂期におこなわれる**遺伝的組換え**(genetic recombination)とは質的なちがいがある．遺伝的組換えは，相同染色体という総体的な相同性をもつDNA上で，同じまたは近縁の生物種の遺伝子間でおこなわれる．組換えの結果できるのは，新しい対立遺伝子の組合せで，新しい遺伝子ではない．

それに対して遺伝子組換えで導入される遺伝子は，ほとんどの場合，異種生物に由来する非相同の遺伝子である．

導入遺伝子のコピー数や染色体位置は現状では制御できない．実際に導入されるDNA断片の大きさも一定でない．遺伝子やプロモータの導入にともない，既存の遺伝子が破壊されたり，逆に眠っていた遺伝子が活性化することもありうる．宿主がもつ多数の遺伝子と導入遺伝子との交互作用も考慮されなければならない．

遺伝子はたんなる物質ではない．生物体内におけるすべての代謝と全物質の産生を制御している生命の基本物質である．ゲノム全体の遺伝子作用がネットワークとして働く生体内という場では，たとえ1個でもいちじるしく異種の遺伝子が導入されたときの影響は単純ではありえない．

(3) 改変形質の予測が外れ有害物質が産生される不安

導入遺伝子については，DNA塩基配列が知られており，生体内での作用についても情報が蓄積されている．表現型だけにもとづいて選抜されてきた従来の諸育種法にくらべて，遺伝子組換え育種はより確実な設計にもとづいておこなわれているといえる．しかしゲノム内のほかの遺伝子と導入遺伝子との交互作用については，情報は乏しい．そのため遺伝子組換え実験で，まったく予期しない結果が生じることがある．たとえば，生殖細胞を免疫反応で破壊し不妊化することによりネズミの駆除に役立てようと，免疫を活性化させるインターロイキン遺伝子を組みこんだマウス痘ウイルスを作製してマウスに感染させたところ，予想に反して，新ウイルスは本来免疫をもつマウスも殺しワクチンも無効にするほどの強力な致死性をもってしまった（Finkel 2001による記事）．病原性をもたない欠陥のあるウイルスを，その相補的遺伝子を組みこんだ組換え体植物に接種したところ，植物体内でDNAまたはRNAの組換えが生じてウイルス病斑が葉に現れた例もある（Gal et al. 1992, Greene and Allison 1994）．

(4) 食品安全性についての検査の限界性

遺伝子組換えにより万一毒性物質が生じたとしても，それが安全性審査の段階で確実に検出されるのであれば問題ない．しかし申請者がおこなっている毒性検定は急性毒性だけで，慢性毒性については時間や経費がかかるわりに結論がでにくいという理由で省かれている．またアレルギー誘発性物質に

ついても，アレルゲンとしての閾値がごく微量レベルのため，新規のアレルギー物質が生じた場合には検査がむずかしい．慢性毒性やアレルギー誘発性については，審査でみのがされたまま食品として普及し，人びとの日常の食卓が安全性検査の場になっていくのではないかという不安がある．

組換え体品種について市民の広いコンセンサスを得るには，遺伝子組換えにともなう上記の問題点を無視することはできない．危惧される事項に対して，「ありえない」とか「非常に小さいと思われる」などと主観的な弁明をするのではなく，具体的なデータをもって答える必要がある．

よくいわれる「さしせまる世界の人口増加と食糧不足を解決するためには，遺伝子組換えによる品種改良とその利用が不可欠である」というような主張(Avery 2001)は適切でない．かつて倍数性育種や突然変異育種が先端技術であった時期にも同じようなことが唱えられた．世界各地におきている食糧不足は，食糧の総生産が人口増加に追いつかないためではない．たとえニーズがあるとしても，それを組換え体の正当性の根拠として掲げることは論理的といえない．遺伝子組換えによる品種育成という成果が，無条件には社会に受けいれられない時代になった理由を冷静に考えることは，育種学研究においてけっしてむだではない．

組換え体の問題点は，大別して，自然生態系へのインパクト，耕地生態系への影響，食品としての安全性に分けられる．

12.7.2　組換え体の自然生態系への影響

ある特定の地域内におけるすべての生物および非生物的構成物の複合体について，物質が安定して閉じた循環系を構成するとき，これを**生態系**(ecosystem)という．生態系に新規の生物をもちこめば，その影響は循環系にそって伝わり，生態系内のすべての生物に多かれ少なかれ波及する．組換え体が広く普通栽培に移されると，その遺伝子がおもに遺伝子流動により生態系内の植物にやがて広がっていく．組換え体の遺伝子は，生物の増殖と遺伝によって生態系のあるかぎり永続する．いったん流出した遺伝子が大地に還るのは，生態系が地球上から消える日である．ある生物の生態系内の運命は，その生物の遺伝子型だけではきまらない(Colwell *et al.* 1985)．

(1)　組換え体植物自体の逸出と雑草化

栽培植物は，野生から栽培化への順化の過程で受けた種々の変化により，自然生態系のなかでは生存し繁殖する能力がいっぱんに低い（第2章参照）．しかしすべての栽培植物がそうとはかぎらない．栽培種が圃場から逸出(escape)して雑草化した例が，ブラシカ，ジャガイモ，ライグラス類など数多く知られている．遺伝子組換えが栽培植物のもつ本来の生態学的特性を変える可能性がある．たとえば一年生から多年生に変わったり，栄養繁殖性を高めたり，寒冷，旱魃，塩害などのストレスに対する高い耐性が付与されれば，組換え体が圃場から逸出して通常の品種では生存できない地域にまで生息領域を広げて雑草化するおそれが高くなる．また種子稔性，発芽率，種子拡散距離などの増大がおこれば，雑草化しやすくなる．

(2) 組換え体と近縁野生種との自然交雑による雑草種の発生

　栽培植物の花粉が風媒や虫媒ではこばれて周辺の近縁野生種と自然交雑することは，ブラシカ，ソルガム，ニンジンなど，多数の植物で知られている(Jorgensen and Andersen 1994)．自然交雑はイネやアワのような自殖性の植物でも頻度は低いがおこる(Till-Bottraud et al. 1992)．自然交雑の頻度は花粉源からの距離とともに減少するが，その程度は植物，地形，天候，季節により異なる．花粉流動の距離は300 m以内の例が多い(Luby and McNicol 1995)が，ヒマワリのように1,000 m隔離された雑草でも交雑が認められた場合もある(Arias and Rieseberg 1994)．花粉源の集団が大きいと花粉流動の距離も大きくなる．また隔離距離が100-1,000 mの間では距離が遠くなっても自然交雑率は下がらなかったという報告もある(Ellstrand et al. 1989)．

　組換え体から近縁種への花粉流動により組換え体遺伝子がとりこまれることは，ナタネ(Baranger et al. 1995)やジャガイモ(Conner and Dale 1996)などで報告されている．野生種の種子はふつう深い休眠性があり寿命が長く発芽が何年にもわたって散発的におこなわれるため，いったん野性種にとりこまれた組換え体遺伝子はもとの植物にあったときよりものぞきにくくなる．自殖性から他殖性への変異や，花粉量，花粉流動距離，開花期間などの増加がおこれば，組換え体の花粉が近縁種にかかって自然交雑する率がさらに高くなる．実際に遺伝子組換えにより自然交雑率が通常の系統より36倍も高くなった系統が生じた例がアラビドプシスで報告されている(Bergelson et *al.* 1998).

通常の栽培植物においても，栽培植物から雑草への遺伝子流動により近縁野生種の雑草性が高まることが，イネ，コムギ，ダイズ，ソルガムなど主要作物で報告されている．1970年代にテンサイの採種圃で栽培品種と野生種との交雑から発生した雑草が英国，ドイツ，フランスなどの栽培農家を悩ましたことが知られている(Boudry *et al.* 1993)．最近では米国カリフォルニア州で，ライムギと野生種の *Secale montanum* との自然交雑で雑草性ライムギが生じ，その被害によりライムギの耕作が放棄された例がある(Ellstrand *et al.* 2002)．このように野生種との交雑による雑草化は組換え体に固有の現象ではない．しかしいっぽうでは，これらの事実は組換え体が除草剤耐性遺伝子をもたない場合でも，近縁種との交雑により導入遺伝子をもった雑草性の高い植物が生まれるおそれがあることをしめしている．

組換え体が除草剤耐性をもつ場合には，組換え体と近縁野生種との交雑により組換え体のもつ除草剤耐性遺伝子が近縁野生種にとりこまれて，除草剤耐性雑草いわゆる**スーパー雑草**(superweed)が発生すると危惧されている．**雑草性**(weediness)の高まった植物集団が橋渡しになって，さらにその近縁種に組換え体遺伝子が流動していくことになる．雑草化を防ぐためにもちいる除草剤の種類をつぎつぎと変えると，かえって多剤耐性の雑草が生じるおそれもある．実際に多剤耐性雑草の発生例がカナダのナタネ畑について報告されている(Caplan 2001)．なお近縁野生種から組換え体の栽培植物へ遺伝子流動がおこり，雑種が生まれることもある(Rieger *et al.* 2001)．

組換え体と近縁種との自然交雑による遺伝子流動を防ぐために，雑種ができてもその適応度が低くなるような遺伝子を目的遺伝子の近くに連鎖させておき，自然に集団から淘汰されるようにする考えが，Gressel(1999)により提案された．彼はこれを transgenic mitigation（組換え体緩和）と名づけた．

(3) 生物相の攪乱

組換え体のもつ形質や組換え体利用の栽培システムが自然生態系を攪乱することがある．

① 除草剤使用による除草剤耐性雑草の出現である．これまで非組換え体および組換え体あわせて，156種の植物で260例報告されている(Heap

2001.8.3. Web). これらの耐性はほとんど単遺伝子の優性または部分優性の遺伝子による(Lorraine-Colwill et al. 2001).

② 組換えトウモロコシなどのもつ Bt 毒素（12.9.1項参照）は標的昆虫を抵抗性にする(Tabashnik 1994). Bt 農薬の使用では，すでに1990年代前半にハワイ，アメリカ本土，アジアなどで Bt 抵抗性のガの発生が認められている．ハワイの圃場で得た抵抗性系統を実験室でさらに選抜すると，1,000倍以上の抵抗性系統が出現した．

③ Bt 毒素遺伝子をもつ組換え体作物では花粉にも毒性があるので，標的昆虫だけでなく，ほかの植物を訪れる近縁の非標的昆虫までにも害を与えるおそれがある．Losey ら(1999)は，実験室でトウワタ *Asclepias curassavica* に Bt トウモロコシの花粉をまぶしてチョウの一種であるオオカバマダラ *Danaus plexippus* の幼虫に4日間食べさせたところ，非組換え体花粉を与えた区に対して，摂食量が49%，体重が58%，生存率が44%減少した．ほかにも同様の事例があり，Bt トウモロコシを食べさせた虫で飼育したクサカゲロウの幼虫では，発育が遅れ致死率が高まった(Caplan 2001). またジャガイモの害虫を捕食する益虫のテントウムシの捕食程度がジャガイモの Bt 毒素により低下した．さらに鱗翅類昆虫を餌とする鳥への影響もしらべられている．Bt トウモロコシ花粉の昆虫への影響は米国でその後も大規模な調査がつづけられ，Bt 毒素の種類によりオオカバマダラの被害が異なること，毒素によってはアワノメイガよりもオオカバマダラのほうが感受性であること，ほかのチョウ，たとえばキアゲハでも被害が認められたことなどが報告されている(Hellmich and Siegfried 2001). 組換え体による非標的生物への害は否定しがたい事実になりつつある．Bt 毒素は花粉だけでなく，Bt トウモロコシの根から土壌の根圏に浸出し，急速に粘土や腐食酸と結合して細菌による分解を免れ，少なくとも8カ月は活性化のまま存続する(Saxena et al. 1999).

④ 選択マーカーとしてもちいられた抗生物質耐性遺伝子を導入された細菌が，生態系に拡散するおそれも無視できない．

(4) 遺伝子の水平伝達による生態系の汚染

水平伝達(horizontal transfer)とは，交雑以外の方法で異種生物に遺伝子

が伝達されることをいう．水平伝達に対して，通常の遺伝によって親から子へ同種内で遺伝子が伝達される現象を**垂直伝達**(vertical transfer)という．水平伝達は，細菌やウイルス間ではよく観察されているが，微生物間だけにかぎられるわけではない．アグロバクテリウム感染した植物細胞へのT-DNAの伝達は，細菌から植物への遺伝子の水平伝達の例である．逆に作出された組換え体から細菌へ抗生物質耐性遺伝子が水平伝達されることも実験的には認められている(Syvanen 2002)．ただし自然生態系で同じことがおこりうるのかはまだわかっていない．植物から植物への水平伝達の報告例はない．

12.7.3　組換え体の耕地生態系への影響

　農耕地を1つの生態系としてとらえるとき，これを**耕地生態系**(agro-ecosystem)という．耕地生態系への組換え体の影響は，自然生態系への影響よりも直接的である．

(1) 遺伝資源の汚染

　組換え体品種の花粉がはこばれて在来種や近縁野生種に交雑し，その集団の遺伝的構成を変えてしまうおそれがある．たとえば強力な虫害耐性遺伝子が近縁野生種の自生地に生える集団の一部個体にとりこまれて，それらの個体だけが集団中で有利に繁殖すれば，集団内遺伝変異が狭くなり，遺伝資源としての集団の価値が下がる．

　遺伝資源としての近縁野生種と耕地の雑草とが同じ植物である場合も少なくない．現在雑草とみなされている植物も，やがては植物改良にとって貴重な遺伝資源を保有しているかもしれない．非選択的除草剤による大規模で徹底した雑草駆除をつづけると，将来の遺伝資源の消滅をもたらすことになりかねない．

　現在の環境評価法では，栽培が予定されている全地域での交雑可能な近縁種の植生調査が欠けている．米国では近縁野生種との交雑のおそれが少ないトウモロコシ組換え体も，起源地のメキシコでは安全でない．組換え体ダイズも米国では自然交雑の相手がほとんどなくても，中国ではそうでない．

(2) 非組換え品種の汚染

　品種改良の圃場や農家の栽培圃で，組換え遺伝子が自然交雑でほかの非組

換え体品種に拡散していくおそれが高い．品種汚染は，組換え作物による近縁野生種の汚染よりも容易に広範囲におこる．

　フランスでは，2001年にナタネ，ダイズ，トウモロコシの非組換え体品種に組換え作物のDNAが検出されている．米国やスウェーデンではトウモロコシの組換え体品種スターリンク(StarLink)のDNAが，同じデントコーンの非組換え品種だけでなく，スイートコーンやポップコーンにもみいだされている．日本でも輸入トウモロコシ種子の組換え体品種スターリンクによる汚染が問題となっている．非組換え品種の汚染は主として，組換え品種からの風媒または虫媒花粉による自然交雑，収穫場，荷場，船積み場などでの種子混入に起因する．

12.7.4　食品としての安全性

　多くの作物は食品として利用される．それは経口的に人体にとりこまれるものであり，多くの人間が毎日少なくない量を摂取するので，いったん有害な影響があった場合には，その災禍ははかりしれない．そのため食品としての安全性はきわめて厳しい基準で調査されなければならない．

(1) 有害物質の産生

　遺伝子組換え体を食用の作物品種として利用する場合には，急性毒性，催奇性，発ガン性，アレルギー誘発性などをもつ有害物質が予想外のものとして含まれていないかを検査することがもっとも重要である．Btトウモロコシのように，毒素自体をもつ品種を利用する場合には，とくに人体に対する危険性を慎重にチェックする必要がある．有害性の判定には，体質の個人差，乳幼児の過敏性，民族による摂取量のちがいなども考慮されなければならない．

(2) アレルギー誘発性

　ほとんどの食品には**アレルギー誘発性**がある．コムギ，ダイズ，ラッカセイ，ソバ，イチゴのように食品として広く普及している植物でも，特定の人にはアレルギーを生じさせ，ときには死を招くことさえある．アレルギー誘発性は人の体質によって大きく異なる．また大人より乳幼児に多い．食品に含まれるアレルゲンの多くは，分子量1万-6万の糖タンパク質で，タンパク分解酵素に抵抗性をもち，熱にも安定の傾向がある．食品中のアレルゲン

はほかの食品アレルゲンやダニなどの吸入アレルゲンと交差反応をしめす．また食品として調理され経口摂取され，胃液などの消化酵素で変性され吸収されるときのアレルゲンは，野生型のアレルゲンとは高次構造が異なる可能性がある(河野 2001).

遺伝子組換え体生物のもつアレルギー物質が遺伝子導入操作にともない組換え体に移行してしまう危険がある．1996年に米国の種苗会社でブラジルナッツからダイズに不足するアミノ酸を産生する遺伝子をダイズに導入したところ，組換え体が動物実験では安全と判定されたにもかかわらずブラジルナッツに過敏な人に対しアレルギー誘発性をしめし，開発中止になった例がある．また Bt 毒素をもつトウモロコシの組換え体品種スターリンクは，人工胃液や人工腸液での消化が悪いため，米国環境保護局(EPA)によってアレルギー誘発性をもつ可能性を否定できないとされ，飼料用または工業用としてだけ認可されている．

 (3) 食品の栄養の変化

国民の栄養改善を目的として，高オレイン酸ダイズや，高ビタミン含量イネなど，種子の成分を大きく改変した組換え体品種が開発されている．しかし，日本のイネのように主穀として日常大量に食される作物については，栄養素のいちじるしい改変は慎重であるべきである．

 (4) 抗生物質耐性遺伝子

遺伝子導入された細菌や植物細胞を選択するためのマーカーに，抗生物質耐性遺伝子がもちいられるので，それが組換え体植物にまで伝達されることが多い．

 (5) 組換え DNA の摂取と分解

遺伝子組換え体の導入遺伝子が食品として摂取されたときには胃ですべて分解されるため無害であるという議論がなされることが多いが，かならずしもそうではない．組換え体の DNA が腸管にまで達して，腸内微生物に伝達されるという報告がある．抗生物質耐性遺伝子をもつプラスミドをマウスに食させたところ，ほとんどの DNA は分解したが，一部は高分子のまま体内に数時間も残存し，排泄物にも検出された．さらに無傷のプラスミド DNA がマウスの白血球細胞や妊娠マウスの胎児中にもみいだされた(Syvanen 2002)．単品を人工胃液で検査する方法では，種々の食品といっしょに摂取

された現実の場合の結果を正確には推定できない．

12.8 遺伝子組換え体の安全性解析

1973年，米国のゴードン核酸会議で遺伝子組換えの潜在的な危険性が問題になり，1976年にアシロマ国際会議が開かれ，各国が実験指針を設けて遺伝子組換え実験の安全性を図ることをきめた．これを受けて米国では1976年に国立衛生研究所(NIH)実験指針が公布された．日本では1979年に文部省および科学技術庁から「組換えDNA実験指針」が出され，1989年に農林水産省の「組換え体利用のための指針」が公表された．

現在，遺伝子組換え作物のリスク評価には，文部科学省の指針による実験段階での閉鎖系実験と非閉鎖系実験の二段階，および農林水産省の指針による模擬的環境利用と開放系利用の二段階，での環境影響評価がおこなわれなければならない(図12.6)．さらに食品の場合には，厚生労働省による食品の安全性確認が義務となっている(2000.5.1.官報告示)．

日本では，1988年に農林水産省の農業生物資源研究所で栽培トマト *Lycopersicon esculentum* と野生種 *L. peruvianum* の F_1 雑種にタバコモザイクウイルス(TMV)の外被タンパク質遺伝子を導入して得られた病害抵抗性系統を，1989年から1991年にかけて閉鎖系，非閉鎖系，模擬的環境で調査したのが安全性解析実験の最初である．それを例として以下に安全性解析実験について説明する(浅川ら 1992，市川ら 1992)．

12.8.1 閉鎖系実験

閉鎖系実験では，施設として**バイオハザード**(biohazard)の**物理的封じ込め**(physical containment)レベルの第一段階であるP1条件の整った実験室や隔離温室をつかい，遺伝子組換え植物の作出と，その遺伝的および生理的特性の調査がおこなわれる．組換え体植物は，一部組織であっても，閉鎖系実験室内から出すことはかたく禁じられている．温室内は，花粉が外部に洩れないようにつねに負圧に保たれ，また空気は花粉を通さないようにフィルターでろ過して給排される．フィルター付着物もオートクレーブで処理する．灌漑水などの排水は，高圧蒸気で滅菌処理してから外部に排出される．植物

図 12.6 遺伝子組換え体の安全性実験のための施設. 上, 閉鎖系温室, 中, 非閉鎖系ガラス室, 下, 模擬的環境（隔離圃場）.

残渣や栽培用土壌はオートクレーブで滅菌して処理される．

閉鎖系実験では，アグロバクテリウムが組換え体の組織に残っていないか，組換え体の花粉量，花粉や種子の稔性，生殖様式や草姿など形態がもとの植物と同じか，組換え体自身があらたな化学物質を産生するか，組換え体の根分泌物質や茎葉からの揮発物質についてもとの植物と量的に同じか，またあらたな分泌物質は産生されていないか，ベクター微生物が残っていないか，などが調査される．また導入された形質の発現と遺伝性の確認がおこなわれる．組換え体が出す化学物質でほかの植物の生育に影響がないか，すなわちアレロパシー (allelopathy) も調査される．

12.8.2 非閉鎖系実験

非閉鎖系実験は，通常の温室でおこなわれる．閉鎖系実験にひきつづき遺伝的および生理的特性が調査されるとともに，組換え植物の環境（生態系）への影響を評価するために生態的特性が調査される．植物体は実験室からけっして出さない．窓やドアの開閉により外気との空気の出入りや花粉などの微粒子の流出入はありうる．窓には網が張られ，花粉媒介昆虫などの昆虫や動物の侵入や脱出は防がれている．植物残渣や栽培用土壌はオートクレーブで滅菌して処理される．排水はフィルターによりろ過され，実験排水として処理される．作業員は限定され，専用の着衣を使用する．

非閉鎖系実験では，風媒および虫媒による自然交雑率，花粉流動の距離，土壌微生物相の変化，有毒物質の産生の有無，ベクター微生物残存の有無，導入形質の発現程度，などの調査がおこなわれる．

12.8.3 模擬的環境利用

組換え体を一般圃場（開放系）で栽培するに先立って，環境への影響を調査するために野外の隔離圃場で小規模ながら実際にできるだけ近い栽培法（これを**模擬的環境**という）で数多くの組換え体（100個体以上）を集団で栽培する．模擬的環境は，非組換え体の一般圃場から十分距離的に隔離されていて，花粉が風や昆虫などの媒介により外部の品種と自然交雑することのないような場所に設けられる．隔離圃場の周囲は，フェンスでかこまれ地下 30 cm までコンクリートがうたれ，地上動物や土壌動物の侵入や脱出が防が

れている．組換え体の花粉流動や虫媒の調査のため，鳥や媒介昆虫などの出入りは制限されていない．

　栽培される植物体は，組換え体だけでなく対照区の非組換え体も，隔離圃場からださない．分析のために植物体や土壌を圃場外にもちだすときは，密閉容器に入れてはこび，閉鎖系実験室で作業する．植物残渣は焼却するかまたは土壌に埋めて腐らせる．実験水は沈殿槽をへて貯留槽に一定期間貯留したあとに実験排水として処理される．

　実験担当者は，隔離圃場への入場の際は専用の作業衣に着がえる．実験後は，作業衣をぬぎ，足をよく洗い，花粉や種子を身につけたまま出ることのないように注意する．

　隔離圃場では，導入形質が期待されたとおりに発現しているか，安定して保持されているかをしらべる．また組換え体の生育の全般的様子，越冬性などの繁殖様式の変化，アレロパシー，土壌微生物相への影響などの調査がおこなわれる．

　さらに花粉が風または昆虫により媒介されて周辺の品種または近縁植物と自然交雑したり，あるいは種子が拡散して混入するおそれがないかをしらべる．関連する項目としては，花粉量，花粉稔性，花粉流動の距離，風向き，風速，媒介昆虫の種類，訪花頻度，交雑和合性，周辺地域における植物相などである．

　花粉親からの距離を d とすると，花粉の風媒または虫媒による結実率 f は，$f=Ae^{-kd}$(Brownlee 1911) または $f=Ae^{-kd}/d$ で近似的に表すことができる．前式は乱流がない場合の Bateman(1947) の式に等しい．A と k は実験上の定数で，植物種，風媒での地形，虫媒での媒介昆虫の種類などにより異なる(Ohsawa et al. 1993)．花粉流動距離の調査では，組換え体を中心におき，周囲に同心円状に非組換え体を植えた形の実験区がよい(Messeguer et al. 2001)．花粉流動距離および訪花昆虫についての調査実験の結果は，隔離圃場の設けられた場所や地形，気候，天候などにいちじるしく左右されやすく，また実験配置された組換え体の個体数，密度，組換え体と非組換え体との相互関係などにも影響される．隔離圃場と実際の栽培圃場とでは，周辺植生が異なることが当然予想されるので，広くいっぱんの栽培圃場の周辺に存在する近縁野生種の分布についてのデータベースが必要とされる．

表 12.2　隔離の標準距離

繁殖特性	栽培植物	隔離標準距離(m)
自殖性	コムギ	0
	オオムギ	0
	ダイズ	0
	イネ	3
	レタス	10
	トマト	30
	インゲンマメ	45
他殖性(風媒)	チモシー	90
	トウモロコシ	200
	ライムギ	200
	ソルガム	300
	キビ	400
他殖性(虫媒)	トウガラシ	30
	カブ	40
	アルファルファ	90
	ゴマ	180-360
	ワタ	400
	ヒマワリ	800
	スイカ	800
	タマネギ	800

(Frankel and Galun 1977 より抜粋).

　参考として，種子増殖事業における栽培植物の隔離標準距離を表12.2にしめす．

　隔離圃場は栽培面積や供試される組換え体の個体数がかぎられ，設置場所はほかの品種，在来種，近縁野生種の生育地から離れている．隔離圃場はあくまで模擬的環境であり，そこで得られた結果から，組換え体が気候風土の異なる地域で長年にわたり広大な面積に栽培される場合におこりうるさまざまな状況を，推定ないし予想することには無理があることを十分留意すべきである(Rissler and Mellon 1996)．

12.8.4　開放系利用

　組換え植物が生態系をかく乱するおそれがないことが確認されたら，特別の制限なしに通常の圃場で普通栽培がおこなわれる．安全性の調査もとくにおこなわない．

12.8.5 食品としての安全性審査

厚生労働省による安全性審査では，申請者から提出された資料にもとづき，食品衛生調査会で組換え体の安全性が審議される．評価は，①生産物の同等性，②組換え体の利用目的と方法，③宿主の分類学的知見や有害生理物質の生産など，④ベクターの由来や性質など，⑤組換え体の獲得形質，毒性，アレルギー誘発性，代謝経路など，⑥安全性の知見がない場合の急性毒性，亜急性毒性，慢性毒性，生殖影響，変異原性，ガン原性など，の項目についておこなわれる．ただし⑥については，「合理的な理由があれば，全部または一部を省略できる」としてある．

有害物質の検査は，データベースにある1,935種(1998年現在)の既知の毒物と比較される．必要の場合には動物実験がおこなわれる．アレルギー誘発性の有無は，人工胃液，人工腸液，熱などにより変性するか，データベースにある219種の既知アレルゲンのどれかと分子構造の相同性がないか，アレルギー患者のIgE血清との結合能力がないかをしらべて，いずれも可ならば誘発性なしと判定される．栄養素について，もとの非組換え体との差異が検定される．

12.8.6 実質的同等性

食品としての安全性や環境影響などの諸項目について，組換え体がもとの非組換え体とくらべて成分や性質に有意な変化がなければ，安全性についてもとの植物と同等であるとする判断基準を**実質的同等性**(substantial equivalence)という．この概念は，1993年に経済開発協力機構(OECD)が主催した専門家会議で提案された．

ジャガイモのソラニン(solanine)，セロリのプソラレン(psoralen)のように，一般食品でも有害成分を含むものがある．またある種の食品は人によってはアレルゲンになる．このように一般食品であっても絶対的安全性は望めないのに，「安全と一般的に認められている(Generally Recognized as Safe; GRAS)」．組換え体は一般食品の変異体とみなすことができる．したがって，組換え体食品の安全性基準に一般食品をもちいて，成分に有意差がなければその組換え体は安全と評価しようとする考えが掲示された．導入遺伝子によって新しく産生される成分については，一般食品には含まれていないので商

品化の前に安全性検査が必要であるが，もともとある成分で含有量ももとの植物種のしめす変異の範囲内にあるなら検査なしで認めるとする(Nelson et al. 2001)．

しかし，遺伝子がランダムに導入される結果，機能が眠っていたサイレントな遺伝子が活性化したり，導入遺伝子とほかの多くの遺伝子との相互作用により，予期しない成分が産生される可能性がある．実質的同等性だけでは新しい有害成分があっても検査の網にかかってこないことになる．また環境影響に関する項目については，組換え体がもとの植物と実質的に同等でも環境に対する影響がないと判断することはできない．実質的同等性の概念については世界的に統一したコンセンサスが得られてなく，再検討がもとめられている．

12.9 遺伝子組換え育種の現況

12.9.1 遺伝子組換えによる育成品種

現在日本で承認されている遺伝子組換え作物は，ナタネとトウモロコシが主で，ほかにダイズ，ワタ，テンサイなどがある．日本で食品として審査基準に合格した組換え作物の品種は，2001年2月現在29に達する．導入形質はほとんどすべて除草剤耐性と害虫抵抗性である．以下に日本で認可された組換え体品種の主要な例をしめす．詳細はNottingham(1998)などを参照されたい．なお現在では次世代組換え体として，ビタミンAを補強したイネ(ゴールデンライス) (Ye et al. 2000)，ミネラルを補強したダイズ，グリシニンを集積し血清コレステロール値を下げる作用をもつイネなど，可食部に機能性成分を高度に発現させる品種が作出されつつある．

(1) 果実の日持ち性のよいFlavrSavr

トマトが赤く熟すると酵素ポリガラクツロナーゼ(PG)が果実内に生成されて，細胞壁のペクチンを分解する結果，果実が柔らかくくずれていく．そこでPGの合成をおさえるために，PGのmRNAに結合するようなアンチセンスRNAをつくるDNAを導入すると，果実が完熟しても腐りにくく鮮度が保たれるようになる．

この原理を応用して生食用トマトの品種**FlavrSavr**(Calgene社)が1994

年に米国で育成され，遺伝子組換え作物としてはじめて市場に登場した(Martineau 2001)．しかし，味がすぐれず異臭があるという理由で，やがて市場から消えた．日本でも安全性確認の申請がおこなわれたが，その後申請者により自主的にとりさげられた．

なお**アンチセンス RNA**(antisense RNA)とは，mRNA の全部または一部の塩基配列に対して相補的な配列をもつ RNA の総称で，その塩基配列に対応した標的となる mRNA と結合して，タンパク質への翻訳を阻害することにより，機能発現を抑制する．

(2) 害虫抵抗性の Bt トウモロコシ

土壌細菌 *Bacillus thuringiensis* は，胞子形成期にデルタエンドトキシンという昆虫に毒性をしめすタンパク質を生産する．これを **Bt 毒素**(Bt toxin)という．Bt 菌は 1901 年にカイコの卒倒病をおこす細菌として日本で発見された．Bt 毒素は選択性が強く，ガ，チョウ，カ，カブトムシなど，かぎられた昆虫の幼虫期にのみ効く．そのためこの土壌細菌自身が生物農薬としてつかわれていた．細菌中では毒素は前駆体の形で存在し，害虫のアルカリ性の消化液にふれて活性化する．生物農薬として植物体の外部から散布するのでは，茎中にひそむ害虫は駆除しにくかった．そこで防除したい植物自体にこの遺伝子を導入することが考えられた(Vaeck *et al.* 1987)．Bt 遺伝子を導入されたトウモロコシを **Bt トウモロコシ**(Bt corn)とよぶ．Bt 菌には 70 以上の亜種があり，トウモロコシのアワノメイガ以外にもワタのオオタバコガ，ジャガイモのコロラドハムシの防除用品種の育成にそれぞれに適した亜種に由来する毒素遺伝子がつかわれている．

Bt 遺伝子を導入された植物体で毒素が形成される．昆虫が葉や茎を食むと，毒素もいっしょに摂取されて，消化液中のタンパク質分解酵素プロテアーゼにより部分的に分解されてより低分子で毒性のあるポリペプチドとなり，これが昆虫の消化管の中腸上皮細胞にある受容体と結合し，イオン輸送の機能を破壊し中腸を麻痺させ栄養素を摂取できなくさせる．昆虫は食欲を失い死にいたる．Bt トウモロコシの栽培では，アワノメイガ駆除のための薬剤散布が必要でない．

(3) 除草剤耐性のラウンドアップレディ作物

グリフォサート(glyphosate)やグルホシネート(glufosinate)などの非選

択性除草剤に対する耐性遺伝子を導入した除草剤耐性の組換え体品種がトウモロコシ，ダイズ，ワタ，ナタネで作出されている．グリフォサートを主成分とする除草剤はラウンドアップという商標で米国 Monsanto 社から組換え体種子とセットで売られている．ラウンドアップに耐性の組換え体は，たとえばダイズではラウンドアップレディ(Roundup Ready)ダイズとよばれる．ラウンドアップはこの除草剤に耐性の遺伝子を導入した組換え体をのぞく多くの植物を非選択的に枯死させるので，ラウンドアップレディ作物を栽培した圃場では，除草剤散布が1回ですむ．グリフォサートの散布により影響を受ける植物は知られているかぎりでも74種にのぼる．

植物ではホスホエノールピルビン酸(phosphoenolpyruvate)とシキミ酸-3-リン酸(shikimate 3-phosphate)からアミノ酸を生成する一連の化学反応がある．グリフォサートを植物に散布すると，植物細胞中でこのシキミ酸経路を制御する5エノールピルビルシキミ酸3リン酸合成酵素(EPSP合成酵素)にグリフォサートが結合して失活させる．これにより植物体内で必要な芳香族アミノ酸が生成されず，シキミ酸-3-リン酸が蓄積し，細胞が死に，植物体が枯れる．遺伝子組換えによるグリフォサート耐性品種では，シキミ酸経路の触媒活性は変わらずにグリフォサートとの親和性が低くなった酵素をつくる遺伝子を導入してあるため，酵素の失活がなく，除草剤による枯死を免れることができる．この遺伝子はサルモネラ(*Salmonella typhimurium*)の *aro*A 座の突然変異体から得られた(Comai *et al*. 1985)．

グルホシネートはグルタミン合成酵素を阻害するため，植物体中にアンモニアが蓄積し，致死になる．導入されるグルホシネート耐性遺伝子は放線菌に由来し，その遺伝子が産生するタンパク質が除草剤の有効成分と反応してアセチル化し無毒化する．

12.9.2 遺伝子組換え作物の食品としての認可と表示

(1) 食品としての認可

ダイズ，トウモロコシ，トマト，ワタ，ペチュニア，イネ，メロン，タバコ，ジャガイモ，ナタネ，カーネーションなど農林水産省または民間が育成した多種類の遺伝子組換え体作物が隔離圃場で試験栽培され，件数は2002年7月の時点で184にのぼる（農林水産省，Web情報，2002）．

表12.3 安全性審査をへた遺伝子組換え品種（計40品種）

	除草剤耐性	害虫抵抗性	害虫抵抗性+ウイルス抵抗性	害虫抵抗性+除草剤耐性	高オレイン酸耐性	計
ジャガイモ		2	3			5
ダイズ	1				1	2
テンサイ	1					1
トウモロコシ	5	3		3		11
ナタネ	15					15
ワタ	4	2				6
計	26	7	3	3	1	40

安全性評価指針にもとづく安全性の確認は，日本では1996年のナタネ，トウモロコシ，ダイズ，ジャガイモの4作物計7品種が最初である．2000年12月現在，農林水産省による環境への安全性確認がすんだ組換え作物は54品種である．厚生労働省による安全性審査は1996年からはじまり，2002年3月現在40品種が承認されている（表12.3）．

(2) 表示の義務化

消費者の不安感が強く，組換え体を原料として使用した加工食品を非組換え体と識別できるよう**表示の義務化**を希望する声が多かった．その結果，農林水産省は30品目にのぼる組換え食品の表示規定をきめた．さらに2001年4月1日付け農林水産省のJAS法と厚生労働省の食品衛生法の下で，遺伝子組換え食品の表示が義務化された．

(3) 組換え作物の栽培状況

2001年の遺伝子組換え作物の作付け面積は，国際アグリバイオ技術事業団の統計によると，米国3,570万ha，アルゼンチン1,180万ha，カナダ320万haで，世界では5,260万ha以上に達している．日本の全耕地面積(479.4万ha)の約11倍に相当する．作物ではダイズがもっとも多く，3,330万ha，トウモロコシ980万ha，ワタ680万ha，ナタネ270万haとなっている．ダイズでは作付けされている面積の46%が遺伝子組換え体である．なお日本で栽培されている組換え体品種は，カーネーションのムーンダスト（1997年より市販）などの観賞用植物にかぎられている．

あとがき

　終戦後まもなく出版された酒井寛一氏の『植物育種学』(朝倉書店，1952)の序文に，

> 私が育種学を勉強しはじめてから既に20年余になります．その間私はいつも「育種学」に，ある満たされぬものを感じてきました．それは，書かれた「育種学」と実際の育種に関する学問との間のへだたりについてでありました．育種学が応用遺伝学として発足したのは事実です．併し遺伝学が歩むべきそれ自体の途をもつと同様に，育種学にもそれ自体の途がある筈でしょう．

と記されている．酒井氏は，実際の育種により近い「育種学」を記述することを目標にその労作を著された．ただ私には，酒井氏以前に育種学の教科書を出された多くの方々も酒井氏と意図は同じであったと思われる．
　著者がここにしめすような育種学全体をあつかう本を書きたいと考えるようになったのも，基本的には酒井氏と同じ動機からである．育種学や育種現場におけるこれまでの知見は膨大である．それらの知見を抽出して約400ページほどの書にまとめるとするならば，どのような形式が考えられるかを模索しながら執筆した．育種学について書こうとすると，ともすれば育種の主幹よりも周辺科学に関連した枝葉の華やかさに心を奪われ，農業や田畑や品種を忘れた育種学のための学，いわば「育種学学」になりかねない．いっぱんに育種家は寡黙である．育種の実際について記された資料は多くない．そのようななかで「育種学それ自体の途」を資料のなかから抽出しまとめていくのはなかなかむずかしい作業である．
　ここで著者の個人的な事情を述べれば，著述の基盤になったのは，学生時代も含め26年間の突然変異育種の現場で研究にたずさわった経験と，併行して追求してきた統計遺伝学の理論である．突然変異育種を通して作物進化，

遺伝資源，交雑育種，染色体工学，細胞組織培養などにも間接的ながらかかわることができたが，それらは門のあたりをうろうろした程度である．著者の経験の浅い分野については記述不足や思いちがいがありはしないかと恐れている．書きあげたいま，酒井氏の提示された課題にすこしはこたえることができたのだろうかと自問している．

　最後に本書の最終章であつかった遺伝子組換え体(GMO)の安全性問題についてふれておきたい．著者自身，農業環境技術研究所につとめていたときに日本で最初の遺伝子組換え体（トマト）の安全性評価実験に参加する機会を得たが，それ以来，GMO問題はたえず頭から離れなかった．第12章を書くにあたって，あらためて遺伝子組換え育種に関する論文や資料にあたるだけでなく，GMO問題について論じた国内外の本をできるだけ集めて読んだ．現在の立場は，諸手をあげて賛成というには時期尚早という意味で慎重派である．GMO利用については，日本だけでなく海外でも推進派と反対派にはっきり分かれていて中間的な立場は許されないようであるが，そういう状況なればこそ慎重でありたいと考えている．分子レベルの研究の進歩は文字どおり日進月歩であるが，個々の遺伝子の作用や代謝過程についてはまだほとんどブラックボックスに近い．生態系への影響解析も，ようやくデータが報告されはじめた段階である．食品安全性についても，慢性毒性やアレルギー誘発性などについての検査上の課題が多い．このような段階で，十分な解析なしに推測だけで主張し，慎重な考察なしに賛否の旗を鮮明にすることは避けるべきであろう．たんに短期的な経済的効率だけでは育種の成否を論じられない時代になっていることは確かであろう．遺伝子組換え育種は育種技術として画期的であるが，いっぽう技術の進歩に幻惑されることなく，ライフサイエンスの基本理念である生命への畏敬と自然との共生を忘れないようにすることのほうがずっと大事である．本書が議論のたたき台を提供することになれば幸いである．

引用文献

(著者が5名を超える場合には，原則として最初の5名をしめす．また副題のある論文では副題を省略した.)

第1章 育種学小史

Auerbach, C. 1976. *Mutation Research.* Chapman and Hall, London, 504 pp.
Beal, W. J. 1880. Indian corn. *Report Michigan State Board Agr.*, **19** : 279-289.
Blakeslee, A. F. and A. G. Avery 1937 a. Methods of inducing chromosome doubling in plant by treatment with colchicine. *Science*, **86** : 408.
Blakeslee, A. F. and A. G. Avery 1937 b. Methods of inducing doubling chromosomes in plants. *J. Hered.*, **28** : 393-411.
Briggle, L. W. 1963. Heterosis in wheat—a review. *Crop Sci.*, **3** : 407-412.
Buso, J. A., L. S. Boiteux and S. J. Peloquin 1999. Multitrait selection system using populations with a small number of interploid ($4x$-$2x$) hybrid seedlings in potato : Degree of highparent heterosis for yield and frequency of clones combining quantitative agronomic traits. *Theor. Appl. Genet.*, **99** : 81-91.
Darwin, C. 1859. *On the Origin of Species* (八杉竜一訳 1966.『種の起源』(上). 岩波文庫. 東京. 271 pp.).
Darwin, C. 1868. *The Variation of Animals and Plants under Domestication.* Vol. II (篠遠喜人・湯浅明訳『ダーウィン全集 V. 家畜・栽培植物の変異』下. 白楊社. 東京. 335 pp.).
de Vries, H. 1919. *Plant-Breeding.* The Open Court Pub. Co. Chicago, 360 pp.
Dudley, J. W. 1974. *Seventy Generations of Selection for Oil and Protein in Maize.* Crop Sci. Soc. Amer. Inc., Wisconsin, 212 pp.
榎本中衛 1929. 水稲に於ける粳糯性の突然変異. 遺伝学雑誌, **5** : 49-72.
Freeman, G. F. 1919. Heredity of quantitative characters in wheat. *Genetics*, **4** : 193.
Gautheret, R. J. 1982. Plant tissue culture : The history. In : Fujiwara, A. ed. *"Plant Tissue Culture"* 5 th Intern. Congr. Plant Tissue and Cell Culture. Maruzen, Tokyo, pp. 7-12.
Griffe, F. 1921. Comparative vigor of F_1 wheat crosses and their parents. *J. Agr. Res.*, **22** : 53-63.
Hallauer, A. R. and J. B. Miranda 1981. *Quantitative Genetics in Maize Breeding.* Iowa State Univ. Press, Ames. 468 pp.
春山行夫 1980.『花の文化史』講談社. 東京. 858 pp.
Ichijima, K. 1934. On the artificially induced mutations and polyploid plants of rice occurring in subsequent generations. *Proc. Imp. Acad.*, **10** : 388-391.
池隆肆 1974.『稲の銘』オリエンタル印刷. 三重. 190 pp.
Imai, Y. 1935. Chlorophyll deficiencies in *Oryza sativa* induced by X-rays. *Jpn. J. Genet.*, **11** : 157-161.
Johannsen, W. L. 1903. *Über Erblichkeit in Populationen und in reinen Linien.* Gustav Fischer Verkaufsbuchhandlung, Jena, 68 pp.
Johannsen, W. L. 1909. *Elemente der exakten Erblichkeitslehre.* Gustav Fischer Verkaufsbuchhandlung, Jena.
Jones, J. W. 1926. Hybrid vigor in rice. *J. Amer. Soc. Agron.*, **18** : 423-428.
河原清 1967. ガンマーフィールドの線量分布および放射線の環境におよぼす影響に関する研究. 放射線育種場研究報告, **1** : 1-64.
Kihara, H. 1929. Conjugation of homologous chromosmes in the genus hybrids *Triticum* × *Aegilops* and species hybrids of *Aegilops. Cytologia.*, **1** : 1-15.

木原均 1942. X線照射と突然変異. 農業および園芸, **17**: 199-200.
Kihara, H. 1951. Triploid watermelons. *Proc. Amer. Soc. Hort. Sci.*, **58**: 217-230.
増田澄夫・川口数美・長谷川康一・東修編著 1993. 『わが国におけるビール麦育種史』ビール麦育種史を作る会. 東京. 452 pp.
見波定治 1913. 『作物改良論』成美堂. 東京. 514 pp.
盛永俊太郎・安田健編著 1986. 『江戸時代中期における諸藩の農作物』日本農業研究所. 東京. 272 pp.
Muller, H. J. 1927. Artificial transmutation of the gene. *Science*, **66**: 84-87.
Müntzing, A. 1979. *Triticale. Results and Problems*. Paul Parey, Berlin. 100 pp.
Murai, S., D. W. Sutton, M. G. Murray, J. L. Slighton, D. J. Merlo *et al.* 1983. Phaseolin gene from bean is expressed after transfer to sunflower via tumor-inducing plastid vectors. *Science*, **222**: 476-482.
長尾正人 1943. 育種学発達史. 所収：全国農業学校長協会『日本農学発達史』農業図書刊行会. 東京. pp. 273-294.
生井兵治 1992. 『植物の性の営みを探る』養賢堂. 東京. 240 pp.
西村米八・中村真巳 1949. 原子爆弾被害イネ後代の遺伝学的研究（予報）. 遺伝学雑誌, **24**: 72-73.
野口弥吉 1947. 『非メンデル式作物育種法』養賢堂. 東京. 318 pp.
農業技術研究所 80 年史編纂委員会 1974. 『農業技術研究所八十年史』農業技術研究所. 東京. 724 pp.
Pelt, J. 1993. *Des Lêgumes*. Arthème Fayard, Paris（田村源二訳 1996. 『おいしい野菜』晶文社. 東京. 211 pp.）.
Poehlman, J. M. and D. A. Sleper1995. *Breeding Field Crops*. 4th ed., Iowa State Univ. Press, Ames, 494 pp.
Richey, F. D. 1922. The experimental basis for the present status of corn breeding. *J. Amer. Soc. Agron.*, **14**: 1-17.
Roberts, H. F. 1965. *Plant Hybridization before Mendel*. Hafner Pub, New York, 374 pp.
斎藤清 1969. 『花の育種』誠文堂新光社. 東京. 407 pp.
斎藤之男 1970. 『日本農学史』第 2 巻. 大成出版. 東京. 308 pp.
Singleton, W. R. 1955. The contribution of radiation genetics to agriculture. *Agron. J.*, **47**: 113-117.
Stadler, L. J. 1928. Mutations in barley induced by X-rays and radium. *Science*, **68**: 186-187.
Stadler, L. J. 1930. Some genetic effects of X-rays in plants. *J. Hered.*, **21**: 3-19.
Stadler, L. J. and H. Roman 1948. The effect of X-rays upon mutation of the gene A in maize. *Genetics*, **33**: 273-303.
Stebbins, G. L. 1956. Artificial polyploidy as a tool in plant breeding. "*Genetics in Plant Breeding*." *Brookhaven Symp. Biol.*, **9**: 37-52.
寺尾博 1922. 大粒稲に於ける因子突然変異. 特に「アレロモルフ」の転化率について. 遺伝学雑誌, **1**: 127-151.
寺尾博・禹長春 1930. 朝顔に於ける突然変異の発現に関する研究. 遺伝学雑誌, **6**: 195-198.
Troyer, A. F. 1999. Background of U. S. hybrid corn. *Crop Sci.*, **39**: 601-626.
筑波常治 1980. 第 1 編　稲作. 第 2 編　畑作. 所収：『明治前日本農業技術史』29-195. 井上書店. 東京. 574 pp.
Virmani, S. S. and I. B. Edwards 1983. Current status and future prospects for breeding hybrid rice and wheat. *Adv. Agron.*, **36**: 145-214.
Warren, D. C. 1927. Hybrid vigor in poultry. *Poult. Sci.*, **7**: 1-8.
Wricke, G. and W. E. Weber 1986. *Quantitative Genetics and Selection in Plant Breeding*. Walter de Gruyter, Berlin, 406 pp.

Yamashita, K., H. Kihara, I. Nishiyama, S. Matsumura and K. Matsumoto 1957. Polyploidy breeding in Japan. *Proc. Intern. Genet. Symp.*, 1956 : 341-346.
山崎守正 1923. 稲に於ける畸形の発現に就て. 遺伝学雑誌, **2** : 31-38.

第2章 栽培植物の起源と進化

Bohac, J. R., P. D. Dukes and D. F. Austin 1995. Sweet potato. In : Smartt, J. and N. W. Simmonds eds. *Evolution of Crop Plants*. Longman, Harlow. pp. 57-62.
Brandenburg, W. A. 1986. Objectives in classification of cultivated plants. In : Styles, B. T. ed. *Infraspecific Classification of Wild and Cultivated Plants*. Clarendon Press, Oxford, pp. 87-98.
Briggs, D. and S. M. Walters 1984. *Plant Variation and Evolution*. 2nd ed. Cambridge Univ. Press, Cambridge. 412 pp.
Briggs, D. and S. M. Walters 1997. *Plant Variation and Evolution*. 3rd ed. Cambridge Univ. Press, Cambridge. 512 pp.
Burke, J. M., S. Tamg, S. J. Knapp and L. H. Rieseberg 2002. Genetic analysis of sunflower domestication. *Genetics*, **161** : 1257-1267.
Debener, T., F. Salamini and C. Gebhardt 1990. Phylogeny of wild and cultivated *Solanum* species based on nuclear restriction fragment length polymorphisms. *Theor. Appl. Genet.*, **79** : 360-368.
de Candolle, A. 1883. *Origin of Cultivated Plants* (Reprint by Hafner Pub., New York, 1967, 468 pp).
Devos, K. M. and M. D. Gale 1997. Comparative genetics in the grasses. *Plant Mol. Biol.*, **35** : 3-15.
Doebley, J., A. Stec, J. Wendel, and M. Edwards 1990. Genetic and morphological analysis of a maize-teosinte F_2 population : implication for the origin of maize. *Proc. Natl. Acad. Sci. USA* **87** : 9888-9892.
Doebley, J. and A. Stec 1991. Genetic analysis of the morphological differences between maize and teosinte. *Genetics*, **129** : 285-295.
Doebley, J. and A. Stec 1993. Inheritance of morphological differences between maize and teosinte : comparison of results for two F_2 populations. *Genetics*, **134** : 559-570.
Doebley, J., A. Bagigalupo and A. Stec 1994. Inheritance of kernel weight in two maize-teosinte hybrid populations : implications for crop evolution. *J. Hered.*, **85** : 191-195.
Donald, C. M. and J. Hamblin 1986. The convergent evolution of annual seed crops in agriculture. *Adv. Agron.*, **36** : 97-143.
Donnelly, J. S. Jr. 2001. *The Great Irish Potato Famine*. Sutton Pub., Stroud, UK, 292 pp.
Engelbrecht, T. H. 1916. Über die Entstehung einiger feldmässig angebauter Kulturpflanzen. *Geographische Zeitschrift*, **22** : 328-335.
Feldman, M., F. G. H. Lupton and T. E. Miller 1995. Wheats. In : Smartt, J. and N. W. Simmonds eds. *Evolution of Crop Plants*. Longman, Harlow, pp. 283-286.
Frankel, O. H. 1976. Natural variation and its conservation. In : Muhammed *et al*. eds. *Genetic Diversity in Plants*. Plenum Press, New York.
藤本文弘 1984. *Medicago* 属の分類とアルファルファの品種分化. 育種学最近の進歩, **26** : 55-61.
Grant, V. 1981. *Plant Speciation*. 2nd ed. Columbia Univ. Press, New York, 563 pp.
Hammer, K. 1984. The domestication syndrome. *Kulturpflanze*, **32** : 11-34.
Harlan, J. R. 1970. Evolution of cultivated plants. In : Frankel, O. H. and E. Bennett eds. *Genetic resources in Plants——Their Exploration and Conservation*. Blackwell Sci. Pub., Oxford, pp. 19-32.

Harlan, J. R. 1971. Agricultural origins : centers and noncenters. *Science*, **174** : 468-474.
Harlan, J. R. 1984. 熊田恭一・前田英三訳『作物の進化と農業・食糧』学会出版センター. 東京. 210 pp.
Harlan, J. R. and J. M. J. de Wet 1971. Toward a rational classification of cultivated plants. *Taxon*, **20** : 50-517.
Harlan, J. R., J. M. J. de Wet and E. G. Price 1973. Comparative evolution of cereals. *Evolution*, **27** : 311-325.
春山行夫 1980.『花の文化史』講談社. 東京. 858 pp.
Hawkes, J. G. 1983. *The Diversity of Crops*. Harvard Univ. Press, Cambridge. 184 pp.
星川清親 1978.『栽培植物の起源と伝播』二宮書店. 東京. 295 pp.
徐朝龍 2000.『長江文明の発見』角川書店. 東京. 285 pp.
Koinange, E. M. K., S. P. Singh and P. Gepts 1996. Genetic control of the domestication syndrome in common bean. *Crop Sci.*, **36** : 1037-1045.
Lagercrantz, U. 1998. Comparative mapping between *Arabidopsis thaliana* and *Brassica nigra* indicates that Brassica genomes have evolved through extensive genome replication accompanied by chromosome fusions and frequent rearrangements. *Genetics*, **150** : 1217-1228.
Langer, R. H. M. 1995. Alfalfa, Lucerne. In : Smartt, J. and N. W. Simmonds eds. *Evolution of Crop Plants*. Longman, Harlow. pp. 283-286.
Lewington, A. 1990. *Plants for People*. The Natural History Museum, London. 232 pp.
松林元一 1981. バレイショ類における種の分化と栽培種の起源. 育種学最近の進歩, **22** : 86-106.
Mayr, E. 1940. Speciation phenomena in birds. *Amer. Nat.*, **74** : 249-278.
長澤和俊 1993.『シルクロード』講談社. 東京. 476 pp.
西山市三編著 1958.『日本の大根』日本学術振興会. 東京. 161 pp.
野崎保平 1948.『さつまいも及びじゃがいもの渡来』新生社. 東京. 233 pp.
Ogihara, T., T. Terauchi and T. Sasakuma 1991. Molecular analysis of the hot spot region related to length mutations in wheat chloroplast DNAs. I. Nucleotide divergence of genes and intergenic spacer regions located in the hot spot region. *Genetics*, **129** : 873-884.
Paterson, A. H., S. Damon, J. D. Hewitt, D. Zamir, H. D. Rabinowitch *et al*. 1991. Mendelian factors underlying quantitative traits in tomato : comparison across species, generations, and environments. *Genetics*, **127** : 181-197.
Rajhathy, T. and H. Thomas 1974. *Cytogenetics of Oats*. Genetics Soc. Canada, Ottawa, 90 pp.
Sauer, J. D. 1993. *Historical Geography of Crop Plants*. CRC Press, Boca Raton, 309 pp.
Sherman, J. D., A. L. Fenwick, D. M. Namuth and N. L. V. Lapitan 1995. A barley RFLP map : alignment of three barley maps and comparison to Granmineae species. *Theor. Appl. Genet.*, **91** : 681-690.
Simmonds, N. W. 1995. Wheats. In : J. Smartt and N. W. Simmonds eds. *Evolution of Crop Plants*. 466-471. Longman, Harlow, 531 pp.
Vavilov, N. I. 1967. 中村英司訳 1980.『栽培植物発祥地の研究』八坂書房. 東京. 365 pp.
Zohary, D. 1970. Centers of diversity and centers of origin. In : Frankel, O. H. and E. Bennett eds. *Genetic Resources in Plants——Their Exploration and Conservation*. Blackwell Sci. Pub., Oxford, pp. 33-42.

第3章　遺伝資源の探索と導入

Ahn, W. S., J. H. Kang and M. S. Yoon 1996. Genetic erosion of crop plants in Korea. In : Park, Y. G. and S. Sakamoto eds. *Biodiversity and Conservation of Plant Genetic Resources in Asia*. Jpn. Sci. Soc. Press, Tokyo, pp. 41-55.

Brown, A. H. D. 1989. Core collections : a practical approach to genetic resources management. *Genome*, **31** : 818-824.
Brown, A. H. D. 1995. The core collection at the crossroads. In : Hodgkin, T., A. H. D. Browen, Th. J. L. van Hintum and E. A. V. Morales eds. *Core Collections of Plant Genetic Resources*. John Wiley & Sons, Chichester. pp. 3-19.
Brush, S. B. 2000. The issues of *in situ* conservation of crop genetic resources. In : Brush, S. B. ed. *Genes in the Field――On-farm Conservation of Crop Diversity*. Lewis Pub. Boca Laton, London, 288 pp.
江口宜伸・山口栄二 1991. 植物遺伝資源の現状と将来. 農業技術, **46** : 25-29.
Ford-Lloyd, B. and M. Jackson 1986. *Plant Genetic Resources*, Edward Arnold, London, 146 pp.
Frankel, O. H. and E. Bennett 1970. *Genetic Resources in Plants―Their Exploration and Conservation*. Balckwell, Oxford, 554 pp.
Frankel, O. H. and A. H. D. Brown 1984. Current plant genetic resources―a critical appraisal. In : *Genetics : New Frontiesrs* (vol. IV). New Delhi, India : Oxford and IBH Pub.
蓬原雄三・菊池文雄 1990. 半矮性の遺伝. 所収：松尾孝嶺代表編集『稲学大成　第2巻　遺伝編』農山漁村文化協会. 東京. 795 pp.
Hagberg, A. and K. E. Karlson 1969. Breeding for high protein content and quality in barley. In : Gottschalk, W. and G. Wolff eds. New Approaches to Breeding for Improved Plant Proteins. 17-21. IAEA. Vienna.
Harlan, H. V. 1957. *One Man's Life with Barley*. Exposition Press, New York, 223 pp.
Harlan, H. V. 1975. Seed crops. In : Frankel, O. H. and J. G. Hawkes eds. *Crop Genetic Resources for Today and Tomorrow*, Cambridge Univ. Press, Cambridge. 492 pp.
Harlan, J. R. 1975. Our vanishing genetic resources. *Science*, **188** : 618-621.
Harlan, J. R. 1995. *The Living Fileds. Our Agricultural Heritage*. Cambridge Univ. Press, Cambridge, 271 pp.
Harlan, J. R. and J. M. J. de Wet 1971. Toward a rational classification of cultivated plants. *Taxon*, **20** : 509-517.
Hawkes, J. G. 1979. Genetic poverty of the potato in Europe. In : Zeven, A. C. and A. M. van Harten eds. *Broadening the Genetic Base of Crops*. Centre for Agr. Pub. Doc., Wageningen, 347 pp.
Hawkes, J. G., N. Maxted and B. V. Ford-Lloyd 2000. *The ex situ Conservation of Plant Genetic Resources*. Kluwer Academic Press, Dordrecht, 250 pp.
Hildebrand, D. F. and T. Hymowitz 1981. Two soybean genotypes lacking lipoxygenase-1. *J. Am. Oil Chem.* Soc., **58** : 583-586.
星野次江 2002. 低アミロース系統「関東107号」の開発と高製めん適性小麦品種の育成. 育種学研究, **4** : 159-165.
Iqbal, M. J., O. U. K. Reddy, K. M. El-Zik and A. E. Pepper 2001. A genetic bottleneck in the 'evolution under domestication' of upland cotton *Gossypium hirsutum* L. examined using DNA fingerprinting. *Theor. Appl. Genet.*, **103** : 547-554.
岩永勝 2001. 遺伝資源：世界的状況と課題. 育種学最近の進歩, **43** : 79-82.
金田忠吉 1987. 害虫. 所収：中島哲夫監修『新しい植物育種技術』養賢堂. 東京. 507 pp.
Kitamura, K., C. S. Davies, N. Kaizuma and N. C. Nielsen 1983. Genetic analysis of a null-allele for lypoxygenase-3 in soybean seeds. *Crop Sci.*, **23** : 924-927.
Lundqvist, U. 1986. Barley mutants ―― diversity and genetics. In : *Svalöf 1886-1986*. LTs förlag, Stockholm, pp. 85-88.
Marshall, D. R. and H. D. Brown 1975. Optimum sampling strategies in genetic conservation. In : Frankel, O. H. and J. G. Hawkes eds. *Crop Genetic Resources for Today and Tomorrow*, Cambridge Univ. Press, Cambridge. 492 pp.

松田修 1971．『植物世相史――古代から現代まで』社会思想社．東京．286 pp.
森島啓子 1993．イネ遺伝資源――その多様性・遺伝的侵食・保全．所収：蓬原雄三編著『育種とバイオサイエンス』32-45．養賢堂．東京．569 pp.
中川原捷洋 1989．遺伝資源収集のための探索．所収：松尾孝嶺監修『植物遺伝資源集成』第1巻，講談社サイエンティフィク．東京．pp. 31-39.
中村俊一郎 1993．Recalcitrant 種子 (1)．農業及び園芸，**68**：1160-1164.
Nemoto, H., R. Suga, M. Ishihara and Y. Okutsu 1998. Deep rooted rice varieties detected through the observation of root characteristics using the trench method. *Breed. Sci.*, **48**: 321-324.
Ochoa, C. 1975. Potato collecting expeditions in Chile, Bolivia and Peru, and the genetic erosion of indigenous cultivars. In: Frankel, O. H. and J. G. Hawkes eds. *Crop Genetic Resources for Today and Tomorrow*, Cambridge Univ. Press, Cambridge, 492 pp.
奥野忠一・久米均・芳賀敏郎・吉沢正 1971．『多変量解析法』日科技連．東京．430 pp.
Oldfield, M. L. 1984. *Value of Conserving Genetic Resources*. Sinauer, Massachusetts, 379 pp.
大場秀章 1997．『江戸の植物学』東京大学出版会．東京．217 pp.
Perdue, R. E. and G. M. Christenson 1989. Plant exploration. *Plant Breeding Reviews*, **7**: 67-94.
Plucknett, D. L., N. J. H. Smith, J. T. Williams and N. M. Anishetty 1987. *Gene Banks and the World's Food*. Princeton Univ. Press, Princeton, 247 pp.
佐藤洋一郎 1995．稲における遺伝資源の喪失と野生稲集団の自生地保全．育種学最近の進歩，**37**：27-30.
Singh, R. B. and J. T. Williams 1984. Maintenance and multiplication of plant genetic resources. In: Holden, J. H. W. and J. T. Williams eds. *Crop Genetic Resources: Conservation & Evaluation*. George Allen & Unwin, Boston, 296 pp.
高橋隆平・林二郎・山本秀夫・守屋勇・平尾忠三 1966．大麦の縞萎縮病抵抗性に関する研究．第1報．二条および六条大麦品種の抵抗性検定試験．農学研究，**51**：135-143.
上野益三 1991．『博物学者列伝』八坂書房．東京．412 pp.
Whittle, M. T. 1970. *The Plant Hunters*. William Heinemann Ltd., London（白旗洋三郎・白旗節子訳 1983．『プラント・ハンター物語』八坂書房．東京．217 pp.）.
Withers, L. A. 1979. Freeze-preservation of somatic embryos and clonal plantlets of carrot (*Daucus carota* L.). *Plant Physiol.*, **63**: 460-467.
Wrigley, G. 1995. Coffee. In: Smartt, J. and N. W. Simmonds eds. *Evolution of Crop Plants*. Longman, Harlow. pp. 438-443.
吉川宏昭 1991．野菜類遺伝資源の収集・導入の現状と将来．農業技術，**46**：126-129.

第4章　分離育種

Allard, R. W. 1960. *Principles of Plant Breeding*. John Wiley & Sons, New York, 485 pp.
Bolton, J. L., B. P. Goplen and H. Baenziger 1972. World distribution and historical developments. In: Hanson, C. H. ed. *Alfalfa Science and Technology*. pp. 1-34.
Hayes, H. K., F. R. Immer and D. C. Smith 1955. *Methods of Plant Breeding*. McGraw-Hill, New York, 551 pp.
Johannsen, W. L. 1903. *Ueber Erblichkeit in Populationen und in reinen Linien*. Gustav Fischer Verkaufsbuchhandlung, Jena. 68 pp.
Johannsen, W. L. 1909. *Elemente der exakten Erblichkeitslehre*. Gustav Fischer Verkaufsbuchhandlung, Jena.
小林仁 1984．『サツマイモのきた道』古今書院．東京．214 pp.
松尾孝嶺・谷口晋 1970．第2章　水稲育種技術．第1節　緒論．所収：『戦後農業技術発達史　水田編』日本農業研究所．東京．1228 pp.

第5章　自殖性植物の交雑育種

天辰克巳・西村米八・明峰英夫編 1958. 海外における育種試験事情. 所収：『植物の集団育種法研究』養賢堂. 東京. 351 pp.
Borlaug, N. E. 1982. Breeding methods employed and the contributions of Norin 10 derivatives to the development of the high yielding broadly adapted Mexican wheat varieties. 育種学最近の進歩, **23**：82-102.
Borojević, S. 1990. *Principles and Methods of Plant Breeding*. Elsevier, Amsterdam. 368 pp.
Briggs, F. N. 1930. Breeding wheats resistant to bunt by the backcross method. *J. Amer. Soc. Agron.*, **22**：239-244.
Briggs, F. N. 1938. The use of the backcross in crop improvement. *Amer. Nat.*, **72**：285-292.
Brim, C. A. and C. C. Cockerham 1961. The inheritance of quantitative characters in soybeans. *Crop Sci.*, **1**：187-190.
Fisher, R. A. 1918. The correlation between relatives on the supposition of Mendelian inheritance. *Trans. Royal Soc. Edinb.*, **52**：399-433.
Fisher, R. A. 1949. *The Theory of Inbreeding*. Oliver and Boyd, Edinburgh, 120 pp.
Fisher, R. A., F. R. Immer and O. Tedin 1932. The genetical interpretation of statistics of the third degree in the study of quantitative inheritance. *Genetics*, **17**：107-124.
Fryxell, P. A. 1957. Mode of reproduction of higher plants. *Bot. Rev.*, **23**：135-233.
Goulden, C. H. 1941. Problems in plant selection, *Proc. 7th Intern. Genetics Congress*, Edinbourgh. pp. 132-133.
Guha, S. and S. C. Maheshwari 1964. *In vitro* production of embryos from anthers of *Datura*. *Nature*, **204**：497.
Hanson, W. D. 1959 a. The breakup of initial linkage blocks under selected mating systems. *Genetics*, **44**：857-868.
Hanson, W. D. 1959 b. Early generation analysis of lengths of heterozygous chromosome segments around a locus held heterozygous with backcrossing or selfing. *Genetics*, **44**：833-837.
Harlan, H. V. and M. N. Pope 1922. The use and value of backcrosses in small grain breeding. *J. Hered.*, **13**：319-322.
Kasha, K. J. and K. N. Kao 1970. High frequency haploid production in barley (*Hordeum vulgare* L.). *Nature* (Lond.), **225**：874-875.
Katayama, Y. 1950. Studies on the haploidy in relation to plant breeding. I. Introductory contribution. *Bull. Miyazaki Univ.* (*Nat. Sci.*), **1**：28-30.
香山俊秋 1954. 第1章　水稲. VI. 育種操作. 所収：『育種学各論』養賢堂. 東京. 684 pp.
Kempthorne, O. 1957. *Introduction to Genetic Statistics*. Iowa State Univ. Press, Iowa. 544 pp.
Kuckuck, H. 1934. *Artkreuzungen bei Gerste. Der Züchter*, **6**：270-273.
櫛淵欽也 1976. 稲の品種改良の理論と実際. 所収：『稲の品種改良』不二出版. 東京. 313 pp.
Lander, E. S. and D. Botstein 1989. Mapping Mendelian factors underlying quantitative traits using RFLP linkage maps. *Genetics*, **121**：185-199.
Liu, B. H. 1998. *Statistical Genomics. Linkage, Mapping, and QTL analysis*. CRC Press, New York, 611 pp.
Lorenzen, L. L., S. Boutin, N. Young, J. E. Specht and R. C. Shoemaker 1995. Soybean pedigree analysis using map-based molecular markers. 1. Tracking RFLP markers in cultivars. *Crop Sci.*, **35**：1326-1336.
Lynch, M. and B. Walsh 1998. *Genetics and Analysis of Quantitative Traits*. Sinauer Assoc. Inc., Massachusetts, 980 pp.
Mather, K. 1949. *Biometrical Genetics* (1st edn.) Methuen, London, 162 pp.

Mather, K. and J. L. Jinks 1971. *Biometrical Genetics*. Chapman and Hall, London, 382 pp.
百足幸一郎 1979. 異種属遺伝子導入におけるコムギの世代促進. 育種学最近の進歩, **20**: 108-115.
中田和男・田中正雄 1968. 葯の組織培養による花粉からのタバコ幼植物の分化. 遺伝学雑誌, **43**: 65-71.
Nei, M. 1963. The efficiency of haploid method of plant breeding. *Heredity*, **18**: 95-100.
Niizeki, H. and K. Oono 1968. Induction of haploid rice plant from anther culture. *Proc. Japan. Acad.*, **44**: 554-557.
Roll-Hansen, N. 1986. Svalöf and the origins of classical genetics. In : *Svalöf 1886-1986*. LTs förlag, Stockholm, pp. 35-43.
酒井寛一 1949. ラムシュ育種法の理論と方法. 農業及び園芸, **24**: 105-110.
酒井寛一 1952. 『植物育種学』朝倉書店. 東京. 342 pp.
酒井寛一 1958. イネムギ育種法の理論的組立て. 所収：酒井寛一・高橋隆平・明峰英夫編集『植物の集団育種法』. 養賢堂. 東京. pp. 3-18.
Suneson, C. A. 1949. Survival of four barley varieties in mixture. *Agron. J.*, **41**: 459-461.
Symko, S. 1969. Haploid barley from crosses of *Hordeum bulbosum* (2x) ×*H. vulgare* (2x). *Can. J. Genet. Cytol.*, **11**: 602-608.
田中正雄 1971. 半数体利用育種法に関連する 2, 3 の研究. 育種学雑誌, **21** (別冊 1)：126-127.
戸田修 1993. 富山県における奨励品種決定試験データを用いた水稲品種の適応性評価. *Breed. Sci.*, **43**: 575-588.
Ukai, Y. 1987. Fixation of genes and breakup of linkage blocks in selfed generations. *Japan. J. Breed.*, **37**: 40-53.
鵜飼保雄 2000. 『ゲノムレベルの遺伝解析』東京大学出版会. 東京. 350 pp.
鵜飼保雄 2002. 『量的形質の遺伝解析』医学出版. 東京. 354 pp.
Young, N. D. and S. D. Tanksley 1989. RFLP analysis of the size of chromosomal segments retained around the Tm-2 locus of tomato during backcross breeding. *Theor. Appl. Genet.*, **77**: 353-359.

第 6 章 他殖性植物の交雑育種

Aastveit, K. 1964. Heterosis and selection in barley. *Genetics*, **49**: 159-164.
Adams, M. W. and R. Duarte 1961. The nature of heterosis for a complex trait in a field bean cross. *Crop Sci.*, **1**: 380.
Ahmed, M. I. and E. A. Siddiq 1998. Rice. In : Banga, S. S. and S. K. Banga eds. *Hybrid Cultivar Development*. Springer, Berlin, 536 pp.
青葉高 1996. 野菜. 所収：『日本人が作りだした動植物』裳華房. 東京. pp. 174-215.
Aycock, M. K. Jr. and C. P. Wilsie 1968. Inbreeding *Medicago sativa* L. by sib-mating. II. Agronomic traits. *Crop Sci.*, **8**: 481-485.
Banga, S. S. and S. K. Banga eds. 1998. *Hybrid Cultivar Development*. Springer, Berlin, 536 pp.
Baril, C. P., D. Verhaegen, Ph. Vigneron, J. M. Bouvet and A. Kremer 1997. Structure of the specific combining ability between two species of *Eucalyptus*. *Theor. Appl. Genet.*, **94**: 796-803.
Barker, T. C. and G. Varughese 1992. Combining ability and heterosis among eight complete spring hexaploid triticale lines. *Crop Sci.*, **32**: 340-344.
Bernardo, R., A. Murigneux, J. P. Maisonneuve, C. Hohnsson and Z. Karaman 1997. RFLP-based estimates of parental contribution to F_2- and BC_1-derived maize inbreds. *Theor. Appl. Genet.*, **94**: 652-656.
Borojević, S. 1990. *Principles and Methods of Plant Breeding*. Elsevier, Amsterdam, 368 pp.
Brewbaker, J. L. 1959. Biology of the angiosperm pollen grain. *Ind. J. Genet. Plant Breed.*, **19**:

121-133.
Brieger, F. G. 1930. *Selbst-und Kreuzungssterilität*. Julius Springer, Berlin, 395 pp
Bucio Alanis, L., J. M. Perkins and J. L. Jinks 1969. Environmental and genotype-environmental components of variability. V. Segregating generations. *Heredity*, 24 : 115-127.
Comstock, R. E., H. F. Robinson and P. H. Harvey 1949. A breeding procedure designed to make maximum use of both general and specific combining ability. *Agron. J.*, 41 : 360-367.
Cornelius, P. L. and J. W. Dudley 1974. Effects of inbreeding by selfing and full-sib mating in a maize populations. *Crop Sci.*, 14 : 815-819.
Davenport, C. B. 1908. Degeneration, albinism and inbreeding. *Science*, 28 : 454-455.
de Nettancourt, D. 1977. *Incompatibility in Angiosperms*. Springer-Verlag, Berlin, 230 pp.
Dhillon, B. S. 1998. Maize. In : Banga, S. S. and S. K. Banga eds. *Hybrid Cultivar Development*. Springer Verlag, Berlin, pp. 282-315.
Dudley, J. W. 1974. *Seventy Generations of Selection for Oil and Protein in Maize*. Crop Sci. Soc. Amer. Inc., Madison, 212 pp.
Durel, C. E., P. Bertin and A. Kremer 1996. Relationship between inbreeding depression and inbreeding coefficient in maritime pine (*Pinus pinaster*). *Theor. Appl. Genet.*, 92 : 347-356.
Duvick, D. N. 1965. Cytoplasmic pollen sterility in corn. *Adv. Genet.*, 13 : 1-56.
East, E. M. 1936. Heterosis. *Genetics*, 21 : 375-397.
East, E. M. and H. K. Hayes 1912. Heterozygosis in evolution and in plant breeding. *Bull. U. S. Dept. Agric.*, 243 : 7-58.
Falconer, D. S. 田中嘉成・野村哲郎訳 1990.『量的遺伝学入門』蒼樹־Verlag. 東京. 546 pp.
藤本文弘 1971. てん菜育種における母系選抜法の評価に関する研究――組合わせ能力の向上ならびに形質間相関打破の選抜法として――. てん菜研究報告, 10 : 1-136.
古谷政道 1990. 牧草におけるヘテロシス育種の現状と問題点. 育種学最近の進歩, 31 : 14-25.
Gardner, C. O. 1978. Population improvement in maize. In : D. B. Walden ed. *Maize Breeding & Genetics*. John Wiley & Sons, New York, pp. 207-228.
Ghaderi, A., M. W. Adams and A. M. Nassib 1984. Relationship between genetic distance and heterosis for yield and morphological traits in dry edible bean and faba bean. *Crop Sci.*, 24 : 37-42.
Gowen, J. W. ed. 1952. *Heterosis*. Iowa State College Press, Ames, Iowa, 552 pp.
Green, J. M. 1948. Relative value of two testers for estimating topcross performance in segregating maize populations. *J. Am. Soc. Agron.*, 40 : 45-57.
Griffing, B. 1956. Concept of general and specific combining ability in relation to diallel crossing systems. *Austral. J. Biol. Sci.*, 9 : 463-493.
Hallauer, A. R. and J. B. Miranda 1981. *Quantitative Genetics in Maize Breeding*. Iowa State Univ. Press. Ames, 468 pp.
Hallauer, A. R., W. Arussell and K. R. Lamkey 1988. Corn Breeding. In : Sparague, G. F. and J. W. Dudley eds. *Corn and Corn Improvement*. 3rd edition. Amer. Soc. Agronomy Inc., Crop Sci. Soc. Amer. Inc., Soil Sci. Soc. Amer. Inc., Publishers, Madison, Wisconsin, pp. 463-564.
Hallauer, A. R. and J. H. Sears 1973. Changes in quantitative traits associated with inbreeding in a synthetic variety of maize. *Crop Sci.*, 1 : 55-58.
Hashizume, T., T. Sato and M. Hirai 1993. Determination of genetic purity of hybrid seed in watermelon (*Citrullus lanatus*) and tomato (*Lycopersicon esculentum*) using random amplified polymorphic DNA (RAPD). *Japan. J. Breed.*, 43 : 367-375.
Hayes, H. K. and R. J. Garber 1919. Synthetic production of high protein corn in relation to breeding. *J. Am. Soc. Agron.*, 11 : 308-318.
日向康吉 1976. 不和合性. 所収：木原均監修. 高橋隆平編集『植物遺伝学III　生理形質と量的形

質』裳華房. 東京. pp. 30-65.
宝示戸貞雄 1985. オーチャードグラス「アキミドリ」-合成品種育種. 所収: 村上寛一監修『作物育種の理論と方法』養賢堂. 東京. 500 pp.
Hull, F. H. 1945. Recurrent selection and specific combining ability in corn. *J. Amer. Soc. Agron.*, **37** : 134-145.
Hull, F. H. 1946. Overdominance and corn breeding where hybrid seed is not feasible. *J. Amer. Soc. Agron.*, **38** : 1100-1103.
Hull, F. H. 1948. Evidence of overdominance in yield of corn. *Genetics,* **33** : 110.
井上康昭・岡部俊 1985. トウモロコシ自殖系統の育成方法に関する研究. 北海道農試研究, **143** : 149-157.
Isleib, T. G. and J. C. Wynne 1983. Heterosis in testcrosses of 27 exotic peanut cultivars. *Crop Sci.*, **23** : 832-841.
Jánossy, A. and F. G. H. Lupton ed. 1976. *Heterosis in Plant Breeding*. Elsvier, Oxford, 366 pp.
Jenkins, M. I. 1945. The segregation of genes affecting yield of grain in maize. *J. Amer. Soc. Agron.*, **37** : 134-145.
Jinks, J. L. 1955. A survey of the genetical basis of heterosis in a variety of diallel crosses. *Heredity,* **9** : 223-238.
Jinks, J. L. and R. Morley Jones 1958. Estimation of the components of heterosis. *Genetics*, **43** : 223-234.
Jones, D. F. 1924. Methods of seed corn production being revised. *J. Hered.,* **14** : 291-298.
Jones, D. F. 1939. Continued inbreeding in maize. *Genetics,* **24** : 462-473.
Jugenheimer, R. 1985. *Corn*. Robert E. Krieger Pub., Florida, 794 pp.
Kato, K., Y. Akashi, A. Okamoto, S. Kadota and M. Masuda 1998. Isozyme polymorphism in melon (*Cucumis melo* L.), and application to seed purity test of F_1 cultivars. *Breed. Sci.*, **48** : 237-242.
Keeble, F. and C. Pellew. 1910. The mode of inheritance of stature and flowering time in peas (*Pisum sativum*). *J. Genet.*, **1** : 47-56.
Kempthorne, O. 1957. *Introduction to Genetic Statistics*. Iowa State Univ. Press, Iowa, 544 pp.
木村資生 1960. 『集団遺伝学概論』培風館. 東京. 312 pp.
Kuckuck, H., G. Kobabe and G. Wenzel 1985. *Fundamentals of Plant Breeding*. Springer-Verlag, Berlin, 236 pp.
Li, J. and L. Yuan 2000. Hybrid rice : Genetics, breeding, and seed production. *Plant Breeding Reviews*, **17** : 15-158.
Li, Z., L. J. Luo, H. W. Mei, D. L. Wang, Q. Y. Shu *et al*. 2001. Overdominant epistatic loci are the primary genetic basis of inbreeding depression and heterosis in rice. I. Biomass and grain yield. *Genetics,* **158** : 1737-1753.
Lu, H. and R. Bernardo 2001. Molecular marker diversity among current and historical maize inbreds. *Theor. Appl. Genet*., **103** : 613-617.
Luo, L. J., Z. K. Li, H. W. Mei, Q. Y. Shu, R. Tabien *et al*. 2001. Overdominant epistatic loci are the primary genetic basis of inbreeding depression and heterosis in rice. II. Grain yield components. *Genetics,* **158** : 1737-1753.
Malécot, G. 1948. *Les mathématiques de l'hérédité*. Masson et Cie., Paris. (English ver. translated by D. M. Yermanos, 1969. *The Mathematics of Heredity*. W. H. Freeman and Company, San Francisco. 88 pp.).
Marani, A. 1963. Heterosis and combining ability for yield and components of yields in a diallel cross of two species of cotton. *Crop Sci.*, **3** : 552-555.
Maruyama, K., H. Araki and H. Kato 1991. Thermosensitive genetic male sterility induced by irradiation. In : *Rice Genetics* II., IRRI, Manila, Phillipines, pp. 227-232.

Matzinger, D. F. 1953. Comparison of three types of testers for the evaluation of inbred lines of corn. *Agron. J.*, **45** : 493-495.
Melchinger, A. E., H. H. Geiger and F. W. Schnell 1986. Epistasis in maize (*Zea mays* L.) 2. Genetic effects in crosses among early flint and dent inbred lines determined by three methods. *Thoer. Appl. Genet.*, **72** : 231-239.
Mitchell-Olds, T. 1995. Interval mapping of viability loci causing heterosis in Arabidopsis. *Genetics*, **140** : 1105-1109.
Moll, R. H., J. H. Lonnquist, J. Velez Fortuno and E. C. Johnson 1965. The relationship of heterosis and genetic divergence in maize. *Genetics*, **52** : 139-144.
Nanda, J. S. and S. S. Virmani 2000. Hybrid rice. In : Nanda, J. S. ed. *Rice Breeding and Genetics*. Sci. Pub. Inc., New Hampshire, pp. 23-52.
Neal, N. P. 1935. The decrease in yielding capacity in advanced generations of hybrid corn. *J. Am. Soc. Agron.*, **27** : 666-670.
根井正利（五條掘孝・斎藤成也訳）1987.『分子進化遺伝学』培風館．東京．433 pp.
奥野忠一・久米均・芳賀敏郎・吉沢正 1971.『多変量解析法』日科技連．東京．430 pp.
Parsons, P. A. 1971. Extreme-environment heterosis and genetic loads. *Heredity*, **26** : 479-483.
Poehlman, J. M. 1966. *Breeding Field Crops*. Holt, Rinehart and Winston, Inc., New York, 427 pp.
Poehlman, J. M. and D. A. Sleper 1995. *Breeding Field Crops*. 4th ed. Iowa State Univ. Press, Ames. 494 pp.
Ramanujam, S., A. S. Tiwari and R. B. Mehra 1974. Genetic divergence and hybrid performance in mung bean. *Theor. Appl. Genet.*, **45** : 211-214.
Rasmusson, J. 1933. A contribution to the theory of quantitative character inheritance. *Hereditas*, **18** : 245-261.
Rawlings, J. C. and D. L. Thompson 1962. Performance level as criterion for the choice of maize testers. *Crop Sci.*, **2** : 217-220.
Richards, A. J. 1986. *Plant Breeding Systemes*. George Allen & Unwin, London, 529 pp.
Schmitt, J. and D. W. Ehrhardt 1990. Enhancement of inbreeding depression by dominance and suppression in *Impatiens capensis*. *Evolution*, **44** : 269-278.
Scott, J. W. and F. F. Angell 1998. Tomato. In : Banga, S. S. and S. K. Banga eds. *Hybrid Cultivar Development*. Springer, Berlin, 536 pp.
Shamsuddin, A. K. M. 1985. Genetic diversity in relation to heterosis and combining ability in spring wheat. *Theor. Appl. Genet.*, **70** : 306-308.
Shinjyo, C. 1969. Cytoplasmic-genetic male sterility in cultivated rice, *Oryza sativa* L. II. The inheritance of male sterility. *Jpn. J. Genet.*, **44** : 149-156.
Shull, G. H. 1911 a. Hybridization methods in corn breeding. *Amer. Breeders Mag.*, **1** : 98-107.
Shull, G. H. 1911 b. The genotypes of maize. *Amer. Nat.*, **45** : 234-252.
Sprague, G. F. and L. A. Tatum 1942. General vs. specific combining ability in single crosses of corn. *J. Amer. Soc. Agron.*, **34** : 923-932.
Srb, A. and R. Owen 1952. *General Genetics*. W. H. Freeman and Company. San Francisco.
Stuber, C. W., S. E. Lincoln, D. W. Wolff, T. Helentjaris and E. S. Lander 1992. Identification of genetic factors contributing to heterosis in a hybrid from two elite maize inbred lines using molecular markers. *Genetics*, **132** : 823-839.
住田敦 1990．野菜の F_1 育種とヘテロシスの利用．育種学最近の進歩，**31** : 26-34.
Virmani, S. S. and I. B. Edwards 1983. Current status and future prospects for breeding hybrid rice and wheat. *Advan. Agron.*, **36** : 145-214.
Walden, D. B. ed. 1978. *Maize Breeding and Genetics*. John Wiley and Sons, New York, 794 pp.
Wehner, T. C. 1999. Heterosis in vegetable crops. In : Coors, J. G. and S. Pandey eds. *Genetics*

and Exploitation of Heterosis in Crops. Amer. Soc. Agron. Inc., Crop Sci. Soc. Amer. Inc., Soil Sci. Soc. Amer. Inc., Madison, Wisconsin, pp. 387-397.

Xiao, J., J. Li, L. Yuan and S. D. Tanksley 1995. Dominance is the major genetic basis of heterosis in rice as revealed by QTL analysis using molecular markers. *Genetics,* **140** : 745-754.

柳井晴夫・高木廣文 1986.『多変量解析ハンドブック』現代数学社. 京都. 311 pp.

第7章 栄養繁殖性植物およびアポミクシス植物の交雑育種

Brown, A. G. 1975. Apples. In : Janick, J. and J. N. Moore eds. *Advances in Fruit Breeding.* Purdue Univ. Press, Indiana, 623 pp.

den Nijs, A. P. M. and G. E. van Dijk 1993. Apomixis. In : Hayward, M. D., N. O. Bosemark and I. Romagosa eds. *Plant Breeding. Principles and Prospects.* Chapman & Hall, London, pp. 229-245.

Harlan, J. R., M. H. Brooks, D. S. Borgaonkar and J. M. J. de Wet 1964. The nature and inheritance of apomixis in *Bothriochloa* and *Dichanthium. Bot. Gaz.,* **125** : 41-46.

Jones, A., P. D. Dukes and J. M. Schalk 1986. Sweet potato breeding. In : Bassett, M. J. ed. *Breeding Vegetable Crops.* AVI Pub. Co. Connecticut. 584 pp.

中島皐介 1991. 栄養繁殖およびアポミクシスによる繁殖と育種. 所収:『新版植物育種学』文永堂出版. 東京. pp. 123-131.

赤藤克巳 1968.『作物育種学各論』養賢堂. 東京. 511 pp.

Taliaferro, C. M. and E. C. Bashaw 1966. Inheritance and control of obligate apomixis in breeding buffelgrass, *Pennisetum ciliare. Crop Sci.,* **6** : 473-476.

吉田智彦 1986. カンショの近交係数と収量との関係. 育種学雑誌, **36** : 409-415.

第8章 遠縁交雑育種

Arisumi, T. 1985. Rescuing abortive *Impatiens* hybrids through aseptic culture of ovules. *J. Am. Soc. Hortic. Sci.,* **110** : 273-276.

Bates, L. S. and C. W. Deyoe 1973. Wide hybridization and cereal improvement. *Econ. Bot.,* **27** : 401-412.

Crane, M. B. and G. E. Marks 1952. Pear-apple hybrids. *Nature,* **170** : 1017.

de Candolle, A. 1883. *Origin of Cultivated Plants* (Reprint by Hafner Pub, New York. 1967. 468 pp.).

Dhaliwal, H. S. 1992. Unilateral incompatibility. In : Kalloo, G. and J. B. Chowdhury eds. *Distant Hybridization of Crop Plants.* Springer-Verlag, Berlin, pp. 32-46.

Douglas, G. C., L. R. Wetter, W. A. Kekker and G. Setterfield. 1983. Production of sexual hybrids of *Nicotiana rustica* × *N. tabacum* and *N. rustica* × *N. glutinosa* via *in vitro* culture of fertilized ovules. *Z. Pflanzenzücht.,* **90** : 116-129.

Ghesquière, M., Ph. Barre, S. Marthadour and M.-C. Kerlan 2000. Estimation of introgression rate of a fescue isozymic marker into tetraploid Italian ryegrass at early generations of backcross. *Euphytica,* **114** : 223-231.

Hännig, E. 1904. Zur Physiologie pflanzenlicher Embryonem. I. Über die Kultur von Criciferen-Embryonem außer-halb des Embrosacks. *Z. Bot.,* **62** : 45-80.

Harrison, B. J. and L. Darby 1955. Unilateral hybridization. *Nature,* **176** : 982.

Hogenboom, N. G. 1972. Breaking breeding barriers in *Lycopersicon.* I. The genus *Lycopersicon,* its breeding bariers and the importance of breaking these barriers. *Euphytica,* **21** : 221-227.

Hogenboom, N. G. 1973. A model for incongruity in intimate partner relationships. *Euphytica,*

22 : 219-233.
Inomata, N. 1982. Production of interspecific hybrids between *Brassica campestris* and *B. oleracea* by culture *in vitro* of excised ovaries and their progenies. In : Fujiwara, A. ed. *Plant Tissue Culture* 1982. Proc. 5th Int. Congr. Plant Tissue Cell Culture, Maruzen, Tokyo, pp. 773-774.
香川冬夫 1957.『種・属間交雑による作物育種学』産業図書. 東京. 555 pp.
Kameya, T. and K. Hinata 1970. Test-tube fertilization of excised ovules in *Brassica. Japan. J. Breed.*, **20** : 253-260.
金子幸雄・生井兵治・松澤康男・皿嶋正雄 1992. カンラン類1染色体添加型ダイコンのγ線種子照射による転座型ダイコンの育成. 育種学雑誌, **42** : 383-396.
Kanta, K., N. S. Rangaswamy and P. Maheshwari 1962. Test tube fertilization in a flowering plant. *Nature*, **94** : 1214-1217.
Kanta, K. and P. Maheshwari 1963. Test-tube fertilization in some Angiosperms. *Phytomorphology*, **13** : 230-237.
Khush, G. S. and D. S. Brar 1992. Overcoming the barriers in hybridization. In : Kalloo, G. and J. B. Chowdhury eds. *Distant Hybridization of Crop Plants*. Springer-Verlag, Berlin, pp. 47-61.
Knox, R. B., P. R. Wiling and A. E. Ashford 1972. Role of pollen-wall proteins as recognition substance in interspecific incompatibility in poplars. *Nature,* **237** : 381-383.
Knox, R. B., E. G. Williams and C. Dumas 1986. Pollen, pistil and reproductive function in crop plants. *Plant Breeding Reviews*, **4** : 9-79.
Laibach, F. 1925. Das Taubwerden der Bastardsamen und die künstliche Aufzucht früh absterbender Bastard-embryonem. *Z. Bot.*, **17** : 417-459.
Lamm, R. 1945. Cytogenetic studies in *Solanum* Sect. *Tuberarium. Hereditas*, **21** : 1-128.
Larkin, P. J., P. M. Banks, R. Bhati, R. I. S. Brettel, P. A. Davies *et al.* 1989. From somatic variation to variant plants : mechanisms and applications. *Genome,* **31** : 705-711.
Larter, E. and C. Vhaubey 1965. Use of exogenous growth substances in promoiting pollen tube growth and fertilization in barely-rye crosses. *Can. J. Genet. Cytol.*, **7** : 511-518.
Leighty, C. E. and E. J. Sando 1927. A trigenic hybrid of *Aegilops, Triticum* and *Secale. J. Hered.*, **18** : 433-442.
Mangelsdorf, P. C. and R. G. Reeves 1939. The origin of Indian corn and its relatives. *Texas Agric. Exp. Stn. Bull.*, **574** : 1-315.
McGuire, D. C. and C. M. Rick 1954. Self-incompatibility in species of *Lycopersicon* sect, Eriopersicon and hybrids with *L. esculentum. Hilgardia,* **23** : 101-124.
向井康比己 1993. ゲノム特異的 DNA の利用による染色体解析. 育種学最近の進歩, **35** : 92-97.
Müntzing, A. 1979. *Triticale. Results and Problems*. Verlag Paul Parey, Berlin, 103 pp.
Nakajima, G. 1952. Cytological studies on intergeneric F_1 hybrid between *Triticum* and *Secale*, with special reference to the number of bivalents in meiosis of PMC's. *Cytologia*, **17** : 144-155.
中島哲夫 1985. 試験管内受精. 所収：村上寛一監修『作物育種の理論と方法』養賢堂. 東京. pp. 184-187.
Namai, H., M. Sarashima and T. Hosoda 1980. Interspecific and intergeneric hybridization breeding in Japan. In : Tsunoda, S., K. Hinata and C. Gomez-Campo eds. *Brassica Crops and Wild Allies.*, Japan Sci. Soc. Press, Tokyo, pp. 191-203.
Niimi, Y. 1976. Effect of "stylar pollination" on *in vitro* seed setting of *Petunia hybrida. J. Japan. Soc. Hort. Sci.*, **45** : 168-172.
Nishi, S. 1980. Differentiation of Brassica crops in Asia and the breeding of 'Hakuran', a newly synthesized leafy vegetable. In : Tsunoda, S., K. Hinata and C. Gomez-Campo eds. *Brassica*

Crops and Wild Allies. Japan Sci. Soc. Press, Tokyo. pp. 133-150.
Orton, T. J. 1980. Chromosomal variability in tissue cultures and regenerated plants of *Hordeum*. *Theor. Appl. Genet.*, **56** : 101-112.
Pharis, R. P. and R. W. King 1985. Gibberellins and reproductive development in seed plants. *Ann. Rev. Pl. Physiol.*, **36** : 517-568.
Pickersgill, B. 1993. Interspecific hybridization by sexual means. In : Haymard, M. D., N. O. Bosemark and I. Romagosa eds. *Plant Breeding*. Chapman & Hall, London, pp. 63-78.
Riley, R., V. Chapman and R. Johnson 1968. Introduction of yellow rust resistance of *Aegilops comosa* into wheat by genetically induced homoeologous recombination. *Nature*, **217** : 383-384.
Rupert, E. A., A. Seo and K. W. Richards. 1979. *Trifolium* species hybrids obtained from embryo-callus cultures. *Agron. Abstr.*, **1979** : 75.
Schwarzacher, T., K. Anamathawat-Jonsson, G. E. Harrison, A. K. M. R. Islam, J. Z. Jia *et al.* 1992. Genomic *in situ* hybridization to identify alien chromosome segments in wheat. *Theor. Appl. Genet.*, **84** : 778-786.
Sears, E. R. 1956. The transfer of leaf rust resistance from *Aegilops umbellulata* to wheat. *Brookhaven Symp. Biol.*, **9** : 1-22.
Sears, E. R. 1973. *Agropyron*-wheat transfers induced by homoeologous pairing. In : Sears, E. R. and L. M. S. Sears eds. 4th Intern. Wheat Genet. Symp., Columbia, Missouri, pp. 191-199.
篠原捨喜・管野稔 1961. 甘藍と白菜の種間雑種「ハクラン」. 農業技術, **36** : 89-90.
Stewart, J. M. and C. L. Hsu 1978. Hybridization of diploid and tetraploid cottons through in-ovulo embryo culture. *J. Hered.*, **69** : 404-408.
Taira, T. and E. N. Larter 1977. Effect of E-amino-m-caproic acid and α-lysine on the development of hybrid embryos of triticale (×*Triticosecale*). *Can. J. Bot.*, **55** : 2330-2334.
Wang, R. C., G. H. Liang and E. G. Heyne 1977. Effectiveness of *ph* gene in inducing homoeologous pairing in *Agrotriticum*. *Theor. Appl. Genet.*, **51** : 139-141.
Williams, E. G., G. Maheswaran and J. F. Hutchinson 1987. Embryo and ovule culture in crop improvement. *Plant Breeding Reviews*, **5** : 181-236.
Yamakawa, K. 1970. Effect of chronic gamma radiation on hybridization between *Lycopersicon esculentum* and *L. peruvianum*. *Gamma Field Symp.*, **10** : 11-31.
Ziebur, N. K. and R. A. Brink 1951. The stimulative effect of Hordeum endosperms on the growth of immature plant embryos *in vitro*. *Am. J. Bot.*, **38** : 253-256.

第9章　染色体変異と倍数性育種

Beckett, J. B. 1991. Cytogenetic, genetic and plant breeding applications of B-A translocations in maize. In : *Chromosome Engineering in Plants*. 493-529. Elsevier, Amsterdam, 639 pp.
Bennett, M. D. and J. B. Smith 1976. Nuclear DNA amounts in angiosperms. *Phil. Trans. R. Soc. Lond.*, **B 274** : 227-274.
Bennett, M. D., J. B. Smith and J. S. Hesloop-Harrison 1982. Nuclear DNA amounts in angiosperms. *Proc. R. Soc. Lond.*, **B 216** : 179-199.
Blakeslee, A. F., F. J. Belling and M. E. Farnham 1923. Inheritance in tetraploid Daturas. *Bot. Gaz.*, **76** : 329-373.
Blakeslee, A. F. and A. G. Avery 1938. Fifteen-year breeding records of $2n+1$ types in *Datura stramonium*. Cooperation in research. *Carnegie Inst. Wash. Publ.*, **501** : 315-351.
Bonierbale, M. W., R. L. Plaisted and S. D. Tanksley 1988. RFLP maps based on a common set of clones reveal modes of chromosomal evolution in potato and tomato. *Genetics*, **120** : 1095-1103.

Borojević, S. 1990. *Principles and Methods of Plant Breeding*. Elsevier, Amsterdam, 368 pp.
Bridges, C. B. 1917. Deficiency. *Genetics*, **2** : 445-465.
Caldecott, R. S., B. H. Beard and C. O. Gardner 1953. Cytogenetic effects of X-ray and thermal neutron irradiation on seeds of barley. *Genetics*, **39** : 240-259.
Cheng, Z. K., X. Li, H. X. Yu and M. H. Gu 1996. A new set of primary trisomics in indica rice, its breeding and cytological investigation. *Acta Genet. Sini.*, **23** : 363-371.
Cheng, Z., H. Yan, H. Yu, S. Tang, J. Jiang, *et al.* 2001. Development and applications of a complete set of rice telotrisomics. *Genetics*, **157** : 361-368.
Clausen, R. E. and D. R. Cameron 1944. Inheritance in *Nicotiana tabacum*. XVIII. Monosomic analysis. *Genetics*, **29** : 447-477.
Comai, L., P. Tyagi, K. Winter, R. Holmes-Davis, S. H. Reynolds *et al.* 2000. Phenotypic instability and rapid gene silencing in newly formed Arabidopsis allotetraploids. *Plant Cell*, **12** : 1551-1567.
Darlington, C. D. and E. K. J. Ammal 1945. *Chromosome Atlas of Cultivated Plants*. Aberdeen Univ. Press, Aberdeen.
Darlington, C. D. and A. P. Wylie 1955. *Chromosome Atlas of Flowering Plants*. Aberdeen Univ. Press, Aberdeen, 519 pp.
Devos, K. M., J. Dubcovsky, J. Dvorak, C. N. Chinoy and M. D. Gale 1995. Structural evolution of wheat chromosomes 4 A, 5 A, and 7 B and its impact on recombination. *Theor. Appl. Genet.*, **91** : 282-288.
de Wet, J. M. J. 1980. Origin of polyploids. In : Lewis, W. H. ed. *Polyploidy-Biological Relevance*. 3-15. Plenum, New York. 583 pp.
Dewey, D. R. 1980. Some applications and misapplications of induced polyploidy to plant breeding. In : Lewis, W. H. ed. *Polyploidy-Biological Relevance*. 445 - 470. Plenum, New York, 583 pp.
Eder, J. and S. Chalyk 2002. *In vivo* haploid induction in maize. *Theor. Appl. Genet.*, **104** : 703-708.
Feldman, M., F. G. H. Lupton and T. E. Miller 1995. Wheats. In : Smart, J. and N. W. Simmonds eds. *Evolution of Crop Plants*. Longman, Harlow, 531 pp.
Finch, R. A and M. D. Bennett 1979. Action of triploid inducer (*tri*) on meiosis in barley (*Hordeum vulgare* L.). *Heredity*, **43** : 87-93.
Fjellstrom, R. G., P. R. Beuselinck and J. J. Steiner 2001. RFLP marker analysis supports tetrasomic inheritance in *Lotus corniculatus*. *Theor. Appl. Genet.*, **102** : 718-725.
Goodspeed, T. H. and P. Avery 1939. Trisomic and other types in *Nicotiana sylvestris*. *J. Genet.*, **38** : 381-458.
Goodspeed, T. H. and P. Avery 1941. The twelfth primary trismic type in *Nicotiana sylvestris*. *Proc. Nat. Acad. Sci.* USA, **27** : 245-256.
Gopinath, D. M. and C. R. Burnham 1956. A cytogenetic study in maize of deficiency-duplication produced by crossing interchanges involving the same chromosomes. *Genetics*, **41** : 382-395.
Gottschalk, W. 1976. *Die Bedeutung der Polyploidie für die Evolution der Pflanzen*. Gustav Fischer, Stuttgart, 501 pp.
Gottschalk, W. 1978. Problems in polyploidy research. *Nucleus*, **21** : 99-112.
Guha, S. and S. C. Maheshwari 1964. *In vitro* production of embryos from anthers of *Datura*. *Nature*, **204** : 497
Gupta, P. K. and V. R. K. Reddy 1991. Cytogenetic of triticale——A man-made cereal. In : *Chromosome Engineering in Plants*. 335-359. Elsevier, Amsterdam, 639 pp.
Hagberg, A and G. Hagberg 1986. Cytogenetic investigations in barley. In : *Svalöf 1886-1986*.

89-101. LTs förlag, Stockholm, pp. 89-101.
Hagberg, A. and P. Hagberg 1991. Production and analysis of chromosome duplications in barley. In : *Chromosome Engineering in Plants*. Elsevier, Amsterdam, pp. 401-410.
Hagberg, G. and A. Hagberg 1981. Haploidy initiator gene in barley. *Barley Genetics*, **4** : 686-689.
Hagberg, G., L. Lehmann and P. Hagberg 1975. Segmental interchanges in barley. I. Translocations involving chromosomes 5 and 6. *Hereditas,* **80** : 73-82.
Haider Ali, S. N., M. S. Ramanna, E. Jacobsen and R. G. F. Visser 2001. Estabishment of a complete series of monosomic tomato chromosome addition lines in the cultivated potato using RFLP and GISH analyses. *Theor. Appl. Genet.*, **103** : 687-695.
Harlan, J. R. and J. M. J. de Wet 1975. The origin of polyploidy. *Bot. Rev.*, **41** : 361-390.
Helentjaris, T. 1987. A genetic linkage map for maize based on RFLPs. *Trends in Genetics,* **3** : 217-221.
Helentjaris, T., D. Weber and S. Wright 1988. Identification of the genomic locations of duplicate nucleotide sequences in maize by analysis of restriction fragment length polymorphisms. *Genetics*, **118** : 353-363.
平川信之 1997. わが国におけるブドウ育種の現状と将来. 育種学最近の進歩, **39** : 81-84.
Holm, P. B. 1986. Chromosome pairing and chiasma formation in allohexaploid wheat, *Triticum aestivum*, analyzed by spreading of meiotic nuclei. *Carlsberg Res. Commun.*, **51** : 239-294.
Hougas, R. W., S. J. Peloquin and A. C. Gabert 1964. Effect of seed-parent and pollinator. On frequency of haploids in *Solanum tubersosum. Crop Sci.*, **4** : 593-595.
Hughes, M. A. 1996. *Plant Molecular Genetics*. Longman, Harlow, England, 236 pp.
Iwanaga, M. and S. J. Peloquin 1979. Synaptic mutant affecting only megasporogenesis in potatoes. *J. Hered.*, **70** : 385-389.
Jan, C. C., B. A. Vick, J. F. Miller, A. L. Kahler and E. T. Butler, III. 1998. Construction of an RFLP linkage map for cultivated sunflower. *Theor. Appl. Genet.*, **96** : 15-22.
Janick, J., D. L. Mahony and P. Pfahler 1959. The trisomics of *Spinacea oleracea. J. Hered.*, **50** : 47-50.
Jauhar, P. P. 1975. Genetic control of diploid-like meiosis in hexaploid tall fescue. *Nature,* **254** : 595-597.
Jones, R. N. and H. Rees, 1968. Nuclear DNA variation in Allium. *Heredity,* **23** : 591-605.
Jones, R. N. and H. Rees 1982. *B Chromosomes*. Academic Press, London, 266 pp.
Jones, M., H. Rees and G. Jenkins 1989. Synaptonemal complex formation in Avena polyploids. *Heredity,* **63** : 209-219.
Jørgensen, C. A. 1928. The experimental formation of heteroploid plants in the genus *Solanum. J. Genet.*, **19** : 133-211.
Kamanoi, M. and B. C. Jenkins 1962. Trisomics in common rye. *Secale cereale* L. *Seiken Ziho,* **13** : 118-123.
Kasha, K. J. and K. N. Kao 1970. High frequency haploid production in barley (*Hordeum vulgare* L.). *Nature,* **225** : 874-875.
Kashkush, K., M. Feldman and A. A. Levy 2002. Gene loss, silencing and activation in a newly synthesized wheat allotetraploid. *Genetics,* **160** : 1651-1659.
Khush, G. S. 1973. *Cytogenetics of Aneuploids*. Academic Press, New York, 301 pp.
Kihara, H. 1930. Genomeanalyse bei Triticum and Aegilops. *Cytologia,* **1** : 263-270.
Kihara, H. 1951. Triploid watermelons. *Proc. Amer. Soc. Hort. Science,* **58** : 217-230.
Kihara, H. and T. Ono 1926. Chromosomenzahlen und systematische Gruppierung der Rumex-Arten. *Z. Zellforsch.*, **4** : 475.

Kihara, H. and K. Tsunewaki 1962. Use of alien cytoplasm as a new method of producing haploids. *Jpn. J. Genet.*, **37** : 310-313.
Kimber, G. 1961. Basis of the diploid-like meiotic behaviour of polyploid cotton. *Nature*, **191** : 98-100.
Kimber, G. and R. Riley 1963. Haploid angiosperms. *Bot. Rev.*, **29** : 480-531.
King, J. J., J. M. Bradeen, O. Bak, J. A. McCallum and M. J. Havey 1998. A low-density genetic map of onion reveals a role for tandem duplication in the evolution of an extremely large diploid genome. *Theor. Appl. Genet.*, **96** : 52-62.
Knight, J. 2002. All genomes great and small. *Nature*, **417** : 274-276.
Kojima, T., T. Nagaoka, K. Noda and Y. Ogihara 1998. Genetic linkage map of ISSR and RAPD markers in Einkorn wheat in relation to that of RFLP markers. *Theor. Appl. Genet.*, **96** : 37-45.
Kowalski, S. P., T. Lan, K. A. Feldman and A. H. Paterson 1994. Comparative mapping of *Arabidopsis thaliana and Brassica oleracea* chromosomes reveals islands of conserved organization. *Genetics*, **138** : 499-510.
Lagercrantz, U. 1986. Comparative mapping between *Arabidopsis thaliana* and *Brassica nigra* indicates that Brassica genomes have evolved through extensive genome replication accompanied by chromosome fusions and frequent rearrangements. *Genetics*, **150** : 1217-1228.
Lee, H. -S. and Z. J. Chen 2001. Protein-coding genes are epigenetically regulated in Arabidopsis polyploids. *Proc. Natl. Acad. Sci. USA*, **98** : 6753-6758.
Lesley, J. W. 1928. A cytological and genetical study of progenies of triploid tomatoes. *Genetics*, **13** : 1-43.
Levan, A. 1945. The present state of plant breeding by induction of polyploidy. *Sveriges Utsädes-förenings Tidskrift*, **55** : 109-143.
Lewis, W. H. ed. 1980. *Polyploidy-Biological Relevance*. Plenum, New York, 583 pp.
Loarce, Y., G. Hueros and E. Ferrer 1996. A molecular linkage map of rye. *Theor. Appl. Genet.*, **93** : 1112-1118.
Masterson, J. 1994. Stomatal size in fossil plants : Evidence for polyploidy in majority of angiosperms. *Science*, **264** : 421-424.
McClintock, B. and H. E. Hill 1931. The cytological identification of the chromosome associated with the R-G linkage group in *Zea mays*. *Genetics*, **16** : 175-190.
McCoy, T. J. and L. Y. Smith 1983. Genetics, cytology, and crossing behavior of an alfalfa (*Medicago sativa*) mutant resulting in failure of the premeiotic cytokinesis. *Can. J. Genet. Cytol.*, **25** : 390-397.
Morinaga, T. and E. Fukushima 1934. Cytological studies on *Oryza sativa* L. I. Studies on the haploid plant of *Oryza sativa* L. *Japan. J. Bot.*, **7** : 73-106.
百足幸一郎・神尾正義・細田清 1975. 染色体工学的手法による耐さびコムギの育種. 育種学最近の進歩, **15** : 65-74.
Nagamura, Y., T. Inoue, B. A. Antonio, T. Shimano, H. Kajiya *et al.* 1995. Conservation of duplicated segments between rice chromosomes 11 and 12. *Breed. Sci.*, **45** : 373-376.
Ninan, C. A. 1958. Studies on the cytology and physiology of the Pteridophytes VI. Observations on the Ophioglossaceae. *Cytologia*, **23** : 291-316.
Nitzsche, W. and G. Wenzel 1977. *Haploids in Plant Breeding*. Verlag Paul Perey, Berlin, 101 pp.
Okamoto, M. 1957. Asynaptic effect of chromosome V. *Wheat Inf. Service*, **5** : 6.
小野知夫 1963. 『植物の雌雄性』岩波書店. 東京. 234 pp.
Rajhathy, T. and H. Thomas 1972. Genetic control of chromosome pairing in hexaploid oats.

Nature New Biology, **239** : 217-219.
Ramage, R. T. 1963. Chromosome aberrations and their use in genetics and breeding-translocations. *Barley Genetics*, **1** : 99-115.
Reimann-Philipp, R. 1995. Breeding perennial rye. *Plant Breeding Reviews*, **13** : 265-292.
Reinisch, A. J., J. Dong, C. L. Brubaker, D. M. Stelly, J. F. Wendel *et al*. 1994. A detailed RFLP map of cotton, *Gossypium hirsutum* × *Gossipium barbadense* : chromosome organization and evolution in a disomic polyploid genome. *Genetics*, **138** : 829-847.
Rhoades, M. M. and E. Dempsey 1966. Induction of chromosome doubling at meiosis by the *elongate* gene in maize. *Genetics*, **54** : 505-522.
Rieseberg, L. H. 1998. Genetic mapping as a tool for studying speciation. In : Soltis, D. E., P. S. Soltis and J. J. Doyle eds. *Molecular Systematics of Plants II. DNA Sequencing*. Kluwer Academic Pub., Boston, pp. 459-487.
Riley, R. 1960. The diploidization of ployploid wheat. *Heredity*, **15** : 407-429.
Rothfels, K., E. Sexsmith, M. Heimburger and M. O. Krause 1966. Chromosome size and DNA content of species of *Anemone* L. and related genera (Ranunculaceae). *Chromosoma*, **20** : 54-74.
Rudorf-Lauritzen, M. 1958. The trisomics of *Antirrhinum majus* L. Proc. 10 th Intern. *Congr. Genet. Montreal*, **2** : 243-244.
Scheid, O. M., L. Jakovleva, K. Afsar, J. Maluszynska and J. Paszkowski 1996. A change of ploidy can modify epigenetic silencing. *Proc. Natl. Acad. Sci. USA*, **93** : 7114-7119.
Schulz-Schaeffer, J. 1980. *Cytogenetics. Plants, Animals, Humans*. Springer Verlag, New York, 446 pp.
Sears, E. R. 1954. The aneuploids of common wheat. *Univ. Missouri Res. Bull*., **572** : 1-58.
Sears, E. R. 1956. The transfer of leaf-rust resistance from *Aegilops umbellulata* to wheat. *Brookhaven Symp. Biol*., **92** : 1-22.
Sears, E. R. 1976. Genetic control of chromosome pairing in wheat. *Ann. Rev. Genet*., **10** : 31-51.
Sears, E. R. and M. Okamoto 1958. Intergenomic relationship in hexaploid wheat. Xth Intern. *Congr. Genet. Proc*., **II** : 258-259.
Sears, L. M. S. and S. Lee-Chen 1970. Cytogenetic studies in *Arabidopsis thaliana*. *Can. J. Genet. Cytol*., **12** : 217-223.
Shigyo, M., Y. Tashiro, S. Isshiki and S. Miyazaki 1996. Establishment of a series of alien monosomic addition lines of Japanese bunching onion (*Allim fistulosum* L.) with extra chromosome from shallot (*A. cepa* L. *Aggregatum* group). *Genes Genet. Syst*., **71** : 363-371.
Shoemaker, R. C., K. Polzin, J. Labate, J. Specht, E. C. Brummer *et al*. 1996. Genome duplication in soybean (*Glycine* subgenus *soja*). *Genetics*, **144** : 329-338.
庄東紅・北島宣・石田雅士・傍島善次 1990．栽培カキの染色体数について．園芸学雑誌，**59** : 289-297．
Slocum, M. K., S. S. Figdore, W. C. Kennard, J. Y. Suzuki and T. C. Osborn 1990. Linkage arrangement of restriction fragment length polymorphism loci in *Brassica oleracea*. *Theor. Appl. Genet*., **80** : 57-64.
Soltis, D. E. and L. H. Riesberg 1986. Autopolyploidy in *Tolmiea menziesi* (Saxifragaceae) : Genetic insight from enzyme electrophoresis. *Am. J. Bot*., **73** : 310-318.
Soltis, P. S., J. J. Doyle and D. E. Soltis 1991. Molecular data and polyploid evolution in plants. In : Soltis, P. S., D. E. Soltis and J. J. Doyle eds. *Molecular Systematics of Plants*. 177-201. Chapman and Hall, New York, 434 pp.
Song, K. M., J. Y. Suzuki, M. K. Slocum, P. H. Williams and T. C. Osborn 1991. A linkage map of *Brassica rapa* (syn) *campestris*. Based on restriction fragment length polymorphism

loci. *Theor. Appl. Genet.*, **82** : 296-304.
Sparrow, A. H. 1966. Research uses of the gamma field and related radiation facilities at Brookhaven national laboratory. *Radiation Botany*, **6** : 377-405.
Sparrow, A. H. and H. J. Evans 1961. Nuclear factors affecting radiosensitivity. I. The influence of nuclear size and structure, chromosome complement, and DNA content. *Brookhaven Symp. Biol.*, **14** : 76-100.
Stadler, L. J. 1941. The comparison of ultraviolet and X-ray effects on mutations. Cold Spring *Harbor Symp. Quant. Biol.*, **9** : 169-178.
Stebbins, G. L. 1950. *Variation and Evolution in Plants*. Columbia Univ. Press, New York, 643 pp.
Stebbins, G. L. 1971. *Chromosomal Evolution in Higher Plants*. Edward Arnold Ltd., London, 216 pp.
Strauss, N. A. 1971. Comparative DNA renaturation kinetics in Amphibians. *Proc. Nat. Acad. Sci. USA*, **68** : 799-802.
Stringham, G. R. and R. K. Downey 1973. Haploid frequencies in *Brassica napus*. *Canad. J. Plant Sci.*, **53** : 229-231.
Stubbe, H. 1934. Studien über heteroploide Formen von *Antirrhinum majus*, L. I. Mitteilung : zur Morphologie und Genetik der Trisomen Anaemica, Fusca, Purpurea, Rotunda. *Planta*, **22** : 153-170.
Tabushi, J. 1958. Trisomics of spinach. *Seiken Ziho,* **9** : 49-57.
Thomas, H. M. and B. J. Thomas 1993. Synaptonemal complex formation in two allohexaploid *Festuca* species and a pentaploid hybrid. *Heredity*, **71** : 305-311.
Ting, Y. C. 1966. Duplications and meiotic behavior of the chromosomes in haploid maize (*Zea mays* L.). *Cytologia*, **31** : 324-329.
Tsuchiya, T. 1960. Cytogenetic studies of trisomic in barley. *Japan. J. Bot.*, **17** : 177-213.
Turcotte, E. L. and C. V. Feaster 1963. Haploids : high-frequency production from single-embryo seeds in a line of Pima cotton. *Science*, **140** : 1407-1408.
Veilleux, R. 1985. Diploid and polyploid gametes in crop plants : Mechanisms of formation and utilization in plant breeding. *Plant Breeding Reviews,* **3** : 253-288.
Virmani, S. S. 1969. Trisomics of *Pennisetum typhoides*. Ph. D. Thesis Punjab Agri. Univ., Ludhiana, Punjab, India (Khush 1973 引用による).
鵜飼保雄 1981. 超高線量照射における M_1 減数分裂中期の染色体異常と相互転座誘発の適正線量. 育種学雑誌, **31** (別冊1) : 75-77.
渡辺好郎 1982. 『育種における細胞遺伝学』養賢堂. 東京. 234 pp.
渡辺好郎・古賀義明 1975. 栽培イネとその野生近縁種の細胞遺伝学的研究 II. 農研報告, **D 26** : 91-138.
Weber, D. F. 1991. Monosomic analysis in maize and other diploid crop plants. In : Gupta, P. K. and T. Tsuchiya eds. *Chromosome Engineering in Plants*. Part A, Elsevier, Amsterdam. pp. 181-209.
Whitkus, R., J. Doebley and M. Lee 1992. Comparative genome mapping of sorghum and maize. *Genetics*, **132** : 1119-1130.
Wu, J., N. Kurata, H. Tanoue, T. Shimokawa, Y. Umehara *et al*. 1998. Physical mapping of duplicated genomic regions of two chromosome ends in rice. *Genetics*, **150** : 1595-1603.
Xu, S. J., R. J. Singh, K. P. Kollipara and T. Hymowitz 2000. Primary trisomics in soybean : origin, identification, breeding behavior, and use in linkage mapping. *Crop Sci.*, **40** : 1543-1551.
Yamakawa, K. and A. H. Sparrow 1965. Correlation of interphase chromosome volume and reduction of viable seed set by chronic irradiation of 21 cultivated plants during reproduc-

tive stages. *Radiation Botany*, 5 : 557-566.

第10章 突然変異育種

Abdel-Hak, T. M. and A. H. Kamel 1977. Mutation breeding for disease resitance in wheat and field beans. In : *Induced Mutations against Plant Diseases*. IAEA, Vienna, pp. 305-314.

Abrahamson, S., M. A. Bender, A. D. Conger and S. Wolff 1973. Uniformity of radiation-induced mutation rates among different species. *Nature*, **245** : 460-462.

Ahnström, G. 1989. Mechanism of mutation induction. In : *Science for Plant Breeding*. Proc. XII Cong. EUCARPIA. Paul Parey, Berlin, pp. 153-160.

Akao, S., P. B. Francisco, Jr., H. Hamaguchi, M. Kukubun, H. Kouchi *et al*. 1992. The characteristics of a supernodulating mutant isolated from soybean cultivar Enrei by the ethyl methane sulfonate (EMS) treatment. *Gamma Field Symp.*, **31** : 105-125.

Amano, E. 2003. Mutation breeding in the world as seen in the databases. *Gamma Field Symp.*, **40** :

Berná, G., P. Robles and J. L. Micol 1999. A mutational analysis of leaf morphogenesis in *Arabidopsis thaliana*. *Genetics*, **152** : 729-742.

Bhatia, C., M. S. Swaminathan and N. Gupta 1961. Induction of mutations for rust resistance in wheat. *Euphytica*, **10** : 379-383.

Blonstein, A. D. and P. J. King ed. 1986. *A Genetic Approach to Plant Biochemistry*, Springer Verlag, Wien, 291 pp.

Brewbaker, J. L. and G. C. Emery 1961. Pollen radiobotany. *Radiation Botany*, **1** : 101-154.

Broertjes, C. and A. M. van Harten 1978. *Application of Mutation Breeding Methods in the Improvement of Vegetatively Propagated Crops*, Elsevier, Amsterdam, 316 pp.

Burton, G. W 1974. Radiation breeding of warm season forage and turf grasses. In : *Polyploidy and Induced Mutations in Plant Breeding*. IAEA, Vienna, pp. 35-39.

Burton, G. W. and W. W. Hanna 1976. Ethidium bromide induced cytoplasmic male sterility in pearl millet. *Crop Sci.*, **16** : 731-732.

Carroll, B. J., D. L. McNeil and P. M. Gresshoff 1985. A supernodulation and nitrate tolerant symbiotic (*nts*) soybean mutant. *Plant Physiol.*, **78** : 34-40.

Chin, D. B., R. Arroyo-Garcia, O. E. Ochoa, R. V. Kesseli, D. O. Lavelle *et al*. 2001. Recombination and spontaneous mutation at the major cluster of resistance genes in lettuce (*Lactuca sativa*). *Genetics*, **157** : 831-849.

Drake, J. W., B. Charlesworth, D. Charlesworth and J. F. Crow 1998. Rates of spontaneous mutation. *Genetics*, **148** : 1667-1686.

Erichsen, A. W. and J. G. Ross 1963. Inheritance of colchicine-induced male sterility in sorghum. *Crop Sci.*, **3** : 335-338.

Freisleben, R. and A. Lein 1942. Über die Auffindung einer mehltauresistenten Mutante nach Röntgenbestrahlung einer anfäligen reinen Linie von Sommergerste. *Naturwissenschaften*, **30** : 608.

Futsuhara, Y. 1968. Breeding of a new rice variety Reimei by gamma-ray irradiation. *Gamma Field Symp.*, **7** : 87-109.

Gottschalk, W. and G. Wolff 1983. *Induced Mutations in Plant Breeding*, Springer Verlag, Berlin, 238 pp.

Hagberg, A. and G. Hagberg 1986. Cytogentic investigations in barley. In : G. Olsson ed. *Svalöf 1886-1986*. LTs förlag, Stockholm, pp. 89-101.

Hanis, M. 1974. Induced mutations for disease resistance in wheat and barley. In : *Induced Mutations for Disease Resistance in Crop Plants*. IAEA, Vienna, pp. 49-56.

Hänsel, H. 1966. Model for a theoretical estimate of optical mutation rates per M_1-nucleus with a view to selecting beneficial mutations in different M-generations. In : Stubbe, H. ed. *Induced Mutations and Their Utilization.* Akademie Verlag, Berlin, pp. 79-87.

Harder, D. E., R. I. H. McKenzie, J. W. Martens and P. D. Brown 1977. Strategies for improving rust resistance in oats. In : *Induced Mutations against Plant Diseases.* IAEA, Vienna, pp. 495-498.

Hasegawa, H. and M. Inoue 1983. Induction and selection of hydroxy-L-proline resistant mutant in rice (*Oryza sativa* L.). *Japan. J. Breed.,* **33** : 275-282.

Heddle, J. A. and K. Athanasiou 1975. Mutation rate, genome size and their relation to the rec concept. *Nature,* **258** : 359-361.

Hentrich, W. 1977. Tests for selection of mildew-resistant mutants in spring barley. In : *Induced Mutations against Plant Diseases.* IAEA, Vienna, pp. 333-341.

Hosticka, L. P. and M. R. Hanson 1984. Induction of plastid mutations in tomatoes by nitrosomethylurea. *J. Hered.,* **75** : 242-246.

Kaplan, R. W. 1953. Über Möglichkeiten der Mutationsauslösung in der Pflanzenzuchtung. *Zeit. f. Pflanzenz.,* **32** : 121-131.

Kawai, T., H. Sato and I. Masima 1961. Short-culm mutations in rice induced by P^{32}. In : *Effects of Ionizing Radiations on Seeds.* IAEA, Vienna, pp. 565-579.

木原均 1942. X 線照射と突然変異. 農業及び園芸, **17** : 199-200.

菊池文雄・板倉登・池橋宏・横尾政雄・中根晃他 1985. 多収水稲品種の半矮性に関する遺伝子分析. 農研技報, **D 36** : 125-145.

Kinoshita, T. and M. Takahashi 1969. Induction of cytoplasmic male sterility by gamma-ray irradiation in sugar beets. *Japan. J. Breed.,* **26** : 256-265.

Kucera, J., U. Lundqvist and A. Gustafsson 1975. Induction of *breviaristatum* mutants in barley. *Hereditas,* **80** : 263-278.

Lundqvist, U. 1975. Locus distribution of induced *eceriferum* mutants in barley. *Barley Genetics,* **3** : 162-163.

Maluszynski, M. 2002. FAO/IAEA list of mutant varieties-MVD. Online Internet. Jul. 14th. 2002. http://www.iaea.or.at/databases/dbdir/db40.htm

Muller, H. J. and L. M. Mott-Smith 1930. Evidence that natural radioactivity is inadequate to explain the frequency of "natural" mutations. *Proc. Natl. Acad. Sci. USA,* **16** : 277-285.

Nachman, M. W. and S. L. Crowell 2000. Estimate of the mutation rate per nucleotide in humans. *Genetics,* **156** : 297-304.

Nakai, H., M. Kobayashi and M. Saito 1985. Induction and selection of mutations for resistance against bacterial leaf blight in rice. *Euphytica,* **34** : 577-585.

中島健次 1977. ガンマ線照射圃場を利用した栄養繁殖性作物の効果的な突然変異の誘発方法に関する研究. 放射線育種場研究報告, **4** : 1-105.

Negmatov, M., V. I. Kovalenko, V. K. Shumnyi and K. A. Astrorov 1975. Induction of cytoplasmic male sterility in cotton by the method of radiation mutagenesis. *Soviet Genet.,* **11** : 1593-1595.

Nilan, R. A., E. G. Sideris and A. Kleihofs 1973. Azide-apotent mutagen. *Mutation Res.,* **17** : 142-144.

小田嶋成和・橋本嘉幸 1978. 『化学物質と癌の発生』学会出版センター. 東京. 413 pp.

Okuno, K. and T. Kawai 1978. Genetic analysis of induced long-culm mutants in rice. *Japan. J. Breed.,* **28** : 336-342.

太田敏博・並木満夫 1988. 抗突然変異物質とその作用機構. 化学と生物, **26** : 161-172.

Osone, K. 1963. Studies on the developmental mechanism of mutated cells induced in irradiated rice seeds. *Japan. J. Breed.,* **13** : 1-13.

Persson, G. and A. Hagberg 1969. Induced variation in a quantitative character in barley. Morphology and cytogenetics of *erectoides* mutants. *Hereditas*, **61**: 115-178.
Quesada, V., M. Rosa Ponce and J. L. Micol 2000. Genetic analysis of salt-tolerant mutants in *Arabidopsis thaliana*. *Genetics*, **154**: 421-436.
Ramiah, K. and N. Parthasarathi 1936. An agrotropic mutation in X-rayed rice. *Cur. Sci.*, **5**: 135-136.
佐本四郎・金井大吉 1975. イネの突然変異育種に関する研究. 育種学雑誌, **25**: 1-7.
Sanada, T. 1986. Induced mutation breeding in fruit trees: Resistant mutant to black spot disease of Japanese pear. *Gamma Field Symp.*, **25**: 87-108.
Sargentini, N. J. and K. C. Smith 1985. Spontaneous mutagenesis: the roles of DNA repair, replication, and recombination. *Mut. Res.*, **154**: 1-27.
Sasaki, A., M. Ashikari, M. Ueguchi-Tanaka, H. Itoh, A. Nishimura *et al*. 2002. A mutant gibberellin-synthesis gene in rice. *Nature*, **416**: 701-702.
Satoh, H. and T. Omura 1979. Induction of mutation by the treatment of fertilized egg cell with N-methyl-N-nitorosourea in rice. *J. Fac. Agric. Kyushu Univ.*, **24**: 165-174.
Shikazono, N., A. Tanaka, H. Watanabe and S. Tano 2001. Rearrangement of the DNA in carbon ion-induced mutants of *Arabidopsis thaliana*. *Genetics*, **157**: 379-387.
Shirley, B. W., S. Hanley and H. M. Goodman 1992. Effects of ionizing radiation on a plant genome: analysis of two Arabidopsis transparent testa mutations. *Plant Cell*, **4**: 333-347.
Sigurbjornsson, B. 1975. The improvement of barley through induced mutation. *Barley Genetics*, **3**: 84-95.
Sparrow, A. H. and H. J. Evans 1961. Nuclear factors affecting radiosensitivity. I. The influence of nuclear size and structure, chromosome complement, and DNA content. Brookhaven Symp. *Biol.*, **14**: 76-100.
Stadler, L. J. 1928. Mutations in barley induced by X-rays and radium. *Science*, **68**: 186-187.
Stadler, L. J. 1930. Some genetic effects of X-rays in plants. *J. Hered.*, **21**: 3-19.
高木胖 1974. ダイズの放射線感受性の品種間差異に関する研究. 放射線育種場研究報告, **3**: 45-87.
Tanaka, A., N. Shikazono, Y. Yokota, H. Watanabe and S. Tano 1997. Effects of heavy ions on the germination and survival of *Arabidopsis thaliana*. *Int. J. Radiat. Biol.*, **72**: 121-127.
Thomas, H. and D. Grierson ed. 1987. *Developmental Mutants in Higher Plants*. Cambridge Univ. Press, London, 288 pp.
Tulmann Neto, A., A. Ando and A. S. Costa 1977. Attempts to induce mutants resistant or tolerant to golden mosaic virus in dry beans (*Phaseolus vulgaris*). In: *Induced Mutations against Plant Disease*. IAEA, Vienna, pp. 281-290.
内田正人 1991. ゴールド二十世紀によるナシ産地活性化の方策. 農業技術, **46**: 297-301, 355-359.
鵜飼保雄 1969. 稲における放射線感受性の品種間差異に関する研究. V. 変更要因を加えて照射した場合の放射線感受性. 育種学雑誌, **19**: 293-301.
Ukai, Y. 1983. Early maturing mutants as germplasm stocks for barley breeding. *Gamma Field Symp.*, **22**: 49-72.
鵜飼保雄 1983. 付表5. 所収:『突然変異育種』養賢堂. 東京. p. 309.
Ukai, Y. 1986. Development of various irradiation techniques for frequency enhancement of radiation breeding. *Gamma Field Symp.*, **25**: 55-70.
Ukai, Y. 1990. Application of a new method for selection of mutants in a cross-fertilizing species to recurrently mutagen-treated populations of Italian ryegrass. *Gamma Field Symp.*, **29**: 55-89.
Ukai, Y. and A. Yamashita 1974. Theoretical consideration on the problem of screening of mutants I. Methods for selection of a mutant in the presence of chimera in M_1 spikes. *Bull.*

Inst. Radiation Breeding., **3** : 1-44.
鵜飼保雄・山下淳 1979. 放射線および化学物質により誘発されたオオムギ早熟性突然変異 I. 育種学雑誌, **29** : 255-267.
Wallace, A. T. 1965. Increasing the effectiveness of ionizing radiations in inducing mutations at the vital locus controlling resistance to the fungus *Helminthosporium victoriae* in oats. In : *The Use of Induced Mutations in Plant Breeding. Rad. Bot.*, **5**, Suppl. : pp. 237-250.
Xianyu, W., C. Jinqing, S. Shoujiang and Z. Mingxi 1985. Review and prospects of mutation breeding research on rice in China. Note in the Symp. On *Plant Breeding by Inducing Mutation and in vitro Techniques*. Beijing, China.
山縣弘忠・谷坂隆俊 1977. 人為突然変異の利用に関する育種学的研究 10. 育種学雑誌, **27** : 39-48.
Yamaguchi, T. 1988. Mutation breeding of ornamental plants. *Bull. Inst. Rad. Breed.* **7** : 49-67.
Yamaguchi, I., Y. Ukai and A. Yamashita 1988. Induced mutations for disease resistance in barley. *Gamma Field Symp.*, **27** : 33-48.
Yamakawa, K. and A. H. Sparrow 1965. Correlation of interphase chromosome volume and reduction of viable seed set by chronic irradiation of 21 cultivated plants during reproductive stage. *Radiation Botany*, **5** : 557-566.
山本修編著 1982.『放射線障害の機構』学会出版センター. 東京. 406 pp.
Yamashita, A. 1967. Effects of acute and chronic gamma-ray irradiations on growing barley plants. *Gamma Field Symp.*, **6** : 7195.
Yamashita, A. 1981. Twenty years research of chronic gamma-ray irradiation on seed crops. *Gamma Field Symp.*, **20** : 87-101.
山下淳・鵜飼保雄 1979. 放射線および化学物質により誘発された雄性不稔突然変異の研究 I. 育種学雑誌, **29** : 101-114.
Yamashita, A., Y. Ukai and I. Yamaguchi 1972. Comparison of genetic effects of gamma-ray irradiation and treatments of chemical mutagens in six-rowed barely. *Gamma Field Symp.*, **11** : 73-92.
Yoshida, Y. 1962. Theoretical studies on the methodological procedures of radiation breeding. I. New methods in autogamous plants following seed irradiation. *Euphytica*, **11** : 95-111.
Zolan, M. E., C. J. Tremel and P. J. Pukkila 1988. Production and chracterization of radiation-sensitive meiotic mutants of *Coprinus cinereus. Genetics*, **120** : 379-387.

第 11 章 組織培養の育種的利用

Ahloowalia, B. S. 1976. Chromosomal changes in parasexually produced rye grass. In : Joines, K. and P. E. Brandham eds. *Current Chromosome Research*. Amsterdam, Elsevier, pp. 115 -122.
Alicchio, R., C. Antonioli, L. Graziani, R. Roncarati and C. Vannini 1987. Isozyme variation in leaf-callus regenerated plants of *Solanum tuberosum. Plant Sci.*, **53** : 81-86.
Arihara, A., T. Kita, S. Igarashi, M. Goto and Y. Irikura 1995. White baron : a non-browning somaclonal variant of Danshakuimo (Irish Cobbler). *Am. Potato J.*, **72** : 701-705.
Aviv, D., R. Fuhr, M. Edelman and E. Galun 1980. Progeny analysis of the interspecific somatic hybrids : *Nicotiana tabacum* (CMS) + *Nicotiana sylvestris* with respect to nuclear and chloroplast markers. *Theor. Appl. Genet.*, **56** : 145-150.
Bates, G. W. 1990. Asymmetric hybridization between *Nicotiana tabacum* and *N. repanda* by donor recipient protoplast fusion : transfer of TMV resistance. *Theor. Appl. Genet.*, **74** : 718-726.
Bates, G. W. and C. A. Hasenkampf 1985. Culture of plant somatic hybrids following electrical fusion. *Theor. Appl. Genet.*, **70** : 227-233.

Belliard, G., F. Vedel and G. Pelletier 1979. Mitochondrial recombination in cytoplasmic hybrids of *Nicotiana tabacum* by protoplast fusion. *Nature*, **218** : 401-403.

Boeshore, M. L., M. R. Hansol, I. Lifshitz and S. Izhar 1983. Novel composition of mitochondrial genomes in *Petunia* somatic hybrids derived from cytoplasmic male sterile and fertile plants. *Mol. Gen. Genet.*, **190** : 459-467.

Bohman, S., J. Forsberg, K. Glimelius and C. Dixelius 1999. Inheritance of *Arabidopsis* DNA in offspring from *Brassica napus* and *A. thaliana* somatic hybrids. *Theor. Appl. Genet.*, **98** : 99-106.

Breiman, A., T. Felsenburg and E. Galun 1987 a. Nor loci analysis in progenies of plants regenerated from the scutellar callus of breadwheat. A molecular approach to evaluate somaclonal variation. *Theor. Appl. Genet.*, **73** : 827-831.

Breiman, A., D. Rotem-Abarbanell, Akarp and H. Shaskin 1987 b. Heritable somaclonal variation in wild barley (*Hordeum spontaneum*). *Theor. Appl. Genet.*, **74** : 104-112.

Brettell, R., E. Dennis, W. Scowcroft and W. Peacock 1986. Molecular analysis of a somaclonal mutant of maize alcohol dehydrogenase. *Mol. Gen. Genet.*, **202** : 235-239.

Brewer, E. P., J. A. Saunders, J. S. Angle, R. L. Chaney and M. S. McIntosh 1999. Somatic hybridization between the zinc accumulator *Thlaspi caerulescens* and *Brassica napus*. *Theor. Appl. Genet.*, **99** : 761-771.

Brown, P. T. H. 1989. DNA methylation in plants and its role in tissue culture. *Genome*, **31** : 717-729.

Brown, P. T. H., E. Göbel and H. Lörz 1991. RFLP analysis of *Zea mays* callus cultures and their regenerated plants. *Theor. Appl. Genet.*, **81** : 227-232.

Carlson, P. S., H. H. Smith and R. D. Dearing 1972. Parasexual interspecific plant hybridization. *Proc. Nat. Acad. Sci. USA* **69** : 2292-2294.

Chaleff, R. S. 1981. *Genetics of Higher Plants. Application of Cell Culture*. Cambridge Univ. Press, Cambridge, 184 pp.

Chu, C. C. 1978. The N 6 medium and its applications to anther culture of cereal crops. In : *Symp. Plant Tissue Culture, Science*, Peking 45-50 (cited by Bajaj, Y. P. S. 1990. *In vitro* production of haploids and their use in cell genetics and plant breeding. In : Bajaj, Y. P. S. ed. *Haploids in Crop Improvement* I. Springer, Berlin, pp. 549).

Clark, E., L. Schnabelrauch, M. R. Hanson and K. C. Sink 1986. Differential fate of plastid and mitochondrial genomes in Petunia somatic hybrids. *Theor. Appl. Genet.*, **72** : 748-755.

Cocking, E. C. 1960. A method for the isolation of plant protoplasts and vacuoles. *Nature*, **187** : 962-963.

Cocking, E. C., D. George, M. J. Price-Jones and J. B. Power 1977. Selection procedures for the production of inter-species somatic hybrids of *Petunia hybrida* and *Petunia parodii*. II. Albino complementation selection. *Plant Sci. Lett.*, **10** : 7-12.

de Filippis, L., E. Hoffmann and R. Hampp 1996. Identification of somatic hybrids of tobacco generated by electrofusion and culture of protoplasts using RAPD-PCR. *Plant Sci.*, **121** : 39-46.

Dennis, E., R. Brettell and W. Peacock 1987. A tissue culture induced *Adh*1 null mutant of maize results from a single base change. *Mol. Gen. Genet.*, **210** : 181-183.

Dudits, D., G. Y. Hadlackzy, G. Y. Bajszar, C. S. Loncz, G. Lazar *et al.* 1979. Plant regeneration from intergeneric cell hybrids. *Plant Sci. Lett.*, **15** : 101-102.

Dudits, D., O. Frejér, G. Hadlaczky, C. Koncz, G. B. Lázár *et al.* 1980. Intergeneric gene transfer mediated by plant protoplast fusion. *Mol. Gen. Genet.*, **179** : 283-288.

Evans, D. A. 1986. Case histories of genetic variability *in vitro* ; tomato. In : Vasil, K. ed. *Cell Culture and Somatic Cell Genetics in Plants*. Vol. 3. *Plant Regeneration and Genetic*

Variability. Academic Press, Orlando, FL. pp. 419-434.
Evans, D. A., C. E. Flick, J. E. Bravo and S. A. Kut 1983. Genetic behavior of somatic hybrids in the genus Nicotiana, N. otophora+N. tabacum and N. sylvestris+N. tabacum. Theor. Appl. Genet., **65** : 93-101.
Evans, D. A. and W. Sharp 1983. Single gene mutations in tomato plants regenerated from tissue culture. Science, **221** : 949-951.
Evans, D. A., L. R. Wetter and O. L. Gamborg 1980. Hybrid plants from somatic cells of Nicotiana glauca and Nicotiana tabacum. Physiol. Plant., **48** : 225-230.
Fluhr, R., D. Aviv, M. Edelman and E. Galun 1984. Generation of heteroplastidic Nicotiana cybrids by protoplast fusion : analysis for plastid recombination types. Theor. Appl. Genet., **67** : 491-497.
Gamborg, O. L., R. Amiller and K. Ojima 1968. Nutrient requirements of suspension cultures of soybean root cells. Exp. Cell Res., **50** : 151-158.
Gavazzi, G., C. Tonelli, G. Todesco, E. Arreghini, F. Raffaldi et al. 1987. Somaclonal variation versus chemically induced mutagenesis in tomato (Lycopersicon esculentum L.). Theor. Appl. Genet., **74** : 733-738.
Gegenbach, B. G., C. E. Green and C. M. Donovan 1977. Inheritance of selected pathotoxin resistance in maize plants regenerated from cell cultures. Proc. Natl. Acad. Sci. USA, **74** : 5113-5117.
Gleba, Y. Y., S. Hinnisdaels, V. Asidorov, V. A. Kaleda, A. S. Parokonny et al. 1988. Intergeneric asymmetric hybrids between Nicotiana plumbaginifolia and Atropa belladonna obtained by "Gamma fusion". Theor. Appl. Genet., **76** : 760-766.
Gleba, Y. Y. and F. Hoffmann 1978. Hybrid cell lines Arabidopsis thaliana+Brassica campestris : no evidence for sepcific chromosome elimination. Molec. Gen. Genet., **165** : 257-264.
Gleba, Y. Y. and F. Hoffmann 1980. "Arabidobrassica" : a novel plant obtained by protoplast fusion. Planta, **149** : 112-117.
Gleba, Yu., N. N. Kolesnik, I. V. Meshkene, N. N. Cherep and A. S. Parokonny 1984. Transmission genetics of the somatic hybridization process in Nicotiana. I. Hybrids and cybrids among the regenerates from cloned protoplast fusion products. Theor. Appl. Genet., **69** : 121-128.
Gleba, Y. Y. and K. M. Sytnik 1984. Protoplast Fusion. Springer, New York, 220 pp.
Glimelius, K., H. T. Bonnett and K. Chen 1981. Somatic hybridization in Nicotiana : segreation of organellar traits among hybrid and cybrid plants. Planta, **153** : 504-510.
Glimelius, K., A. Wallin and T. Eriksson 1978. Concanavalin A improves the polyethylene glycol method for fusing plant protoplasts. Physiol. Plant., **44** : 92-96.
Godwin, I. D., N. Sangduen, R. Kunanuvatchaidach, G. Piperidis and S. W. Adkins 1997. RAPD polymorphisms among variant and phenotypically normal rice (Oryza sataiva var. indica) somaclonal progenies. Plant Cell Rep., **16** : 320-324.
Haider Ali, S. N., M. S. Ramanna, E. Jacobsen and R. G. F. Visser 2001. Establishment of a complete series of a monosomic tomato chromosome addition lines in the cultivated potato using RFLP and GISH analyses. Theor. Appl. Genet., **103** : 687-695.
Harding, K. and S. Millam 1999, Analysis of ribosomal RNA genes in somatic hybrids between wild and cultivated Solanum species. Mol. Breed., **5** : 11-20.
Heinz, D. J. and G. W. P. Mee 1969. Plant differentiation from callus tissue of Saccharum species. Crop Sci., **9** : 346-348.
Heinz, D. J. and G. W. P. Mee 1971. Morphologic, cytogenetic, and enzymatic variation in Saccharum species hybrid clones derived from callus tissue. Amer. J. Bot., **58** : 257-262.
Hirochika, H. 1993. Activation of tobacco retrotransposons during tissue cultures. EMBO J.,

12 : 2512-2528.

蘭牟田泉・菊池文雄・生井兵治・鵜飼保雄 1991. イネ葯培養によるカルス形成率のダイアレル分析. 育種学雑誌, **41** : 153-162.

Ishige, T. 1995. Somatic cell fusion between diploid potato (*Solanum tuberosum*) lines using transformed antibiotic selection markers. *Plant Sci.*, **112** : 231-238.

Kao, K. N. 1977. Chromosomal behavior in somatic hybrids of soybean——*Nicotiana glauca*. *Molec. Gen. Genet.*, **150** : 225-230.

Kao, K. N. and M. R. Michayluk 1974. A method for high-frequency intergeneric fusion of plant protoplasts. *Planta*, **115** : 355-367.

Kao, K. N. and M. R. Michayluk 1975. Nutritional requirements for growth of *Vicia hajastana* cells and protoplasts at a very low population density in liquid media. *Planta*, **126** : 105-110.

Kasperbauer, M. J. and G. B. Collins 1972. Reconstruction of diploids from leaf tissue of anther-derived haploids in tobacco. *Crop Sci.*, **12** : 98-101.

Landsmann, J. and H. Uhrig 1985. Somaclonal variation in *Solanum tuberosum* detected at the molecular level. *Theor. Appl. Genet.*, **71** : 500-505.

Lapitan, N. 1988. Amplification of repeated DNA sequences in wheat×rye hybrids regenerated from tissue culture. *Theor. Appl. Genet.*, **75** : 381-388.

Larkin, P. J., S. Ryan, R. Brettell and W. Scowcroft 1984. Heritable somaclonal variation in wheat. *Theor. Appl. Genet.*, **67** : 443-455.

Larkin, P. J. and W. R. Scowcroft 1981. Somaclonal variation——a novel source of variability from cell cultures for plant improvement. *Theor. Appl. Genet.*, **60** : 197-214.

LoSchiavo, F., G. Giovinazzo and M. Terzi 1983. 8-Azaguanine resistant carrot cell mutants and their use as universal hybridizers. *Mol. Gen. Genet.*, **192** : 326-329.

McClintock, B. 1956. Controlling elements and the gene. *Cold Spring Harbor Symp. Quant. Biol.*, **21** : 197-216.

Medgyesy, P., E. Fejes and P. Maliga 1985. Interspecific chloroplast recombination in a *Nicotiana* somatic hybrid. *Proc. Natl. Acad. Sci., USA*, **82** : 6960-6964.

Meins Jr., F. 1983. Heritable variation in plant cell culture. *Ann. Rev. Plant Physiol.*, **34** : 327-346.

Melchers, G. and G. Labib 1974. Somatic hybridization of plants by fusion of protoplasts. I. Selection of light resistant hybrids of "haploid" light sensitive varieties of tobacco. *Molec. Gen. Genet.*, **135** : 277-294.

Melchers, G., M. D. Sacristán and A. A. Holder 1978. Somatic hybrid plants of potato and tomato regenerated from fused protoplasts. *Carlsberg Res. Commun.*, **43** : 203-218.

Menczel, L., G. Galiba, F. Nagy and P. Maliga 1982. Effect of radiation dosage on the efficiency of chloroplast transfer by protoplast fusion in Nicotiana. *Genetics*, **100** : 487-495.

Müller, E., P. T. H. Brown, S. Hartke and H. Lorz 1990. DNA variation in tissue-culture-derived rice plants. *Theor. Appl. Genet.*, **80** : 673-679.

Murashige, T. and R. Nakano 1967. Chromosome complement as a determinant of the morphogenetic potential of tobacco cells. *Am. J. Bot.*, **54** : 963-979.

Murashige, T. and F. Skoog 1962. A revised medium for rapid growth and bioassays with tobacco tissue cultures. *Physiol. Plant.*, **15** : 473-497.

Nafziger, E., J. Widholm, H. Steinrucken and J. Killmer 1984. Selection and characterisation of a carrot cell line tolerant to glyphosate. *Plant Physiol.*, **76** : 571-574.

長尾照義 1978. 細胞融合による体細胞雑種の育成. 第一報. *Nicotiana tabacum* と *Nicotiana rustica* との組合わせについて. 日作紀, **47** : 491-498.

Negrutiu, I., M. Jacobs and M. Caboche 1984. Advances in somatic cell genetics of higher plants ——The protoplast approach in basic studies on mutagenesis and isolation of biochemical

mutants. *Theor. Appl. Genet.*, **60** : 289-304.
Negrutiu, I., A. Mouras, Y. Y. Gleba, V. Sidorov, S. Hinnisdales *et al*. 1989. Symmetric versus asymmetric fusion combination in higher plants. In : Bajaj, Y. P. S. ed. *Biotechnology in Agriculture and Forestry*. Vo. 8. *Plant Protoplasts and Genetic Engineering*. I. Springer Verlag, Berlin, pp. 304-319.
Nelshoppen, J. M. and J. M. Widholm 1990. Mutagenesis techniques in plant tissue cultures. In : *Plant Cell and Tissue Culture* Pollard, J. W. and J. M. Walker eds., Humana Press, Clifton, New Jersey, pp. 413-430.
Nelson, O. ed. 1988. *Plant Transposable Elements*. Plenum, New York, 404 pp.
Nielsen, E., E. Selva, C. Sghirinzetti and M. Devreux 1985. The mutagenic effect of gamma rays on leaf protoplasts of haploid and dihaploid *Nicotiana plumbaginifolia*, estimated valine resistance mutation frequencies. *Theor. Appl. Genet.*, **70** : 259-264.
Nishi, T. and S. Mitsuoka 1969. Occurrence of various ploidy plants from anther and ovary culture of rice plant. *Jpn. J. Genet.*, **44** : 341-346.
西村繁夫 1993. 植物の細胞選抜における選抜効率. 所収：蓬原雄三編著『育種とバイオサイエンス』199-211. 養賢堂. 東京. 569 pp.
Novak, F., S. Daskolov, H. Brunner, M. Nesticky, R. Afza *et al*. 1988. Somatic embryogenesis in maize and comparison of genetic variability induced by gamma radiation and tissue culture techniques. *Plant Breed.*, **101** : 66-79.
Oono, K. 1978. Test-tube breeding of rice by tissue culture. *Trop. Agric. Res. Series*, **11** : 109-123.
Oono, K. 1981. In vitro methods applied to rice. In : Thorpe, T. A. ed. *Plant Tissue Culture*. Academic Press, New York, pp. 273-298.
Orton, T. J. 1980. Chromosomal variability in tissue cultures and regenerated plants of *Hordeum. Theor. Appl. Genet.*, **56** : 101-112.
Pental, D., J. D. Hamill and E. C. Cocking 1984. Somatic hybridization using a double mutant of *Nicotiana tabacum. Heredity*, **53** : 79-83.
Peschke, V., R. Phillips and B. Gengenbach 1987. Discovery of transposable element activity among progeny of tissue culture-derived plants. *Science*, **238** : 804-807.
Pijnacker, L. P., M. A. Ferwerda, K. J. Puite and S. Roest 1987. Elimination of *Solanum phureja* nucleolar chromosomes in *S. tuberosum* + *S. phureja* somatic hybrids. *Theor. Appl. Genet.*, **73** : 878-882.
Power, J. B., C. Hayward and E. C. Cocking 1975. Some consequences of the fusion and selective culture of *Petunia* and *Parthenocissus* protoplasts. *Plant Sci. Lett.*, **5** : 197-207.
Power, J. B., C. Hayward, D. George, P. K. Evans, S. L. Berry *et al*. 1976 a. Somatic hybridization *of Petunia hybrida* and *P. parodii. Nature*, **263** : 500-502.
Power, J. B., E. M. Frearson, D. George, P. K. Evans, S. L. Berry *et al*. 1976 b. The isolation, culture and regeneration of leaf protoplasts in the genus *Petunia. Plant Sci. Lett.*, **7** : 51-55.
Rasmussen, J. O., S. Waara and O. Rasmussen 1997. Regeneration and analysis of interspecific asymmetric potato——*Solanum* ssp hybrid plants selected by micromanipulation of fluorescence-activated cell sorting (FACS). *Theor. Appl. Genet.*, **95** : 41-49.
Reinert, J. 1958. Aspects of organization-organogenesis and embryogenesis. In : Street, H. E. ed. *Plant Tissue and Cell Culture*, Univ. California Press, Berkeley, pp. 338-355.
Rieger, R., A. Michaelis and M. M. Green 1991. *Glossary of Genetics*. Springer, Berlin, 553 pp.
Roth, E. J., B. L. Frazier, N. R. Apuya and K. G. Lark 1989. Genetic variation in an inbred plant : variation in tisuue cultures of soybean [*Glycine max* (L.) Merrill]. *Genetics*, **121** : 359-368.

Ryan, S. and W. Scowcroft 1987. A somaclonal variant of wheat additional beta-amylase isozymes. *Theor. Appl. Genet.*, **73** : 459-464.

Sacristán, M. D. 1971. Karyotypic changes in callus cultures from haploid and diploid plants of *Crepis capillaris* (L.) Wallr. *Chromosoma*, **33** : 273-283.

Schieder, O. 1978. Somatic hybrids of *Datura innoxia* Mill. + *Datura discolor* Bernh. and of *Datura innoxia* Mill. + *Datura stramonium* L. var *tatula* L. *Molec. Gen. Genet.*, **162** : 113-119.

Senda, M., J. Takeda, A. Shunnosuke and T. Nakamura 1979. Induction of cell fusion of plant protoplasts by electrical stimulation. *Plant Cell Physiol.*, **20** : 1441-1443.

Shepard, J. F., D. Bidney and E. Shahin 1980. Potato protoplasts in crop improvement. *Science*, **28** : 17-24.

Sidorov, V. A, L. Menczel, F. Nagy and P. Maliga 1981. Chloroplast transfer in *Nicotiana* based on metabolic complementation between irradiated and iodoacetate treated protoplasts. *Planta*, **152** : 341-345.

Skirvan, R. M. and J. Janick 1976. 'Velvet Rose' *Pelargonium*, a scented geranium. *HortScience*, **11** : 61-62.

Smith, H. H., K. N. Kao and N. C. Combatti 1976. Interspecific hybridization by protoplast fusion in *Nicotiana*. *J. Hered.*, **67** : 123-128.

Spangenberg, G., Z. Y. Wang, G. Legris, P. Montavon, T. Takamizo et al. 1995. Intergeneric symmetric and asymmetric somatic hybridization in *Festuca* and *Lolium*. *Euphytica*, **85** : 235-245.

Steward, F. C., M. O. Mapes and K. Mears 1958. Growth and development of cultured cells. 2. Organization in cultures grown from freely suspended cells. *Amer. J. Bot.*, **45** : 705-708.

杉本和宏 1993. 葯培養によるイネの育種. 所収：蓬原雄三編著『育種とバイオサイエンス』養賢堂. 東京. pp. 453-466.

Takebe, I., G. Labib and G. Melchers 1971. Regeneration of whole plants from isolated mesophyll protoplasts of tobacco. *Naturwissenschaften*, **58** : 318-320.

Thomzik, J. E. and R. Hain 1988. Transfer and segregation of triazine tolerant chloroplasts in *Brassica napus* L. *Theor. Appl. Genet.*, **76** : 165-171.

Toriyama, K., T. Kameya and K. Hinata 1987. Selection of a universal hybridizer in *Sinapis turgida* Del. and regeneration of plantlets from somatic hybrids with *Brassica* species. *Planta*, **170** : 308-313.

Trick, H., A. Zelcer and G. W. Bates 1994. Chromosome elimination in a asymmetric somatic hybrids : effect of gamma dose and time in culture. *Theor. Appl. Genet.*, **88** : 965-972.

van Harten, A. M. 1998. *Mutation Breeding*. Cambridge Univ. Press, Cambridge, 352 pp.

Vasil, I. K. 1984. *Cell Culture and Somatic Cell Genetics of Plants*. Vol. I. Academic Press, Orlando, 825 pp.

Vasil, V. and A. C. Hildebrandt 1965. Differentiation of tobacco plants from single isolated cells in microcultures. *Science*, **150** : 889-892.

Veilleux, R. E. and A. A. T. Johnson 1998. Somaclonal variation : Molecular analysis, transformation interaction, and utilization. *Plant Breeding Reviews*, **16** : 229-268.

Waara, S. and K. Glimelius 1995. The potential of somatic hybridization in crop breeding. *Euphytica*, **85** : 217-233.

Waara, S., M. Nyman and A. Johannisson 1998. Efficient selection of potato heterokaryons by flow cytometric sorting and the regeneration of hybrid plants. *Euphytica*, **101** : 293-299.

Wenzel, G. 1984. Anther culture of cereals and grasses. In : Vasil, I. K. ed. *Cell Culture and Somatic Cell Genetics of Plants*. Vol. I. 311-327, Academic Press, Orlando.

山田康之編著 1984. 『植物細胞培養マニュアル』講談社サイエンティフィク. 東京. 156 pp.

Yan, H. H., S. K. Min and L. H. Zhu 1999. Visualization of *Oryza eichingeri* chromosomes in intergenomic hybrid plants from *O. sativa*×*O. eichingeri* via fluorescent *in situ* hybridization. *Genome*, **42**: 48-51.
Zimmermann, U. and P. Scheurich 1980. High frequency fusion of plant protoplasts by electric fields. *Planta*, **151**: 26-32.
Zimmermann, U. and J. Vienken 1982. Electric field-induced cell-to-cell fusion. *J. Membrane Biol.*, **67**: 165-182.

第12章 遺伝子組換え育種

Aragão, F. J. L., M. G. Barros, A. C. M. Brasiliero, S. G. Robeiro, F. D. Smith *et al*. 1996. Inheritance of foreign genes in transgenic bean (*Phaseolus vulgaris* L.) co-transformed via particle bombardment. *Theor. Appl. Genet.*, **93**: 142-150.
Arias, D. M. and L. H. Rieseberg 1994. Gene flow between cultivated and wild sunflowers. *Theor. Appl. Genet.*, **89**: 655-660.
浅川征男ほか14名 1992. 遺伝子組換えによって TMV 抵抗性を付与したトマトの生態系に対する安全性評価. 農業環境技術研究所報告, **8**: 1-51.
Avery, D. T. 2001. Genetically modified organisms can help save the planet. In: Nelson, G. C. ed. *Genetically Modified Organisms in Agriculture*. Academic Press, New York, pp. 205-215.
Baranger, A., A. M. Chévre, F. Eber and M. Renard 1995. Effect of oilseed rape genotype on the spontaneous hybridization rate with a weedy species: an assessment of transgenic dispersal. *Theor. Appl. Genet.*, **91**: 956-963.
Bateman, A. J. 1947. Contamination of seed crops III. Relation with isolation distance. *Heredity*, **1**: 303-335.
Bechtold, N., B. Jaudeau, S. Jolivet, B. Maba, D. Vezon *et al*. 2000. The maternal chromosome set is the target of the T-DNA in the *in planta* transformation of *Arabidopsis thaliana*. *Genetics*, **155**: 1875-1887.
Becker, D., R. Brettschneider and H. Lörz 1994. Fertile transgenic wheat from microprojectile bombardment of scuteller tissue. *Plant J.*, **5**: 299-307.
Bergelson, J., C. B. Purrington and G. Wichmann 1998. Promiscuity in trangenic plants. *Nature*, **340**: 91-93.
Bommineni, V. R., P. P. Jauhar and T. S. Peterson 1997. Transgenic durum wheat by microprojectile bombardment of isolated scutella. *J. Heredity*, **88**: 475-481.
Boudry, P., M. Mörchen, P. Saumitou-Laprade, Ph. Vernet and H. van Dijk 1993. The origin and evolution of weed beets: consequences for the breeding and release of herbicide-resistant transgenic sugar beets. *Theor. Appl. Genet.*, **87**: 471-478.
Brettschneider, R., D. Becker and H. Lörz 1997. Efficient transformation of scutellar tissue of immature maize embryos. *Theor. Appl. Genet.*, **94**: 737-748.
Brownlee, J. 1911. The mathematical theory of random migration and epidemic distribution. *Proc. Roy. Soc. Edin.*, **31**: 262.
Campbell, B. T., P. S. Baenziger, A. Mitra, S. Sato and T. Clemente 2000. Inheritance of multiple transgenes in wheat. *Crop Sci.*, **40**: 1133-1141.
Caplan, R. 2001. GMOs in agriculture: An environmentalist perspective. In: Nelson, G. C. ed. *Genetically Modified Organisms in Agriculture*. Academic Press, New York, pp. 198-203.
Chang, S. S., S. K. Park, B. C. Kim, B. J. Kang, D. U. Kim *et al*. 1994. Stable genetic transformation of *Arabidopsis thaliana* by Agrobacterium inoculation *in planta*. *Plant J.*, **5**: 551-558.
Chilton, M. D., M. H. Drummond, D. J. Merlo, D. Sciaky, A. L. Montoya *et al*. 1977. Stable

incorporation of plasmid DNA into higher plant cells : The molecular basis of crown gall tumorgenesis. *Cell,* **11** : 263-271.

Chilton, M. D., D. Tepfer, A. Petit, C. David, F. Casse-Delbart *et al.* 1982. *Agrobacterium rhizogenes* inserts T-DNA into the genome of the host plant root cells. *Nature,* **295** : 432-434.

Choi, H. W., P. G. Lemaux and M. -J. Cho 2000. Increased chromosomal variation in transgenic versus nontransgenic barley (*Hordeum vulgare* L.) plants. *Crop Sci.,* **40** : 524-533.

Colwell, R. A., E. Anorse, D. Pimentel, F. E. Sharples and D. Simberloff 1985. Genetic engineering in agriculture. *Science,* **229** : 111-112.

Comai, L., D. Facciotti, W. R. Hiatt, G. Thompson, R. E. Rose *et al.* 1985. Expression in plants of a mutant *aro*A gene from *Salmonella typhimurium* confers tolerance to glyphosate. *Nature,* **317** : 741-744.

Conner, A. J. and P. J. Dale 1996. Reconsideration of pollen dispersal data from field trials of transgenic potatoes. *Theor. Appl. Genet.,* **92** : 505-508.

Demeke, T., P. Hucl, M. Båga, K. Caswell, N. Leung *et al.* 1999. Transgenic inheritance and silencing in hexaploid spring wheat. *Theor. Appl. Genet.,* **99** : 947-953.

Ellstrand, N. C., B. Devlin and D. L. Marshall 1989. Gene flow by pollen into small populations : Data from experimental and natural stands of wild radish. *Proc. Natl. Acad. Sci.,* **86** : 9044-9047.

Ellstrand, N. C., H. C. Prentice and J. F. Hancock 2002. Gene flow and introgression from domesticated plants into their wild relatives. In : Syvanen, M. and C. I. Kado eds. *Horizontal Gene Transfer*. Academic Press, San Diego, pp. 217-236.

Enríquez, G. A., I. R. Vazquez, D. L. Prieto, M. Perez and G. Selman-Housein 1997. Genetic transformation of sugarcane by *Agrobacterium tumefaciens* using antioxidant compounds. *Biotechnol. Appl.,* **14** : 169-174.

Finkel, E. 2001. Engineered mouse virus spurs bioweapon fears. *Science,* **291** : 585.

Frankel, R. and E. Galun 1977. *Pollination Mechanisms, Reproduction and Plant Breeding*. Springer-Verlag, Berlin, 281 pp.

Fromm, M. E., L. P. Taylor and V. Walbot 1986. Stable transformation of maize after gene transfer by electroporation. *Nature,* **319** : 791-793.

Gahakwa, D., S. B. Maqbool, X. Fu, D. Sudhakar, P. Christou *et al.* 2000. Transgenic rice as a system to study the stability of transgene expression : multiple heterologous trangenes show similar behaviour in diverse genetic backgrounds. *Theor. Appl. Genet.,* **101** : 388-399.

Gal, S., B. Pisan, T. Hohn, N. Grimsley and B. Hohn 1992. Agroinfection of transgenic plants leads to viable cauliflower mosaic virus by intermolecular recombination. *Virology,* **187** : 525-533.

Greene, A. E. and R. F. Allison 1994. Recombination between viral RNA and transgenic plant transcripts. *Science,* **263** : 1423-1425.

Gressel, J. 1999. Tandem constructs : preventing the rise of superweeds. *Trends Biotech.,* **17** : 361-366.

Heap, I. 2001. International survey of herbicide-resistant weeds. Online Internet. August 3rd. 2001. http://www.weedscience.com.

Hellmich, R. L. and B. D. Siegfried 2001. Bt corn and the monarch butterfly : Research update. In : Nelson, G. C. ed. *Genetically Modified Organisms in Agriculture*." Academic Press, New York, pp. 283-289.

Hiei, Y., S. Ohta, T. Komari and T. Kumashiro 1994. Efficient transformation of rice (*Oryza sativa* L.) mediated by *Agrobacterium* and sequence analysis of the boundaries of the T-DNA. *Plant J.,* **6** : 271-282.

Horvath, H., L. G. Jensen, O. T. Wong, E. Kohl, S. E. Ullrich *et al.* 2001. Stability of transgene expression, field performance and recombination breeding of transformed barley lines. *Theor. Appl. Genet.*, **102**：1-11.

Hughes, M. A. 1996. *Plant Molecular Genetics*. Longman, Harlow, England, 236 pp.

市川裕章・淺川征男・鵜飼保雄 1992. 遺伝子組換え植物の安全性評価. ――ウイルス抵抗性トマトを例として. 研究ジャーナル, **15**：32-38.

Ishida, Y., H. Saito, S. Ohta, Y. Hiei, T. Komari *et al.* 1996. High efficiency transformation of maize (*Zea mays* L.) mediated by *Agrobacterium tumefaciens*. *Nature Biotechol.*, **15** (6)：745-750.

Jackson, S. A., P. Zhang, W. P. Chen, R. L. Phillips, B. Friebe *et al.* 2001. High-resolution structural analysis of biolistic transgene integration into the genome of wheat. *Theor. Appl. Genet.*, **103**：56-62.

Jähne, A., D. Becker, R. Brettschneider and H. Lörz 1994. Regeneration of transgenic, microspore-derived, fertile barley. *Theor. Appl. Genet.*, **89**：525-533.

Jorgensen, R. B. and B. Andersen 1994. Spontaneous hybridization between oilseed rape (*Brassica napus*) and weedy *B. campestris* (Brassicaceae)：A risk of growing genetically modified oilseed rape. *Amer. J. Bot.*, **81**：1620-1626.

Klein, T. M., E. D. Wolf, R. Wu and J. C. Sanford 1987. High-velocity microprojectiles for delivering nucleic acids into living cells. *Nature*, **327**：70-73.

Komari, T. 1990. Genetic characterization of a double-flowered tobacco plant obtained in a transformation experiment. *Theor. Appl. Genet.*, **80**：167-171.

Komari, T., Y. Hiei, Y. Saito, N. Murai and T. Kumashiro 1996. Vectors carrying two separate T-DNAs for co-transformation of higher plants mediated by *Agrobacterium tumefaciens* and segregation of transformants free from selection markers. *Plant J.*, **10**：165-174.

河野陽一 2001. 食物のアレルゲン性：アレルゲンの検出法とその特徴. 農林水産技術研究ジャーナル, **24**：15-23.

Krens, F. A., L. Molendijk, G. J. Wullems and R. A. Schilperoort 1982. *In vitro* transformation of plant protoplasts with Ti-plasmid DNA. *Nature*, **296**：72-74.

久保友明・小鞠敏彦・樋江井祐弘・石田祐二・村井宣彦ほか 1997. アグロバクテリウムによる遺伝子導入と穀物改良の試み. 育種学最近の進歩, **39**：14-17.

Loeb, T. A., L. M. Spring, T. R. Steck and T. L. Reynolds 2000. Transgenic wheat (*Triticum* spp.). In：Bajaj, Y. P. S. ed. *Transgenic Crops I*. Springer, Berlin, pp. 14-36.

Lorraine-Colwill, D. F., S. B. Powels, T. R. Hawkes and C. Preston 2001. Inheritance of evolved glyphosate resistance in *Lolium rigidum* (Gaud.) *Theor. Appl. Genet.*, **102**：545-550.

Losey, J. E., L. S. Rayor and M. E. Carter 1999. Transgenic pollen harm monarch larvae. *Nature*, **399**：214.

Luby, J. J. and R. J. McNicol 1995. Gene flow from cultivated to wild rasberries in Scotland：developing a basis for risk assessment for testing and deployment of transgenic cultivars. *Theor. Appl. Genet.*, **90**：1133-1137.

Martineau, B. 2001. *First Fruit*. McGraw-Hill, New York, 269 pp.

Matzke, M. A., M. Primig, J. Timovsky and A. J. M. Matzke 1989. Reversible methylation and inactivation of marker genes in sequentially transformed tobacco plants. *EMBO J.*, **8**：643-685.

Messeguer, J., C. Fogher, E. Guiderdoni, V. Marfà, M. M. Català *et al.* 2001. Field assessments of gene flow from transgenic to cultivated rice (*Oryza sativa* L.) using a herbicide resistance gene as tracer marker. *Theor. Appl. Genet.*, **103**：1151-1159.

Miranda, A., G. Janssen, L. Hodges, E. G. Peralta and W. Ream 1992. *Agrobacterium tumefaciens* transfers extremely long T-DNAs by a unidirectional mechanism. *J. Bacteriol.*,

174 : 2288-2297.

Mittelsten-Scheid, O., L. Jakovleva, K. Afsar, J. Maluszynska and J. Paszkwoski 1996. A change of ploidy can modify epigenetic silencing. *Proc. Natl. Acad. Sci, USA*, **93** : 7114-7119.

Napoli, C., C. Lemieux and R. Jorgensen 1990. Introduction of a chimeric chalcone synthase gene into petunia results in reversible co-suppression of homologous genes *in trans*. *The Plant Cell*, **2** : 279-289.

Nelson, G. C., J. Babinard and T. Josling 2001. The domestic and regional regulatory environment. In : Nelson, G. C. ed. *Genetically Modified Organisms in Agriculture*. Academic Press, New York, pp. 97-116.

農林水産省 2002. 遺伝子組換え植物 (GMO) の栽培試験状況. インターネット 2002年7月8日. http://www.s.affrc.go.jp/docs/sentan/guide/develp.htm

Nottingham, S. 1998. *Eat Your Genes. How Genetically Modified Food is Entering Our Diet*. Zed Books Ltd., London, 212 pp.

Ohsawa, R., N. Furuya and Y. Ukai 1993. Effect of spatially restricted pollen flow on spatial genetic structure of an animal-pollinated allogamous plant population. *Heredity*, **71** : 64-73.

Ohta, S., S. Mita, T. Hattori and K. Nakamura 1990. Construction and expression in tobacco of a β-glucuronidase (GUS) reporter gene containing an intron within the coding sequence. *Plant Cell Physiol*., **31** : 805-813.

Palauqui, J. -C. and H. Vaucheret 1998. Transgenes are dispensable for the RNA degradation step of cosuppression. *Proc. Natl. Acad. Sci. USA*, **95** : 9675-9680.

Parker, D. D. and D. Hueth 1993. Social and economic aspects of transgenic plants. In : Kung, S. and R. Wu eds. *Present Status and Social and Economic Impacts*. Academic Press, Inc., Harcourt Brace Javanovich Pub. San Diego, pp. 199-215.

Pawlowski, W. P. and D. A. Somers 1998. Transgenic DNA integrated into the oat genome is frequently interspersed by host DNA. *Proc. Natl. Acad. Sci*. USA, **95** : 12106-12110.

Rieger, M. A., T. D. Potter, C. Preston and S. B. Powles 2001. Hybridization between *Brassica napus* L. and *Raphanus raphanistrum* L. under agronomic field conditions. *Theor. Appl. Genet*., **103** : 555-560.

Rissler, J. and M. Mellon 1996. *The Ecological Risks of Engineered Crops*. The MIT Press, Cambridge, 168 pp.

Saxena, D., S. Flores and G. Stotzky 1999. Insecticidal toxin in root exudates from *Bt* corn. *Nature*, **402** : 480-481.

Shell, J., M. Van Montague, M. de Beickeleer, M. de Block, A. Depicker *et al*. 1979. Interactions and DNA transfer between *Agrobacterium tumefaciens*, the Ti-plasmid and the plant host. *Proc. Roy. Soc. Lond*. B., **204** : 251-266.

Spencer, T. M., W. J. Gordon-Kamm, R. J. Daines, W. G. Start and P. G. Lemaux 1990. Bialaphos selection of stable transformants from maize tissue culture. *Theor. Appl. Genet*., **79** : 625-631.

Srivastava, V., V. Vasil and I. K. Vasil 1996. Molecular characterization of the fate of transgenes in transformed wheat (*Triticum aestivum* L.). *Theor. Appl. Genet*., **92** : 1031-1037.

Stam, M., J. N. M. Mol and J. M. Kooter 1997. The silence of genes in transgenic plants. *Ann. Bot*., **79** : 3-12.

Svitashev, S., E. Ananiev, W. P. Pawlowski and D. A. Somers 2000. Association of transgene integration sites with chromosome rearrangements in hexaploid oat. *Theor. Appl. Genet*., **100** : 872 880.

Syvanen, M. 2002. Search for horizontal gene transfer from transgenic crops to microbes. In :

Syvanen, M. and C. I. Kado eds. *Horizontal Gene Transfer*. Academic Press, San Diego, pp. 237-239.

Tabashnik, E. 1994. Evolution of resistance to *Bacillus thuringiensis*. *Annual Rev. Entomol.*, **39**: 47-49.

Till-Bottraud, I., X. Reboud, P. Brabant, M. Lefranc, B. Rherissi *et al*. 1992. Outcrossing and hybridization in wild and cultivated foxtail millets: consequences for the release of transgenic crops. *Theor. Appl. Genet.*, **83**: 940-946.

東京大学農学生命科学研究科生産環境生物学専攻編 1999.『実験生産環境生物学』朝倉書店. 東京. 188 pp.

Trulson, A. J., R. B. Simpson and E. A. Shahin 1986. Transformation of cuculmber (*Cucumis sativus* L.) plants with *Agrobacterium rhizogenes*. *Theor. Appl. Genet.*, **73**: 11-15.

Umbeck, P., W. Swain and N. Yang 1989. Inheritance and expression of genes for kanamycin and chloramphenicol resistance in transgenic cotton plants. *Crop Sci.*, **29**: 196-201.

Uzé, M., I. Potrykus and C. Sautter 1999. Single-stranded DNA in the genetic transformation of wheat (*Triticum aestivum* L.): transformation frequency and integration pattern. *Theor. Appl. Genet.*, **99**: 487-495.

Vaeck, M., A. Reynaerts, H. Höfte, S. Jansens, M. de Beuckeleer *et al*. 1987. Transgenic plants protected from insect attack. *Nature,* **328**: 33-37.

van Larebeke, N., G., Engler, M. Holsters, S. van der Elsacker, I. Zaenen *et al*. 1974. Large plasmid in *Agrobacterium tumefaciens* essential for crown gall-inducing activity. *Nature,* **252**: 169-170.

Ye, X., S. Al-Babili, A. Kloti, J. Zhang, P. Lucca *et al*. 2000. Engineering the provitamin A (6-carotene) biosynthetic pathway into (carotenoid-free) rice endosperm. *Science,* **287**: 303-305.

Yin, Z. and G. L. Wang 2000. Evidence of multiple complex patterns of T-DNA integration into the rice genome. *Theor. Appl. Genet.*, **100**: 461-470.

Zaenen, I., N. van Larebeke, H. Teuchy, M. van Montagu and J. Shell 1974. Supercoiled circular DNA in crown-gall inducing *Agrobacterium* strains. *J. Molec. Biol.*, **86**: 109-127.

索引

品種名

ABC

Arabidobrassica *350*
Baart 46 *136*
Bai Huo *85*
BigClub *136*
Brevor *83*
Burr White *182*
Calrose *7*
Calrose 76 *321, 322, 324*
Cheyenne *90*
Chilian clover *53*
Chinsurah Boro II *168*
CO *218*
Diamant *326*
Dwarf Yellow Milo *90*
Earlirose *7*
FlavrSavr *25, 403*
Fulghum *90*
Gains *84*
Grimm *92*
Hiproly *84*
IR 8 *84*
Irish Cobbler *88*
JC 81 *86*
Kenred *90*
Mari *322, 323*
MC 101号 *140*
Milo *90*
Modan *137*
Mudgo *84*
Murray Mitcham *326*
Nebred *90*
Peatland *90*
Penjamo 62 *84*
Permontra *248*
Peta *84*
Pitic 62 *84*

Reid Yellow Dent *178*
Romana 44 *137*
Rosner *19, 217*
Silewah *54*
Sopertra *248*
Todd's Mitcham *324*
Trebi *90*
Turkey *90*
Velvet Rose *357*
White Baron *357*

ア 行

愛国 *90*
アキヒカリ *325*
アキミドリ *195*
旭 *88*
アサヒナタネ *220*
一号早生 *85*
いちひめ *85*
浦和交配1号 *178*
温州ミカン *93*
エンレイ *125*
近江錦 *12*
大賀ハス *73*
オカミドリ *143, 195*
沖縄100号 *88*
小瀬菜大根 *31*
雄町 *8*

カ 行

亀の尾 *8, 12*
刈羽節成 *91*
川野なつだいだい *8*
関東107号 *85*
木石港3 *85*
キタワカバ *195*
巨峰 *19, 248*
清見 *213*

国光　88
佳玉　85
紅玉　88
興津早生　93
下田不知　325
コクマサリ　321, 322
小麦農林10号　83
ゴールデンメロン　12, 90
ゴールド二十世紀　325

サ　行

彩　140, 327
相模半白　90, 92
櫻島大根　31
三徳いも　88
七福　88
シバリー　12
霜しらず　91
祝　88
十石　321, 322
上育394号　23, 140
聖護院大根　31
徐州　86
シルバーヒル温州　93
新中長　114
新大和　17
神力　8, 12
精興の紅　326
セイローザ　326
関取　8
善光寺　12
千宝菜　213

タ　行

タイセツ　182
大仙節成　90
台中在来1号　84
太平　326
ターキーレッド　83
竹成　8
達摩　83
橘真　8
タチワカバ　182
谷川温州　93
種子なしスイカ　18, 249
ダンカングレープフレーツ　93

男爵薯　88
チクゴイズミ　86
蔓無源氏　8
低脚烏尖　84, 321, 322
統一　84, 123
トドロキワセ　114
トロビタオレンジ　93

ナ　行

ナスヒカリ　195
二十世紀　325
日本晴　125
ネバリゴシ　86
ネマシラズ　325
農林1号　13, 16, 88, 114
農林22号　114
農林8号　114
農林品系交8号　16
ノサップ　195

ハ　行

ハクラン　19, 213, 219
はつあかね　357
はつもち　140
ハニーシードレス　249
ハマアサヒ　137
早生夏　85
原手早　324
ハルアオバ　182
はれやか　357
ピオーネ　248
ふじ　204
フジミノリ　13, 125, 325
フタハル　195
フルツ　83
フルツ達摩　83
紅赤　8
ホウネンワセ　114
北大1号　12
ポマト　350

マ　行

マサカドムギ　327
マーシュグレープフルーツ　93
ミサトゴールデン　85

ミナミワセ　182
ミネユタカ　137
宮川早生　8
ミユキアオバ　182
ミルキークイーン　326
もち乙女　140
モノホープ　18
守口大根　31
森田早生　13

ヤ行

大和3号　90
大和2号　90, 92
夢かおり　357
夢ごこち　357
ゆめのはたもち　86

ラ行

ライコウ　325
ライデン　325
陸羽20号　12, 90
陸羽132号　13
竜玉　85
両優培九　177
レイメイ　22, 321, 325

ワ行

ワシントンネーブル　93
ワセアオバ　182
ワセヒカリ　182

事項

ABC

A系統　167
A染色体　227
breeding　2
Btトウモロコシ　393, 404
Bt毒素　393, 404
bulbosum法　138
B系統　167
B染色体　227
^{10}B添加再乾法　277

cDNAクローン　372
CGIAR　61
CIAT　61
CIMMYT　61, 117, 217
CMS　→　細胞質雄性不稔
cultivar　42
DDT抵抗性　166
DMSO　76
DNA　370
　——クローニング　370
　——多型　34, 106
　——ポリメラーゼ　370
　——マーカー　81, 101, 106
　——メチル化　353
DUS　42
EGMS　→　環境感応性遺伝子優性不稔
F_1品種　149
FAO　61
FISH　215
　——法　345, 384
GCA　162
gene　10
genotype　10
GE交互作用　121
GISH　216
GMS　→　核遺伝子雄性不稔
GUS　382
Hardy-Weinbergの法則　148
heterosis　15
IAEA　323
IBP　61
IBPGR　61
ICV　225, 287
IITA　61
Indica型　46
IRRI　61, 115
IUCN　64
Japonica型　46
LET　275
MAS　144
PCR　370
PEG　336
$Ph1$遺伝子　216, 243
phenotype　10
PGMS　→　日長感応性遺伝子優性不稔
QTL解析　29, 106, 144, 153, 256
RBE　317
Riプラスミド　380

R 系統　167
S₁ 系統選抜法　185
SCA　162
sport　7
Syn 0　194
Syn 1　194
Syn 2　194
T-DNA　373
　　──プラスミド　376
TGMS → 温度感応性遺伝子雄性不稔
thremmatology　2
Ti プラスミド　373
Tripscaum　46
UPOV　42, 82
variety　42
vir　374
　　──プラスミド　376
X 線　276
α 線　275
β 線　276
γ 線　276

ア 行

アイソザイム　81
アクティブコレクション　73, 79
アグロバクテリウム媒介遺伝子導入　375
アクロピン　374
アシロマ会議　26
亜種　41
アニーリング　372
アポミクシス　96, 204
アミロース含量　85
アルビナ　315
アレルギー誘発性　395
アレロパシー　399
アンチセンス RNA　404
イオンビーム　278
育種　2
　　──学　2
　　──家権利　82
異型花型　174
異質染色体添加系統　216
異質倍数性　17
　　──半数体　251
異質倍数体　19, 232
異数性　256
異数体　256

位置効果　385
1 次狭窄　222
1 次作物　33
1 次成苗法　362
一時的発現　381
1 次トリソミック　257
1 側性不和合性　208
一代雑種　16, 148
　　──育種　173
　　──品種　149
一年生植物　97
1 回親　131
1 価染色体　246
逸出　392
一般組み合せ能力　162
イディオグラム　222
遺伝距離　81, 158
遺伝子あたり突然変異率　296
遺伝子移行　215
遺伝子型　107
　　──×環境交互作用　121
　　──値　107
　　──分散　109
遺伝子供給源　56
遺伝子銀行　73
遺伝子組換え　25, 364
　　──植物　364
　　──体　364
遺伝資源　54, 55, 273
遺伝子座数　177
遺伝子導入　364
遺伝子流動　147
遺伝的画一　67
遺伝的組換え　388
遺伝的侵食　66
遺伝的冗長性　260
遺伝的脆弱性　67, 95
遺伝的相補性　343
遺伝的多様性　67
遺伝的重複度　234
遺伝的背景　132
遺伝的浮動　71, 179
遺伝変異　54
遺伝母数　111
遺伝モデル　107
移入交雑　38
ウィルス・フリー　76
栄養系　196, 351

——分離 92
栄養繁殖 96
　　——性植物 196, 311
栄養要求性突然変異体 343
液体培地 329
疫病菌 68
エピジェネシス 351
エピスタシス 107, 152
　　——説 152
エレクトロポレーション 380
エンマーコムギ 43
オオムギ縞萎縮ウイルス 85
往復育種法 123
オーキシン 23
オクトピン 374
オートクレーブ 331
オパイン 374
温湯除雄法 115
温度感応性遺伝子雄性不稔 169

カ 行

介在欠失 269
外植体 328
外部照射 275
かいよう病 68
外来遺伝子 364
化学変異原 20, 279
核遺伝子型雄性不稔 166
核型 222
核センター 40
『花壇綱目』 6
『花壇地錦抄』 6
『花譜』 6
花粉採集 200
花粉媒介 147
花粉流動 147, 391
ガラス器内培養 328
カリフラワーモザイクウイルス 376
カルス 214, 332, 340
環境 105
　　——因子 105
　　——感応性遺伝子雄性不稔 169
　　——効果 107
　　——変動 105
緩照射 292
環状剝離 201
間接利用 333

完全確認 297
完全変異体 314
完全ホモ接合 99
ガンマフィールド 22, 282
ガンマルーム 22, 281
キアズマ 236
機械的混合 190
器官培養 328
危惧植物 64
起源中心 37
キサンタ 315
偽生殖 334
偽超優性 152
機能損失 272
基本数 230
ギムザ染色法 218
キメラ 296, 311
　　——遺伝子 377
逆位 35
　　——ループ 268
逆縦列重複 268
逆転写酵素 353, 370
球根オオムギ 138
球状期 212
急照射 292
急速凍結法 76
狭義の遺伝率 112
競合 122, 199
きょうだい交配 161, 198
狭動原体逆位 267
共導入 384
共抑制 385
供与親 132, 346
魚雷型期 212
切り戻し 313
近縁係数 114, 148, 157
近縁野生種 214
近交 154
　　——系 154
　　——係数 154
　　——系テスター利用の相反循環選抜法 189
　　——弱勢 155
草地環境研究所 192
区分キメラ 312
組合せ育種 113
組合せ能力 162
組換え DNA 364
組換え型 99, 141

索 引　　447

組換え体プラスミド　376
クラス　103
グリッド法　179
グリフォサート　404
クリーンベンチ　331
グルホシネート　404
クローン　196
形質　102
系統　89
　——あたり突然変異頻度　304
　——育種法　125
　——学的種概念　41
　——群　90, 129
　——集団選抜法　91
　——分離法　91
計量形質　103
欠失　269
ゲノム　17, 228
　——内対合　254
　——内部分倍数体　237
顕花植物　146
原々種　120
原子変換　278
原種　120
懸濁培養　329
検定交雑選抜法　186
検定親　162
原木　203
コアコレクション　81
効果　280
広義の遺伝率　112
交互型分離　265
交雑　94
　——育種　94
　——障壁　207
　——不和合性　207
格子型配置　120
後熟　201
合成培地　330
合成品種　160
　——法　189
後代検定　5, 181
　——つき集団選抜法　180
耕地生態系　394
交配　115, 201
　——袋　115
　——不稔群　198
効率　280

固形培地　329
『古事記』　5, 58
個体あたり突然変異頻度　302
固定　99
古倍数体　234
5倍体　230
ごま葉枯れ病　68, 168
小麦農林10号　83
コルヒチン　18, 139, 244
コロニー　340
混合交雑　123
混合品種　160
混数性　245
根頭癌腫病　373
根腐萎凋病　85

サ　行

サイクル促進系統育種　160
採種圃　121
再生　333
最適突然変異率　280
栽培植物　28
『栽培植物の起源』　36
栽培植物命名法国際規約　42
栽培品種　42
サイブリッド　347
再分化　332
細胞あたり突然変異率　302
細胞質雑種　346
細胞質置換系統　340
細胞質雄性不稔　166, 347
細胞培養　328
細胞分裂　290
細胞壁　333
細胞融合　334
在来品種　65
作物　28
サザンハイブリダイゼーション　372
サザンブロッティング　372
雑種強勢　149
雑種細胞　334
雑種不稔　214
雑種崩壊　215
雑草性　392
さび病　216
3価染色体　246
三系交雑　164

三系法　169
ざんごう法　86
3次トリソミック　251
3重式型　239
3倍体　230
残留放射能　281
紫外線　278
自家不和合性　147, 174, 198, 201, 208
自家和合性　208
試験管内遺伝子銀行　75
試験管内受精　210
試験管内貯蔵　75
始原細胞　296
自殖　147
　——性植物　96
雌性発生　252
自然交雑　146
自然突然変異　7, 273
次代検定　89
実験計画法　220
実質的同等性　402
実生　92
質的形質　103
シフト型転座　264
子房培養　212
社会的受容　387
種　41, 96, 206
種間交雑　206
雌雄異株　145
周縁キメラ　312
収集　70
集団育種法　116
集団改良システム　159
集団間選抜システム　188
集団栽培　119
集団選抜法　91, 178
雌雄同株　145
修復　273
縦列重複　278
縦列反復　227
収斂　41
種間交雑　207
種子拡散　147
種子更新　78
種子照射　281
種子繁殖性　96
珠心胚　93
　——実生　93

受精後障壁　207
受精前障壁　207
主働遺伝子　104
『種の起源』　9
種別系統　161
受容親　131, 346
主要品種　114
狩猟採集　27
順化　28
　——症候群　30
循環選抜法　185
純系　10, 88
　——選抜法　10
　——分離法　10, 88
準同質遺伝子系統　132
条件的アポミクシス　203
小センター　40
常染色体　228
状態が同一　155
植物採集家　57
植物新品種保護連盟　→　UPOV
植物特許法　82
植物内導入　380
植物の性　3
植物変種　42
植物防疫法　72
除雄　115, 202
人為突然変異　272
進化的種概念　41
仁形成域　223
ジーンサイレンシング　385
心臓型期　212
シンテニー　34
振盪培養　332
ジーンバンク　73
新品種候補　120
垂直伝達　394
水平伝達　393
スウェーデン種子協会　11
スコア　103
スーパー雑草　392
スーパーバイナリーベクター　378
生育中照射　281
成群集団選抜　92
制限エンドヌクレアーゼ　366
制限酵素　25, 366
生産力検定試験　130
成熟阻害遺伝子　172

索　引　　449

正準判別分析　159
生殖隔離　207
生殖的隔離機構　207
性染色体　228
正選択マーカー　344
生息域外保存　72
生態系　72, 390
生態品種　3
正対立遺伝子　111
正倍数体　230
生物学的種概念　41
生物効果比　317
成木期　202
『清良記』　6
整理番号　79
世代促進　122
接合体染色体数　224
絶対的アポミクシス　203
零式型　239
剪穎法　116
全きょうだい交配　154
全きょうだい選抜法　182
全きょうだい相反循環選抜法　189
全形成能　333
全ゲノム選抜　144
染色体　222
　　──異常　290
　　──除去　254
　　──置換系統　34, 258
　　──添加系統　258
　　──内倍数化　269
　　──分離　239
染色分体　223, 239
　　──除去　254
　　──分離　239
選択培地　358
選抜　111, 201
　　──指数　143
線量反応　287
線量率　292
相加効果　107
　　──分数　109
相互交雑育種法　140
相互転座　35, 264
相同　230
挿入　273
相反循環選抜法　189
相補的 DNA　370

属　206
速中性子　277
素材集団　160
組織培養　328
ソマクローナル変異　351
ソマクローン　333

タ 行

ダイアレル交配　162
第一分裂復旧　234
体細胞組換え　349
体細胞交雑　334
体細胞雑種　24, 334
体細胞突然変異　311
体細胞不定胚形成　332
体細胞変異　351
対称融合　349
第二分裂復旧　234
代表コレクション　81
『大宝令』　6
対立遺伝子　97
多価染色体　233
高接ぎ　200
多系統合成品種　190
多個体合成品種　192
多重遺伝子族　268, 354
他殖性植物　96, 145, 308
脱分化　332
多年生植物　97
多胚　252
多変量解析　81
多様性地域　40
多様性中心　37
タルホコムギ　43
単遺伝子連鎖説　151
段階的凍結法　76
単交雑　160, 163
　　──検定法　162
単交配　16
単式型　239
単数性半数体　251
単性花　145
単相選抜　298
単独系統　129
単粒系統法　123
置換ライコムギ　218
チグリナ　315

地点（サイト） 69
中間ヘテロシス 150
虫媒 147
超越育種 113
調整培地 330
重複 268
長命種子 74
超優性説 151
直接利用 333
貯蔵効果 294
対合 223, 230
継代培養 332
蕾受粉 176
テオシント 46
テスター 162
テトラソミック 256
テロメア 223
電気融合法 337
転座 215, 263
　――ヘテロ個体 264
転写 370
　――後抑制 386
　――抑制 386
天然培地 330
電離放射線 275
統計遺伝学 105
同型花型 175
凍結保護剤 76
凍結保存法 76
動原体 222
同質倍数体 18, 232
同質倍数性半数体 251
同祖染色体 243
童貞生殖 252
導入育種法 88
遠縁交雑 207
特性調査 80
特定組み合せ能力 162
特許許諾料 82
突然変異 272
　――育種 271
　――原 274
　――スペクトラム 315
　――体 297
　――誘発 20
トップクロス検定 162
トランスポゾン 274, 353
トリソミック 256

――・シリーズ 260

ナ 行

内部照射 276
ナリソミック 256
軟 X 線 276
難貯蔵性種子 74
2価染色体 233, 246, 265
二系法 169
2次トリソミック 257
2次狭窄 223
2次作物 33
二重還元 240
二重突然変異体 343
2次ライコムギ 218
日長感応性遺伝子雄性不稔 169
2倍体 230
日本育種協会 11
日本遺伝学会 11
『日本書紀』 5, 58
認識花粉 210
ネオダーウイニズム 29
熱中性子 276
稔性維持系統 167
稔性回復系統 167
粘着末端 366
農家権利 83
農家保存 78
農耕 27
農事試験場 11
ノパリン 374
乗換え 99, 241

ハ 行

胚 211
バイオハザード 397
倍加半数体 137, 255
胚救助 211
配偶子染色体数 224
配偶体型 170
　――不和合性 174
胚珠 211
　――培養 212
倍数化 362
倍数性 230, 251, 288
　――育種 244

索引 451

——種　35
——半数体　251
倍数体　17, 230
培地　329
バイナリーベクター　376
胚培養　212
葉かび病　85
葉さび病　68
橋渡し種　209
パスポートデータ　71
8倍体ライコムギ　217
パーティクルガン　380
花柱　174
半きょうだい交配　154
半減期　276
半減線量　285
パンコムギ　44
繁殖様式　96
半数性誘導遺伝子　254
半数体　23, 251
　　——育種　255
　　——育種法　137
半接合　258
反復親　131
半不稔　267
半矮性　83
非還元配偶子　234
非組換え型　141
非選択性除草剤　404
非相同　264
非対称融合　346
微働遺伝子　104
1株1粒法　299
ヒトツブコムギ　43
1穂少粒法　300
1穂1列法　180
1穂1粒法　299
非分離遺伝子座　97
非分離世代　97
非無作為収集　71
『百椿集』　6
表現型　106
　　——値　106, 110
表示の義務化　406
標準品種　120
標準ヘテロシス　150
肥沃な三日月地帯　27, 42
ビリディス　315

ビレッセンス　315
品種　42
びん首効果　82
『風土記』　6
風媒　147
不完全周縁キメラ　312
複交雑　164
複合転座　264
複交配　16
複式型　239
複相選択　297
複相胞子生殖　204
複2倍体　250, 348
負選択マーカー　344
負対立遺伝子　111
双子苗　204
不調和性　209
復旧核　234
物理的封じ込め　397
不定芽形成　204
不定胚発生　361
不等交叉　268
不稔性　174
部分異質倍数体　233
不分離　228
プライマー　370
プラスミド　367
プラントハンター　57
フリーラジカル　273
フレームシフト　273
プロトプラスト　24, 334
プローブ　372
不和合性　174
分化　332
　　——培地　340
分割区配置　120
分離育種　3
　　——法　88
分離遺伝子座　97
分離世代　97
分離比　98, 298
分離頻度　298
平滑末端　366
平均　108
閉鎖系実験　397
ベクター　367
ベースコレクション　73, 78
ヘテロカリオン　337

ヘテロシス　148
　——育種　148
ヘテロ接合　97
　——度　100
ヘテロプラズモン　338
ヘルパープラスミド　376
変更要因　293
偏動原体逆位　267
胞子体型　170
　——不和合性　174
放射線　275
　——育種　20
　——感受性　285
　——障害防止法　281
　——同位元素　22, 276
放任受粉　148
飽和突然変異誘発　322
母系選抜法　180
保護培養　330
圃場遺伝子銀行　77
穂別系統　161
　——内交雑法　309
　——法　297
ホモカリオン　337
ホモ接合　97
　——度　101
ポリエチレングリコール　382
ポリクロス検定　192
ポリジーン　104
翻訳　370

マ 行

マイクロインジェクション　380
マーカー利用選抜　144
マクロ環境　105
末端欠失　269
マハラノビス汎距離　159
『万葉集』　6, 58
ミクロ環境　105
未熟胚　212
ミトコンドリア　338
緑の革命　66, 84
無作為交配　140, 148
無作為収集　71
無配生殖　252
無胞子生殖　204
メイズ法　139

メンデルの遺伝法則　9
メントール花粉　210
模擬的環境　399
戻し交雑　131, 160
　——育種法　131
モノソミック　215, 256

ヤ 行

葯培養　138, 253, 361
有効乗換え　142
優性遺伝子連鎖説　151
優性効果　107
優性説　151
優性突然変異　355
雄性不稔　166, 168
優性分散　109
優良親ヘテロシス　150
『油菜録』　6
ユニバーサルハイブリダイザー　344
由来が同一　154
幼苗期　201
葉緑素突然変異　20, 315, 342
葉緑体　338
予備コレクション　82
4価染色体　246, 265
4重式型　239
4倍体　230

ラ 行

ライゲーション　368
ライコムギ　217
来歴データ　71
ラムシュ育種法　116
乱塊法　120
リガーゼ　368
リジン含量　84
リポキシゲナーゼ　85
両性花　145
量的遺伝学　105
量的形質　103, 306
　——遺伝子座　105
緑体春化法　122
隣接型分離　265
累代照射　284
レアカッター　367
レトロトランスポゾン　351

索引　453

レポータ遺伝子　*382*
連鎖　*99*
　　——地図　*34, 106*
　　——ひきずり　*134*
　　——ブロック　*142*
連続戻し交雑　*131*
6倍体　*230*
　　——ライコムギ　*217*
ロザムステッド　*11*

ワ 行

矮性台木　*200*
『和漢三才図絵』　*6*
ワーキングコレクション　*73*

人 名

欧 文

Auerbach, Charlotte　*21*
Avery, A. G.　*18*
Avery, D. T.　*24*
Bank, J.　*57*
Bartran, J.　*57*
Baur, E.　*21*
Blakeslee, Albert Francis　*18*
Breese, E. L.　*219*
Brown, D. J.　*59*
Borlaug, Norman Emest　*117*
Burbank, Luther　*12, 14*
Camerarius, Rudolph Jakob　*3*
Carlson　*24*
Cohen, S. N.　*25*
Correns, Carl　*9*
Crick, F. H.　*24*
Darwin, Charles　*2, 5, 7, 9, 14*
Davis, R. L.　*162*
de Gandolle, Alphonse　*36*
Delauhay, L. N.　*20*
de Mol, W. E.　*21*
de Vilmorin, Luis.　*5*
de Vries, Hugo.　*9, 10, 15*
East, Edward. M.　*15, 155*
Fabre, Jean Henri　*27*
Fairchild, D.　*59*
Farrer, William　*12*

Filippof　*20*
Florell, V. H.　*125*
Fortune, R　*59*
Fryer, J. R.　*180*
Grimm, W.　*92*
Guha, S.　*23*
Gustafsson　*21*
Haberlandt, G.　*333*
Harlan, Herbert. V.　*59*
Harlan, J. R.　*59*
Hawkes, J.　*60*
Hayes, H. K.　*15*
Hopkins, C. G.　*5, 182*
Jenkin, T. J.　*189*
Johannsen, Wilhelm Ludwig　*10, 89, 99*
Jones, Donald F.　*16*
Knight, Thomas Andrew　*4, 13*
Kölreuter, Joseph Gottlib　*4, 13, 216*
Le Couteur　*4*
Linnaeus, Carolus　*41*
Lysenko, T. D.　*37*
Maheshwari, S. C.　*23*
Mather, Cotton　*14*
Melchers, G.　*24*
Mendel, Gregor Johann　*8*
Meyer, F.　*59*
Muller, Herman Joseph　*20*
Nadson　*20*
Nilsson-Ehle, Herman　*21, 125*
Nilsson, Hjalmar　*5*
O'Mara, J. G.　*19, 217*
Ping, Yuan Long　*177*
Rimpau, W.　*217*
Sanchez-Monge, E.　*19*
Sapehin A. A.　*20*
Saunders, C. P.　*12*
Sears, E. R.　*243*
Shirreff, Patrick　*4*
Shull, George. H.　*15, 149*
Skoog, F　*23*
Stadler, Lewis John　*20*
Steward, F. C.　*23*
Stubbe, H.　*21*
Tradescant, J.　*57*
Vavilov, Nikolai Ivanovich　*33, 37, 60*
Vogel, O. A.　*117*
von Nägeli, Carl Wilhelm　*14*
von Sengbusch, R.　*7*

von Tschermak, Erich　*9*
Watson, J. D.　24
White, P. R.　*328*
Wilson, A. S.　*217*
Winkler, H.　*17, 228*

ア 行

池野成一郎　*10*
石渡繁胤　*9*
臼井勝三　*10*
大井上康　*250*
大野清春　*23*
岡田鴻三郎　*9*
長田敏行　*24*

カ 行

加藤茂苞　*12*
川田龍吉　*88*
木原均　*17, 228, 243*
近藤頼巳　*13*

サ 行

酒井寛一　*13*
佐々木惣吉　*8*
篠原捨喜　*219*

タ 行

高橋隆平　*85*
高橋久四郎　*12*
建部到　*24*
田中正雄　*23*
田中義磨　*9*
玉利喜蔵　*12*
津田仙　*3*
寺尾博　*11*
外山亀太郎　*9*

ナ 行

中島吾一　*218*
中田和雄　*23*
新関宏夫　*23*
西貞夫　*19, 218*

ハ 行

星野勇三　*9*
細田友雄　*218*

マ・ヤ 行

南鷹次郎　*12*
明峰正夫　*11*
山川邦夫　*85*
横井時敬　*2*

著者略歴

鵜飼保雄（うかい・やすお）

1937 年	東京都に生まれる．
1961 年	東京大学農学部卒業．
1966 年	東京大学大学院農学系研究科博士課程修了．農学博士．東京大学農学部農業生物学科助手．農林省放射線育種場研究員．
1979 年	農林水産省農業技術研究所放射線育種場室長．
1986 年	農林水産省農業環境技術研究所室長．
1991 年	東京大学教授（農学部）（1998 年停年により退官）．
1995-1997 年	東京大学農学部緑地植物実験所所長（併任）．
2019 年	逝去．
主要著者	『植物改良の原理』（上・下）（共著，1984 年，培風館），『ゲノムレベルの遺伝解析』（2000 年，東京大学出版会），『量的形質の遺伝解析』（2002 年，医学出版），『植物改良への挑戦』（2005 年，培風館），『植物が語る放射線の表と裏』（2007 年，培風館），『統計学への開かれた門』（2010 年，養賢堂），『トウモロコシの世界史』（2015 年，悠書館）ほか．

植物育種学　交雑から遺伝子組換えまで

2003 年 3 月 27 日　初　版
2021 年 10 月 25 日　第 6 刷

［検印廃止］

著　者　鵜飼保雄
発行所　一般財団法人　東京大学出版会
　　　　代　表　者　吉見俊哉
　　　　153-0041　東京都目黒区駒場 4-5-29
　　　　電話 03-6407-1069　Fax 03-6407-1991
　　　　振替 00160-6-59964
印刷所　株式会社三秀舎
製本所　牧製本印刷株式会社

©2003 Yasuo Ukai
ISBN 978-4-13-072101-1 Printed in Japan

JCOPY　〈出版者著作権管理機構　委託出版物〉
本書の無断複製は著作権法上での例外を除き禁じられています．複製される場合は，そのつど事前に，出版者著作権管理機構（電話 03-5244-5088，FAX 03-5244-5089, e-mail: info@jcopy.or.jp）の許諾を得てください．

アジアの生物資源環境学	東京大学生物資源環境研究センター編	A5/256頁/3000円
保全生態学の技法	鷲谷いづみ他編	A5/344頁/3000円
植物分類学	伊藤元己	A5/160頁/2800円
土壌物理実験法	宮﨑・西村編	A5/224頁/3200円
原発事故と福島の農業	根元圭介編	A5/176頁/3200円

ここに表示された価格は本体価格です．御購入の際には消費税が加算されますので御了承ください．